典型危险化学品事故现场处置

纪红兵　李文军　程丽华　编著

中国石化出版社

内容提要

全书对所收录物质的现场处置方案设置了遇水反应、泄漏处置、燃爆与消防、燃烧爆炸危险、燃烧温度及燃烧（分解）产物、禁止混储、隔离距离、急救措施等应急内容；对同类型的化学品的事故应急救援通则包含了应急要点、程序与方法、注意事项等小项，以满足到达危险品事故发生现场的救援人员快速制定救援计划和行动方案时对相关关键信息的迫切需要，具有较强的实战上的应用性。

本书可供企业人员、应急救援人员和化工园区管理人员使用，也可供高等学校、科研院所与化学化工等相关的科研和管理人员使用。

图书在版编目（CIP）数据

典型危险化学品事故现场处置 / 纪红兵，李文军编著.
—北京：中国石化出版社，2017.4
ISBN 978-7-5114-3873-7

Ⅰ.①典… Ⅱ.①纪… ②李… Ⅲ.①化工产品–危险物品管理–事故处理 Ⅳ.①TQ086.5

中国版本图书馆CIP数据核字(2017)第065188号

中国石化出版社出版发行
地址：北京市东城区安定门外大街58号
邮编：100011 电话：（010）57512500
发行部电话：（010）57512575
http://www.sinopec-press.com
E-mail:press@sinopec.com
北京柏力行彩印有限公司印刷
全国各地新华书店经销
*
710×1000毫米 16开本 33.75印张 622千字
2021年9月第1版 2021年9月第1次印刷
定价：128.00元

序

化学工业是基础工业，化学品极大地改善了人们的生活质量，且已成为人类生产和生活不可缺少的物品。改革开放以来，我国化学工业得到蓬勃发展，自2012年起，我国化学工业生产总值居世界第一位。随着我国工业化进程的不断深入，化学工业的迅猛发展和生产规模的不断扩大，各种化工新材料、新技术、新工艺和新设备给我们的生活带来了极大的便利，但是随之而来的重大危险化学品安全事故也在不断发生，给我们的生命财产安全和生存环境带来了极大危害。化工企业处理和生产的化学品绝大多数属于危险化学品，其固有的易燃、易爆、有毒、有腐蚀性等危险特性，决定了在其生产、经营、储存、运输、使用以及废弃物的处理过程中，如果管理或防护不当，将会损害人体健康，造成财产损失和生态环境污染。

安全问题首当其冲。2014年江苏昆山中荣金属制品有限公司特别重大铝粉尘爆炸事故；2015年天津港危险化学品“8·12”特别重大爆炸事故；2017年江苏连云港聚鑫生物科技有限公司“12·9”特别重大爆炸事故；2018年河北张家口盛华化工有限公司特别重大氯乙烯泄漏爆炸事故；2019年江苏省盐城市天嘉宜化工有限公司特别重大爆炸事故……一次次惨痛的事故教育我们，如何预防并应对这些化工事故至关重要。

我国政府非常重视危险化学品的安全管理，为了加强危险化学品的安全管理，预防和减少危险化学品事故，保障人民群众生命财产安全，保护环境，2011年2月16日，国务院签署发布了修订的《危险化学品安全管理条例》（国务院令第591号）；2015年2月27日，国家安全监管总局会同工业和信息化部、公安部、环境保护部、交通运输部、农业部、国家卫生计生委、质检总局、铁路局、民航局制定了《危险化学品目录（2015版）》。

《危险化学品安全管理条例》第三条规定，危险化学品，是指具有毒害、腐蚀、爆炸、燃烧、助燃等性质，对人体、设施、环境具有危害的剧毒化学品和其他化学品。危险化学品泄漏事故具有突发性强、危害性大、现场处置难度大等特点。在事故应急救援过程中，救援人员迅速了解和掌握危险化学品的危险特征，及时、正确地采取应急处置措施，对于迅速、有效地控制事故蔓延，减少人员伤亡和财产损失具有重要意义。

本书收录的化学品涵盖了化工园区内各企业生产过程各个环节所涉及的常用危险化学品，能满足危险化学品应急救援的技术需求。对所收录的物质设置了遇水反应、泄漏处置、燃爆与消防、燃烧爆炸危险、燃烧温度及燃烧分解产物、禁止混储、隔离距离、急救措施、气体类别及公称工作压力、洗消等应急内容。

《石化科普知识》第一版（2013年）、第二版（2016年）已给公众还原石化应有的面目，伴随着公众关心的安全问题和环境问题，推出了本书和《蓝天白云不是梦》。本书的完成更是结合在化工园区面对安全问题的处置经验和教训，历时近十年，为化工园区管理者、化工企业员工、化工相关科研院所、环境保护、应急救援人员以及公众沟通信息、相互了解架起了桥梁，为危险品事故发生现场的救援人员快速制定救援计划和行动方案时提供了关键信息。本书的出版对危险化学品事故的快速处理，建立危险化学品应急救援体系等都具有十分重要的意义。

魏利军

前 言

2015年发生的天津“8·12”、漳州古雷等事故，使全国上下对危险化学品突发事件应急救援的重要性有了充分的了解和重视。如何快速应对危险化学品事故，建设危险化学品应急救援体系，有效地将危险化学品事故的影响和损失控制在最低限度，已成为一项十分重要而紧迫的任务。

目前已有不少针对常用危险化学品进行处置的手册，但在处理现场存在不足的问题包括：（1）处置手册数据库记录不足：部分处置手册主要展示不同类型的化学品的危险特性，或仅表达数十种代表性化学品的处置方案；（2）处置方案里危险性内容不够完善：现有处置手册对危险区域的隔离、灭火剂的选择、发生事故物质的燃烧温度以及事故现场的洗消工作等问题描述比较少，这些都将影响危险化学品灾害事故的救援工作的正常进行；（3）处置方案里危险性内容不够突出：未能让消防救援决策或普通的消防指战员、消防官兵在很短的时间内获得针对发生事故的化学品的危险信息以及相应的应急处置方法，如发生泄漏后的危险和处置、发生燃烧爆炸后的危险和应急处理等，去赢取宝贵的紧急救援时间。笔者基于多年在化工园区的工作经历，结合在应急、救援等方面的实战经验，针对消防的实际工作内容以及广大消防官兵对化学品认识的有限性，在众多化学品信息中提取对救援工作有重要作用的关键性信息，编写本书。强调其对消防工作的可操作性和实用性，以节省消防指战员作出处置决策的时间，可大大提高作战效率。

由于笔者水平所限，时间紧迫，本书一定还存在许多不尽人意之处，恳请广大读者批评指正。

目　录

编写和使用说明

Ⅰ．字段解释及说明

现场处置方案

1. 遇水反应

水有时被用来冲洗溢出物和减少溢出部位的蒸气或者控制蒸气流动的方向，并且水是最常用的灭火剂。由于某些物质能遇水发生剧烈的甚至爆炸性的反应，同时遇水反应的产物可能比不用水的产物的毒性更大、更具腐蚀性或产生意外危险，因此有必要首先对此项进行说明。

2. 泄漏处置

由于在生产、储运过程中，有可能会发生一些破裂、倒洒事故，造成危险品的外漏，因此必须采取简单、有效的措施消除或减小泄漏危害，即泄漏处置。包括泄漏区隔离、点火源控制、泄漏源控制、处理人员的个体防护、泄漏物处理、注意事项等几个方面。本书中的应急处理措施是根据化学品的固有危险性给出的，使用者应根据泄漏事故的场所、泄漏量、周围环境等具体条件，采取适当的处理措施。

3. 燃爆与消防

（1）灭火方法及灭火剂 灭火剂的选择和使用方法，受各种特定情况的影响，如火灾规模和类型，可燃物质的化学性质和物理性质。本书给出了几种重要类型的灭火方法和药剂。

灭火剂的种类和型号较多，如泡沫灭火剂就有：化学泡沫、蛋白泡沫、氟蛋白泡沫、水成膜泡沫、抗溶性泡沫、高倍数泡沫等数种，所以在使用时，还应参考具体灭火剂的使用说明和适应范围，在可能的情况下，查阅有关防火专著，这样方可行之有效。

（2）储罐或拖车着火 储罐或拖车着火的注意事项。

4. 燃烧爆炸危险

（1）危险性综述 对燃烧、爆炸、腐蚀、毒害等作危险性的综述，并分清主次危害。

（2）燃爆危险 化学品本身固有的或遇明火、高热、震动、摩擦、撞击以及接触空气和水或其他物质所表现出的燃烧爆炸特性。

5. 燃烧温度及燃烧（分解）产物

给出物质燃烧的燃烧温度和定性说明该物质在燃烧或发生化学反应时可能产生的最终有害产物。

6. 禁止混储

详细描述了与危险化学品在化学性质上相抵触的物质，与这些物质混合或接触时，可能发生燃烧爆炸或其他化学反应，酿成灾害，因此应避免与这些物质接触。

7. 隔离距离

参考 ERG-2004 给出隔离和撤离距离，对首次隔离和防护距离中没有列出的物质，根据其所属的 ERG 指南，按照“公共安全”条中列出的隔离距离，对其进行了说明。参考者应根据事故的具体情况做出适当的调整。

8. 急救措施

是指现场作业人员意外受到化学毒物的伤害时，所需采取的自救或互救的简要处理方法。现场及时准确处理，对急性中毒患者来说是十分重要的。简单有效的措施常能降低事故死亡率，减轻重危者受害的程度，争取时间，为进一步治疗创造条件。本书给出的资料是现场处理的简要方法，未涉及深入的医疗知识，深入治疗需由相关专家和机构进行。

9. 洗消

采用物理、化学方法，对染毒的人员、建筑物等进行消毒，清理，以消除染毒体和污染区毒性危害。

10. 气体类别及公称工作压力

瓶装气体的分类按 GB 16163《瓶装压缩气体分类》规定。按其临界温度可划分为三类：

①临界温度小于 -10℃的为永久气体；②临界温度大于或等于 -10℃，且小于或等于 70℃的为高压液化气体；③临界温度大于 70℃的为低压液化气体。

气瓶的公称工作压力，对于盛装永久气体的气瓶，系指在基准温度时（一般为 20 ℃），所盛装气体的限定充装压力；对于盛装液化气体的气瓶，系指温度为 60 ℃时瓶内气体压力的上限值。

Ⅱ. 使用及缩略语说明

1. 数据空项

本书中数据空项有以下几种情况：一是在所参考的文献中没有查到该数据；二是数据不准确，暂时空缺，有待进一步查询。

2. 使用说明

本书中危险化学品的处置方案由以下部分组成：现场处置方案、战术要点；程序与方法、注意事项。每部分又由不同的小项组成。本书将战术要点、程序方法及注意事项作为事故应急救援通则列出，读者在使用本书时，可先查询第一部分内容，然后再结合事故应急救援通则，得到完整的事故处置方案。

第 1 章　爆炸品

爆炸品泄漏事故扑救通则

一、战术要点

（1）遵循“疏散救人，划定区域，有序处置，确保安全”的战术原则；

（2）合理估算兵力、装备、灭火剂，正确部署参战力量；

（3）消除危险源，防止引发爆炸；

（4）严格控制进入现场人员，组织精干小组，采取驱散、稀释等措施，加强行动掩护；

（5）充分利用固定设施和采取工艺处置措施；

（6）在上风安全区域建立指挥部，及时形成通信网络，保障调度指挥；

（7）严密监视险情，果断采取进攻及撤离行动；

（8）全面检查，彻底清理，消除隐患，安全撤离。

二、程序方法

1. 防护

（1）根据爆炸性物品毒性及划定的危险区域，确定相应的防护等级；

（2）防护等级划分标准见附录 A；

（3）防护标准见附录 B；

（4）凡在现场参与处置人员，最低防护不得低于三级。

2. 询情

（1）遇险人员情况；

（2）爆炸物质、时间、部位、形式、已扩散范围以及是否还会发生爆炸；

（3）周边单位、居民、地形、供电、火源等情况；

（4）单位的消防组织与设施；

（5）工艺处置措施、到场人员处置意见；周围可供掩蔽的设施等情况。

3. 侦检

（1）搜寻遇险人员；

（2）确定爆炸物质、范围、蔓延方向，产生的火势阶段，再次发生爆炸的可能性，对邻近和救援人员的威胁；

（3）确认设施、建（构）筑物险情；
（4）确认消防设施运行情况；
（5）确定攻防路线、阵地；
（6）现场及周边污染情况。

4. 警戒

（1）根据询情、检测情况设置警戒区域；
（2）警戒区域划分为：重危区、中危区、轻危区、安全区；
（3）设立标志，在安全区外视情设立隔离带；
（4）严格控制各区域进出人员、车辆，并逐一登记。

5. 救生

（1）组成救生小组，携带救生器材迅速进入危险区域；
（2）采取正确救助方式（佩戴救生面罩、使用固定夹具等），将所有遇险人员移至安全区域；
（3）对救出人员进行登记、标识和现场急救；
（4）将伤情较重者及时送医疗急救部门救治。

6. 控险

（1）启用泡沫、干粉、二氧化碳等固定或半固定灭火设施；
（2）选定水源、铺设水带、设置阵地、有序展开。

7. 堵漏

（1）根据现场泄漏情况，研究制定堵漏方案，并严格按照堵漏方案实施；
（2）所有堵漏行动必须采取防爆措施，确保安全；
（3）关闭前置阀门，切断泄漏源；
（4）堵漏方法见附录C。

8. 输转

采取安全措施转移受威胁的其他爆炸品。防止撞击、摩擦、明火、高热等。

9. 灭火

（1）干粉抑制法：使用车载干粉炮（枪）或干粉灭火器灭火；
（2）泡沫覆盖法：对不与水反应的物质，使用泡沫覆盖灭火；
（3）水扑救法：扑救爆炸物品堆垛时，水流应采用吊射，避免强力水流直接冲击堆垛，以免堆垛倒塌再次爆炸，直至火灾熄灭。

10. 医疗救护

（1）现场救护：
1）迅速离开现场到上风或侧风方向空气无污染处；
2）注意对呼吸道（戴防毒面具、面罩或用湿毛巾捂住口鼻）、皮肤（穿防护服）

进行防护；

3）对心跳、呼吸停止者采取心肺复苏措施，待呼吸恢复后及时吸氧；

4）脱去被污染服装，皮肤污染者，用流动清水或肥皂水彻底冲洗；眼睛污染者，用生理盐水、清水彻底冲洗；注意呼吸道是否通畅，防止窒息或阻塞；对消化道服入者应立即催吐。

（2）对症治疗；

（3）严重者送医院观察治疗。

11. 洗消

（1）在危险区与安全区交界处设立洗消站；

（2）洗消的对象：

1）轻度中毒人员；

2）重度中毒人员（在送医院治疗之前）；

3）现场医务人员；

4）消防和其他抢险人员以及群众互救人员；

5）染毒器具。

（3）洗消污水的排放必须经过环保部门的检测，以防造成次生灾害。

12. 清理

（1）残余的爆炸品专门收集后作技术处理；

（2）对污染地面用大量直流水清扫，特别是低洼、沟渠等处，确保不留残物，污水集中收集；

（3）清点人员、车辆及器材；

（4）撤除警戒，做好移交，安全撤离。

三、注意事项

（1）进入现场须正确选择行车路线、停车位置、作战阵地；

（2）切忌用砂土盖压灭火，以免增强爆炸物品爆炸时的威力；

（3）灭火人员应尽量利用现场现成的掩蔽体或尽量采用卧姿等低姿射水，尽可能地采取自我保护措施。消防车辆不要停靠离爆炸物品太近的水源；

（4）灭火人员发现有发生再次爆炸的危险时，应立即向现场指挥报告，现场指挥应迅速做出准确判断，确有发生再次爆炸征兆或危险时，应立即下达撤退命令。灭火人员看到或听到撤退信号后，应迅速撤至安全地带，来不及撤退时，应就地卧倒。

（5）慎重发布灾情和相关新闻。

注：主要参考《危险化学品应急救援必读》。

爆炸品燃烧爆炸事故扑救通则

一、战术要点

（1）遵循“救人第一，预先准备，冷却排险，慎重灭火”战术原则；

（2）合理估算兵力、装备、灭火剂，正确部署参战力量；

（3）确保重点，积极防御，防止引发二次爆炸；

（4）严格控制进入现场人员，组织抢险小组，加强行动掩护，确保人员安全；

（5）充分利用固定设施和采取工艺处置措施；

（6）在上风安全区域建立指挥部，及时形成通信网络，保障调度指挥；

（7）严密监视险情，果断采取攻防行动；

（8）全面核查、彻底清理、消除隐患、安全撤离。

二、程序与方法

1. 防护

（1）根据爆炸性物品毒性及划定的危险区域，确定相应的防护等级；

（2）防护等级划分标准见附录 A；

（3）防护标准见附录 B；

（4）凡在现场参与处置人员，最低防护不得低于三级。

2. 询情

（1）遇险人员情况；

（2）爆炸物质、时间、部位、形式、爆炸范围以及是否还会发生爆炸；

（3）周边单位、居民、地形、供电、火源等情况；

（4）单位的消防组织、水源、设施；

（5）周围可供掩蔽的设施等情况。

3. 侦察

（1）搜寻遇险人员；

（2）确定爆炸物质、范围、蔓延方向，产生的火势阶段，再次发生爆炸的可能性，对邻近和救援人员的威胁程度；

（3）确认设施、建（构）筑物险情；

（4）确认消防设施运行情况；

（5）确定攻防路线、阵地；

（6）现场及周边污染情况。

4. 警戒

（1）根据询情、侦察情况设置警戒区域；

（2）警戒区域划分为：重危区、中危区、轻危区、安全区，并设置警戒标志，在安全区视情设立隔离带；

（3）除救援人员外严格控制进出人员、车辆。

5. 救生

（1）组成救生小组，携带救生器材迅速进入现场；

（2）采取正确救助方式（佩戴救生面罩、使用固定夹具等），将所有遇险人员转移至安全区域；

（3）对救出人员进行登记和标识；

（4）将需要救治人员送医疗急救部门救治。

6. 控险

（1）启动或启用喷淋、泡沫、蒸汽等固定或半固定灭火设施；

（2）占领水源、铺设干线、设置阵地、展开战斗。

7. 输转

利用工艺措施转移受威胁的其他爆炸品。

8. 灭火

（1）灭火条件：

1）堵漏准备就绪，且有十分把握堵漏成功或堵漏已完成；

2）周围火点已彻底扑灭；

3）外围火种等危险源已全部控制；

4）着火罐已得到充分冷却；

5）兵力、装备、灭火剂已准备就绪。

（2）灭火方法：

1）干粉抑制法：视燃烧情况使用车载干粉炮、胶管干粉枪、推车式或手提式干粉灭火器、二氧化碳灭火器灭火；

2）水扑救法：扑救爆炸物品堆垛时，水流应采用吊射，避免强力水流直接冲击堆垛，以免堆垛倒塌引起再次爆炸，直至火熄灭；

3）泡沫覆盖法：对于流淌火喷射泡沫进行覆盖灭火。

9. 医疗救护

（1）现场救护：

1）迅速离开现场到上风或侧风方向空气无污染的地区；

2）注意呼吸道（戴防毒面具、面罩或用湿毛巾捂住口鼻）和皮肤（穿防护服）的防护；

3）对呼吸、心跳停止者采取心肺复苏措施，待呼吸恢复后及时输氧；

4）脱去污染服装，皮肤污染者，用流动清水或肥皂水彻底冲洗；眼睛污染者，用生理盐水、清水彻底冲洗；注意呼吸道是否通畅，防止窒息或阻塞；对消化道服入者应立即催吐。

（2）对症治疗；

（3）严重者送医院观察治疗。

10. 洗消

（1）在安全区近危险区交界处设立洗消站；

（2）洗消的对象：

1）轻度中毒人员；

2）重度中毒人员（在送医院治疗之前）；

3）现场医务人员；

4）消防和其他抢险人员以及群众互救人员；

5）抢救及染毒器具。

（3）使用相应的洗消剂；

（4）洗消污水必须通过环保部门的检测！达到排放标准后方可排放，以防造成次生灾害。

11. 清理

（1）残余的爆炸品专门收集后作技术处理；

（2）在污染地面用大量直流水清扫，特别是低洼、沟渠等处，确保不留残物，污水集中处理；

（3）清点人员、车辆及应急装备；

（4）撤除警戒，做好移交，安全撤离。

三、注意事项

（1）进入现场正确选择行车路线、停车位置、作战阵地；

（2）切忌用砂土压盖灭火，以免增强爆炸物品爆炸时的威力；

（3）灭火人员应尽量利用现场现成的掩蔽体或尽量采用卧姿等低姿射水，尽可能地采用自我保护措施。消防车辆不要停靠离爆炸物品太近的水源；

（4）灭火人员发现有发生再次爆炸的危险时，应立即向现场指挥报告，现场指挥应迅速做出准确判断，确有发生再次爆炸征兆或危险时，应立即下达撤退命令。灭火人员看到或听到撤退信号时，应迅速撤退至安全地带，来不及撤退时，应就地卧倒；

（5）确定宣传口径，慎重发布灾情及相关新闻。

注：主要参考《危险化学品应急救援必读》。

叠氮化钡泄漏、燃爆事故

1. 遇水反应

不发生反应。酸性条件下与水生成叠氮酸。

2. 泄漏处置

隔离泄漏污染区，周围设警告标志，切断火源。建议应急处理人员戴自给式呼吸器，穿化学防护服。冷却，防止震动、撞击和摩擦，小心扫起，避免扬尘，使用不产生火花的工具收集于塑料桶内，运至空旷地方引爆。如果大量泄漏，回收或待处理。

3. 燃爆与消防

（1）灭火方法及灭火剂：

灭火方法：消防人员须在防爆掩蔽处操作，遇大火切勿轻易靠近。

灭火剂：水。禁止用砂土压盖。

（2）货物着火：

1）当大火蔓延到货物时，不要灭火！可能发生爆炸！

2）至少隔离 1600m，撤离所有人员并禁止通行，任其自行燃烧。

3）切勿移动火场中的货物或开动火场内车辆。

（3）轮胎或车辆着火：

1）用大量水淹没！如果没有水，使用二氧化碳、干粉或砂土灭火。

2）如果可能并确保无危险，可使用遥控水枪或水炮远距离灭火，防止火蔓延到货物。

3）应特别注意轮胎着火，因为极容易复燃，要随时准备好灭火器。

4. 燃烧爆炸危险

（1）危险性综述：本品属爆炸品，易燃，高毒，具刺激性。

（2）燃爆特性：干燥时，接触明火、高热或受到摩擦震动、撞击时可发生爆炸。与酸反应生成爆炸性的叠氮化氢。暴露在空气中能自燃。受热分解，放出有毒的烟气。

5. 燃爆温度及燃烧（分解）产物

燃烧（分解）产物：氮氧化物（有毒）。

6. 禁止混储

干燥的形式非常不稳定。热、摩擦或震动能引起自发的分解和爆炸。与铅和其他重金属形成对震动敏感的混合物。接触钡、铁或钠将增加其爆炸的敏感性。接触酸类形成腐蚀性叠氮化氢。与氧化剂、二氧化碳反应剧烈。保持潮湿将大大降低该物质的爆炸性。

注：参考自《威利化学品禁忌手册》。

7. 隔离距离

泄漏：在泄漏区四周隔离至少500m；大量泄漏，考虑首次向四周撤离800m。

火灾：如果火场有怀疑装有炸弹或导弹等军火的槽车或拖车，应向四周隔离1600m；也可考虑首次就向四周撤离1600m；如果没有大量爆炸物质，则向现场四周撤离800m。

8. 急救措施

（1）皮肤接触：用肥皂水及清水彻底冲洗；就医。

（2）眼睛接触：立即提起眼睑，用流动清水或生理盐水冲洗至少15min；就医。

（3）吸入：迅速脱离现场至空气新鲜处。保持呼吸道通畅。如呼吸困难，给输氧。患者若虚弱或昏迷，应让其仰卧在地，抬起双脚。如呼吸停止，立即进行人工呼吸；就医。

（4）食入：给饮足量温水，催吐；就医。

2，4-二硝基苯酚（含水≥15%）泄漏、燃爆事故

1. 遇水反应

不发生反应。

2. 泄漏处置

隔离泄漏污染区，限制出入。切断火源。建议应急处理人员戴过滤式防毒面具（全面罩），穿防毒服。不要直接接触泄漏物。小量泄漏：避免扬尘，用洁净的铲子收集于干燥、洁净、有盖的容器中。也可以用大量水冲洗，洗水稀释后放入废水系统。大量泄漏：用水润湿，然后收集回收或运至废物处理场所处置。

3. 燃爆与消防

（1）灭火方法及灭火剂：

灭火方法：消防人员须佩戴防毒面具，穿全身消防服，在上风向灭火。遇大火，消防人员须在有防爆掩蔽处操作。

灭火剂：雾状水、泡沫、二氧化碳。禁止用砂土压盖。

（2）货物着火：

1）当大火蔓延到货物时，不要灭火！可能发生爆炸！

2）至少隔离1600m，撤离所有人员并禁止通行，任其自行燃烧。

3）切勿移动火场中的货物或开动火场内车辆。

（3）轮胎或车辆着火：

1）用大量水淹没！如果没有水，使用二氧化碳、干粉或砂土灭火。

2）如果可能并确保无危险，可使用遥控水枪或水炮远距离灭火，防止火蔓延到货物。

3）应特别注意轮胎着火，因为极容易复燃，要随时准备好灭火器。

4. 燃烧爆炸危险

（1）危险性综述：本品属爆炸品，易燃。有毒，对环境有危害，对水体可造成污染。

（2）燃爆特性：遇火种、高温、摩擦、震动或接触碱性物质、氧化剂均易引起爆炸。燃烧时放出有毒的刺激性烟雾。与重金属粉末能起化学反应生成金属盐，增加敏感度。粉尘在流动和搅拌时，会有静电积累。

5. 燃爆温度及燃烧（分解）产物

燃烧（分解）产物：一氧化碳、二氧化碳、氮氧化物（有毒）。

6. 禁止混储

与还原剂类、强氧化剂类、酸酐类、易燃材料接触可能导致起火和爆炸。与无水氨、强碱类和大多数金属形成爆炸性的盐类。远离脱水剂。

注：参考自《威利化学品禁忌手册》。

7. 隔离距离

泄漏：在泄漏区四周隔离至少500m；大量泄漏，考虑首次向四周撤离800m。

火灾：如果火场有怀疑装有炸弹或导弹等军火的槽车或拖车，应向四周隔离1600m；也可考虑首次就向四周撤离1600m；如果没有大量爆炸物质，则向现场四周撤离800m。

8. 急救措施

（1）皮肤接触：立即脱去污染的衣着，用大量清水彻底冲洗至少15min；就医。

（2）眼睛接触：立即提起眼睑，用大量流动清水或生理盐水彻底冲洗至少15min；就医。

（3）吸入：迅速脱离现场至空气新鲜处。保持呼吸道通畅。如呼吸困难，给输氧。如呼吸停止，立即进行人工呼吸；就医。

（4）食入：立即用水漱口，口服牛奶或蛋清；就医。

二硝基重氮酚泄漏、燃爆事故

1. 遇水反应

不发生反应。

2. 泄漏处置

隔离泄漏污染区，限制出入。切断火源。建议应急处理人员戴过滤式防毒面具（全面罩），穿防毒服。不要直接接触泄漏物。避免震动、撞击和摩擦。小量泄漏：使用无火花工具收入塑料桶内，运至空旷处引爆。大量泄漏：用水润湿，然后收集回收或运至废物处理场所处置。

3. 燃爆与消防

（1）灭火方法及灭火剂：

灭火方法：消防人员须佩戴好防毒面具，在上风向灭火。遇大火，消防人员须在防爆掩蔽处操作。

灭火剂：水。禁止用砂土覆盖。

（2）货物着火：

1）当大火蔓延到货物时，不要灭火！可能发生爆炸！

2）至少隔离 1600m，撤离所有人员并禁止通行，任其自行燃烧。

3）切勿移动火场中的货物或开动火场内车辆。

（3）轮胎或车辆着火：

1）用大量水淹没！如果没有水，使用二氧化碳、干粉或砂土灭火。

2）如果可能并确保无危险，可使用遥控水枪或水炮远距离灭火，防止火蔓延到货物。

3）应特别注意轮胎着火，因为极容易复燃，要随时准备好灭火器。

4. 燃烧爆炸危险

（1）危险性综述：本品易燃，属爆炸品。

（2）燃爆特性：干燥时，即使数量很少，如接触火焰、火花或受到震动、撞击、摩擦亦会引起分解爆炸。但其撞击感度和摩擦感度低于雷汞、叠氮化铅。火焰感度较敏感，与雷汞近似。含水 40%以上时安定性较好。该物质具有腐蚀性。

5. 燃爆温度及燃烧（分解）产物

爆燃点：180℃。

燃烧（分解）产物：一氧化碳、二氧化碳、氮氧化物（有毒）。

6. 禁止混储

与强氧化剂、强还原剂发生反应。

7. 隔离距离

泄漏：在泄漏区四周隔离至少500m；大量泄漏，考虑首次向四周撤离800m。

火灾：如果火场有怀疑装有炸弹或导弹等军火的槽车或拖车，应向四周隔离1600m；也可考虑首次就向四周撤离1600m；如果没有大量爆炸物质，则向现场四周撤离800m。

8. 急救措施

（1）皮肤接触：立即脱去被污染的衣着，用肥皂水及清水彻底冲洗；就医。

（2）眼睛接触：立即提起眼睑，用流动清水或生理盐水冲洗；就医。

（3）吸入：迅速脱离现场至空气新鲜处。保持呼吸道通畅。如呼吸困难，给输氧。如呼吸停止，立即进行人工呼吸；就医。

（4）食入：用水漱口，口服牛奶或蛋清；就医。

2，4，6-三硝基甲苯泄漏、燃爆事故

1. 遇水反应

不发生反应。可用水灭火。

2. 泄漏处置

隔离泄漏污染区，限制出入。切断火源。建议应急处理人员戴过滤式防毒面具（全面罩），穿防毒服。不要直接接触泄漏物。避免震动、撞击和摩擦。用水润湿，然后收集回收或运至废物处理场所处置，严禁设法扫除干的泄漏物。

3. 燃爆与消防

（1）灭火方法及灭火剂：

灭火方法：消防员须在防爆掩蔽处操作，遇大火切勿轻易靠近。

灭火剂：水。禁止用砂土压盖。

（2）货物着火：

1）当大火蔓延到货物时，不要灭火！可能发生爆炸！

2）至少隔离1600m，撤离所有人员并禁止通行，任其自行燃烧。

3）切勿移动火场中的货物或开动火场内车辆。

（3）轮胎或车辆着火：

1）用大量水淹没。如果没有水，使用二氧化碳、干粉或砂土灭火。

2）如果可能并确保无危险，可使用遥控水枪或水炮远距离灭火，防止火蔓延到货物。

3）应特别注意轮胎着火，因为极容易复燃，要随时准备好灭火器。

4. 燃烧爆炸危险

（1）危险性综述：本品易燃属爆炸品，有毒。

（2）燃爆特性：烈性炸药。受热、接触明火或受到摩擦、震动、撞击时可发生爆炸。大量堆积或在密闭容器中燃烧，有可能由燃烧转变为爆炸。遇碱生成不安定的爆炸物。

5. 燃爆温度及燃烧（分解）产物

爆燃点：240℃。

燃烧分解产物：一氧化碳、二氧化碳、氮氧化物（有毒）。

6. 禁止混储

光照条件下可增加对碰撞的敏感性。强氧化剂（过氧化物、硫化物等）可引起火灾。遇氨或强碱可增加对震动的敏感性。与还原剂（醇类、肼类、铁等）发生剧烈反应。与氧化性材料、可燃物、重金属、活性炭发生剧烈反应。

注：参考自《威利化学品禁忌手册》。

7. 隔离距离

泄漏：在泄漏区四周隔离至少500m；大量泄漏，考虑首次向四周撤离800m。

火灾：如果火场有怀疑装有炸弹或导弹等军火的槽车或拖车，应向四周隔离1600m；也可考虑首次就向四周撤离1600m；如果没有大量爆炸物质，则向现场四周撤离800m。

8. 急救措施

（1）皮肤接触：立即脱去污染的衣着，用肥皂水和大量清水彻底冲洗至少15min；就医。

（2）眼睛接触：立即提起眼睑，用大量流动清水或生理盐水彻底冲洗至少15min；就医。

（3）吸入：迅速脱离现场至空气新鲜处。保持呼吸道通畅。如呼吸困难，给输氧。如呼吸停止，立即进行人工呼吸；就医。

（4）食入：立即用水漱口、饮水，洗胃后口服活性炭，再给以导泻；就医。

三硝基间苯二酚铅泄漏、燃爆事故

1. 遇水反应

不发生反应。

2. 泄漏处置

隔离泄漏污染区，限制出入。切断火源。建议应急处理人员戴过滤式防毒面具（全面罩），穿防毒服。用洁净的无火花铲子收集于干燥、洁净、有盖的容器中，转移至安全场所。若大量泄漏，收集回收或运至废物处理场所处置。

3. 燃爆与消防

（1）灭火方法及灭火剂：

灭火方法：消防人员须在有防爆掩蔽处操作，遇大火切勿轻易靠近。

灭火剂：水。禁止用砂土压盖。

（2）货物着火：

1）当大火蔓延到货物时，不要灭火！可能发生爆炸！

2）至少隔离1600m，撤离所有人员并禁止通行，任其自行燃烧。

3）切勿移动火场中的货物或开动火场内车辆。

（3）轮胎或车辆着火：

1）用大量水淹没！如果没有水，使用二氧化碳、干粉或砂土灭火。

2）如果可能并确保无危险，可使用遥控水枪或水炮远距离灭火，防止火蔓延到货物。

3）应特别注意轮胎着火，因为极容易复燃，要随时准备好灭火器。

4. 燃烧爆炸危险

（1）危险性综述：本品易燃属爆炸品。有毒，对环境有严重危害，对水体可造成污染。

（2）燃爆特性：干燥时，即使数量很少，如接触火焰、火花或受到震动、撞击、摩擦亦会引起分解爆炸。

5. 燃爆温度及燃烧（分解）产物

爆燃点：260~311℃。

燃烧（分解）产物：一氧化碳、二氧化碳、氮氧化物（有毒）、氧化铅（有毒）。

6. 禁止混储

与强氧化剂发生反应。

7. 隔离距离

泄漏：在泄漏区四周隔离至少500m；大量泄漏，考虑首次向四周撤离800m。

火灾：如果火场有怀疑装有炸弹或导弹等军火的槽车或拖车，应向四周隔离1600m；也可考虑首次就向四周撤离1600m；如果没有大量爆炸物质，则向现场四周撤离800m。

8. 急救措施

（1）皮肤接触：脱去被污染的衣着，用大量清水彻底冲洗至少15min；就医。

（2）眼睛接触：立即提起眼睑，用大量流动清水或生理盐水彻底冲洗至少15min；就医。

（3）吸入：迅速脱离现场至空气新鲜处。保持呼吸道通畅。如呼吸困难，给输氧。如呼吸停止，立即进行人工呼吸；就医。

（4）食入：立即用水漱口，口服牛奶或蛋清；就医。

硝化甘油泄漏、燃爆事故

1. 遇水反应

发生反应，生成硝酸钠和甘油。

2. 泄漏处置

迅速撤离泄漏污染区人员至安全区，并进行隔离，严格限制出入。切断火源。建议应急处理人员戴自给正压式呼吸器，穿防静电工作服。不要直接接触泄漏物。避免震动、撞击和摩擦。尽可能切断泄漏源。防止进入下水道、排洪沟等限制性空间。小量泄漏：用锯末或类似材料混合吸收。也可以用大量水冲洗，洗水稀释后放入废水系统。大量泄漏：构筑围堤或挖坑收容。使用无火花工具收集回收或运至废物处理场所处置。

3. 燃爆与消防

（1）灭火方法及灭火剂：

灭火方法：消防人员须戴好防毒面具，在安全距离外，在上风向灭火。

灭火剂：雾状水、泡沫。禁止用砂土压盖。

（2）货物着火：

1）当大火蔓延到货物时，不要灭火。可能发生爆炸。

2）至少隔离1600m，撤离所有人员并禁止通行，任其自行燃烧。

3）切勿移动火场中的货物或开动火场内车辆。

（3）轮胎或车辆着火：

1）用大量水淹没。如果没有水，使用二氧化碳、干粉或砂土灭火。

2）如果可能并确保无危险，可使用遥控水枪或水炮远距离灭火，防止火蔓延到货物。

3）应特别注意轮胎着火，因为极容易复燃，要随时准备好灭火器。

4. 燃烧爆炸危险

（1）危险性综述：本品属爆炸品，易燃。

（2）燃爆特性：爆炸品。受暴冷暴热、撞击、摩擦，遇明火、高热时，均有引起爆炸的危险。与强酸接触能引起剧烈反应，引起燃烧或爆炸。

5. 燃爆温度及燃烧（分解）产物

爆燃点：218℃。

燃烧及分解产物：一氧化碳、二氧化碳、氧化氮（有毒）。

6. 禁止混储

是对热、紫外线、酸、摩擦、震动高度敏感的爆炸物。在水中分解，生成硝酸和丙三醇的爆炸性溶液。当接触臭氧或温度超过大约176℃时发生爆炸。

注：参考自《威利化学品禁忌手册》。

7. 隔离距离

泄漏：在泄漏区四周隔离至少500m；大量泄漏，考虑首次向四周撤离800m。

火灾：如果火场有怀疑装有炸弹或导弹等军火的槽车或拖车，应向四周隔离1600m；也可考虑首次就向四周撤离1600m；如果没有大量爆炸物质，则向现场四周撤离800m。

8. 急救措施

（1）皮肤接触：立即脱去污染的衣着，用肥皂水及清水彻底冲洗。

（2）眼睛接触：立即提起眼睑，用流动清水彻底冲洗。

（3）吸入：迅速脱离现场至空气新鲜处。保持呼吸道通畅。如呼吸困难，给输氧。如呼吸停止，立即进行人工呼吸；就医。

（4）食入：给饮大量温水，催吐，洗胃，导泻；就医。

硝基脲泄漏、燃爆事故

1. 遇水反应

不发生反应。

2. 泄漏处置

隔离泄漏污染区，限制出入。建议应急处理人员戴过滤式防毒面具（全面罩），穿防毒服。避免震动、撞击和摩擦。小量泄漏：使用无火花工具收集于干燥、洁净、有盖的容器中。运至空旷处引爆。也可以用大量水冲洗，洗水稀释后放入废水系统。大量泄漏：在专家指导下清除。

3. 燃爆与消防

（1）灭火方法及灭火剂：

灭火方法：消防人员须佩戴空气呼吸器，穿全身消防服，在上风向安全距离外施救。

灭火剂：雾状水、二氧化碳、泡沫。禁止用砂土盖压。

（2）货物着火：

1）当大火蔓延到货物时，不要灭火！可能发生爆炸！

2）至少隔离1600m，撤离所有人员并禁止通行，任其自行燃烧。

3）切勿移动火场中的货物或开动火场内车辆。

（3）轮胎或车辆着火：

1）用大量水淹没！如果没有水，使用二氧化碳、干粉或砂土灭火。

2）如果可能并确保无危险，可使用遥控水枪或水炮远距离灭火，防止火蔓延到货物。

3）应特别注意轮胎着火，因为极容易复燃，要随时准备好灭火器。

4. 燃烧爆炸危险

（1）危险性综述：本品易燃，属爆炸品，具刺激性。

（2）燃爆特性：遇高热或猛撞有引起燃烧爆炸的危险。

5. 燃爆温度及燃烧（分解）产物

爆燃点：180℃。

燃烧（分解）产物：氮氧化物（有毒）。

6. 禁止混储

与强氧化剂、易燃或可燃物、硫、磷发生反应。

注：参考自《威利化学品禁忌手册》。

7. 隔离距离

泄漏：在泄漏区四周隔离至少500m；大量泄漏，考虑首次向四周撤离800m。

火灾：如果火场有怀疑装有炸弹或导弹等军火的槽车或拖车，应向四周隔离1600m；也可考虑首次就向四周撤离1600m；如果没有大量爆炸物质，则向现场四周撤离800m。

8. 急救措施

（1）皮肤接触：立即脱去被污染的衣着，用肥皂水及清水彻底冲洗。

（2）眼睛接触：立即提起眼睑，用流动清水或生理盐水冲洗至少15min；就医。

（3）吸入：迅速脱离现场至空气新鲜处。保持呼吸道通畅。如呼吸困难，给输氧。如呼吸停止，立即进行人工呼吸；就医。

（4）食入：给饮足量温水，催吐；就医。

第 2 章　压缩气体和液化气体

压缩气体和液化气体泄漏事故扑救通则

一、战术要点

（1）遵循“疏散救人，划定区域，有序处置，确保安全”的战术原则；

（2）控制、消除一切可能引发爆炸的危险源；

（3）严格控制进入现场人员，组织精干力量，做好安全防护和行动掩护；

（4）正确选择行车路线、进攻方向和部署参战力量；

（5）充分利用固定设施和采取工艺措施进行处置；

（6）在上风、侧上风等安全区域内建立指挥部，利用通讯、广播等手段，保障调度指挥；

（7）严密监视险情，果断采取进攻及撤离行动；

（8）全面检查，彻底清理，消除隐患，做好移交。

二、程序方法

1. 防护

（1）根据泄漏气体的毒性及划定的危险区域，确定相应的防护等级；

（2）防护等级划分标准见附录 A；

（3）防护标准见附录 B；

（4）凡在现场参与处置人员，最低防护不得低于三级。

2. 询情

（1）遇险人员情况；

（2）容器储量、泄漏量、泄漏时间、部位、形式、扩散范围；

（3）周边单位、居民、地形、电源、火源等情况；

（4）消防设施、工艺措施、到场人员、处置意见。

3. 侦检

（1）搜寻遇险人员；

（2）使用 MX21、MX2100 有毒气体探测仪、EX2000、EX3000 可燃气体检测仪测定泄漏浓度、扩散范围；

（3）测定风向、风速等气象数据；

（4）确认设施、建（构）筑物险情及可能引发爆炸的各种危险源；

（5）确认消防设施运行情况；

（6）确定攻防路线、阵地；

（7）现场及周边污染情况。

4. 警戒

（1）根据询情、侦检情况设置警戒区域；

（2）将警戒区域划分为：重危区、中危区、轻危区、安全区，并设立警戒标志，在安全区外视情况设立隔离带；

（3）合理设置出入口，严格控制各区域进出的人员、车辆、物资，并进行安全检查、逐一登记；

（4）禁止一切点火源进入危险区（如手机、对讲机、非防爆手电筒等）。

5. 救生

（1）组成救生小组，携带救生器材迅速进入现场；

（2）采取正确救助方式，将所有遇险人员移至安全区域；

（3）对救出人员进行登记、标识和现场急救；

（4）将伤情较重者及时送交医疗急救部门救治。

6. 控险

（1）启用喷淋、泡沫、蒸气等固定、半固定灭火设施；

（2）选定水源、铺设水带、设置阵地、有序展开；

（3）铺设水幕水带，设置水幕，稀释、降低泄漏物浓度，或设置蒸气幕；

（4）采用雾状射流形成水幕墙，防止泄漏物向重要目标或危险源扩散；

（5）对处置人员落实梯队水枪掩护。

7. 堵漏

（1）根据现场泄漏情况，研究制定堵漏方案，并严格按照堵漏方案实施；

（2）所有堵漏行动必须采取防爆措施，确保安全；

（3）关闭前置阀门，切断泄漏源；

（4）根据泄漏情况，可向罐内适量注水，抬高液位，形成水垫层，缓解险情，配合堵漏；

（5）堵漏方法见附录 C。

8. 输转

（1）利用工艺措施导流或倒罐；

（2）转移受火势威胁的瓶（罐、桶）。

9. 点燃

（1）原则：

遇到下列情况时采用：

1）泄漏扩散将会引起更严重灾害性后果；

2）顶部受损泄漏，堵漏无效；

3）槽车在人员密集区泄漏，无法转移和堵漏；

4）泄漏浓度有限（浓度小于爆炸下限30%）、范围较小。

（2）准备：

1）确认危险区域内人员撤离；

2）灭火、掩护、冷却等防范措施准备就绪；

3）现场设有或安装排空火炬。

（3）方法：

1）铺设导火索（绳）点燃，在安全区内操作；

2）使用长竿点燃（在上风方向，穿着避火服，水枪掩护等，仅适用放空点燃）；

3）抛射火种点燃（在上风方向，安全区内使用信号枪、曳光弹等操作）；

4）使用电打火器点燃（安全区内操作）。

10. 医疗救护

（1）现场救护：

1）迅速离开现场到上风或侧风方向空气无污染处；

2）注意对呼吸道（戴防毒面具、面罩或用湿毛巾捂住口鼻）、皮肤（穿防护服）进行防护；

3）对心跳、呼吸停止者立即进行心肺复苏措施，同时吸氧；

4）脱去污染服装，皮肤污染者，用流动清水或肥皂水彻底冲洗；眼睛污染者，用生理盐水、清水彻底冲洗；注意呼吸道是否通畅，防止窒息或阻塞；对消化道服入者应立即催吐。

（2）对症治疗：

1）液体接触易引起冻伤，如发生冻伤按冻伤处理；

2）如有烧伤按烧伤治疗，皮肤用烧伤敷料处理；

3）对呼吸抑制者可用呼吸兴奋剂治疗，但禁用吗啡。

（3）对症状未缓解者送医院继续观察治疗。

11. 洗消

（1）在危险区与安全区交界处搭建移动式洗消帐篷，设立洗消站；

（2）洗消的对象：

1）轻度中毒人员；

2）重度中毒人员（在送医院治疗之前）；

3）现场医务人员；

4）消防和其他抢险人员以及群众互救人员；

5）染毒的救援器具。

（3）洗消污水的排放必须经过环保部门的检测，以防造成次生灾害。

12. 清理

（1）用喷雾水、蒸气、惰性气体清扫现场内事故罐、管道、顶棚、角落、沟渠等处，确保不留残液；

（2）清点人员、车辆及器材；

（3）撤除警戒，做好移交，安全撤离。

三、注意事项

（1）进入现场须正确选择行车路线、停车位置、作战阵地；

（2）一切处置行动自始至终必须严防引发爆炸；

（3）严禁处置人员在泄漏区域内下水道等地下空间顶部、井口处滞留；

（4）进入危险区的处置人员必须做好严格的气密性防护；

（5）注意风向变换，适时调整部署；

（6）慎重发布灾情和相关新闻。

注：主要参考《危险化学品应急救援必读》。

压缩气体和液化气体燃烧爆炸事故扑救通则

一、战术要点

（1）遵循“冷却抑爆，控制燃烧，止漏排险，慎重灭火”战术原则；

（2）在上风、侧上风等安全区域内建立指挥部，利用通讯、广播等手段，保障调度指挥；

（3）准确判断，确保重点，加强冷却，防止再次爆炸；

（4）关阀堵漏，转料放空，控制险情；

（5）险情突变，危及安全，果断撤离，避免伤亡；

（6）充分准备，适时灭火；

（7）全面检查，彻底清理，消除隐患，做好移交。

二、程序方法

1. 防护

（1）根据泄漏气体的毒性及划定的危险区域，确定相应的防护等级；

（2）防护等级划分标准见附录 A；

（3）防护标准见附录 B；

（4）凡在现场参与处置人员，最低防护不得低于三级。

2. 询情

（1）遇险人员情况；

（2）容器储量、燃烧时间、部位、形式、火势范围；

（3）周边单位、居民、地形等情况；

（4）消防设施、工艺措施、到场人员、处置意见。

3. 侦察

（1）搜寻遇险人员；

（2）燃烧部位、形式、范围、对毗邻威胁程度等；

（3）消防设施运行情况；

（4）生产装置、控制系统、建（构）筑物损坏程度；

（5）确定主攻方向及攻防路线、阵地。

4. 警戒

（1）根据询情、侦察情况设置警戒区域；

（2）将警戒区域划分为：重危区、中危区、轻危区和安全区，并设立警戒标志，在安全区外视情况设立隔离带；

（3）合理设置出入口，控制各区域进出的人员、车辆、物资；

（4）禁止一切点火源进入危险区。

5. 救生

（1）组成救生小组，携带救生器材迅速进入现场；

（2）采取正确救助方式，将所有遇险人员移至安全区域；

（3）对救出人员进行登记、标识和现场急救；

（4）将伤情较重者及时送交医疗急救部门救治。

6. 控险

（1）启用喷淋、泡沫、蒸气等固定或半固定灭火设施；

（2）选定水源、铺设水带、设置阵地、有序展开；

（3）铺设水幕水带，设置水幕，稀释、降低泄漏物浓度。

7. 冷却

（1）冷却燃烧罐及与其相邻的储罐，重点应是受火势威胁的一面；

（2）冷却要均匀、不间断；

（3）冷却尽可能利用固定式水炮、带架水枪、自动摇摆水炮（枪）和遥控移动炮；

（4）冷却强度应不小于计算强度。

8. 排险

（1）外围灭火；

向泄漏点、主火点进攻之前，必须将外围火点彻底扑灭；

（2）堵漏：

1）根据现场泄漏情况，研究制定堵漏方案，并严格按照堵漏方案实施；

2）所有堵漏行动必须采取防爆措施，确保安全；

3）关闭前置阀门，切断泄漏源；

4）根据泄漏情况，可向罐内适量注水，抬高液位，形成水垫层，缓解险情，配合堵漏；

5）堵漏方法见附录C。

（3）输转：

利用工艺措施倒罐或排空。

（4）点燃：

当罐内气压减小，火焰自动熄灭，或火焰被冷却水流扑灭，但还有气体扩散且无法实施堵漏，仍能造成危害时，要果断采取点燃措施。

1）原则：

遇到下列情况时采用：

a）泄漏扩散将会引起更严重灾害性后果；

b）顶部受损泄漏，堵漏无效；

c）槽车在人员密集区泄漏，无法转移和堵漏；

d）泄漏浓度有限（浓度小于爆炸下限30%）、范围较小。

2）准备：

a）确认危险区域内人员撤离；

b）灭火、掩护、冷却等防范措施准备就绪；

c）现场设有或安装排空火炬。

3）方法：

a）铺设导火索（绳）点燃，在安全区内操作；

b）使用长竿点燃（在上风方向，穿着避火服，水枪掩护等，仅适用放空点燃）；

c）抛射火种点燃（在上风方向，安全区内使用信号枪、曳光弹等操作）；

d）使用电打火器点燃（安全区内操作）。

9. 灭火

（1）灭火条件：

1）周围火点已彻底扑灭；

2）外围火种等危险源已全部控制；

3）着火罐已得到充分冷却；

4）兵力、装备、灭火剂已准备就绪；

5）物料源已被切断，且内部压力明显下降；

6）堵漏准备就绪，有把握在短时间内完成。

（2）灭火方法：

1）关阀断气法：关闭阀门，切断气源，自行熄灭；

2）干粉抑制法：视燃烧情况使用车载干粉炮、胶管干粉枪、推车式或手提式干粉灭火器灭火；

3）水流切封法：采用多支水枪并排或交叉形成密集水流面，集中对准火焰根部下方未燃烧的物质射水，同时向火头方向逐渐移动，隔断火焰与空气的接触使火熄灭；

4）泡沫覆盖法：对于流淌火喷射泡沫进行覆盖灭火；

5）旁通注入法：将卤代烷、惰性气体等灭火剂在喷口前的管道旁通处注入灭火。

10. 医疗救护

（1）现场救护：

1）迅速离开现场到上风或侧风方向空气无污染处；

2）注意对呼吸道（戴防毒面具、面罩或用湿毛巾捂住口鼻）、皮肤（穿防护服）进行防护；

3）对心跳、呼吸停止者立即进行人工呼吸以及心肺复苏措施，同时吸氧；

4）脱去污染服装。皮肤污染者，用流动清水或肥皂水彻底冲洗；眼睛污染者，用生理盐水、清水彻底冲洗；注意呼吸道是否通畅，防止窒息或阻塞；对消化道服入者应立即催吐。

（2）对症治疗：

1）液体接触易引起冻伤，如发生冻伤按冻伤处理；

2）如有烧伤按烧伤治疗，皮肤用烧伤敷料处理；

3）对呼吸抑制者可用呼吸兴奋剂治疗，但禁用吗啡。

（3）对症状未缓解者送医院继续观察治疗。

11. 洗消

（1）在危险区与安全区交界处搭建移动式洗消帐篷，设立洗消站；

（2）洗消的对象：

1）轻度中毒人员；

2）重度中毒人员（在送医院治疗之前）；

3）现场医务人员；

4）消防和其他抢险人员以及群众互救人员；

5）染毒的救援器具。

（3）使用相应的洗消药剂；

（4）洗消污水必须通过环保部门的检测！达到排放标准后方可排放，以防造成次生灾害。

12. 清理

（1）用喷雾水、蒸气、惰性气体清扫现场内事故罐、管道、顶棚、角落、沟、渠等处，确保不留残气；

（2）清点人员、车辆及应急装备；

（3）撤除警戒，做好移交，安全撤离。

三、注意事项

（1）正确选择行车路线、停车位置、作战阵地；

（2）不准盲目扑灭火源，防止引发再次爆炸；

（3）冷却时严禁向火焰喷射口射水，防止燃烧加剧；

（4）当储罐火灾现场出现罐体震颤、啸叫、火焰由黄变白、温度急剧升高等爆炸征兆时，指挥员应果断下达紧急避险命令，参战人员迅即撤出或隐蔽；

（5）严禁处置人员在泄漏区域内下水道等地下空间顶部、井口处滞留；

（6）严密监视气体扩散情况，防止火势扩大蔓延；

（7）注意风向变换，适时调整部署；

（8）慎重发布灾情和相关新闻。

注：主要参考《危险化学品应急救援必读》。

氨气泄漏、燃爆事故

1. 遇水反应

发生反应，生成一水合氮。

2. 泄漏处置

迅速撤离泄漏污染区人员至上风处，并隔离直至气体散尽，切断火源。建议应急处理人员戴正压自给式呼吸器，穿厂商特别推荐的化学防护服（完全隔离）。切断气源，高浓度泄漏区，喷含盐酸的雾状水中和、稀释、溶解，然后抽排（室内）或强力通风（室外）。也可以将残余气或漏出气用排风机送至水洗塔或与塔相连的通风橱内。漏气容器不能再用，且要经过技术处理以清除可能剩下的气体。储区（罐）最好设稀酸喷洒（雾）设施。

3. 燃爆与消防

（1）灭火方法及灭火剂：

灭火方法：消防人员必须佩戴空气呼吸器，穿全身防火防毒服，在上风向灭火。切断气源。若不能切断气源，则不允许熄灭泄漏处的火焰。喷水冷却容器，在确保安全的情况下将容器从火场移至空旷处。

灭火剂：小火，用抗溶性泡沫、二氧化碳、砂土灭火；大火，用雾状水灭火。

（2）储罐着火：

1）尽可能远距离灭火或用遥控水枪或水炮灭火。

2）用大量水冷却盛有危险品的容器，直到火完全熄灭。

3）切勿对泄漏源或安全阀直接喷水，防止产生冰冻。

4）如果容器的安全阀发出响声或储罐变色，应迅速撤离。

5）切记远离被大火吞没的储罐。

4. 燃烧爆炸危险

（1）危险性综述：本品易燃，有毒，具刺激性，对环境有严重危害，对水体、土壤和大气可造成污染。

（2）燃爆特性：与空气混合能形成爆炸性混合物。遇明火、高热能引起燃烧爆炸。若遇高热，容器内压增大，有开裂和爆炸的危险。

5. 燃爆温度及燃烧（分解）产物

引燃温度：651℃。

燃烧（分解）产物：氮氧化物（有毒气体）。

6. 禁止混储

与强氧化剂类、酸类（硝酸、盐酸、硫酸、苦味酸、氢溴酸、亚氯酸等）发生剧烈反应。与锑、氯、锗化合物、卤素、重金属、碳氢化合物类、氧化汞、银化合物（叠氮化合物、氯化物类、硝酸盐类、氧化物类）形成对震动、温度和压力敏感的化合物。接触乙醛、丙烯醛、醛类、环氧烷烃类、氨基化合物类、锑、硼、卤化硼类、三碘化硼、溴、氯化溴、氯酸、氯、一氧化氯、*o*–氯硝基苯、1–氯–2，4–二硝基苯、氯代硅烷、氯代三聚氰胺、三氧化铬、铬酰氯、表氯醇、氟、六氯代三聚氰胺、次氯酸盐类（不可将氨与家用液态漂白剂混合）、碘、异氰酸酯类、汞、四氧化氮、三氧化氮、硝酰氯、有机酸酐类、三氧化二磷、铂、银、氯酸钾、铁氰化钾、氰化汞钾、氯化银、锑化三氢、卤化碲、五氯化氢碲、四甲基铵氨化物、三甲基铵氨化物、二氟化三氧、乙酸乙烯基酯时可能导致起火和/或爆炸。浸蚀一些布品、塑料和橡胶，浸蚀铜、黄铜、青铜、铝、钢及其合金。

注：参考自《威利化学品禁忌手册》。

7. 隔离距离

泄漏：首次隔离距离至少30m；考虑下风向撤离距离为0.1km；大量泄漏：首次隔离距离至少60m；考虑下风向撤离距离白天为0.6km，夜晚为2.2km；

火灾：如果火场中有储罐、槽车、罐车时，应向四周隔离1600m；也可考虑首次就向四周撤离1600m。

8. 急救措施

（1）皮肤接触：立即脱去污染的衣着，应用2%硼酸液或大量清水彻底冲洗；就医。

（2）眼睛接触：立即提起眼睑，用大量流动清水或生理盐水彻底冲洗至少15min；就医。

（3）吸入：迅速脱离现场至空气新鲜处。保持呼吸道通畅。如呼吸困难，给输氧。如呼吸停止，立即进行人工呼吸；就医。

八氟异丁烯泄漏、燃爆事故

1. 遇水反应

不发生反应，可用雾状水灭火。

2. 泄漏处置

迅速撤离泄漏污染区人员至上风处，并进行隔离，严格限制出入。建议应急处理人员戴自给正压式呼吸器，穿防毒服。尽可能切断泄漏源。合理通风，加速扩散。如有可能，将漏气的容器移至空旷处，注意通风。漏气容器要妥善处理，修复、检验后再用。

3. 燃爆与消防

（1）灭火方法及灭火剂：

灭火方法：消防人员必须佩戴过滤式防毒面具（全面罩）或隔离式呼吸器、穿全身防火防毒服，在上风向灭火。迅速切断气源，用水喷淋保护切断气源的人员，然后根据着火原因选择适当灭火剂灭火。尽可能将容器从火场移至空旷处。喷水保持火场容器冷却，直至灭火结束。

灭火剂：雾状水。

（2）储罐着火：

1）尽可能远距离灭火或用遥控水枪或水炮灭火。

2）用大量水冷却盛有危险品的容器，直到火完全熄灭。

3）切勿对泄漏源或安全阀直接喷水，防止产生冰冻。

4）如果容器的安全阀发出响声或储罐变色，应迅速撤离。

5）切记远离被大火吞没的储罐。

4. 燃烧爆炸危险

（1）危险性综述：本品不燃，剧毒。

（2）燃爆特性：不燃。接触空气或在光照条件下可生成具有潜在爆炸危险性的过氧化物。

5. 燃爆温度及燃烧（分解）产物

燃烧（分解）产物：氟化物（有毒）。

6. 禁止混储

与强氧化剂、强还原剂、强酸反应。

7. 隔离距离

泄漏：作为紧急预防措施，应在泄漏区四周隔离至少 100m；大量泄漏，首先考虑下风向撤离至少 500m；

火灾：如果火场中有储罐、槽车时，应向四周隔离 800m；也可考虑首次就向四周撤离 800m。

注：参考自《危险化学品应急救援指南》。

8. 急救措施

（1）皮肤接触：如果发生冻伤，将患部浸泡于 38~42℃温水中恢复、不要涂擦。如有不适，就医。

（2）眼睛接触：提起眼睑，用流动清水或生理盐水冲洗；就医。

（3）吸入：迅速脱离现场至空气新鲜处。保持呼吸道通畅。如呼吸困难，给输氧。如呼吸停止，立即进行人工呼吸；就医。

丙炔泄漏、燃爆事故

1. 遇水反应

不发生反应。

2. 泄漏处置

迅速撤离泄漏污染区人员至上风处，并进行隔离，严格限制出入。切断火源。建议应急处理人员戴自给正压式呼吸器，穿防静电工作服。尽可能切断泄漏源。用工业覆盖层或吸附 / 吸收剂盖住泄漏点附近的下水道等地方，防止气体进入。合理通风，加速扩散。喷雾状水稀释、溶解。构筑围堤或挖坑收容产生的大量废水。如有可能，将漏出气用排风机送至空旷地方或装设适当喷头烧掉。漏气容器要妥善处理，修复、检验后再用。

3. 燃爆与消防

（1）灭火方法及灭火剂：

灭火方法：消防人员须穿全身防火防毒服，佩戴空气呼吸器，在上风向灭火。切断气源，若不能切断气源，则不允许熄灭泄漏处的火焰。尽可能将容器从火场移至空旷处。喷水保持火场容器冷却，直至灭火结束。

灭火剂：小火，泡沫、干粉、二氧化碳；大火，雾状水。

（2）储罐着火：

1）尽可能远距离灭火或用遥控水枪或水炮灭火。

2）用大量水冷却盛有危险品的容器，直到火完全熄灭。

3）切勿对泄漏源或安全阀直接喷水，防止产生冰冻。

4）如果容器的安全阀发出响声或储罐变色，应迅速撤离。

5）切记远离被大火吞没的储罐。

6）对于燃烧剧烈的大火，使用遥控水枪或水炮远距离灭火；否则撤离火场并任其燃烧。

4. 燃烧爆炸危险

（1）危险性综述：本品易燃，具刺激性。

（2）燃爆特性：蒸气能与空气形成爆炸性混合物，遇明火、高热能引起燃烧爆炸。

5. 燃爆温度及燃烧（分解）产物

燃烧（分解）产物：一氧化碳、二氧化碳。

6. 禁止混储

能够形成不稳定过氧化物。强氧化剂类可能导致起火和爆炸。与强氧化剂类发生剧烈反应。与铜、镁、银及其合金形成对震动敏感的化合物。温度高于 95℃时可能导致储存容器爆炸。操作设备不能使用含铜高于 63% 的铜合金。浸蚀一些塑料、橡胶和布品。

注：参考自《威利化学品禁忌手册》。

7. 隔离距离

泄漏：在泄漏区四周隔离至少 100m；大量泄漏，首先考虑下风向撤离至少 800m；

火灾：如果火场中有储罐、槽车时，应向四周隔离 1600m；也可考虑首次就向四周撤离 1600m。

8. 急救措施

（1）皮肤接触：如果发生冻伤，用温水（38~42℃）复温，忌用热水或辐射热，不要揉搓；就医。

（2）眼睛接触：提起眼睑，用流动清水或生理盐水冲洗；就医。

（3）吸入：迅速脱离现场至空气新鲜处。保持呼吸道通畅。如呼吸困难，给输氧。如呼吸停止，立即进行人工呼吸；就医。

丙烷泄漏、燃爆事故

1. 遇水反应

不发生反应。

2. 泄漏处置

撤离泄漏污染区人员至上风处，并进行隔离。切断火源。建议应急处理人员戴自给正压式呼吸器，穿防静电工作服。尽可能切断泄漏源。用工业覆盖层或吸附/吸收剂盖住泄漏点附近的下水道等地方，防止气体进入。合理通风，加速扩散。喷雾状水稀释、溶解。漏气容器要妥善处理，修复、检验后再用。切断气源，若不能立即切断气源，则不允许熄灭正在燃烧的气体。喷水冷却容器。

3. 燃爆与消防

（1）灭火方法及灭火剂：

灭火方法：消防人员须穿全身防火防毒服，佩戴空气呼吸器。切断气源。若不能切断气源，则不允许熄灭泄漏处的火焰。喷水冷却容器，在确保安全的情况下将容器从火场移至空旷处。

灭火剂：小火，泡沫、二氧化碳、干粉；大火，雾状水、水幕。

（2）储罐着火：

1）尽可能远距离灭火或用遥控水枪或水炮灭火。

2）用大量水冷却盛有危险品的容器，直到火完全熄灭。

3）切勿对泄漏源或安全阀直接喷水，防止产生冰冻。

4）如果容器的安全阀发出响声或储罐变色，应迅速撤离。

5）切记远离被大火吞没的储罐。

6）对于燃烧剧烈的大火，使用遥控水枪或水炮远距离灭火；否则撤离火场并任其燃烧。

4. 燃烧爆炸危险

（1）危险性综述：本品极易燃，有毒。

（2）燃爆特性：易燃，与空气混合能形成爆炸性混合物。遇热源和明火有燃烧爆炸的危险。与氧化剂接触猛烈反应。气体比空气重，能在较低处扩散到相当远的地方，遇火源会着火回燃。

5. 燃爆温度及燃烧（分解）产物

引燃温度：450℃。

燃烧（分解）产物：一氧化碳、二氧化碳。

6. 禁止混储

与过氧化钡、二氧化氯、一氧化二氯、氟等强氧化剂剧烈反应。液体浸蚀塑料、橡胶和棉织品。可积聚静电荷，并引起其蒸气燃烧。

注：参考自《威利化学品禁忌手册》。

7. 隔离距离

泄漏：在泄漏区四周隔离至少100m；大量泄漏，首先考虑下风向撤离至少800m；

火灾：如果火场中有储罐、槽车时，应向四周隔离1600m；也可考虑首次就向四周撤离1600m。

8. 急救措施

（1）皮肤接触：如发生冻伤，用温水（38~42℃）复温，忌用热水或辐射热，不要揉搓；就医。

（2）眼睛接触：提起眼睑，用流动清水或生理盐水冲洗；就医。

（3）吸入：迅速脱离现场至空气新鲜处。保持呼吸道通畅。如呼吸困难，给输氧。如呼吸停止，立即进行人工呼吸；就医。

丙烯泄漏、燃爆事故

1. 遇水反应

不发生反应。

2. 泄漏处置

切断火源。尽可能切断泄漏源。合理通风，加速扩散。喷雾状水稀释、溶解。漏气容器要妥善处理，修复、检验后再用。切断气源，若不能切断气源，则不允许熄灭泄漏处的火焰。喷水冷却容器。

3. 燃爆与消防

（1）灭火方法及灭火剂：

灭火方法：消防人员须穿全身防火防毒服，佩戴空气呼吸器，在上风向灭火。切断气源。若不能切断气源，则不允许熄灭泄漏处的火焰。喷水冷却容器，在确保安全的情况下将容器从火场移至空旷处。

灭火剂：小火，泡沫、干粉、二氧化碳；大火，雾状水。

（2）储罐着火：

1）尽可能远距离灭火或用遥控水枪或水炮灭火。

2）用大量水冷却盛有危险品的容器，直到火完全熄灭。

3）切勿对泄漏源或安全阀直接喷水，防止产生冰冻。

4）如果容器的安全阀发出响声或储罐变色，应迅速撤离。

5）切记远离被大火吞没的储罐。

6）对于燃烧剧烈的大火，使用遥控水枪或水炮远距离灭火；否则撤离火场并任其燃烧。

4. 燃烧爆炸危险

（1）危险性综述：本品易燃，对环境有危害，对水体、土壤和大气可造成污染。

（2）燃爆特性：易燃，与空气混合能形成爆炸性混合物。遇热源和明火有燃烧爆炸的危险。气体比空气重，能在较低处扩散到相当远的地方，遇火源会着火回燃。

5. 燃爆温度及燃烧（分解）产物

引燃温度：455℃。

燃烧（分解）产物：一氧化碳、二氧化碳。

6. 禁止混储

能够形成可聚合的不稳定过氧化物。与强氧化剂、三氟甲基次氟酸盐、氟化物、氯和多种其他化合物剧烈反应。与氢氧化铵不相容。与氮氧化物形成爆炸性的物质。可积聚静电荷，其蒸气可起火。

注：参考自《威利化学品禁忌手册》。

7. 隔离距离

泄漏：在泄漏区四周隔离至少 100m；大量泄漏，首先考虑下风向撤离至少 800m；

火灾：如果火场中有储罐、槽车时，应向四周隔离 1600m；也可考虑首次就向四周撤离 1600m。

注：参考自《危险化学品应急救援指南》。

8. 急救措施

（1）皮肤接触：如发生冻伤，用温水（38~42℃）复温，忌用热水或辐射热，不要揉搓；就医。

（2）眼睛接触：提起眼睑，用流动清水或生理盐水冲洗；就医。

（3）吸入：迅速脱离现场至空气新鲜处。保持呼吸道通畅。如呼吸困难，给输氧。如呼吸停止，立即进行人工呼吸；就医。

1– 丁炔泄漏、燃爆事故

1. 遇水反应

不发生反应。

2. 泄漏处置

迅速撤离泄漏污染区人员至上风处，并进行隔离，严格限制出入。切断火源。建议应急处理人员戴自给正压式呼吸器，穿防静电工作服。尽可能切断泄漏源。合理通风，加速扩散。喷雾状水稀释。构筑围堤或挖坑收容产生的大量废水。如有可能，将漏出气用排风机送至空旷地方或装设适当喷头烧掉。漏气容器要妥善处理，修复、检验后再用。

3. 燃爆与消防

（1）灭火方法及灭火剂：

灭火方法：消防人员须穿全身防火防毒服，佩戴空气呼吸器，在上风向灭火。切断气源。若不能切断气源，则不允许熄灭泄漏处的火焰。喷水冷却容器，在确保安全的情况下将容器从火场移至空旷处。

灭火剂：小火，泡沫、二氧化碳、干粉；大火，雾状水。

（2）储罐着火：

1）尽可能远距离灭火或用遥控水枪或水炮灭火。

2）用大量水冷却盛有危险品的容器，直到火完全熄灭。

3）切勿对泄漏源或安全阀直接喷水，防止产生冰冻。

4）如果容器的安全阀发出响声或储罐变色，应迅速撤离。

5）切记远离被大火吞没的储罐。

6）对于燃烧剧烈的大火，使用遥控水枪或水炮远距离灭火；否则撤离火场并任其燃烧。

4. 燃烧爆炸危险

（1）危险性综述：本品易燃，具刺激性。

（2）燃爆特性：与空气混合能形成爆炸性混合物。遇热、明火或强氧化剂有燃烧爆炸的危险。本品易聚合，只有经过稳定化处理才允许储运。气体比空气重，能在较低处扩散到相当远的地方，遇火源会着火回燃。

5. 燃爆温度及燃烧（分解）产物

燃烧（分解）产物：一氧化碳、二氧化碳。

6. 禁止混储

与强氧化剂、卤素、氯代烃发生反应。

7. 隔离距离

泄漏：在泄漏区四周隔离至少 100m；大量泄漏，首先考虑下风向撤离至少 800m；

火灾：如果火场中有储罐、槽车时，应向四周隔离 1600m；也可考虑首次就向四周撤离 1600m。

注：参考自《危险化学品应急救援指南》。

8. 急救措施

（1）皮肤接触：立即脱去污染的衣着，用大量清水彻底冲洗至少 15min；就医。

（2）眼睛接触：立即提起眼睑，用大量流动清水或生理盐水彻底冲洗至少 15min；就医。

（3）吸入：迅速脱离现场至空气新鲜处。保持呼吸道通畅。如呼吸困难，给输氧。如呼吸停止，立即进行人工呼吸；就医。

1– 丁烯泄漏、燃爆事故

1. 遇水反应

不发生反应。

2. 泄漏处置

切断泄漏源。合理通风，加速扩散。喷雾状水稀释。漏气容器要妥善处理，修复、检验后再用。切断气源，若不能切断气源，则不允许熄灭泄漏处的火焰。喷水冷却容器。

3. 燃爆与消防

（1）灭火方法及灭火剂：

灭火方法：消防人员须穿全身防火防毒服，佩戴空气呼吸器，在上风向灭火。切断气源。若不能切断气源，则不允许熄灭泄漏处的火焰。喷水冷却容器，在确保安全的情况下将容器从火场移至空旷处。

灭火剂：小火，泡沫、干粉、二氧化碳；大火，雾状水。

（2）储罐着火：

1）尽可能远距离灭火或用遥控水枪或水炮灭火。

2）用大量水冷却盛有危险品的容器，直到火完全熄灭。

3）切勿对泄漏源或安全阀直接喷水，防止产生冰冻。

4）如果容器的安全阀发出响声或储罐变色，应迅速撤离。

5）切记远离被大火吞没的储罐。

6）对于燃烧剧烈的大火，使用遥控水枪或水炮远距离灭火；否则撤离火场并任其燃烧。

4. 燃烧爆炸危险

（1）危险性综述：本品易燃，对环境有危害，对水体、土壤和大气可造成污染。

（2）燃爆特性：易燃，与空气混合能形成爆炸性混合物。遇热源和明火有燃烧爆炸的危险。若遇高热，可发生聚合反应，放出大量热量而引起容器破裂和爆炸事故。

5. 燃爆温度及燃烧（分解）产物

自燃温度：385℃。

燃烧（分解）产物：一氧化碳、二氧化碳。

6. 禁止混储

与强氧化剂发生剧烈反应，能够形成不稳定过氧化物，可以聚合。与酸、卤素、硼氢化铝、氮氧化物不相容。可积累静电荷，其蒸气可引起燃烧。

注：参考自《威利化学品禁忌手册》。

7. 隔离距离

泄漏：在泄漏区四周隔离至少100m；大量泄漏，首先考虑下风向撤离至少800m；

火灾：如果火场中有储罐、槽车时，应向四周隔离1600m；也可考虑首次就向四周撤离1600m。

8. 急救措施

（1）皮肤接触：如发生冻伤，用温水（38~42℃）复温，忌用热水或辐射热，不要揉搓；就医。

（2）眼睛接触：提起眼睑，用流动清水或生理盐水冲洗；就医。

（3）吸入：迅速脱离现场至空气新鲜处。保持呼吸道通畅。如呼吸困难，给输氧。如呼吸停止，立即进行人工呼吸；就医。

二氟化氧泄漏、燃爆事故

1. 遇水反应

发生反应。形成爆炸性混合物二氧化氮和三氟化氮。

2. 泄漏处置

迅速撤离泄漏污染区，人员至上风处，并隔离直至气体散尽，应急处理人员戴正压自给式呼吸器，穿厂商特别推荐的化学防护服（完全隔离）。切断火源。在确保安全情况下堵漏。喷雾状水稀释、溶解，通风对流，稀释扩散。漏气容器不能再用，且要经过技术处理以清除可能剩下的气体。

3. 燃爆与消防

（1）灭火方法及灭火剂：

灭火方法：消防人员须穿全身防火防毒服，佩戴空气呼吸器，在上风向灭火。切断气源。喷水冷却容器，在确保安全的情况下将容器从火场移至空旷处。

灭火剂：雾状水。

（2）储罐着火：

1）尽可能远距离灭火或用遥控水枪或水炮灭火。

2）用大量水冷却盛有危险品的容器，直到火完全熄灭。

3）切勿对泄漏源或安全阀直接喷水，防止产生冰冻。

4）如果容器的安全阀发出响声或储罐变色，应迅速撤离。

5）切记远离被大火吞没的储罐。

6）对于燃烧剧烈的大火，使用遥控水枪或水炮远距离灭火；否则撤离火场并任其燃烧。

4. 燃烧爆炸危险

（1）危险性综述：本品助燃，有毒，具刺激性。

（2）燃爆特性：与许多物质包括水蒸气和空气可产生剧烈反应，甚至发生爆炸。受热分解产生有毒的烟气。

5. 燃爆温度及燃烧（分解）产物

燃烧（分解）产物：氟化氢（有毒）。

6. 禁止混储

与水形成爆炸性混合物。一种强氧化剂。与还原剂、易燃烧物质、有机物、吸附剂、无水硅酸、氨、醇、三氧化二砷、硼、氯、氧化铬、二硼烷、醚、氢、硫化氢、氢氟酸、碘、金属卤化物、金属粉、金属氧化物、氮氧化物、亚硝酰基氟化物、臭氧、红磷、氧化磷、钾、四氟化硫发生剧烈反应。与氯化铝、五氯化锑、卤素、金属、硅、钨不相容。浸蚀塑料、橡胶和布品。

注：参考自《威利化学品禁忌手册》。

7. 隔离距离

泄漏：首次隔离距离至少 600m；考虑下风向撤离距离为 5.9km，夜晚为 11.0km 以上；大量泄漏：首次隔离距离至少 1000m；考虑下风向撤离距离白天为 11.0km 以上，夜晚为 11.0km 以上；

火灾：如果火场中有储罐、槽车、罐车时，应向四周隔离 800m；也可考虑首次就向四周撤离800m。

8. 急救措施

（1）皮肤接触：立即脱去污染的衣服，用大量流动清水冲洗15min以上；就医。

（2）眼睛接触：提起眼睑，用流动清水或生理盐水冲洗；就医。

（3）吸入：迅速脱离现场至空气新鲜处。保持呼吸道通畅。如呼吸困难，给输氧。如呼吸停止，立即进行人工呼吸；就医。

1，1–二氟乙烷泄漏、燃爆事故

1. 遇水反应

不发生反应。

2. 泄漏处置

迅速撤离泄漏污染区人员至上风处，并隔离直至气体散尽，切断火源。建议应急处理人员戴自给式呼吸器，穿防静电工作服。切断气源，喷雾状水稀释、溶解，抽排（室内）或强力通风（室外）；如有可能，将漏出气用排风机送至空旷地方或装设适当喷头烧掉。也可以用管路导至炉中、凹地焚之。漏气容器不能再用，且要经过技术处理以清除可能剩下的气体。

3. 燃爆与消防

（1）灭火方法及灭火剂：

灭火方法：消防人员须穿全身防火防毒服，佩戴空气呼吸器，在上风向灭火。切断气源。若不能切断气源，则不允许熄灭泄漏处的火焰。喷水冷却容器，在确保安全的情况下将容器从火场移至空旷处。

灭火剂：小火，二氧化碳、泡沫、干粉；大火，雾状水。

（2）储罐着火：

1）尽可能远距离灭火或用遥控水枪或水炮灭火。

2）用大量水冷却盛有危险品的容器，直到火完全熄灭。

3）切勿对泄漏源或安全阀直接喷水，防止产生冰冻。

4）如果容器的安全阀发出响声或储罐变色，应迅速撤离。

5）切记远离被大火吞没的储罐。

6）对于燃烧剧烈的大火，使用遥控水枪或水炮远距离灭火；否则撤离火场并任其燃烧。

4. 燃烧爆炸危险

（1）危险性综述：本品易燃，对大气可造成污染。

（2）燃爆特性：与空气混合能形成爆炸性混合物，遇热源和明火有燃烧爆炸的危险。受热分解放出有毒的氟化物气体。

5. 燃爆温度及燃烧（分解）产物

引燃温度：455℃。

燃烧（分解）产物：一氧化碳、二氧化碳、氟化氢（有毒）。

6. 禁止混储

与强氧化剂类、钡、钠和钾发生剧烈反应。与粉状铝、液氧、钾、钠不相容。与二价轻金属和金属叠氮化合物可能形成爆炸性的化合物。潮湿条件下浸蚀一些金属。当暴露于火焰或红热表面时发生热分解。由于低导电性，流动或搅动会产生静电。

注：参考自《威利化学品禁忌手册》。

7. 隔离距离

泄漏：在泄漏区四周隔离至少 100m；大量泄漏，首先考虑下风向撤离至少 800m；

火灾：如果火场中有储罐、槽车时，应向四周隔离 1600m；也可考虑首次就向四周撤离 1600m。

注：参考自《危险化学品应急救援指南》。

8. 急救措施

（1）皮肤接触：如发生冻伤，用温水（38~42℃）复温，忌用热水或辐射热，不要揉搓；就医。

（2）眼睛接触：提起眼睑，用流动清水或生理盐水冲洗，如有不适感，就医。

（3）吸入：迅速脱离现场至空气新鲜处。保持呼吸道通畅。如呼吸困难，给输氧。如呼吸停止，立即进行人工呼吸；就医。

二甲胺泄漏、燃爆事故

1. 遇水反应

不发生反应。

2. 泄漏处置

用工业覆盖层或吸附/吸收剂盖住泄漏点附近的下水道等地方，防止气体进入。合理通风，加速扩散。喷雾状水稀释、溶解。漏气容器要妥善处理，修复、检验后再用。切断气源，若不能切断气源，则不允许熄灭泄漏处的火焰。喷水冷却容器。

3. 燃爆与消防

（1）灭火方法及灭火剂：

灭火方法：消防人员须穿全身防火防毒服，佩戴空气呼吸器，在上风向灭火。切断气源。若不能切断气源，则不允许熄灭泄漏处的火焰。喷水冷却容器，在确保安全的情况下将容器从火场移至空旷处。

灭火剂：小火；抗溶性泡沫、干粉、二氧化碳；大火，雾状水。

（2）储罐或货车（拖车）着火：

1）尽可能远距离灭火或用遥控水枪或水炮灭火；

2）用大量水冷却盛有危险品的容器，直到火完全熄灭；

3）切勿对泄漏源或安全阀直接喷水，防止产生冰冻；

4）如果容器的安全阀发出响声或储罐变色，应迅速撤离；

5）切记远离被大火吞没的储罐。

4. 燃烧爆炸危险

（1）危险性综述：本品易燃，具强刺激性。

（2）燃爆特性：易燃，与空气混合能形成爆炸性混合物。遇热源和明火有燃烧爆炸的危险。其蒸气比空气重，能在较低处扩散到相当远的地方，遇火源引着回燃。若遇高热，容器内压增大，有开裂和爆炸的危险。

5. 燃爆温度及燃烧（分解）产物

引燃温度：400℃。

燃烧（分解）产物：一氧化碳、二氧化碳、氮氧化物（有毒）。

6. 禁止混储

本物质是一种强有机碱；与酸类、*p*–氯苯乙酮、强氧化剂发生剧烈反应；与丙烯醛、醛类、醇类、丙烯酸酯类、烯丙基取代类、环氧烷烃类、有机酐、己内酰胺溶液、酚类、环氧氯丙烷、氟、二醇类、异氰酸酯类、酮类、顺丁烯二酸酐、汞、苯酚类、乙酸乙烯酯不相容；由于低导电性，流动或搅动会产生静电；浸蚀铝、铜、铅、锡、锌及其合金和一些塑料、橡胶、布品。

注：参考自《威利化学品禁忌手册》。

7. 隔离距离

泄漏：在泄漏区四周隔离至少100m；大量泄漏，首先考虑下风向撤离至少800m；

火灾：如果火场中有储罐、槽车时，应向四周隔离1600m；也可考虑首次就向四周撤离1600m。

8. 急救措施

（1）皮肤接触：立即脱去被污染的衣着，用大量流动清水冲洗至少15min；就医。

（2）眼睛接触：立即提起眼睑，用大量流动清水或生理盐水彻底冲洗至少15min；就医。

（3）吸入：迅速脱离现场至空气新鲜处。保持呼吸道通畅。如呼吸困难，给输氧。如呼吸停止，立即进行人工呼吸；就医。

二氯硅烷泄漏、燃爆事故

1. 遇水反应

发生反应。生成氯化氢。

2. 泄漏处置

迅速撤离泄漏污染区人员至上风处，并隔离直至气体散尽，建议应急处理人员戴正压自给式呼吸器，穿厂商特别推荐的化学防护服（完全隔离）。切断气源，喷雾状水稀释、溶解，注意收集并处理废水。然后抽排（室内）或强力通风（室外）。如有可能，将残余气或漏出气用排风机送至水洗塔或与塔相连的通风橱内。漏气容器不能再用，且要经过技术处理以清除可能剩下的气体。

3. 燃爆与消防

（1）灭火方法及灭火剂：

灭火方法：消防人员须穿全身防火防毒服，佩戴空气呼吸器，在上风向灭火。切断气源。若不能切断气源，则不允许熄灭泄漏处的火焰。喷水冷却容器，在确保安全的情况下将容器从火场移至空旷处。

灭火剂：二氧化碳、AFFF 抗醇介质膨胀泡沫。切勿用水。

（2）储罐着火：

1）尽可能远距离灭火或用遥控水枪或水炮灭火。

2）用大量水冷却盛有危险品的容器，直到火完全熄灭。

3）切勿对泄漏源或安全阀直接喷水，防止产生冰冻。

4）如果容器的安全阀发出响声或储罐变色，应迅速撤离。

5）切记远离被大火吞没的储罐。

4. 燃烧爆炸危险

（1）危险性综述：本品易燃，有毒，具腐蚀性、刺激性，可致人体灼伤。

（2）燃爆特性：易起火，在空气中可自发点火。其蒸气能与空气形成范围广阔的爆炸性混合物。遇热源和明火有燃烧爆炸的危险。遇水或水蒸气剧烈反应，生成盐酸烟雾。

5. 燃爆温度及燃烧（分解）产物

引燃温度：41~47℃。

燃烧（分解）产物：氯化氢、氧化硅。

6. 禁止混储

与水发生反应，生成氯化氢。与强氧化剂类、氨、卤烃类发生剧烈反应；与碱类、强酸、脂肪胺类、烷醇胺类、异氰酸酯类、环氧烷烃、环氧氯丙烷、氮氧化物、硝酸盐、亚硝酸盐、氯氟甲烷类和许多其他材料不相容；潮湿条件下腐蚀普通金属生成易燃氢气。

注：参考自《威利化学品禁忌手册》。

7. 隔离距离

泄漏：首次隔离距离至少30m；考虑下风向撤离距离为0.2km，夜晚为1.0km；大量泄漏：首次隔离距离至少420m；考虑下风向撤离距离，白天为4.0km，夜晚为10.8km；

火灾：如果火场中有储罐、槽车、罐车时，应向四周隔离1600m；也可考虑首次就向四周撤离1600m。

8. 急救措施

（1）皮肤接触：立即脱去污染的衣着，用流动清水彻底冲洗；就医。

（2）眼睛接触：立即提起眼睑，用大量流动清水或生理盐水彻底冲洗至少15min；就医。

（3）吸入：迅速脱离现场至空气新鲜处。保持呼吸道通畅。如呼吸困难，给输氧。如呼吸停止，立即进行人工呼吸；就医。

二氧化氮泄漏、燃爆事故

1. 遇水反应

发生反应，生成硝酸。

2. 泄漏处置

迅速撤离泄漏污染区人员至上风处，并隔离直至气体散尽。建议应急处理人员戴正压自给式呼吸器，穿厂商特别推荐的化学防护服（完全隔离）。勿使泄漏物与可燃物质（木材、纸、油等）接触；切断气源，喷雾状水稀释、溶解，注意收集并处理废水。然后抽排（室内）或强力通风（室外）。漏气容器不能再用，且要经过技术处理以清除可能剩下的气体。

3. 燃爆与消防

（1）灭火方法及灭火剂：

灭火方法：消防人员必须佩戴过滤式防毒面具（全面罩）或隔离式呼吸器、

穿全身防火防毒服，在上风向灭火。切断气源。喷水冷却容器，在确保安全的情况下将容器从火场移至空旷处。

灭火剂：干粉、二氧化碳。禁止用水、卤代烃灭火剂灭火。

（2）储罐着火：

1）尽可能远距离灭火或用遥控水枪或水炮灭火。

2）用大量自来水冷却盛有危险品的容器，直到火完全熄灭。

3）切勿对泄漏源或安全阀直接喷水，防止产生冰冻。

4）如果容器的安全阀发出响声或储罐变色，应迅速撤离。

5）切记远离被大火吞没的储罐。

6）对于燃烧剧烈的大火，使用遥控水枪或水炮远距离灭火；否则撤离火场并任其燃烧。

4. 燃烧爆炸危险

（1）危险性综述：本品助燃，有毒，具刺激性，对环境有危害，对水体、土壤和大气可造成污染。

（2）燃爆特性：本品不会燃烧，但可助燃。具有强氧化性。遇衣物、锯末、棉花或其他可燃物能立即燃烧。与一般燃料或火箭燃料以及氯代烃等猛烈反应引起爆炸。

5. 燃爆温度及燃烧（分解）产物

燃烧（分解）产物：氮氧化物（有毒）。

6. 禁止混储

与水反应生成硝酸和氧气。与强还原剂、无水氨、醇类、氯化碳氢化合物、蚁醛、环己烷、醚类、氟、燃料、硝基苯、二氟化氧、石油、钠、甲苯发生剧烈反应。与易燃材料、红磷、石油产品不相容。与丙烯形成爆炸性物质。蒸气与磷胺发生剧烈反应，潮湿条件下浸蚀许多金属。

注：参考自《威利化学品禁忌手册》。

7. 隔离距离

泄漏：首次隔离距离至少30m；考虑下风向撤离距离为0.1km，夜晚为0.4km；大量泄漏：首次隔离距离至少150m；考虑下风向撤离距离白天为1.6km，夜晚为4.1km；

火灾：如果火场中有储罐、槽车、罐车时，应向四周隔离800m；也可考虑首次就向四周撤离800m。

8. 急救措施

（1）皮肤接触：脱去被污染的衣着，用流动清水冲洗。

（2）眼睛接触：立即提起眼睑，用流动清水或生理盐水冲洗。

（3）吸入：迅速脱离现场至空气新鲜处。保持呼吸道通畅。如呼吸困难，给输氧。如呼吸停止，立即进行人工呼吸；就医。

二氧化硫泄漏、燃爆事故

1. 遇水反应

发生反应，生成含硫的酸。

2. 泄漏处置

迅速撤离泄漏污染区人员至上风处，并隔离直至气体散尽，建议应急处理人员戴正压自给式呼吸器，穿厂商特别推荐的化学防护服（完全隔离）。喷水雾减慢挥发（或扩散），但不要对泄漏物或泄漏点直接喷水。切断气源，喷雾状水稀释、溶解，然后抽排（室内）或强力通风（室外）。如有可能，用一捉捕器使气体通过次氯酸钠溶液。漏气容器不能再用，且要经过技术处理以清除可能剩下的气体。

3. 燃爆与消防

（1）灭火方法及灭火剂：

灭火方法：消防人员必须佩戴过滤式防毒面具（全面罩）或隔离式呼吸器、穿全身防火防毒服，在上风向灭火。切断气源。喷水冷却容器，在确保安全的情况下将容器从火场移至空旷处。

灭火剂：泡沫、二氧化碳、雾状水。

（2）储罐着火：

1）尽可能远距离灭火或用遥控水枪或水炮灭火。

2）用大量自来水冷却盛有危险品的容器，直到火完全熄灭。

3）切勿对泄漏源或安全阀直接喷水，防止产生冰冻。

4）如果容器的安全阀发出响声或储罐变色，应迅速撤离。

5）切记远离被大火吞没的储罐。

4. 燃烧爆炸危险

（1）危险性综述：本品不燃，有毒，具强刺激性，对大气可造成严重污染。

（2）燃爆特性：若遇高热，容器内压增大，有开裂和爆炸的危险。

5. 燃爆温度及燃烧（分解）产物

燃烧（分解）产物：硫氧化物。

6. 禁止混储

接触空气形成硫化氢烟雾。与水或蒸气反应剧烈，生成含硫的酸。与乙烯醛、醇类、铝粉、碱金属、胺类、五氟化溴、苛性碱、乙炔碳化铯、氯酸、三氟化氯、铬粉、铜或铜合金粉末、二乙基锌、氟、二氧化铅、乙炔碳化锂、二氨基化合物、金属粉、乙炔氨锂、硝酰氯、乙炔碳化钾、乙炔化钾、氯酸钾、碳化铷、叠氮化银、钠、乙炔化钠、氧化锡反应剧烈。与碱类、环氧烷烃类、氨、脂肪胺、直链烷醇胺、氨基化合物、有机酐、氧化铯、表氯醇、氧化亚铁、卤素、卤间化合物、异氰酸酯类、硝酸锂、锰、乙炔化金属、金属氧化物、氟、红磷、叠氮化钾、乙炔化铷、氢化钠、硫酸不相容。浸蚀某些塑料、布品以及橡胶。潮湿时浸蚀金属，特别是化学性质活泼的金属。

注：参考自《威利化学品禁忌手册》。

7. 隔离距离

泄漏: 首次隔离距离至少30m; 考虑下风向撤离距离为0.3km,夜晚为1.2km; 大量泄漏：首次隔离距离至少210m；考虑下风向撤离距离白天为2.0km，夜晚为6.3km；

火灾：如果火场中有储罐、槽车、罐车时，应向四周隔离1600m；也可考虑首次就向四周撤离1600m。

8. 急救措施

（1）皮肤接触：立即脱去被污染的衣着，用大量流动清水冲洗；就医。

（2）眼睛接触：提起眼睑，用流动清水或生理盐水冲洗；就医。

（3）吸入：迅速脱离现场至空气新鲜处。保持呼吸道通畅。如呼吸困难，给输氧。如呼吸停止，立即进行人工呼吸；不要对其施行口对口人工呼吸，要戴单向阀袖珍面罩或其他合适的医用呼吸器进行人工呼吸，就医。

氟泄漏、燃爆事故

1. 遇水反应

发生反应。生成氟化氢有毒气体。

2. 泄漏处置

迅速撤离泄漏污染区人员至上风处，并隔离直至气体散尽，建议应急处理人员戴正压自给式呼吸器，穿厂商特别推荐的化学防护服（完全隔离）。勿使泄漏物与可燃物质（木材、纸、油等）接触，切断气源，喷雾状水稀释、溶解，然后抽排（室内）或强力，通风（室外）。也可以将残余气或漏出气用排风机送至水洗塔或与塔相连的通风橱内。漏气容器不能再用，且要经过技术处理以清除可能剩下的气体。

3. 燃爆与消防

（1）灭火方法及灭火剂：

灭火方法：消防人员应穿内置正压自给式呼吸器的全封闭防化服。须有无人操纵的定点水塔或雾状水保持火场中容器冷却，切不可将水直接喷到漏气的地方，否则会助长火势。

灭火剂：雾状水、不能用干粉、二氧化碳。

（2）储罐着火：

1）尽可能远距离灭火或用遥控水枪或水炮灭火。

2）用大量水冷却盛有危险品的容器，直到火完全熄灭。

3）切勿对泄漏源或安全阀直接喷水，防止产生冰冻。

4）如果容器的安全阀发出响声或储罐变色，应迅速撤离。

5）切记远离被大火吞没的储罐。

4. 燃烧爆炸危险

（1）危险性综述：本品助燃，高毒，具强刺激性。

（2）燃爆特性：本品不燃。但几乎可与所有的物质发生剧烈反应而燃烧。与氢气混合时会引起爆炸。特别是与水或杂质接触时，可发生激烈反应而燃烧，使容器破裂。

5. 燃爆温度及燃烧（分解）产物

燃烧（分解）产物：氟化氢（有毒）。

6. 禁止混储

一种强氧化剂和危险反应性气体。一般与几乎所有已知元素和大量化合物发生剧烈反应。下面列出一些但不是全部。许多反应能在低温下引发或持续，经常在低于 -150℃时反应。与水发生剧烈反应（生成氟化氢、氧、臭氧）。其混合液体物质与冰形成对冲击敏感的高爆炸性物质。与还原剂（醇类、酸、醚等）、易燃材料、有机物、乙醛、乙炔等很多物质发生反应，一般都是剧烈的，形成不稳定的和/或爆炸性的物质。与所有金属元素、活性金属、碱金属和碱土金属、金属粉末（产生炽热）和非粉状金属（高温时产生炽热）等许多物质发生反应。浸蚀许多塑料、橡胶和布品。

注：参考自《威利化学品禁忌手册》。

7. 隔离距离

泄漏：首次隔离距离至少 30m；考虑下风向撤离距离为 0.2km，夜晚为 0.5km；大量泄漏：首次隔离距离至少 90m；考虑下风向撤离距离白天为 0.8km，夜晚为 3.5km；

火灾：如果火场中有储罐、槽车、罐车时，应向四周隔离 800m；也可考虑首次就向四周撤离 800m。

8. 急救措施

（1）皮肤接触：立即脱去被污染的衣着，用大量流动清水冲洗至少 15min；就医

（2）眼睛接触：立即提起眼睑，用大量流动清水或生理盐水彻底冲洗至少 15min；就医。

（3）吸入：迅速脱离现场至空气新鲜处。保持呼吸道通畅。如呼吸困难，给输氧。如呼吸停止，立即进行人工呼吸；就医。

9. 气体类别及气体气瓶公称压力

永久气体，公称工作压力：30MPa，20MPa。

氟乙烯泄漏、燃爆事故

1. 遇水反应

不发生反应。

2. 泄漏处置

迅速撤离泄漏污染区人员至上风处，并进行隔离，严格限制出入。切断火源。建议应急处理人员戴自给正压式呼吸器，穿防静电工作服。用工业覆盖层或吸附/吸收剂盖住泄漏点附近的下水道等地方，防止气体进入。合理通风，加速扩散。或用管路导至炉中、凹地焚之。漏气容器要妥善处理，修复、检验后再用。

3. 燃爆与消防

（1）灭火方法及灭火剂：

灭火方法：消防人员须穿全身防火防毒服，佩戴空气呼吸器，在上风向灭火。切断气源。若不能切断气源，则不允许熄灭泄漏处的火焰。喷水冷却容器，在确保安全的情况下将容器从火场移至空旷处。

灭火剂：小火，泡沫、干粉；大火，雾状水。

（2）储罐着火：

1）尽可能远距离灭火或用遥控水枪或水炮灭火。

2）用大量水冷却盛有危险品的容器，直到火完全熄灭。

3）切勿对泄漏源或安全阀直接喷水，防止产生冰冻。

4）如果容器的安全阀发出响声或储罐变色，应迅速撤离。

5）切记远离被大火吞没的储罐。

6）对于燃烧剧烈的大火，使用遥控水枪或水炮远距离灭火；否则撤离火场并任其燃烧。

4. 燃烧爆炸危险

（1）危险性综述：本品易燃，有致癌性，对环境有害。

（2）燃爆特性：与空气混合能形成爆炸性混合物。在高温/高压下，即使没有空气仍可能发生爆炸反应。遇热源和明火有燃烧爆炸的危险。燃烧或无抑制剂时可发生剧烈聚合。

5. 燃爆温度及燃烧（分解）产物

引燃温度：460℃。

燃烧（分解）产物：一氧化碳、二氧化碳、氟化氢（有毒气体）。

6. 禁止混储

未经抑制（推荐使用0.2%萜烯类）能聚合。与氧化剂发生剧烈反应。燃烧使之生成有毒的氟化氢气体。可积累静电荷，可能引发其蒸气点火。

注：参考自《威利化学品禁忌手册》。

7. 隔离距离

泄漏：在泄漏区四周隔离至少100m；大量泄漏，首先考虑下风向撤离至少800m；

火灾：如果火场中有储罐、槽车时，应向四周隔离1600m；也可考虑首次就向四周撤离1600m。

注：参考自《危险化学品应急救援指南》。

8. 急救措施

（1）皮肤接触：如发生冻伤，用温水（38~42℃）复温，忌用热水或辐射热，不要揉搓；就医。

（2）眼睛接触：提起眼睑，用流动清水或生理盐水冲洗；就医。

（3）吸入：迅速脱离现场至空气新鲜处。保持呼吸道通畅。如呼吸困难，给输氧。如呼吸停止，立即进行人工呼吸；就医。

9. 气体类别及气体气瓶公称压力

高压液化气体，公称工作压力：12.5MPa。

碳酰氯泄漏、燃爆事故

1. 遇水反应

在水中缓慢分解，产生氢氯酸和一氧化碳。

2. 泄漏处置

迅速撤离泄漏污染区人员至上风处，并隔离直至气体散尽，建议应急处理人员戴正压自给式呼吸器，穿厂商特别推荐的化学防护服（完全隔离）。切断气源，喷氨水或其他稀碱液中和，然后抽排（室内）或强力通风（室外）。漏气容器不能再用，且要经过技术处理以清除可能剩下的气体。

3. 燃爆与消防

（1）灭火方法及灭火剂：

灭火方法：消防人员必须佩戴过滤式防毒面具（全面罩）或隔离式呼吸器、穿全身防火防毒服，在上风向灭火。切断气源。喷水冷却容器，在确保安全的情况下将容器从火场移至空旷处。万一有光气漏逸，微量时可用水蒸气冲散，较大时，可用液氨喷雾冲洗。

灭火剂：雾状水、干粉、二氧化碳。

（2）储罐着火：

1）尽可能远距离灭火或用遥控水枪或水炮灭火。

2）用大量水冷却盛有危险品的容器，直到火完全熄灭。

3）切勿对泄漏源或安全阀直接喷水，防止产生冰冻。

4）如果容器的安全阀发出响声或储罐变色，应迅速撤离。

5）切记远离被大火吞没的储罐。

4. 燃烧爆炸危险

（1）危险性综述：本品不燃，高毒，对环境有危害，对水体和大气可造成污染。

（2）燃爆特性：不燃。化学反应活性较高，遇水后有强烈腐蚀性。

5. 燃爆温度燃烧（分解）产物

燃烧（分解）产物：氯化氢（有毒）。

6. 禁止混储

与强氧化剂、无水氨、异丙醇、活泼金属、四氢化硅、钠发生剧烈反应。与钾形成震动敏感材料。与叠氮甲酸叔丁基酯、叠氮化钠不相容。在潮湿条件下浸蚀多数金属，但它不浸蚀铜镍合金、钽或玻璃器皿。注意：氢氧化钠或无水氨通常用来中和该气体。

注：参考自《威利化学品禁忌手册》。

7. 隔离距离

泄漏：首次隔离距离至少 90m；考虑下风向撤离距离为 0.9km，夜晚为 4.1km；大量泄漏：首次隔离距离至少 800m；考虑下风向撤离距离白天为 6.6km，夜晚为 11.0+km；

火灾：如果火场中有储罐、槽车、罐车时，应向四周隔离 1600m；也可考虑首次就向四周撤离 1600m。

8. 急救措施

（1）皮肤接触：脱去被污染的衣着，用肥皂水及清水彻底冲洗。

（2）眼睛接触：提起眼睑，用流动清水或生理盐水冲洗；就医。

（3）吸入：迅速脱离现场至空气新鲜处。保持呼吸道通畅。如呼吸困难，给输氧。如呼吸停止，立即进行人工呼吸；就医。

9. 气体类别及气体气瓶公称压力

低压液化气体，公称工作压力：5MPa。

10. 洗消

采用苛性钠及消石灰的混合溶液。

过氯酰氟泄漏、燃爆事故

1. 遇水反应

不发生反应。

2. 泄漏处置

迅速撤离泄漏污染区人员至上风处，并隔离直至气体散尽，切断气源，建议应急处理人员戴自给式呼吸器，穿化学防护服。对钢瓶泄漏出的气体用排风机送至水洗塔或将钢瓶移至通风橱内。将气流导入苛性钠及消石灰的混合溶液中。

3. 燃爆与消防

（1）灭火方法及灭火剂：

灭火方法：消防人员须佩戴防毒面具、穿全身消防服，在上风向灭火。迅速切断气源，用水喷淋保护切断气源的人员。尽可能将容器从火场移至空旷处。喷水保持火场容器冷却，直至灭火结束。

灭火剂：根据着火原因选择适当灭火剂灭火。

（2）储罐着火：

1）尽可能远距离灭火或用遥控水枪或水炮灭火。

2）用大量水冷却盛有危险品的容器，直到火完全熄灭。

3）切勿对泄漏源或安全阀直接喷水，防止产生冰冻。

4）如果容器的安全阀发出响声或储罐变色，应迅速撤离。

5）切记远离被大火吞没的储罐。

6）对于燃烧剧烈的大火，使用遥控水枪或水炮远距离灭火；否则撤离火场并任其燃烧。

4. 燃烧爆炸危险

（1）危险性综述：本品助燃，有毒。

（2）燃爆特性：与可燃气体或蒸气、氰化钾、硫氰化钾、氧化氮等发生爆炸性反应。与含氮碱类（如异丙胺、苯胺、苯肼等）反应生成爆炸性产物。受热分解，放出有毒的烟气。

5. 燃爆温度及燃烧（分解）产物

燃烧（分解）产物：氯化氢（有毒）、氟化氢（有毒）。

6. 禁止混储

一种强氧化剂。与还原材料、醇类、碱、胺类、苯胺类、苯、丁胺、氢化钙、乙炔化钙、木炭、易燃烧材料、醚类、肼、硫化氢、金属粉末、二氧化氮、石蜡、有机物、氰化钾、硫氰酸钾、钠、氢化锶、硫、二氯化硫、硫酸发生剧烈反应。与硫化氢、硫氰酸钾、1，1–二氯乙烯不相容。与氢化钙、含氮碱、异丙基胺形成对热、震动和摩擦敏感的爆炸物。浸蚀一些塑料、橡胶和布品。

注：参考自《威利化学品禁忌手册》。

7. 隔离距离

泄漏：首次隔离距离至少 30m；考虑下风向撤离距离为 0.km，夜晚为 0.6km；大量泄漏：首次隔离距离至少 360m；考虑下风向撤离距离白天为 3.5km，夜晚为 8.8km；

火灾：如果火场中有储罐、槽车、罐车时，应向四周隔离 800m；也可考虑首次就向四周撤离 800m。

8. 急救措施

（1）皮肤接触：立即脱去污染的衣着，用肥皂水及流动清水彻底冲洗污染的皮肤、头发、指甲等；就医。

（2）眼睛接触：提起眼睑，用流动清水或生理盐水冲洗；就医。

（3）吸入：迅速脱离现场至空气新鲜处。保持呼吸道通畅。如呼吸困难，给输氧。如呼吸停止，立即进行人工呼吸；就医。

9. 洗消

可采用苛性钠及消石灰的混合溶液。

环丙烷泄漏、燃爆事故

1. 遇水反应

不发生反应。

2. 泄漏处置

迅速撤离泄漏污染区人员至上风处，并进行隔离，严格限制出入。切断火源。建议应急处理人员戴自给正压式呼吸器，穿防静电工作服。尽可能切断泄漏源。用工业覆盖层或吸附/吸收剂盖住泄漏点附近的下水道等地方，防止气体进入。合理通风，加速扩散。如无危险，就地燃烧，同时喷雾状水使周围冷却，以防其他可燃物着火。或将漏气的容器移至空旷处，注意通风。漏气容器要妥善处理，修复、检验后再用。

3. 燃爆与消防

（1）灭火方法及灭火剂：

灭火方法：切断气源。若不能切断气源，则不允许熄灭泄漏处的火焰。喷水冷却容器，在确保安全的情况下将容器从火场移至空旷处。

灭火剂：小火，泡沫、二氧化碳、干粉；大火，雾状水。

（2）储罐或货车（拖车）着火：

1）尽可能远距离灭火或用遥控水枪或水炮灭火。

2）用大量水冷却盛有危险品的容器，直到火完全熄灭。

3）切勿对泄漏源或安全阀直接喷水，防止产生冰冻。

4）如果容器的安全阀发出响声或储罐变色，应迅速撤离。

5）切记远离被大火吞没的储罐。

6）对于燃烧剧烈的大火，使用遥控水枪或水炮远距离灭火；否则撤离火场并任其燃烧。

4. 燃烧爆炸危险

（1）危险性综述：本品极易燃。

（2）燃爆特性：与空气混合能形成爆炸性混合物，遇明火、高热极易燃烧爆炸。气体比空气重，沿地面扩散并易积存于低洼处，遇火源会着火回燃。

5. 燃爆温度及燃烧（分解）产物

引燃温度：500℃。

燃烧（分解）产物：一氧化碳、二氧化碳。

6. 禁止混储

与强氧化剂类接触可引起起火和爆炸。

注：参考自《威利化学品禁忌手册》。

7. 隔离距离

泄漏：在泄漏区四周隔离至少100m；大量泄漏，首先考虑下风向撤离至少800m；

火灾：如果火场中有储罐、槽车时，应向四周隔离1600m；也可考虑首次就向四周撤离1600m。

注：参考自《危险化学品应急救援指南》。

8. 急救措施

（1）皮肤接触：立即脱去被污染的衣着，用流动清水冲洗。

（2）眼睛接触：提起眼睑，用流动清水或生理盐水冲洗；就医。

（3）吸入：迅速脱离现场至空气新鲜处。保持呼吸道通畅。如呼吸困难，给输氧。如呼吸停止，立即进行人工呼吸；就医。

9. 气体类别及气体气瓶公称压力

低压液化气体，公称工作压力：2MPa。

环氧乙烷泄漏、燃爆事故

1. 遇水反应

不发生反应。酸性或碱性条件下生成乙二醇。

2. 泄漏处置

迅速撤离泄漏污染区人员至上风处，并立即隔离150m，严格限制出入。切断火源。建议应急处理人员戴自给正压式呼吸器，穿防静电工作服。尽可能切断泄漏源。用工业覆盖层或吸附/吸收剂盖住泄漏点附近的下水道等地方，防止气体进入。合理通风，加速扩散。喷雾状水稀释、溶解。切断气源。若不能立即切断气源，则不允许熄灭正在燃烧的气体。漏气容器要妥善处理，修复、检验后再用。

3. 燃爆与消防

（1）灭火方法及灭火剂：

灭火方法：消防人员须穿全身防火防毒服，佩戴空气呼吸器，在上风向灭火。切断气源。若不能切断气源，则不允许熄灭泄漏处的火焰。喷水冷却容器，在确保安全的情况下将容器从火场移至空旷处。

灭火剂：小火，泡沫、干粉、二氧化碳、水幕或耐醇性泡沫；大火，水幕、雾状水或耐醇性泡沫。

（2）储罐或货车（拖车）着火：

1）尽可能远距离灭火或用遥控水枪或水炮灭火。

2）用大量水冷却盛有危险品的容器，直到火完全熄灭。

3）切勿对泄漏源或安全阀直接喷水，防止产生冰冻。

4）如果容器的安全阀发出响声或储罐变色，应迅速撤离。

5）切记远离被大火吞没的储罐。

4. 燃烧爆炸危险

（1）危险性综述：本品易燃，有毒，为致癌物，具刺激性，具致敏性，对环境有危害。

（2）燃爆特性：其蒸气能与空气形成范围广阔的爆炸性混合物。遇热源和明火有燃烧爆炸的危险。若遇高热可发生剧烈分解，引起容器破裂或爆炸事故。接触碱金属、氢氧化物或高活性催化剂如铁、锡和铝的无水氯化物及铁和铝的氧化物可大量放热，并可能引起爆炸。

5. 燃爆温度及燃烧（分解）产物

引燃温度：429℃。

燃烧（分解）产物：一氧化碳、二氧化碳。

6. 禁止混储

当接触具高度活性催化表面，例如无水的铁、锡或铝氯化物、纯的铁或铝氧化物，以及氢氧化碱时，可发生伴有热释放的剧烈化学重排和/或聚合。即使少量的强酸、碱金属类、氧化剂也能引起反应。当与胺类、氨、金属钾、共价氢化物接触时，能发生爆炸性的聚合反应。与强氧化剂、醇类、铝、胺类、丙三醇、五氯化二氮、间硝基苯胺剧烈反应。与溴乙烷、高氯酸镁、硫醇类、盐类、易燃烧材料、链烷硫醇类不相容。防止容器受到物理损坏、热、日光照射。在绝缘体中可反应，生成低分子量的聚乙二醇，自发地放热并在低于100℃点燃。浸蚀某些塑料、橡胶、布品。避免接触铜、镁、汞、银，及其合金（包括焊材）；可形成爆炸性的乙炔化金属。由于电导率低，流动或搅动可能产生静电。

注：参考自《威利化学品禁忌手册》。

7. 隔离距离

泄漏：首次隔离距离至少30m；考虑下风向撤离距离白天为0.1km，夜晚为0.2km；大量泄漏：首次隔离距离至少90m；考虑下风向撤离距离白天为0.8km，夜晚为2.4km；

火灾：如果火场中有储罐、槽车、罐车时，应向四周隔离1600m；也可考虑首次就向四周撤离1600m。

注：参考自《危险化学品应急救援指南》。

8. 急救措施

（1）皮肤接触：立即脱去被污染的衣着，用大量流动清水冲洗至少15min；就医。

（2）眼睛接触：立即提起眼睑，用大量流动清水或生理盐水彻底冲洗至少15min；就医。

（3）吸入：迅速脱离现场至空气新鲜处。保持呼吸道通畅。如呼吸困难，给

输氧。如呼吸停止，立即进行人工呼吸；就医。

9. 气体类别及气体气瓶公称压力

低压液化气体，公称工作压力：1MPa。

甲基氯硅烷泄漏、燃爆事故

1. 遇水反应

发生反应。生成氯化氢有毒气体。

2. 泄漏处置

迅速撤离泄漏污染区人员至上风处，并隔离直至气体散尽，应急处理人员戴正压自给式呼吸器，穿化学防护服。切断火源。不要直接接触泄漏物，在确保安全情况下堵漏。喷水雾能减少蒸发但不要使水进入储存容器内。抽排（室内）或强力通风（室外）。漏气容器不能再用，且要经过技术处理以清除可能剩下的气体。

3. 燃爆与消防

（1）灭火方法及灭火剂：

灭火方法：消防人员须穿全身防火防毒服，在上风向灭火。切断气源，若不能切断气源，则不允许熄灭泄漏处的火焰。尽可能将容器从火场移至空旷处。喷水保持火场容器冷却，直至灭火结束。

灭火剂：砂土、干粉、二氧化碳。禁止用水和泡沫。

（2）储罐着火：

1）尽可能远距离灭火或用遥控水枪或水炮灭火。

2）用大量水冷却盛有危险品的容器，直到火完全熄灭。

3）切勿对泄漏源或安全阀直接喷水，防止产生冰冻。

4）如果容器的安全阀发出响声或储罐变色，应迅速撤离。

5）切记远离被大火吞没的储罐。

4. 燃烧爆炸危险

（1）危险性综述：本品易燃，具刺激性。

（2）燃爆特性：其蒸气与空气可形成爆炸性混合物。遇明火、高热或与氧化剂接触，有引起燃烧爆炸的危险。遇水或水蒸气反应放热并产生有毒的腐蚀性气体氯化氢。

5. 燃爆温度及燃烧（分解）产物

燃烧（分解）产物：一氧化碳、二氧化碳、氯化氢（有毒）。

6. 禁止混储

与空气混合发生爆炸（闪点 -9℃）。与水、水蒸气、醇类剧烈反应生成氯化氢。与强氧化剂、氨发生剧烈反应。与碱类、强酸、脂肪胺类、链烷醇胺、异氰酸酯、环氧烷烃类、表氯醇、卤化物、氮氧化物不相容。潮湿时腐蚀普通金属并产生易燃氢气，燃烧且难于扑灭，并可能发生再点燃。浸蚀某些塑料、橡胶和织物。

7. 隔离距离

泄漏：首次隔离距离至少 30m；考虑下风向撤离距离为 0.2km，夜晚为 0.8km；大量泄漏：首次隔离距离至少 240m；考虑下风向撤离距离白天为 2.4km，夜晚为 6.4km；

火灾：如果火场中有储罐、槽车、罐车时，应向四周隔离 1600m；也可考虑首次就向四周撤离 1600m。

8. 急救措施

（1）皮肤接触：立即脱去污染的衣着，用大量流动清水冲洗至少 15min；就医。

（2）眼睛接触：立即提起眼睑，用大量流动清水或生理盐水彻底冲洗至少 15min；就医。

（3）吸入：迅速脱离现场至空气新鲜处。保持呼吸道通畅。如呼吸困难，给输氧。如呼吸停止，立即进行人工呼吸；就医。

甲硫醇泄漏、燃爆事故

1. 遇水反应

发生反应。产生有毒气体。

2. 泄漏处置

迅速撤离泄漏污染区人员至上风处，并立即隔离 200m，严格限制出入。切断火源。建议应急处理人员戴自给正压式呼吸器，穿防静电工作服。尽可能切断泄漏源。用工业覆盖层或吸附 / 吸收剂盖住泄漏点附近的下水道等地方，防止气体进入。合理通风，加速扩散。切断气源。若不能切断气源，则不允许熄灭正在燃烧的气体。漏气容器要妥善处理，修复、检验后再用。

3. 燃爆与消防

（1）灭火方法及灭火剂：

灭火方法：消防人员须穿全身防火防毒服，佩戴空气呼吸器，在上风向灭火。切断气源。若不能切断气源，则不允许熄灭泄漏处的火焰。喷水冷却容器，在确保安全的情况下将容器从火场移至空旷处。

灭火剂：小火，抗溶性泡沫、干粉、二氧化碳；大火，雾状水。

（2）储罐着火：

1）尽可能远距离灭火或用遥控水枪或水炮灭火。

2）用大量水冷却盛有危险品的容器，直到火完全熄灭。

3）切勿对泄漏源或安全阀直接喷水，防止产生冰冻。

4）如果容器的安全阀发出响声或储罐变色，应迅速撤离。

5）切记远离被大火吞没的储罐。

4. 燃烧爆炸危险

（1）危险性综述：本品易燃，具麻醉性，对环境有危害，对水体可造成污染。

（2）燃爆特性：其蒸气与空气可形成爆炸性混合物，遇热源、明火、氧化剂有燃烧爆炸的危险。与水、水蒸气、酸类反应产生有毒和易燃气体。与氧化剂接触猛烈反应。

5. 燃爆温度及燃烧（分解）产物

自燃温度：325℃。

燃烧（分解）产物：一氧化碳、二氧化碳、二氧化硫。

6. 禁止混储

与强氧化剂类发生剧烈反应。与水、蒸汽或酸类发生反应，生成硫化氢。与氧化汞发生剧烈反应。与环氧乙烷发生可能剧烈的反应。与轻金属类发生反应。与腐蚀剂类、脂肪胺类、异氰酸盐类不相容。浸蚀塑料、橡胶和布品。

注：参考自《威利化学品禁忌手册》。

7. 隔离距离

泄漏：首次隔离距离至少30m；考虑下风向撤离距离为0.1km，夜晚为0.3km；大量泄漏：首次隔离距离至少200m；考虑下风向撤离距离白天为1.3km，夜晚为4.1km；

火灾：如果火场中有储罐、槽车、罐车时，应向四周隔离800m；也可考虑首次就向四周撤离800m。

8. 急救措施

（1）皮肤接触：立即脱去被污染的衣着，用大量清水冲洗。

（2）眼睛接触：立即提起眼睑，用大量流动清水冲洗。

（3）吸入：迅速脱离现场至空气新鲜处。保持呼吸道通畅。如呼吸困难，给输氧。如呼吸停止，立即进行人工呼吸；就医。

9. 气体类别及气体气瓶公称压力

低压液化气体，公称工作压力：1MPa。

甲醚泄漏、燃爆事故

1. 遇水反应

不发生反应。

2. 泄漏处置

用工业覆盖层或吸附/吸收剂盖住泄漏点附近的下水道等地方，防止气体进入。合理通风，加速扩散。喷雾状水稀释、溶解。切断气源，若不能立即切断气源，则不允许熄灭正在燃烧的气体。喷水冷却容器。漏气容器要妥善处理，修复、检验后再用。

3. 燃爆与消防

（1）灭火方法及灭火剂：

灭火方法：消防人员须穿全身防火防毒服，佩戴空气呼吸器，在上风向灭火。切断气源。若不能切断气源，则不允许熄灭泄漏处的火焰。喷水冷却容器，在确保安全的情况下将容器从火场移至空旷处。

灭火剂：小火，抗溶性泡沫、干粉、二氧化碳、砂土；大火，雾状水。

（2）储罐着火：

1）尽可能远距离灭火或用遥控水枪或水炮灭火。

2）用大量水冷却盛有危险品的容器，直到火完全熄灭。

3）切勿对泄漏源或安全阀直接喷水，防止产生冰冻。

4）如果容器的安全阀发出响声或储罐变色，应迅速撤离。

5）切记远离被大火吞没的储罐。

6）对于燃烧剧烈的大火，使用遥控水枪或水炮远距离灭火；否则撤离火场并任其燃烧。

4. 燃烧爆炸危险

（1）危险性综述：本品易燃，具刺激性。

（2）燃爆特性：与空气混合能形成爆炸性混合物。接触热、火星、火焰或氧化剂易燃烧爆炸。接触空气或在光照条件下可生成具有潜在爆炸危险性的过氧化物。若遇高热，容器内压增大，有开裂和爆炸的危险。

5. 燃爆温度及燃烧（分解）产物

引燃温度：350℃。

燃烧（分解）产物：一氧化碳、二氧化碳。

6. 禁止混储

对热和震动敏感；长期储存在空气中，能形成不稳定过氧化物。与氧化剂、氢化铝发生剧烈反应；与强酸、金属盐不相容。

注：参考自《威利化学品禁忌手册》。

7. 隔离距离

泄漏：在泄漏区四周隔离至少 100m；大量泄漏，首先考虑下风向撤离至少 800m；

火灾：如果火场中有储罐、槽车时，应向四周隔离 1600m；也可考虑首次就向四周撤离 1600m。

8. 急救措施

（1）皮肤接触：如发生冻伤，用温水（38~42℃）复温，忌用热水或辐射热，不要揉搓；就医。

（2）眼睛接触：提起眼睑，用流动清水或生理盐水冲洗；就医。

（3）吸入：迅速脱离现场至空气新鲜处。保持呼吸道通畅。如呼吸困难，给输氧。如呼吸停止，立即进行人工呼吸；就医。

9. 气体类别及气体气瓶公称压力

低压液化气体，公称工作压力：2MPa。

甲烷泄漏、燃爆事故

1. 遇水反应

不发生反应。

2. 泄漏处置

迅速撤离泄漏污染区人员至上风处，并进行隔离，严格限制出入。切断火源。建议应急处理人员戴自给正压式呼吸器，穿防静电工作服。尽可能切断泄漏源。合理通风，加速扩散。喷雾状水稀释、溶解。构筑围堤或挖坑收容产生的大量废水。如有可能，将漏出气用排风机送至空旷地方或装设适当喷头烧掉。也可以将漏气的容器移至空旷处，注意通风。漏气容器要妥善处理，修复、检验后再用。

3. 燃爆与消防

（1）灭火方法及灭火剂：

灭火方法：消防人员须穿全身防火防毒服，佩戴空气呼吸器，在上风向灭火。切断气源。若不能切断气源，则不允许熄灭泄漏处的火焰。喷水冷却容器，在确保安全的情况下将容器从火场移至空旷处。

灭火剂：小火，二氧化碳、干粉；大火，雾状水、水幕、泡沫。

（2）储罐或货车（拖车）着火：

1）尽可能远距离灭火或用遥控水枪或水炮灭火。

2）用大量水冷却盛有危险品的容器，直到火完全熄灭。

3）切勿对泄漏源或安全阀直接喷水，防止产生冰冻。

4）如果容器的安全阀发出响声或储罐变色，应迅速撤离。

5）切记远离被大火吞没的储罐。

6）对于燃烧剧烈的大火，使用遥控水枪或水炮远距离灭火；否则撤离火场并任其燃烧。

4. 燃烧爆炸危险

（1）危险性综述：本品易燃，具窒息性。

（2）燃爆特性：与空气形成爆炸性混合气体。气体比空气轻，能迅速扩散，形成混合区、遇火源引发燃烧爆炸。

5. 燃爆温度及燃烧（分解）产物

引燃温度：538℃。

燃烧（分解）产物：一氧化碳、二氧化碳。

6. 禁止混储

与五氧化溴、氯气、次氯酸、三氟化氮、液氧、二氟化氧及其他强氧化剂接触发生剧烈反应。与卤素、卤素化合物不相容。

注：参考自《威利化学品禁忌手册》。

7. 隔离距离

泄漏：在泄漏区四周隔离至少 100m；大量泄漏，首先考虑下风向撤离至少 800m。

火灾：如果火场中有储罐、槽车时，应向四周隔离 1600m；也可考虑首次就向四周撤离 1600m。

8. 急救措施

（1）皮肤接触：如发生冻伤，用温水（38~42℃）复温，忌用热水或辐射热，不要揉搓；就医。

（2）吸入：迅速脱离现场至空气新鲜处。保持呼吸道通畅。如呼吸困难，给输氧。如呼吸停止，立即进行人工呼吸；就医。

9. 气体类别及气体气瓶公称压力

永久气体，公称工作压力：30MPa，20MPa，15MPa。

磷化氢泄漏、燃爆事故

1. 遇水反应

不发生反应。

2. 泄漏处置

迅速撤离泄漏污染区人员至上风处，并隔离直至气体散尽，切断火源。建议应急处理人员戴正压自给式呼吸器，穿厂商特别推荐的化学防护服（完全隔离）。切断气源，喷雾状水稀释、溶解，注意收集并处理废水。然后抽排（室内）或强力通风（室外）。如有可能，将漏出气用排风机送至空旷地方或装设适当喷头烧掉。漏气容器不能再用，且要经过技术处理以清除可能剩下的气体。

3. 燃爆与消防

（1）灭火方法及灭火剂：

灭火方法：消防人员必须佩戴过滤式防毒面具（全面罩）或隔离式呼吸器、穿全身防火防毒服，在上风向灭火。切断气源。若不能切断气源，则不允许熄灭泄漏处的火焰。喷水冷却容器，在确保安全的情况下将容器从火场移至空旷处。

灭火剂：小火，用泡沫、二氧化碳、干粉灭火；大火，用雾状水灭火。

（2）储罐或货车（拖车）着火：

1）尽可能远距离灭火或用遥控水枪或水炮灭火。

2）用大量水冷却盛有危险品的容器，直到火完全熄灭。

3）如果容器的安全阀发出响声或储罐变色，应迅速撤离。

4）切记远离被大火吞没的储罐。

5）对于燃烧剧烈的大火，使用遥控水枪或水炮远距离灭火；否则撤离火场并任其燃烧。

4. 燃烧爆炸危险

（1）危险性综述：本品易燃，高毒。对环境有危害，对水质可造成污染。

（2）燃爆特性：极活泼、极易燃气体。易起火；在空气中可自发点火或爆炸。遇热源和明火有燃烧爆炸的危险。

5. 燃爆温度及燃烧（分解）产物

引燃温度：100℃。

燃烧（分解）产物：氧化磷（有毒）。

6. 禁止混储

易起火，在空气中可自发点火或爆炸（但在100℃下，纯净、未被污染的材料在空气中不会发生爆炸）；与强氧化剂、纯氧发生剧烈反应，进一步生成易燃氢气。与许多物质，包括酸类、碱类、胺类、三氯化硼、溴、氧化二氯、卤代化合物、连二次硝酸铅、硝酸汞、氯化氮发生剧烈反应或生成对热、摩擦、震动敏感的爆炸产物；371℃以上的高温可引起储存容器爆炸。

注：参考自《威利化学品禁忌手册》。

7. 隔离距离

泄漏：首次隔离距离至少60m；考虑下风向撤离距离为0.7km，夜晚为3.1km；大量泄漏：首次隔离距离至少450m；考虑下风向撤离距离白天为4.3km，夜晚为9.6km；

火灾：如果火场中有储罐、槽车、罐车时，应向四周隔离1600m；也可考虑首次就向四周撤离1600m。

8. 急救措施

（1）皮肤接触：用肥皂和水彻底清洗污染部位；若有冻伤须就医。

（2）眼睛接触：提起眼睑，用大量清水冲洗至少15min；就医。

（3）吸入：迅速脱离现场至空气新鲜处。保持呼吸道通畅。如呼吸困难，给输氧。如呼吸停止，立即进行人工呼吸；就医。

9. 洗消

PH_3气体可用重铬酸钾、硝酸银、活性炭、漂白粉溶液吸收。

硫化氢泄漏、燃爆事故

1. 遇水反应

不发生反应。

2. 泄漏处置

迅速撤离泄漏污染区人员至上风处，并隔离直至气体散尽，切断火源。建议应急处理人员戴自给正压式呼吸器，穿内置正压自给式呼吸器的全封闭防护服。切断气源，喷雾状水稀释、溶解，抽排（室内）或强力通风（室外）；构筑围堤或挖坑收容产生的大量废水。如有可能，将残余气或漏出气用排风机送至水洗塔或与塔相连的通风橱内。或使其通过三氯化铁水溶液，管路装止回装置以防溶液吸回。漏气容器要妥善处理，修复、检验后再用。

3. 燃爆与消防

（1）灭火方法及灭火剂：

灭火方法：消防人员须穿全身防火防毒服，佩戴空气呼吸器，在上风向灭火。

切断气源。若不能切断气源，则不允许熄灭泄漏处的火焰。喷水冷却容器，在确保安全的情况下将容器从火场移至空旷处。

灭火剂：小火，雾状水、水幕、干粉；大火，雾状水、抗溶性泡沫、水幕。

（2）储罐或货车（拖车）着火：

1）尽可能远距离灭火或用遥控水枪或水炮灭火。

2）用大量水冷却盛有危险品的容器，直到火完全熄灭。

3）切勿对泄漏源或安全阀直接喷水，防止产生冰冻。

4）如果容器的安全阀发出响声或储罐变色，应迅速撤离。

5）切记远离被大火吞没的储罐。

4. 燃烧爆炸危险

（1）危险性综述：本品易燃，具强刺激性，对环境有危害，对水体和大气可造成污染。

（2）燃爆特性：易燃，与空气混合能形成爆炸性混合物，遇明火、高热能引起燃烧爆炸。与浓硝酸、发烟硝酸或其他强氧化剂剧烈反应，发生爆炸。气体比空气重，能在较低处扩散到相当远的地方，遇火源会着火回燃。

5. 燃爆温度及燃烧（分解）产物

引燃温度：260℃。

燃烧（分解产物）：三氧化硫、二氧化硫（有毒）。

6. 禁止混储

一种高度易燃和活泼的气体。与强氧化剂、金属氧化物、金属粉尘和粉末、五氟化溴、三氟化氯、三氧化铬、铬酰氯、氧化二氯、三氯化氮、硝基次氟化钙、二氟化氧、氟化过氯氧、磷胺、过硫化磷、雷酸银、碱石灰、过氧化钠发生剧烈反应。与乙醛、一氧化氯、铬酸、铬酸酐、铜、硝酸、重氮苯基氯、钠不相容。与重氮苯基盐生成爆炸物。浸蚀多种金属。

注：参考自《威利化学品禁忌手册》。

7. 隔离距离

泄漏：首次隔离距离至少30m；考虑下风向撤离距离白天为0.1km，夜晚为0.3km；大量泄漏：首次隔离距离至少210m；考虑下风向撤离距离白天为2.1km，夜晚为6.2km；

火灾：如果火场中有储罐、槽车、罐车时，应向四周隔离800m；也可考虑首次就向四周撤离800m。

8. 急救措施

（1）皮肤接触：立即脱去污染的衣服，用流动清水彻底冲洗；就医。

（2）眼睛接触：提起眼睑，用流动清水或生理盐水冲洗；就医。

（3）吸入：迅速脱离现场至空气新鲜处。保持呼吸道通畅。如呼吸困难，给输氧。如呼吸停止，立即进行人工呼吸；就医。

9. 气体类别及气体气瓶公称压力

低压液化气体，公称工作压力：5MPa。

10. 洗消

可用漂白粉、三合二等强氧化剂，将其氧化成高价态的无毒化合物。

六氟化钨泄漏、燃爆事故

1. 遇水反应

发生反应。放出剧毒的腐蚀性氟化氢气体。

2. 泄漏处置

迅速撤离泄漏污染区人员至上风处，并立即隔离，严格限制出入。建议应急处理人员戴自给正压式呼吸器，穿防毒服。尽可能切断泄漏源。若是气体，合理通风，加速扩散。漏气容器要妥善处理，修复、检验后再用。若是液体，用干燥的砂土或类似物质吸收，若大量泄漏，构筑围堤或挖坑收容。收集回收或运至废物处理场所处置。

3. 燃爆与消防

（1）灭火方法及灭火剂：

灭火方法：消防人员必须佩戴过滤式防毒面具（全面罩）或隔离式呼吸器、穿全身防火防毒服，在上风向灭火。迅速切断气源，然后根据着火原因选择适当灭火剂灭火。尽可能将容器从火场移至空旷处。喷水保持火场容器冷却，直至灭火结束。

灭火剂：禁止用水、泡沫和酸碱灭火剂灭火。可尝试用二氧化碳、干粉。

（2）储罐着火：

1）尽可能远距离灭火或用遥控水枪或水炮灭火。

2）用大量水冷却盛有危险品的容器，直到火完全熄灭。

3）切勿对泄漏源或安全阀直接喷水，防止产生冰冻。

4）如果容器的安全阀发出响声或储罐变色，应迅速撤离。

5）切记远离被大火吞没的储罐。

4. 燃烧爆炸危险

（1）危险性综述：本品不燃，有毒，具强腐蚀性、强刺激性，可致人体灼伤。

（2）燃爆特性：遇潮气、空气或水解，放出剧毒的腐蚀性氟化氢气体。

5. 燃爆温度及燃烧（分解）产物

燃烧（分解）产物：氟化氢（有毒）。

6. 禁止混储

与空气、水、活性金属粉末发生反应。

7. 隔离距离

泄漏：首次隔离距离至少30m；考虑下风向撤离距离为0.2km，夜晚为1.1km；大量泄漏：首次隔离距离至少120m；考虑下风向撤离距离白天为1.0km，夜晚为3.7km；

火灾：如果火场中有储罐、槽车、罐车，应向四周隔离1600m；也可考虑首次就向四周撤离1600m。

8. 急救措施

（1）皮肤接触：脱去污染的衣着，用流动清水冲洗。在灼伤处涂敷氧化镁甘油软膏或稀氨水；就医。

（2）眼睛接触：立即翻开上下眼睑，立即用大量流动清水彻底冲洗至少15min。立即就医。

（3）吸入：迅速脱离现场至空气新鲜处。保持呼吸道通畅。如呼吸困难，给输氧。如呼吸停止，立即进行人工呼吸；就医。

氯化氢泄漏、燃爆事故

1. 遇水反应

发生反应。生成盐酸。

2. 泄漏处置

迅速撤离泄漏污染区人员至上风处，并隔离直至气体散尽，建议应急处理人员戴自给式呼吸器，穿相应的工作服。切断气源，喷氨水或其他稀碱液中和，注意收集并处理废水。然后抽排（室内）或强力通风（室外）。如有可能，将残余气或漏出气用排风机送至水洗塔或与塔相连的通风橱内。漏气容器不能再用，且要经过技术处理以清除可能剩下的气体。

3. 燃爆与消防

（1）灭火方法及灭火剂：

灭火方法：消防人员须穿戴全身防护服，关闭火场中钢瓶的阀门，减弱火势，并用水喷淋保护去关闭阀门的人员。喷水冷却容器，在确保安全的情况下将容器从火场移至空旷处。

灭火剂：雾状水。

（2）储罐着火：

1）尽可能远距离灭火或用遥控水枪或水炮灭火。

2）用大量水冷却盛有危险品的容器，直到火完全熄灭。

3）切勿对泄漏源或安全阀直接喷水，防止产生冰冻。

4）如果容器的安全阀发出响声或储罐变色，应迅速撤离。

5）切记远离被大火吞没的储罐。

4. 燃烧爆炸危险

（1）危险性综述：本品不燃，具强刺激性，对环境有危害，对水体可造成污染。遇氰化物能产生剧毒的氰化氢气体。

（2）燃爆特性：能与一些活性金属粉末发生反应，放出氢气，遇明火可能发生爆炸。

5. 燃爆温度及燃烧（分解）产物

6. 禁止混储

氯化氢气体迅速被水吸收，生成盐酸。与碱类、强氧化剂（并释放出氯气）、乙酸酐、氰基十三氢十硼酸铯（2–）、亚乙二氰、二硅化六锂、乙炔化金属、钠、二氧化硅、四氮化四硒以及许多有机物质剧烈反应。与脂肪、直链烷醇胺等不相容。浸蚀大部分的金属（生成易燃的氢气）以及某些塑料、橡胶及布品。

注：参考自《威利化学品禁忌手册》。

7. 隔离距离

泄漏：首次隔离距离至少 30m；考虑下风向撤离距离为 0.1km，夜晚为 0.4km。大量泄漏：首次隔离距离至少 360m；考虑下风向撤离距离白天为 3.6km，夜晚为 10.4km。

火灾：如果火场中有储罐、槽车、罐车时，应向四周隔离 1600m；也可考虑首次就向四周撤离 1600m。

8. 急救措施

（1）皮肤接触：立即脱去被污染的衣着，用大量流动清水冲洗至少 15min；就医。

（2）眼睛接触：立即提起眼睑，用大量流动清水或生理盐水彻底冲洗至少 15min；就医。

（3）吸入：迅速脱离现场至空气新鲜处。保持呼吸道通畅。如呼吸困难，给输氧。如呼吸停止，立即进行人工呼吸；就医。

9. 气体类别及气体气瓶公称压力

高压液化气体，公称工作压力：12.5MPa。

10. 洗消

水或低浓度石灰水。

氯化氰泄漏、燃爆事故

1. 遇水反应

发生反应，生成有毒的氰酸盐。

2. 泄漏处置

迅速撤离泄漏污染区人员至上风处，并立即隔离，严格限制出入。建议应急处理人员戴自给正压式呼吸器，穿防毒服。若是气体，尽可能切断泄漏源。合理通风，加速扩散。如有可能，将残余气或漏出气用排风机送至水洗塔或与塔相连的通风橱内。漏气容器要妥善处理，修复、检验后再用。若是液体，用砂土或其他不燃材料吸附或吸收。若大量泄漏，构筑围堤或挖坑收容。用泵转移至槽车或专用收集器内，回收或运至废物处理场所处置。

3. 燃爆与消防

（1）灭火方法及灭火剂：

灭火方法：消防人员必须穿全身防火防毒服，在上风向灭火。切断气源。喷水冷却容器，在确保安全的情况下将容器从火场移至空旷处。

灭火剂：干粉、二氧化碳、砂土。禁止用水灭火。

（2）储罐着火：

1）尽可能远距离灭火或用遥控水枪或水炮灭火。

2）用大量水冷却盛有危险品的容器，直到火完全熄灭。

3）切勿对泄漏源或安全阀直接喷水，防止产生冰冻。

4）如果容器的安全阀发出响声或储罐变色，应迅速撤离。

5）切记远离被大火吞没的储罐。

4. 燃烧爆炸危险

（1）危险性综述：本品不燃，高毒，具强刺激性，对环境有危害，对水体可造成污染。

（2）燃爆特性：受热分解或接触水、水蒸气会发生剧烈反应，释出剧毒和腐蚀性的烟雾。

5. 燃爆温度及燃烧（分解）产物

燃烧（分解）产物：氯化氢（有毒）、氰化氢（有毒）、氮氧化物（有毒）。

6. 禁止混储

潮湿条件下与氯气能发生剧烈聚合反应。与醇类、酸类、酸的盐类、胺、强碱、石蜡、强氧化剂发生剧烈反应。在自然条件下，经微量氯化氢或氯化铵的催化可发生剧烈的三聚反应。长期储存可生成聚合物。碱性条件下可发生化学反应生成氰化物。可腐蚀黄铜、红铜和青铜。

注：参考自《威利化学品禁忌手册》。

7. 隔离距离

泄漏：首次隔离距离至少60m；考虑下风向撤离距离为0.6km，夜晚为2.8km；大量泄漏：首次隔离距离至少450m；考虑下风向撤离距离白天为4.3km，夜晚为10.1km；

火灾：如果火场中有储罐、槽车、罐车时，应向四周隔离1600m；也可考虑首次就向四周撤离1600m。

8. 急救措施

（1）皮肤接触：脱去污染的衣着，用肥皂水和清水彻底冲洗皮肤。

（2）眼睛接触：立即提起眼睑，用大量流动清水或生理盐水彻底冲洗至少15min；就医。

（3）吸入：迅速脱离现场至空气新鲜处。保持呼吸道通畅。如呼吸困难，给输氧。呼吸心跳停止时，立即进行人工呼吸（勿用口对口）和胸外心脏按压术。给吸入亚硝酸异戊酯，就医。

（4）食入：饮足量温水，催吐。用1∶5000高锰酸钾或5%硫代硫酸钠溶液洗胃；就医。

氯化溴泄漏、燃爆事故

1. 遇水反应

发生反应。放出腐蚀性烟雾。

2. 泄漏处置

迅速撤离泄漏污染区人员至安全区，并立即进行隔离，严格限制出入。建议应急处理人员戴自给正压式呼吸器，穿防酸碱工作服。不要直接接触泄漏物，尽可能切断泄漏源，防止泄漏物进入下水道、排洪沟等限制性空间。勿使泄漏物与可燃物质（木材、纸、油等）接触。小量泄漏：用苏打灰中和。也可以用大量水冲洗，洗水稀释后放入废水系统。大量泄漏：构筑围堤或挖坑收容。用泡沫覆盖，降低蒸气灾害。喷雾状水冷却和稀释蒸气。用泵转移至槽车或专用收集器内，回收或运至废物处理场所处置。

3. 燃爆与消防

（1）灭火方法及灭火剂：

灭火方法：消防人员必须穿全身防火防毒服，在上风向灭火。切断气源。喷水冷却容器，在确保安全的情况下将容器从火场移至空旷处。

灭火剂：二氧化碳、干粉。禁止用水灭火。

（2）储罐着火：

1）尽可能远距离灭火或用遥控水枪或水炮灭火。

2）用大量水冷却盛有危险品的容器，直到火完全熄灭。

3）切勿对泄漏源或安全阀直接喷水，防止产生冰冻。

4）如果容器的安全阀发出响声或储罐变色，应迅速撤离。

5）切记远离被大火吞没的储罐。

4. 燃烧爆炸危险

（1）危险性综述：本品不燃，有毒，具强腐蚀性、强刺激性，可致人体灼伤。

（2）燃爆特性：不燃。但与易燃物、可燃物等接触能引起剧烈燃烧。

5. 燃爆温度及燃烧（分解）产物

燃烧（分解）产物：氯气（有毒）、溴气（腐蚀品）。

6. 禁止混储

与易燃物、可燃物接触能引起剧烈燃烧。具有较强的腐蚀性。室温下迅速分解，放出剧毒的氯和溴的烟雾。吸潮或遇水会产生大量的腐蚀性烟雾。

7. 隔离距离

泄漏：首次隔离距离至少30m；考虑下风向撤离距离为0.2km，夜晚为0.9km；大量泄漏：首次隔离距离至少240m；考虑下风向撤离距离白天为2.4km，夜晚为6.3km；

火灾：如果火场中有储罐、槽车、罐车时，应向四周隔离800m；也可考虑首次就向四周撤离800m。

8. 急救措施

（1）皮肤接触：脱去被污染的衣着，用流动清水冲洗。若有灼伤，按灼伤处理；就医。

（2）眼睛接触：立即翻开上下眼睑，用流动清水冲洗15min；就医。

（3）吸入：迅速脱离现场至空气新鲜处。保持呼吸道通畅。如呼吸困难，给输氧。如呼吸停止，立即进行人工呼吸；就医。

（4）食入：用水漱口，饮牛奶或蛋清，立即就医。

氯甲烷泄漏、燃爆事故

1. 遇水反应

发生反应。水解成盐酸和甲醇。

2. 泄漏处置

迅速撤离泄漏污染区人员至上风处，并进行隔离，严格限制出入。切断火源。建议应急处理人员戴自给正压式呼吸器，穿防毒服。尽可能切断泄漏源。合理通风，加速扩散。喷雾状水稀释、溶解。构筑围堤或挖坑收容产生的大量废水。如有可能，将残余气或漏出气用排风机送至水洗塔或与塔相连的通风橱内。漏气容器要妥善处理，修复、检验后再用。

3. 燃爆与消防

（1）灭火方法及灭火剂：

灭火方法：消防人员须穿全身防火防毒服，佩戴空气呼吸器，在上风向灭火。切断气源。若不能切断气源，则不允许熄灭泄漏处的火焰。喷水冷却容器，在确保安全的情况下将容器从火场移至空旷处。

灭火剂：泡沫、二氧化碳、雾状水。

（2）储罐或货车（拖车）着火：

1）尽可能远距离灭火或用遥控水枪或水炮灭火。

2）用大量水冷却盛有危险品的容器，直到火完全熄灭。

3）切勿对泄漏源或安全阀直接喷水，防止产生冰冻。

4）如果容器的安全阀发出响声或储罐变色，应迅速撤离。

5）切记远离被大火吞没的储罐。

6）对于燃烧剧烈的大火，使用遥控水枪或水炮远距离灭火；否则撤离火场并任其燃烧。

4. 燃烧爆炸危险

（1）危险性综述：本品易燃，有毒，具刺激性，对环境有危害，对水体和大气可造成污染。

（2）燃爆特性：与空气混合能形成爆炸性混合物。遇火花或高热能引起爆炸，并生成光气。接触铝及其合金能生成自燃性的铝化合物。

5. 燃爆温度及燃烧（分解）产物

引燃温度：632℃。

燃烧（分解）产物：一氧化碳、二氧化碳、氯化氢、光气。有毒气体。

6. 禁止混储

潮湿条件下课引起分解。与强氧化剂类、乙炔、无水氨、胺、氟、卤间化合物、镁、钾、钠、锌及其合金发生剧烈反应。与钡、锂、钛发生反应。与铝粉或氯化铝接触生成可自燃的三甲基铝，可引起点火或爆炸。浸蚀塑料、橡胶、布品。

注：参考自《威利化学品禁忌手册》。

7. 隔离距离

泄漏：在泄漏区四周隔离至少 100m；大量泄漏，考虑首次向四周撤离 800m；

火灾：如果火场中怀疑装有炸弹或导弹等军火的槽车或拖车，应向四周隔离 1600m；也可考虑首次就向四周撤离 1600m。

8. 急救措施

（1）皮肤接触：如果发生冻伤，将患处浸入 38~42℃温水中复温，忌用热水或辐射热，不要揉搓；就医。

（2）眼睛接触：提起眼睑，用大量流动清水或生理盐水冲洗；就医。

（3）吸入：迅速脱离现场至空气新鲜处。保持呼吸道通畅。如呼吸困难，给输氧。如呼吸停止，立即进行人工呼吸；就医。

9. 气体类别及气体气瓶公称压力

低压液化气体，公称工作压力：2MPa。

氯气泄漏、燃爆事故

1. 遇水反应

发生反应，生成 HCl。

2. 泄漏处置

迅速撤离泄漏污染区人员至上风处，并隔离直至气体散尽，建议应急处理人员戴正压自给式呼吸器，穿厂商特别推荐的化学防护服（完全隔离）。避免与乙炔、松节油、乙醚、氨等物质接触。切断气源，喷雾状水稀释、溶解，然后抽排（室内）或强力通风（室外）。如有可能，用管道将泄漏物导至还原剂（硫酸氢钠或碳酸氢钠）溶液。也可以将漏气钢瓶置于石灰乳液中。漏气容器不能再用，且要经过技术处理以清除可能剩下的气体。

3. 燃爆与消防

（1）灭火方法及灭火剂：

灭火方法：消防人员必须佩戴过滤式防毒面具（全面罩）或隔离式呼吸器、穿全身防火防毒服，在上风向灭火。切断气源。喷水冷却容器，在确保安全的情况下将容器从火场移至空旷处。

灭火剂：雾状水、泡沫、干粉。

（2）储罐着火：

1）尽可能远距离灭火或用遥控水枪或水炮灭火。

2）用大量水冷却盛有危险品的容器，直到火完全熄灭。

3）切勿对泄漏源或安全阀直接喷水，防止产生冰冻。

4）如果容器的安全阀发出响声或储罐变色，应迅速撤离。

5）切记远离被大火吞没的储罐。

4. 燃烧爆炸危险

（1）危险性综述：本品助燃，高毒，具刺激性，对环境有严重危害，对水体可造成污染。

（2）燃爆特性：本品不会燃烧，但可助燃。一般可燃物大都能在氯气中燃烧，一般易燃气体或蒸气也都能与氯气形成爆炸性混合物。氯气能与许多化学品如乙炔、松节油、乙醚、氨、燃料气、烃类、氢气、金属粉末等猛烈反应发生爆炸或生成爆炸性物质。

5. 燃爆温度及燃烧（分解）产物

燃烧（分解）产物：氯化氢（有毒气体）。

6. 禁止混储

一种腐蚀性气体，一种强氧化剂。与乙炔、硼、乙硼烷或其他硼烷类在常温下发生爆炸性反应。在热、热表面、焊弧、火花、强日照、紫外线或氧化汞化合物等催化剂的作用下，与无水氨、苯、丁烷、乙烷、乙烯、氟、碳氢化合物、蚁醛、氢气、溴化氢、氯化氢、氧气、丙烷、丙烯的气体或蒸气形成易点火、敏感、爆炸性混合物。与2-羧甲基异硫脲氯化物或硫酸氢-*S*-乙基异硫脲酯可形成三氯化氮（一种危险的爆炸物）。与易燃烧材料、还原剂、熔融铝（与其气体接触发生点火）、醇类、砷化合物、砷化氢、铋、硼、钙化合物、碳、二乙基锌、二甲基甲酰胺、乙基膦、氟、锗、碳氢化合物、肼、硫化氢、羟胺、铱、锂、乙炔锂、氨基磺酸、二氧化硫、三乙基硼烷和许多其他物质发生剧烈反应。与汽油、石油产品、油脂、磷、松节油、金属粉末、有机化合物形成爆炸性混合物。液氯与二硫化碳、亚麻子油、丙烯、橡胶、蜡、白磷发生爆炸性反应。浸蚀一些塑料和布品。与热固体金属、特别是钢材，能引发危险性燃烧（如铁氯燃烧能引起储存罐发生爆裂）；潮湿材料对大多数金属极具腐蚀性，特别是在加热的状态下。

注：参考自《威利化学品禁忌手册》。

7. 隔离距离

泄漏：首次隔离距离至少30m；考虑下风向撤离距离为0.2km，夜晚为1.2km；大量泄漏：首次隔离距离至少240m；考虑下风向撤离距离白天为2.4km，夜晚为

7.4km；

火灾：如果火场中有储罐、槽车、罐车时，应向四周隔离800m；也可考虑首次就向四周撤离800m。

8. 急救措施

（1）皮肤接触：脱去污染的衣着，用肥皂水和清水彻底冲洗皮肤。

（2）眼睛接触：提起眼睑，用流动清水或生理盐水冲洗；就医。

（3）吸入：迅速脱离现场至空气新鲜处。保持呼吸道通畅。如呼吸困难，给输氧。如呼吸停止，立即进行人工呼吸；就医。

9. 气体类别及气体气瓶公称压力

低压液化气体，公称工作压力：2MPa。

10. 洗消

硫酸钠或碳酸钠溶液。

氯乙烯泄漏、燃爆事故

1. 遇水反应

不发生反应。

2. 泄漏处置

迅速撤离泄漏污染区人员至上风处，并进行隔离直至气体散尽。切断火源。建议应急处理人员戴自给正压式呼吸器，穿防静电工作服。合理通风，加速扩散。喷雾状水稀释、溶解。如有可能，将残余气或漏出气用排风机送至水洗塔或与塔相连的通风橱内。漏气容器要妥善处理，修复、检验后再用。

3. 燃爆与消防

（1）灭火方法及灭火剂：

灭火方法：消防人员须穿全身防火防毒服，佩戴空气呼吸器，在上风向灭火。切断气源。若不能切断气源，则不允许熄灭泄漏处的火焰。喷水冷却容器，在确保安全的情况下将容器从火场移至空旷处。

灭火剂：小火，泡沫、二氧化碳；大火，雾状水。

（2）储罐或货车（拖车）着火：

1）尽可能远距离灭火或用遥控水枪或水炮灭火。

2）用大量水冷却盛有危险品的容器，直到火完全熄灭。

3）切勿对泄漏源或安全阀直接喷水，防止产生冰冻。

4）如果容器的安全阀发出响声或储罐变色，应迅速撤离。

5）切记远离被大火吞没的储罐。

6）对于燃烧剧烈的大火，使用遥控水枪或水炮远距离灭火；否则撤离火场并任其燃烧。

4. 燃烧爆炸危险

（1）危险性综述：本品易燃，为致癌物，氯乙烯在环境中能参与光化学烟雾反应。

（2）燃爆特性：与空气混合能形成爆炸混合物，遇明火、高热极易引起燃烧爆炸。其蒸气比空气重，能在较低处扩散到相当远的地方，遇火源引着回燃。若遇高热，容器内压增大，引起破裂和爆炸的事故。

5. 燃爆温度及燃烧（分解）产物

引燃温度：472℃。

燃烧（分解）产物：一氧化碳、二氧化碳、氯化氢（有毒）。

6. 禁止混储

与空气中的氧气、强氧化剂、各种污染物发生反应可生成不稳定的过氧化物；可发生剧烈聚合。加热或长期暴露在光照下，可发生聚合。与强氧化剂类或氮氧化物可发生剧烈反应。与铜或其他乙炔金属化合物接触生成敏感的爆炸性化合物。与铝、铜及其合金可发生反应。在潮湿条件下浸蚀钢铁。未抑制单体蒸气可形成固态聚合物材料，从而堵塞通气孔和狭窄孔隙。

注：参考自《威利化学品禁忌手册》。

7. 隔离距离

泄漏：在泄漏区四周隔离至少100m；大量泄漏，首先考虑下风向撤离至少800m；

火灾：如果火场中有储罐、槽车时，应向四周隔离1600m；也可考虑首次就向四周撤离1600m。

注：参考自《危险化学品应急救援指南》。

8. 急救措施

（1）皮肤接触：立即脱去污染的衣着，用肥皂水和大量流动清水彻底冲洗；就医。

（2）眼睛接触：立即提起眼睑，用大量流动清水或生理盐水彻底冲洗；就医。

（3）吸入：迅速脱离现场至空气新鲜处。保持呼吸道通畅。如呼吸困难，给输氧。如呼吸停止，立即进行人工呼吸；就医。

9. 气体类别及气体气瓶公称压力

低压液化气体，公称工作压力：1MPa。

煤气泄漏、燃爆事故

1. 遇水反应

不发生反应。

2. 泄漏处置

迅速撤离泄漏污染区人员至上风处，并隔离直至气体散尽，切断火源。建议应急处理人员戴正压自给式呼吸器，穿一般消防防护服。切断气源，喷雾状水稀释、溶解，抽排（室内）或强力通风（室外）。如有可能，将漏出气用排风机送至空旷地方或装设适当喷头烧掉。也可以用管路导至炉中、凹地焚之。漏气容器不能再用，且要经过技术处理以清除可能剩下的气体。

3. 燃爆与消防

（1）灭火方法及灭火剂：

灭火方法：消防人员须穿全身消防服，佩戴空气呼吸器，在上风向灭火。切断气源，若不能切断气源，则不允许熄灭泄漏处的火焰。尽可能将容器从火场移至空旷处。

灭火剂：雾状水、泡沫、二氧化碳。

（2）储罐或货车（拖车）着火：

1）尽可能远距离灭火或用遥控水枪或水炮灭火。

2）用大量水冷却盛有危险品的容器，直到火完全熄灭。

3）切勿对泄漏源或安全阀直接喷水，防止产生冰冻。

4）如果容器的安全阀发出响声或储罐变色，应迅速撤离。

5）切记远离被大火吞没的储罐。

4. 燃烧爆炸危险

（1）危险性综述：本品易燃，有毒。

（2）燃爆特性：与空气混合易形成爆炸性混合物，遇火星、高温有燃烧爆炸危险。完全燃烧时，火焰呈蓝色，不完全燃烧时，火焰呈橘黄色，有黑烟。

5. 燃爆温度及燃烧（分解）产物

引燃温度：648.9℃。

燃烧（分解）产物：一氧化碳、二氧化碳。

6. 禁止混储

与氧气、空气等助燃气体混合后遇火星可发生燃烧爆炸。

7. 隔离距离

泄漏：首次隔离距离至少30m；考虑下风向撤离距离为0.2km，夜晚为0.2km；

大量泄漏：首次隔离距离至少 60m；考虑下风向撤离距离白天为 0.4km，夜晚为 0.5km；

火灾：如果火场中有储罐、槽车、罐车时，应向四周隔离 1600m；也可考虑首次就向四周撤离 1600m。

8. 急救措施

吸入：迅速脱离现场至空气新鲜处。保持呼吸道通畅。如呼吸困难，给输氧。如呼吸停止，立即进行人工呼吸；就医。

9. 气体类别及气体气瓶公称压力

永久气体，公称工作压力：30MPa，20MPa，15MPa。

氢气泄漏、燃爆事故

1. 遇水反应

不发生反应。

2. 泄漏处理

迅速撤离泄漏污染区人员至上风处，并进行隔离，严格限制出入。切断火源。建议应急处理人员戴自给正压式呼吸器，穿防静电工作服。尽可能切断泄漏源。合理通风，加速扩散。如有可能，将漏出气用排风机送至空旷地方或装设适当喷头烧掉。漏气容器要妥善处理，修复、检验后再用。

3. 燃爆与消防

（1）灭火方法及灭火剂：

灭火方法：消防人员须穿全身防火防毒服，佩戴空气呼吸器，在上风向灭火。切断气源。若不能切断气源，则不允许熄灭泄漏处的火焰。喷水冷却容器，在确保安全的情况下将容器从火场移至空旷处。

灭火剂：小火，泡沫、干粉、二氧化碳；大火，水幕或雾状水。

（2）储罐着火：

1）尽可能远距离灭火或用遥控水枪或水炮灭火。

2）用大量水冷却盛有危险品的容器，直到火完全熄灭。

3）切勿对泄漏源或安全阀直接喷水，防止产生冰冻。

4）如果容器的安全阀发出响声或储罐变色，应迅速撤离。

5）切记远离被大火吞没的储罐。

6）对于燃烧剧烈的大火，使用遥控水枪或水炮远距离灭火；否则撤离火场并任其燃烧。

4. 燃烧爆炸危险

（1）危险性综述：本品易燃。

（2）燃爆特性：与空气混合能形成爆炸性混合物，遇热或明火即爆炸。气体比空气轻，在室内使用和储存时，漏气上升滞留屋顶不易排出，遇火星会引起爆炸。

5. 燃爆温度及燃烧（分解）产物

引燃温度：500~571℃。

燃烧（分解）产物：水。

6. 禁止混储

与氟、氯、溴等卤素会剧烈反应。

7. 隔离距离

泄漏：在泄漏区四周隔离至少 100m；大量泄漏，首先考虑下风向撤离至少 800m。

火灾：如果火场中有储罐、槽车时，应向四周隔离 1600m；也可考虑首次就向四周撤离 1600m。

8. 急救措施

吸入：迅速脱离现场至空气新鲜处。保持呼吸道通畅。如呼吸困难，给输氧。如呼吸停止，立即进行人工呼吸；就医。

9. 气体类别及气体气瓶公称压力

永久气体，公称工作压力：15MPa。

氰泄漏、燃爆事故

1. 遇水反应

发生反应，生成氰化氢和氰酸放出腐蚀性烟雾。

2. 泄漏处置

迅速撤离泄漏污染区人员至安全区，并立即进行隔离，严格限制出入。建议应急处理人员戴自给正压式呼吸器，穿防酸碱工作服。不要直接接触泄漏物。尽可能切断泄漏源。防止进入下水道、排洪沟等限制性空间。勿使泄漏物与可燃物质（木材、纸、油等）接触。小量泄漏：用苏打灰中和。也可以用大量水冲洗，洗水稀释后放入废水系统。大量泄漏：构筑围堤或挖坑收容。用泡沫覆盖，降低蒸气灾害。喷雾状水冷却和稀释蒸气。用泵转移至槽车或专用收集器内，回收或运至废物处理场所处置。

3. 燃爆与消防

（1）灭火方法及灭火剂：

灭火方法：消防人员必须佩戴过滤式防毒面具（全面罩）或隔离式呼吸器、穿全身防火防毒服，在上风向灭火。切断气源，若不能切断气源，则不允许熄灭泄漏处的火焰。尽可能将容器从火场移至空旷处。

灭火剂：干粉、二氧化碳。禁止用水和泡沫灭火。

（2）储罐着火：

1）尽可能远距离灭火或用遥控水枪或水炮灭火。

2）用大量水冷却盛有危险品的容器，直到火完全熄灭。

3）切勿对泄漏源或安全阀直接喷水，防止产生冰冻。

4）如果容器的安全阀发出响声或储罐变色，应迅速撤离。

5）切记远离被大火吞没的储罐。

4. 燃烧爆炸危险

（1）危险性综述：本品易燃，高毒，具刺激性。

（2）燃爆特性：与空气混合能形成爆炸性混合物。遇明火、高热能引起燃烧爆炸。其蒸气比空气重，能在较低处扩散到相当远的地方，遇火源会着火回燃。遇水或水蒸气、酸或酸气产生剧毒的烟雾。若遇高热，容器内压增大，有开裂和爆炸的危险。

5. 燃爆温度及燃烧（分解）产物

燃烧（分解）产物：氰化氢（有毒）、氮氧化物（有毒）。

6. 禁止混储

在空气中长期存放，能形成不稳定的过氧化物。与酸类、液氧、氧化剂、亚硝酸钠发生爆炸性反应。在水中缓慢水解，生成氰化氢、氨和草酸；与氯酸盐、氟、氯化亚汞、硝酸盐、亚硝酸盐、硝酸不相容。氯酸钾混合形成敏感的爆炸性混合物；在潮湿条件下浸蚀一些金属。

注：参考自《威利化学品禁忌手册》。

7. 隔离距离

泄漏：首次隔离距离至少 30m；考虑下风向撤离距离为 0.2km，夜晚为 1.2km；大量泄漏：首次隔离距离至少 120m；考虑下风向撤离距离白天为 1.1km，夜晚为 4.3km；

火灾：如果火场中有储罐、槽车、罐车时，应向四周隔离 1600m；也可考虑首次就向四周撤离 1600m。

8. 急救措施

（1）皮肤接触：立即脱去污染的衣着，用流动清水或 5% 硫代硫酸钠溶液彻底冲洗至少 20min；就医。

（2）眼睛接触：立即提起眼睑，用大量流动清水或生理盐水彻底冲洗至少15min；就医。

（3）吸入：迅速脱离现场至空气新鲜处。保持呼吸道通畅。如呼吸困难，给输氧。呼吸心跳停止时，立即进行心肺复苏术（勿用口对口）；就医。

（4）食入：饮足量温水，催吐。用1∶5000高锰酸钾或5%硫代硫酸钠溶液洗胃；就医。

三氟化氯泄漏、燃爆事故

1. 遇水反应

发生反应。放出氟化氢和氯气。

2. 泄漏处置

迅速撤离泄漏污染区人员至上风处，并隔离直至气体散尽，建议应急处理人员戴正压自给式呼吸器，穿厂商特别推荐的化学防护服（完全隔离）。勿使泄漏物与可燃物质（木材、纸、油等）接触，切断气源，喷雾状水稀释、溶解，然后抽排（室内）或强力通风（室外）。如有可能，将残余气或漏出气用排风机送至水洗塔或与塔相连的通风橱内。漏气容器不能再用，且要经过技术处理以清除可能剩下的气体。

3. 燃爆与消防

（1）灭火方法及灭火剂：

灭火方法：消防人员必须佩戴过滤式防毒面具（全面罩）或隔离式呼吸器、穿全身防火防毒服，在上风向灭火。尽可能将容器从火场移至空旷处。

灭火剂：雾状水。

（2）储罐着火：

1）尽可能远距离灭火或用遥控水枪或水炮灭火。

2）用大量水冷却盛有危险品的容器，直到火完全熄灭。

3）切勿对泄漏源或安全阀直接喷水，防止产生冰冻。

4）如果容器的安全阀发出响声或储罐变色，应迅速撤离。

5）切记远离被大火吞没的储罐。

4. 燃烧爆炸危险

（1）危险性综述：本品不燃，剧毒。

（2）燃爆特性：强氧化剂。能与多种物品发生具有危险性的强烈反应。遇有机物，立即自行燃烧爆炸。与水猛烈反应，放出氟化氢和氯气。并能与砂子以及其他含硅物品（如玻璃、石棉等）强烈反应，也能与金属和非金属元素激烈反应。

5. 燃爆温度及燃烧（分解）产物

燃烧（分解）产物：氟化氢（有毒）、氯化氢（有毒）。

6. 禁止混储

遇有机物，立即自行燃烧爆炸。与水猛烈反应，放出氟化氢和氯气。能与砂子、玻璃、石棉和含硅物品等难熔材料强烈反应，也能与金属和非金属元素激烈反应。

注：参考自《威利化学品禁忌手册》。

7. 隔离距离

泄漏：首次隔离距离至少 60m；考虑下风向撤离距离为 0.4km，夜晚为 2.0km；大量泄漏：首次隔离距离至少 300m；考虑下风向撤离距离白天为 2.8km，夜晚为 8.1km；

火灾：如果火场中有储罐、槽车、罐车时，应向四周隔离 800m；也可考虑首次就向四周撤离 800m。

8. 急救措施

（1）皮肤接触：脱去污染的衣着，用大量流动清水冲洗。

（2）眼睛接触：提起眼睑，用流动清水或生理盐水冲洗；就医。

（3）吸入：迅速脱离现场至空气新鲜处。保持呼吸道通畅。如呼吸困难，给输氧。如呼吸停止，立即进行人工呼吸；就医。

（4）食入：饮足量温水，禁止催吐；就医。

三氟化硼泄漏、燃爆事故

1. 遇水反应

发生反应，生成氟化氢、硼酸以及氟硼酸。

2. 泄漏处置

迅速撤离泄漏污染区人员至上风处，并立即隔离 150m，严格限制出入。建议应急处理人员戴自给正压式呼吸器，穿防毒服。尽可能切断泄漏源。合理通风，加速扩散。漏气容器要妥善处理，修复、检验后再用。

3. 燃爆与消防

（1）灭火方法及灭火剂：

灭火方法：消防人员必须穿全身防火防毒服，在上风向灭火。切断气源。喷水冷却容器，在确保安全的情况下将容器从火场移至空旷处。

灭火剂：小火，二氧化碳、干粉；大火，水幕、雾状水或常规泡沫灭火。

（2）储罐着火：

1）尽可能远距离灭火或用遥控水枪或水炮灭火。

2）用大量水冷却盛有危险品的容器，直到火完全熄灭。

3）切勿对泄漏源或安全阀直接喷水，防止产生冰冻。

4）如果容器的安全阀发出响声或储罐变色，应迅速撤离。

5）切记远离被大火吞没的储罐。

4. 燃烧爆炸危险

（1）危险性综述：本品不燃，有毒。

（2）燃爆特性：化学反应活性很高，遇水发生爆炸性分解。与铜及其合金有可能生成具有爆炸性的氯乙炔。暴露在空气中遇潮气时迅速水解成氟硼酸与硼酸，产生白色烟雾。

5. 燃爆温度及燃烧（分解）产物

燃烧（分解）产物：氟化氢（有毒）、氧化硼。

6. 禁止混储

与潮湿空气、水、蒸气反应，生成氟化氢、硼酸以及氟硼酸。与烯丙基氯、硝酸烷基酯、硝酸苄酯、氧化钙、乙基醚、碘、四氢铝酸镁、活泼金属（除了镁）反应剧烈。作为聚合催化剂使用；接触单体可引起爆炸。潮湿时浸蚀大部分金属。

注：参考自《威利化学品禁忌手册》。

7. 隔离距离

泄漏：首次隔离距离至少 30m；考虑下风向撤离距离为 0.1km，夜晚为 0.6km；大量泄漏：首次隔离距离至少 180m；考虑下风向撤离距离白天为 1.8km，夜晚为 4.8km；

火灾：如果火场中有储罐、槽车、罐车时，应向四周隔离 1600m；也可考虑首次就向四周撤离 1600m。

8. 急救措施

（1）皮肤接触：立即脱去污染的衣着，用大量流动清水冲洗；就医。

（2）眼睛接触：立即提起眼睑，用大量流动清水或生理盐水彻底冲洗至少 15min；就医。

（3）吸入：迅速脱离现场至空气新鲜处。保持呼吸道通畅。如呼吸困难，给输氧。如呼吸停止，立即进行人工呼吸；就医。

三氟氯乙烯泄漏、燃爆事故

1. 遇水反应

不发生反应。

2. 泄漏处置

迅速撤离泄漏污染区人员至上风处，并隔离直至气体散尽。切断火源。建议应急处理人员戴自给式呼吸器，穿防静电工作服。喷雾状水稀释、溶解。抽排（室内）或强力通风（室外）。如有可能，将漏出气用排风机送至空旷地方或装设适当喷头烧掉。漏气容器不能再用，且要经过技术处理以清除可能剩下的气体。

3. 燃爆与消防

（1）灭火方法及灭火剂：

灭火方法：消防人员须穿全身消防服，佩戴空气呼吸器，在上风向灭火。切断气源。若不能切断气源，则不允许熄灭泄漏处的火焰。喷水冷却容器，在确保安全的情况下将容器从火场移至空旷处。

灭火剂：小火，泡沫、干粉、二氧化碳、水幕或耐醇性泡沫；大火，水幕、雾状水或耐醇性泡沫。

（2）储罐着火：

1）尽可能远距离灭火或用遥控水枪或水炮灭火。

2）用大量水冷却盛有危险品的容器，直到火完全熄灭。

3）切勿对泄漏源或安全阀直接喷水，防止产生冰冻。

4）如果容器的安全阀发出响声或储罐变色，应迅速撤离。

5）切记远离被大火吞没的储罐。

4. 燃烧爆炸危险

（1）危险性综述：本品易燃，有毒。

（2）燃爆特性：与空气混合能形成爆炸性混合物（闪点 28℃）。遇明火、高热能引起燃烧爆炸。在火场高温下，能发生聚合放热，使容器破裂。气体比空气重，能在较低处扩散到相当远的地方，遇火源会着火回燃。若遇高热，容器内压增大，有开裂和爆炸的危险。

5. 燃爆温度及燃烧（分解）产物

燃烧（分解）产物：一氧化碳、二氧化碳、氟化氢（有毒）、氯化氢（有毒）。

6. 禁止混储

若不进行抑制（萜烯类：建议采用 1% 三丁基胺），可形成不稳定过氧化物；与氧化剂、溴、氯、高氯酸酯、氟、乙烯、二氯乙烯、氧气发生剧烈反应；与三氟化氯、1，1– 二氯乙烯不相容。

注：参考自《威利化学品禁忌手册》。

7. 隔离距离

泄漏：首次隔离距离至少 30m；考虑下风向撤离距离白天为 0.1km，夜晚为 0.1km。大量泄漏：首次隔离距离至少 60m；考虑下风向撤离距离白天为 0.4km，夜晚为 0.8km；

火灾：如果火场中有储罐、槽车、罐车时，应向四周隔离 1600m；也可考虑首次就向四周撤离 1600m。

注：参考自《危险化学品应急救援指南》。

8. 急救措施

吸入：迅速脱离现场至空气新鲜处。保持呼吸道通畅。如呼吸困难，给输氧。如呼吸停止，立即进行人工呼吸；就医。

9. 气体类别及气体气瓶公称压力

低压液化气体，公称工作压力：2MPa。

1，1，1– 三氟乙烷泄漏、燃爆事故

1. 遇水反应

不发生反应。

2. 泄漏处置

迅速撤离泄漏污染区人员至上风处，并进行隔离，严格限制出入。切断火源。建议应急处理人员戴自给正压式呼吸器，穿防静电工作服。尽可能切断泄漏源。合理通风，加速扩散。如无危险，就地燃烧，同时喷雾状水使周围冷却，以防其他可燃物着火。或用管路导至炉中、凹地焚之。漏气容器要妥善处理，修复、检验后再用。

3. 燃爆与消防

（1）灭火方法及灭火剂：

灭火方法：消防人员须穿全身防火防毒服，佩戴空气呼吸器，在上风向灭火。切断气源。若不能切断气源，则不允许熄灭泄漏处的火焰。喷水冷却容器，在确保安全的情况下将容器从火场移至空旷处。

灭火剂：小火，二氧化碳；大火，雾状水。

（2）储罐着火：

1）尽可能远距离灭火或用遥控水枪或水炮灭火。

2）用大量水冷却盛有危险品的容器，直到火完全熄灭。

3）切勿对泄漏源或安全阀直接喷水，防止产生冰冻。

4）如果容器的安全阀发出响声或储罐变色，应迅速撤离。

5）切记远离被大火吞没的储罐。

6）对于燃烧剧烈的大火，使用遥控水枪或水炮远距离灭火；否则撤离火场

并任其燃烧。

4. 燃烧爆炸危险

（1）危险性综述：本品易燃，对大气可造成污染。气体比空气重，能在较低处扩散到相当远的地方，遇火源会着火回燃。

（2）燃爆特性：与空气混合能形成爆炸性混合物。接触热、火星、火焰或氧化剂易燃烧爆炸。受热分解放出有毒的氟化物气体。

5. 燃爆温度及燃烧（分解）产物

燃烧（分解）产物：一氧化碳、二氧化碳、氟化氢（有毒）。

6. 禁止混储

与强氧化剂发生反应。

7. 隔离距离

泄漏：在泄漏区四周隔离至少100m；大量泄漏，首先考虑下风向撤离至少800m；

火灾：如果火场中有储罐、槽车时，应向四周隔离1600m；也可考虑首次就向四周撤离1600m。

注：参考自《危险化学品应急救援指南》。

8. 急救措施

吸入：迅速脱离现场至空气新鲜处。保持呼吸道通畅。如呼吸困难，给输氧。如呼吸停止，立即进行人工呼吸；就医。

9. 气体类别及气体气瓶公称压力

低压液化气体，公称工作压力：3MPa。

砷化氢泄漏、燃爆事故

1. 遇水反应

不发生反应。可用雾状水灭火。

2. 泄漏处置

迅速撤离泄漏污染区人员至上风处，并隔离直至气体散尽，切断火源。建议应急处理人员戴正压自给式呼吸器，穿厂商特别推荐的化学防护服（完全隔离）。切断气源，喷雾状水稀释、溶解，注意收集并处理废水。然后抽排（室内）或强力通风（室外）。如有可能，将漏出气用排风机送至空旷地方或装设适当喷头烧掉。漏气容器不能再用，且要经过技术处理以清除可能剩下的气体。

3. 燃爆与消防

（1）灭火方法及灭火剂：

灭火方法：消防人员必须佩戴过滤式防毒面具（全面罩）或隔离式呼吸器、穿全身防火防毒服，在上风向灭火。切断气源。若不能切断气源，则不允许熄灭泄漏处的火焰。喷水冷却容器，在确保安全的情况下将容器从火场移至空旷处。

灭火剂：小火，用泡沫、干粉灭火；大火，用雾状水灭火。

（2）储罐或货车（拖车）着火：

1）尽可能远距离灭火或用遥控水枪或水炮灭火。

2）用大量水冷却盛有危险品的容器，直到火完全熄灭。

3）切勿对泄漏源或安全阀直接喷水，防止产生冰冻。

4）如果容器的安全阀发出响声或储罐变色，应迅速撤离。

5）切记远离被大火吞没的储罐。

4. 燃烧爆炸危险

（1）危险性综述：本品易燃，高毒，对环境有危害，对水体可造成污染。

（2）燃爆特性：对热不稳定的易燃气体。强还原剂。与空气混合能形成爆炸性混合物。遇明火、高热能引起燃烧爆炸。

5. 燃爆温度及燃烧（分解）产物

燃烧（分解）产物：氧化砷。

6. 禁止混储

与酸类、卤素、氯、氧化剂反应剧烈。该化合物具有吸热性；遇震动、温度升高超过300℃，或烈性引发剂能被引爆。见光引起受潮物质分解，伴有黑色固态砷的沉淀。

注：参考自《威利化学品禁忌手册》。

7. 隔离距离

泄漏：首次隔离距离至少60m；考虑下风向撤离距离为0.6km，夜晚为3.0km；大量泄漏：首次隔离距离至少420m；考虑下风向撤离距离白天为4.1km，夜晚为9.5km；

火灾：如果火场中有储罐、槽车、罐车时，应向四周隔离1600m；也可考虑首次就向四周撤离1600m。

8. 急救措施

吸入：迅速脱离现场至空气新鲜处。保持呼吸道通畅。如呼吸困难，给输氧。如呼吸停止，立即进行人工呼吸；就医。

四氟化硅泄漏、燃爆事故

1. 遇水反应

发生反应。生成氟化氢烟雾。

2. 泄漏处置

迅速撤离泄漏污染区人员至上风处，并隔离直至气体散尽，应急处理人员戴正压自给式呼吸器，穿化学防护服。在确保安全情况下堵漏。喷水雾减慢挥发（或扩散），但不要对泄漏物或泄漏点直接喷水。抽排（室内）或强力通风（室外）。漏气容器不能再用，且要经过技术处理以清除可能剩下的气体。

3. 燃爆与消防

（1）灭火方法及灭火剂：

灭火方法：消防人员必须穿全身防火防毒服，在上风向灭火。切断气源。喷水冷却容器，在确保安全的情况下将容器从火场移至空旷处。

灭火剂：小火，干粉、砂土；大火，雾状水。

（2）储罐着火：

1）尽可能远距离灭火或用遥控水枪或水炮灭火。

2）用大量水冷却盛有危险品的容器，直到火完全熄灭。

3）切勿对泄漏源或安全阀直接喷水，防止产生冰冻。

4）如果容器的安全阀发出响声或储罐变色，应迅速撤离。

5）切记远离被大火吞没的储罐。

4. 燃烧爆炸危险

（1）危险性综述：本品不燃，有毒，具腐蚀性、刺激性，可致人体灼伤。

（2）燃爆特性：本品不燃。在潮湿空气中产生白色有腐蚀性和刺激性的氟化氢烟雾。遇水剧烈反应，生成硅酸及氟化氢。

5. 燃爆温度及燃烧（分解）产物

燃烧（分解）产物：氟化氢（有毒）。

6. 禁止混储

与强氧化剂类、碱金属、氨、二甲基亚砜、钾、钠发生剧烈反应。与环氧乙烷（引起爆发性聚合）、氟、四氢化硅可能发生剧烈反应。与强酸类、脂肪胺类、链烷醇胺、异氰酸酯类、环氧烷烃类、表氯醇、卤化物、氧化氮不相容。水汽存在下，腐蚀普通金属，产生易燃的氢。储存于惰性气体中。

注：参考自《威利化学品禁忌手册》。

7. 隔离距离

泄漏：首次隔离距离至少30m；考虑下风向撤离距离为0.1km，夜晚为0.1km；大量泄漏：首次隔离距离至少60m；考虑下风向撤离距离白天为0.5km，夜晚为0.8km；

火灾：如果火场中有储罐、槽车、罐车时，应向四周隔离1600m；也可考虑首次就向四周撤离1600m。

8. 急救措施

（1）皮肤接触：脱去被污染的衣着，用流动清水彻底冲洗。

（2）眼睛接触：立即提起眼睑，用流动清水彻底冲洗15min；就医。

（3）吸入：迅速脱离现场至空气新鲜处。保持呼吸道通畅。如呼吸困难，给输氧。如呼吸停止，立即进行人工呼吸；就医。

四氟乙烯泄漏、燃爆事故

1. 遇水反应

不发生反应。

2. 泄漏处置

迅速撤离泄漏污染区人员至上风处，并进行隔离，严格限制出入。切断火源。建议应急处理人员戴自给正压式呼吸器，穿防静电工作服。尽可能切断泄漏源。合理通风，加速扩散。喷雾状水稀释。漏气容器要妥善处理，修复、检验后再用。

3. 燃爆与消防

（1）灭火方法及灭火剂：

灭火方法：消防人员须穿全身防火防毒服，佩戴空气呼吸器，在上风向灭火。切断气源。若不能切断气源，则不允许熄灭泄漏处的火焰。喷水冷却容器，在确保安全的情况下将容器从火场移至空旷处。

灭火剂：小火，普通泡沫、干粉；大火，雾状水。

（2）储罐着火：

1）尽可能远距离灭火或用遥控水枪或水炮灭火。

2）用大量水冷却盛有危险品的容器，直到火完全熄灭。

3）切勿对泄漏源或安全阀直接喷水，防止产生冰冻。

4）如果容器的安全阀发出响声或储罐变色，应迅速撤离。

5）切记远离被大火吞没的储罐。

6）对于燃烧剧烈的大火，使用遥控水枪或水炮远距离灭火；否则撤离火场

并任其燃烧。

4. 燃烧爆炸危险

（1）危险性综述：本品易燃，对大气可造成污染。

（2）燃爆特性：与空气混合能形成爆炸性混合物。气体比空气重，能在较低处扩散到相当远的地方，遇火源会着火回燃。

5. 燃爆温度及燃烧（分解）产物

引燃温度：188℃。

燃烧（分解）产物：一氧化碳、二氧化碳、氟化氢（有毒气体）。

6. 禁止混储

具有高反应性，对热不稳定。受压爆炸。在空气中形成不稳定的过氧化物。在一定条件下，可发生爆炸性聚合。温度升高或钝化单体与五氟化碘等物质接触将爆炸。与氯过氧化三氟甲烷、二氟亚甲基二海波萤石、二氟化二氧、卤素、氧化剂、氧气、三氧化硫、五氟化三硼发生剧烈反应。与乙烯、六氟丙烯不相容；形成爆炸性过氧化物。

注：参考自《威利化学品禁忌手册》。

7. 隔离距离

泄漏：在泄漏区四周隔离至少100m；大量泄漏，首先考虑下风向撤离至少800m；

火灾：如果火场中有储罐、槽车时，应向四周隔离1600m；也可考虑首次就向四周撤离1600m。

注：参考自《危险化学品应急救援指南》。

8. 急救措施

吸入：迅速脱离现场至空气新鲜处。保持呼吸道通畅。如呼吸困难，给输氧。如呼吸停止，立即进行人工呼吸；就医。

四氢化硅泄漏、燃爆事故

1. 遇水反应

发生反应。生成氢气和硅酸。

2. 泄漏处置

迅速撤离泄漏污染区人员至上风处，并隔离直至气体散尽，切断火源。建议应急处理人员戴自给式呼吸器，穿一般消防防护服。切断气源，喷洒雾状水稀释，抽排（室内）或强力通风（室外）。如有可能，将残余气或漏出气用排风机送至水洗塔或与塔相连的通风橱内。漏气容器不能再用，且要经过技术处理以清除可能剩下的气体。

3. 燃爆与消防

（1）灭火方法及灭火剂：

灭火方法：消防人员须佩戴防毒面具、穿全身消防服，在上风向灭火。切断气源，若不能切断气源，则不允许熄灭泄漏处的火焰。尽可能将容器从火场移至空旷处。喷水保持火场容器冷却，直至灭火结束。

灭火剂：水、泡沫、干粉、二氧化碳。

（2）储罐着火：

1）尽可能远距离灭火或用遥控水枪或水炮灭火。

2）用大量水冷却盛有危险品的容器，直到火完全熄灭。

3）如果容器的安全阀发出响声或储罐变色，应迅速撤离。

4）切记远离被大火吞没的储罐。

5）对于燃烧剧烈的大火，使用遥控水枪或水炮远距离灭火；否则撤离火场并任其燃烧。

4. 燃烧爆炸危险

（1）危险性综述：本品易燃，有毒。

（2）燃爆特性：气体与空气混合能形成爆炸混合物，遇明火、高热能引起燃烧爆炸。其蒸气比空气重，与氟、氯等能发生剧烈的化学反应。若遇高热，容器内压增大，有开裂和爆炸的危险。

5. 燃爆温度及燃烧（分解）产物

燃烧（分解）产物：氧化硅、氢气（易燃）。

6. 禁止混储

空气中可自发地点燃或爆炸。与水或水蒸气接触发生强烈反应，生成氯化氢。一种强还原剂。与强氧化剂类、碱类、共价卤化物、卤素、氢氧化钾溶液发生剧烈反应。遇氧气或温度升高到398℃以上发生爆炸。

注：参考自《威利化学品禁忌手册》。

7. 隔离距离

泄漏：在泄漏区四周隔离至少100m；大量泄漏，首先考虑下风向撤离至少800m；

火灾：如果火场中有储罐、槽车时，应向四周隔离1600m；也可考虑首次就向四周撤离1600m。

8. 急救措施

吸入：迅速脱离现场至空气新鲜处。保持呼吸道通畅。如呼吸困难，给输氧。如呼吸停止，立即进行人工呼吸；就医。

9. 气体类别及气体气瓶公称压力

永久气体，公称工作压力：15MPa。

天然气（含甲烷的，压缩的）泄漏、燃爆事故

1. 遇水反应

不发生反应。

2. 泄漏处置

迅速撤离泄漏污染区人员至上风处，并进行隔离，严格限制出入。切断火源。建议应急处理人员戴自给正压式呼吸器，穿简易防化服。处理液化气体时，应穿防寒服。尽可能切断泄漏源。合理通风，加速扩散。喷雾状水稀释漏出气，改变蒸气云流向。隔离泄漏区直至气体散尽。

3. 燃爆与消防

（1）灭火方法及灭火剂：

灭火方法：消防人员须穿全身消防服，戴正压式呼吸器，在上风向灭火。切断气源。若不能切断气源，则不允许熄灭泄漏处的火焰。喷水冷却容器，在确保安全的情况下将容器从火场移至空旷处。

灭火剂：小火，二氧化碳、干粉；大火，雾状水、泡沫。

（2）储罐着火：

1）尽可能远距离灭火或用遥控水枪或水炮灭火。

2）用大量水冷却盛有危险品的容器，直到火完全熄灭。

3）切勿对泄漏源或安全阀直接喷水，防止产生冰冻。

4）如果容器的安全阀发出响声或储罐变色，应迅速撤离。

5）切记远离被大火吞没的储罐。

6）对于燃烧剧烈的大火，使用遥控水枪或水炮远距离灭火；否则撤离火场并任其燃烧。

4. 燃烧爆炸危险

危险特性：与空气混合能形成爆炸性混合物，遇明火、高热极易燃烧爆炸；若遇高热，容器内压增大，有开裂和爆炸危险。

5. 燃爆温度及燃烧（分解）产物

引燃温度：482~632℃。

燃烧（分解）产物：一氧化碳、二氧化碳。

6. 禁止混储

与强氧化剂、卤素发生反应。

7. 隔离距离

泄漏：在泄漏区四周隔离至少 100m；大量泄漏，首先考虑下风向撤离至少 800m；

火灾：如果火场中有储罐、槽车时，应向四周隔离 1600m；也可考虑首次就向四周撤离 1600m。

注：参考自《危险化学品应急救援指南》。

8. 急救措施

（1）皮肤接触：如果发生冻伤，将患部浸泡于 38~42℃的温水中复温。不要涂擦。不要使用热水或辐射热。使用清洁、干燥的敷料包扎；就医。

（2）吸入：迅速脱离现场至空气新鲜处。保持呼吸道畅通。如呼吸困难，给输氧。呼吸、心跳停止，立即进行心肺复苏术；就医。

9. 气体类别及气体气瓶公称压力

永久气体，公称工作压力：20MPa，30MPa。

1，3- 戊二烯泄漏、燃爆事故

1. 遇水反应

不发生反应。

2. 泄漏处置

迅速撤离泄漏污染区人员至安全区，并进行隔离，严格限制出入。切断火源。建议应急处理人员戴自给正压式呼吸器，穿防静电工作服。从上风处进入现场。尽可能切断泄漏源。小量泄漏：用砂土或其他不燃材料吸附或吸收。也可以用不燃性分散剂制成的乳液刷洗，洗液稀释后放入废水系统。大量泄漏：构筑围堤或挖坑收容。用泡沫覆盖，降低蒸气灾害。喷雾状水或泡沫冷却和稀释蒸气、保护现场人员。用防爆泵转移至槽车或专用收集器内，回收或运至废物处理场所处置。

3. 燃爆与消防

（1）灭火方法及灭火剂：

灭火方法：消防人员须穿全身防火防毒服，佩戴空气呼吸器，在上风向灭火。

切断气源。若不能切断气源，则不允许熄灭泄漏处的火焰。喷水冷却容器，在确保安全的情况下将容器从火场移至空旷处。

灭火剂：小火，泡沫、二氧化碳、干粉、砂土；大火，雾状水。

（2）储罐着火：

1）尽可能远距离灭火或用遥控水枪或水炮灭火。

2）用大量水冷却盛有危险品的容器，直到火完全熄灭。

3）切勿对泄漏源或安全阀直接喷水，防止产生冰冻。

4）如果容器的安全阀发出响声或储罐变色，应迅速撤离。

5）切记远离被大火吞没的储罐。

6）对于燃烧剧烈的大火，使用遥控水枪或水炮远距离灭火；否则撤离火场并任其燃烧。

4. 燃烧爆炸危险

（1）危险性综述：本品易燃，具刺激性，对环境有危害，对水体、土壤和大气可造成污染。

（2）燃爆特性：与空气混合能形成爆炸性混合物。接触热、火星、火焰或氧化剂易燃烧爆炸。若遇高热，可发生聚合反应，放出大量热量而引起容器破裂和爆炸事故。气体比空气重，能在较低处扩散到相当远的地方，遇火源会着火回燃。

5. 燃爆温度及燃烧（分解）产物

燃烧（分解）产物：一氧化碳、二氧化碳。

6. 禁止混储

与强氧化剂、强酸发生反应。

7. 隔离距离

泄漏：在泄漏区四周隔离至少100m；大量泄漏，首先考虑下风向撤离至少800m；

火灾：如果火场中有储罐、槽车时，应向四周隔离1600m；也可考虑首次就向四周撤离1600m。

注：参考自《危险化学品应急救援指南》。

8. 急救措施

（1）皮肤接触：脱去被污染的衣着，用肥皂水和清水冲洗；就医。

（2）眼睛接触：立即提起眼睑，用流动清水或生理盐水冲洗；就医。

（3）吸入：迅速脱离现场至空气新鲜处。保持呼吸道通畅。如呼吸困难，给输氧。如呼吸停止，立即进行人工呼吸；就医。

（4）食入：给饮足量温水，禁止催吐；就医。

硒化氢[无水]泄漏、燃爆事故

1. 遇水反应

发生反应，生成氢硒酸。

2. 泄漏处置

迅速撤离泄漏污染区人员至上风处，并隔离直至气体散尽，切断火源。建议应急处理人员戴正压自给式呼吸器，穿厂商特别推荐的化学防护服（完全隔离）。切断气源，喷雾状水稀释、溶解，注意收集并处理废水。然后抽排（室内）或强力通风（室外）。如有可能，将漏出气用排风机送至空旷地方或装设适当喷头烧掉。漏气容器不能再用，且要经过技术处理以清除可能剩下的气体。

3. 燃爆与消防

（1）灭火方法及灭火剂：

灭火方法：消防人员必须佩戴过滤式防毒面具（全面罩）或隔离式呼吸器、穿全身防火防毒服，在上风向灭火。切断气源，若不能切断气源，则不允许熄灭泄漏处的火焰。尽可能将容器从火场移至空旷处。喷水保持火场容器冷却，直至灭火结束。

灭火剂：雾状水、泡沫、干粉、二氧化碳。

（2）储罐着火：

1）尽可能远距离灭火或用遥控水枪或水炮灭火。

2）用大量水冷却盛有危险品的容器，直到火完全熄灭。

3）切勿对泄漏源或安全阀直接喷水，防止产生冰冻。

4）如果容器的安全阀发出响声或储罐变色，应迅速撤离。

5）切记远离被大火吞没的储罐。

4. 燃烧爆炸危险

（1）危险性综述：本品易燃，有毒，具强刺激性。

（2）燃爆特性：与空气混合能形成爆炸性混合物。遇明火、高热能引起燃烧爆炸。

5. 燃爆温度及燃烧（分解）产物

燃烧（分解）产物：二氧化硒、水、氢气和硒。

6. 禁止混储

与湿气、酸类、酸雾、醇类发生反应，释放热和易燃性氢气。与强氧化剂类、硝酸发生剧烈反应。与酸类、醇类、水、卤代烃类不相容。

注：参考自《威利化学品禁忌手册》。

7. 隔离距离

小量泄漏：首次隔离距离至少 120m；考虑下风向撤离距离为 1.2km，夜晚为 5.1km；

大量泄漏：首次隔离距离至少 1000m；考虑下风向撤离距离白天为 8.7km，夜晚为 11+km；

火灾：如果火场中有储罐、槽车、罐车时，应向四周隔离 1600m；也可考虑首次就向四周撤离 1600m。

8. 急救措施

（1）皮肤接触：脱去污染的衣服，用流动清水彻底冲洗；就医。

（2）眼睛接触：提起眼睑，用流动清水或生理盐水冲洗；就医。

（3）吸入：迅速脱离现场至空气新鲜处。保持呼吸道通畅。如呼吸困难，给输氧。如呼吸停止，立即进行人工呼吸；不要对其施行口对口人工呼吸，要戴单向阀袖珍面罩或其他合适的医用呼吸器进行；就医。

溴化氢泄漏、燃爆事故

1. 遇水反应

发生反应，生成氢溴酸。

2. 泄漏处置

迅速撤离泄漏污染区人员至上风处，并隔离直至气体散尽。建议应急处理人员戴正压自给式呼吸器，穿厂商特别推荐的化学防护服（完全隔离）。切断气源，喷氨水或其他稀碱液中和，注意收集并处理废水。然后抽排（室内）或强力通风（室外）。如有可能，将残余气或漏出气用排风机送至水洗塔或与塔相连的通风橱内。漏气容器不能再用，且要经过技术处理以清除可能剩下的气体。

3. 燃爆与消防

（1）灭火方法及灭火剂：

灭火方法：消防人员必须佩戴过滤式防毒面具（全面罩）或隔离式呼吸器、穿全身防火防毒服，在上风向灭火。迅速切断气源，用水喷淋保护切断气源的人员，然后根据着火原因选择适当灭火剂灭火。尽可能将容器从火场移至空旷处。喷水保持火场容器冷却，直至灭火结束。

灭火剂：雾状水。

（2）储罐着火：

1）尽可能远距离灭火或用遥控水枪或水炮灭火。

2）用大量水冷却盛有危险品的容器，直到火完全熄灭。

3）切勿对泄漏源或安全阀直接喷水，防止产生冰冻。

4）如果容器的安全阀发出响声或储罐变色，应迅速撤离。

5）切记远离被大火吞没的储罐。

4. 燃烧爆炸危险

（1）危险性综述：本品不燃，有毒，具强腐蚀性、强刺激性，可致人体灼伤。

（2）燃爆特性：能与普通金属发生反应，放出氢气而与空气形成爆炸性混合物。纯品在空气中较稳定，但遇光及热易被氧化而游离出溴。遇溴氧能发生爆炸性反应。遇水时有强腐蚀性。

5. 燃爆温度及燃烧（分解）产物

6. 禁止混储

与水反应生成氢溴酸。水溶液是一种强酸，与碱、氨、氧化铁、强氧化剂、氟、氧气、三氯化氮和许多有机物发生剧烈反应。其干燥材料与甲基乙烯基醚不相容。其水溶液与脂肪胺类、链烷醇胺类、环氧烷烃类、芳香胺类、氨基化合物类、氧化钙、表氯醇、异氰酸酯类、发烟硫酸、有机酸酐类、硫酸、硼酸四氢钠、乙酸乙烯基酯不相容。其水溶液对大多数金属有强腐蚀性，可生成易燃的氢气。

注：参考自《威利化学品禁忌手册》。

7. 隔离距离

泄漏：首次隔离距离至少30m；考虑下风向撤离距离为0.1km，夜晚为0.5km；大量泄漏：首次隔离距离至少180m；考虑下风向撤离距离白天为1.8km，夜晚为5.7km；

火灾：如果火场中有储罐、槽车、罐车时，应向四周隔离1600m；也可考虑首次就向四周撤离1600m。

8. 急救措施

（1）皮肤接触：立即脱去污染的衣着，用清水冲洗至少15min，若有灼伤，就医。

（2）眼睛接触：立即提起眼睑，用大量流动清水或生理盐水彻底冲洗至少15min；就医。

（3）吸入：迅速脱离现场至空气新鲜处。保持呼吸道通畅。如呼吸困难，给输氧。如呼吸停止，立即进行人工呼吸；就医。

9. 气体类别及气体气瓶公称压力

低压液化气体，公称工作压力：5MPa。

10. 洗消

氨水或其他稀碱液中和，注意收集并处理废水。

溴甲烷泄漏、燃爆事故

1. 遇水反应

不发生反应，生成 HBr 和甲酸。

2. 泄漏处置

迅速撤离泄漏污染区人员至上风处，并隔离直至气体散尽，建议应急处理人员戴正压自给式呼吸器，穿厂商特别推荐的化学防护服（完全隔离）。切断气源，喷雾状水稀释、溶解，注意收集并处理废水。然后抽排（室内）或强力通风（室外）。如有可能，将残余气或漏出气用排风机送至水洗塔或与塔相连的通风橱内。漏气容器不能再用，且要经过技术处理以清除可能剩下的气体。

3. 燃爆与消防

（1）灭火方法及灭火剂：

灭火方法：消防人员须穿全身防火防毒服，在上风向灭火。切断气源。若不能切断气源，则不允许熄灭泄漏处的火焰。喷水冷却容器，在确保安全的情况下将容器从火场移至空旷处。

灭火剂：雾状水、泡沫、二氧化碳。

（2）储罐着火：

1）尽可能远距离灭火或用遥控水枪或水炮灭火。

2）用大量水冷却盛有危险品的容器，直到火完全熄灭。

3）如果容器的安全阀发出响声或储罐变色，应迅速撤离。

4）切记远离被大火吞没的储罐。

4. 燃烧爆炸危险

（1）危险性综述：本品易燃，有毒。

（2）燃爆特性：与空气混合能形成爆炸性混合物。遇明火、高温以及铝粉、二甲亚砜有燃烧爆炸的危险。与碱金属接触受冲击时会着火燃烧。

5. 燃爆温度及燃烧（分解）产物

引燃温度：537℃。

燃烧（分解）产物：一氧化碳、二氧化碳、溴化氢（有毒）。

6. 禁止混储

在空气中自燃的极限非常窄（空气中的含量范围为 10% ~ 16%）。加压和有氧气、铝、镁、锌及其合金存在的条件下，可扩大自燃的极限的敏感范围。与水发生反应。浸蚀铝生成烷基铝盐类引火物。与强氧化剂、金属、二甲亚砜、环氧乙烷、水不相容。浸蚀某些塑料、橡胶和布品。

注：参考自《威利化学品禁忌手册》。

7. 隔离距离

泄漏：首次隔离距离至少30m；考虑下风向撤离距离为0.1km，夜晚为0.2km；大量泄漏：首次隔离距离至少90m；考虑下风向撤离距离白天为0.7km，夜晚为2.2km；

火灾：如果火场中有储罐、槽车、罐车时，应向四周隔离800m；也可考虑首次就向四周撤离800m。

8. 急救措施

（1）皮肤接触：立即脱去污染的衣着，用大量流动清水冲洗至少15min；就医。

（2）眼睛接触：立即提起眼睑，用大量流动清水或生理盐水彻底冲洗至少15min；就医。

（3）吸入：迅速脱离现场至空气新鲜处。保持呼吸道通畅。如呼吸困难，给输氧。如呼吸停止，立即进行人工呼吸；就医。

（4）食入：用水漱口，给饮牛奶或蛋清；就医。

9. 气体类别及气体气瓶公称压力

低压液化气体，公称工作压力：2MPa。

亚硝酸甲酯 [特许的] 泄漏、燃爆事故

1. 遇水反应

发生反应，生成亚硝酸。

2. 泄漏处置

迅速撤离泄漏污染区人员至上风处，并进行隔离，严格限制出入。切断火源。建议应急处理人员戴自给正压式呼吸器，穿防静电工作服。尽可能切断泄漏源。合理通风，加速扩散。漏气容器要妥善处理，修复、检验后再用。

3. 燃爆与消防

（1）灭火方法及灭火剂：

灭火方法：消防人员须穿全身消防服，戴好防毒面具，在上风向灭火。切断

气源。若不能切断气源，则不允许熄灭泄漏处的火焰。喷水冷却容器，在确保安全的情况下将容器从火场移至空旷处。

灭火剂：小火，干粉或二氧化碳；大火，水幕或喷水雾。

（2）储罐着火：

1）尽可能远距离灭火或用遥控水枪或水炮灭火。

2）用大量水冷却盛有危险品的容器，直到火完全熄灭。

3）切勿对泄漏源或安全阀直接喷水，防止产生冰冻。

4）如果容器的安全阀发出响声或储罐变色，应迅速撤离。

5）切记远离被大火吞没的储罐。

6）对于燃烧剧烈的大火，使用遥控水枪或水炮远距离灭火；否则撤离火场并任其燃烧。

4. 燃烧爆炸危险

（1）危险性综述：本品易燃。

（2）燃爆特性：与空气混合能形成爆炸性混合物。遇热源和明火有燃烧爆炸的危险。受热或光照易发生分解，分解时有爆炸危险。

5. 燃爆温度及燃烧（分解）产物

燃烧（分解）产物：一氧化碳、二氧化碳、氮氧化物（有毒）。

6. 禁止混储

与强氧化剂、易燃或可燃物、氰化物、水发生反应。

7. 隔离距离

泄漏：在泄漏区四周隔离至少 100m；大量泄漏，首先考虑下风向撤离至少 800m。

火灾：如果火场中有储罐、槽车时，应向四周隔离 1600m；也可考虑首次就向四周撤离 1600m。

8. 急救措施

（1）皮肤接触：立即脱去污染的衣着，用大量流动清水冲洗至少 15min；就医。

（2）眼睛接触：立即提起眼睑，用大量流动清水或生理盐水彻底冲洗至少 15min；就医。

（3）吸入：迅速脱离现场至空气新鲜处。保持呼吸道通畅。如呼吸困难，给输氧。如呼吸停止，立即进行人工呼吸；就医。

亚硝酰氯泄漏、燃爆事故

1. 遇水反应

发生反应，生成亚硝酸和盐酸。

2. 泄漏处置

迅速撤离泄漏污染区人员至上风处，并立即进行隔离，严格限制出入。切断火源。建议应急处理人员戴自给正压式呼吸器，穿防毒服。避免与可燃物或易燃物接触。尽可能切断泄漏源。合理通风，加速扩散。漏气容器要妥善处理，修复、检验后再用。

3. 燃爆与消防

（1）灭火方法及灭火剂：

灭火方法：消防人员必须穿特殊防护服，在掩蔽处操作。切断气源。喷水冷却容器，在确保安全的情况下将容器从火场移至空旷处。

灭火剂：雾状水、泡沫、干粉。

（2）储罐着火：

1）尽可能远距离灭火或用遥控水枪或水炮灭火。

2）用大量水冷却盛有危险品的容器，直到火完全熄灭。

3）切勿对泄漏源或安全阀直接喷水，防止产生冰冻。

4）如果容器的安全阀发出响声或储罐变色，应迅速撤离。

5）切记远离被大火吞没的储罐。

6）对于燃烧剧烈的大火，使用遥控水枪或水炮远距离灭火；否则撤离火场并任其燃烧。

4. 燃烧爆炸危险

（1）危险性综述：本品不燃，高毒，具腐蚀性、强刺激性，可致人体灼伤。

（2）燃爆特性：可助燃。与丙酮、铅接触发生剧烈反应。与易燃物、有机物等接触易着火燃烧。

5. 燃爆温度及燃烧（分解）产物

燃烧（分解）产物：氮氧化物（有毒）、氯化氢（有毒）。

6. 禁止混储

与水不相容，反应生成盐酸溶液和有毒的红色氮氧化物。遇酸类或酸雾产生有毒的氯化物烟雾。水溶液与硫酸、碱类、氨、脂肪胺类、链烷醇胺、环氧烷烃类、酰胺类、表氯醇、异氰酸酯、硝基甲烷、有机酐、乙酸乙烯酯不相容。潮湿条件下浸蚀铝、奥氏体不锈钢（浸蚀至蚀损斑并加重腐蚀程度）和其他金属。

注：参考自《威利化学品禁忌手册》。

7. 隔离距离

小量泄漏：首次隔离距离至少30m；考虑下风向撤离距离为0.2km，夜晚为1.0km；

大量泄漏：首次隔离距离至少450m；考虑下风向撤离距离白天为4.3km，夜晚为11.0km；

火灾：如果火场中有储罐、槽车、罐车时，应向四周隔离1600m；也可考虑首次就向四周撤离1600m。

8. 急救措施

（1）皮肤接触：立即脱去污染的衣着，用流动清水彻底冲洗；若有灼伤，就医。

（2）眼睛接触：立即提起眼睑，用清水或生理盐水冲洗15min；就医。

（3）吸入：迅速脱离现场至空气新鲜处。保持呼吸道通畅。如呼吸困难，给输氧。如呼吸停止，立即进行人工呼吸；就医。

液化石油气泄漏、燃爆事故

1. 遇水反应

不发生反应。

2. 泄漏处置

切断火源。戴自给式呼吸器，穿一般消防防护服。合理通风，禁止泄漏物进入受限制的空间（如下水道等），以避免发生爆炸。切断气源，喷洒雾状水稀释，抽排（室内）或强力通风（室外）。漏气容器不能再用，且要经过技术处理以清除可能剩下的气体。

3. 燃爆与消防

（1）灭火方法及灭火剂：

灭火方法：消防人员须穿消防防护服，佩戴过滤式防毒面具，在上风向灭火。切断气源，若不能切断气源，则不允许熄灭泄漏处的火焰。尽可能将容器从火场移至空旷处。喷水保持火场容器冷却，直至灭火结束。

灭火剂：小火，泡沫、二氧化碳；大火，雾状水。

（2）储罐或货车（拖车）着火：

1）尽可能远距离灭火或用遥控水枪或水炮灭火。

2）用大量水冷却盛有危险品的容器，直到火完全熄灭。

3）切勿对泄漏源或安全阀直接喷水，防止产生冰冻。

4）如果容器的安全阀发出响声或储罐变色，应迅速撤离。

5）切记远离被大火吞没的储罐。

6）对于燃烧剧烈的大火，使用遥控水枪或水炮远距离灭火；否则撤离火场并任其燃烧。

4. 燃烧爆炸危险

（1）危险性综述：本品易燃，具麻醉性，对环境有危害，对水体、土壤和大气可造成污染。

（2）燃爆特性：极易燃，与空气混合能形成爆炸性混合物。遇热源和明火有燃烧爆炸的危险。气体比空气重，能在低凹处流动和滞存，很容易达到爆炸浓度，遇火源会着火回燃爆炸。

5. 燃爆温度及燃烧（分解）产物

引燃温度：426 ~ 537℃。

燃烧（分解）产物：一氧化碳、二氧化碳。

6. 禁止混储

与强氧化剂类发生剧烈反应；浸蚀塑料、橡胶和布品。

注：参考自《威利化学品禁忌手册》。

7. 隔离距离

泄漏：在泄漏区四周隔离至少 100m；大量泄漏，首先考虑下风向撤离至少 800m；

火灾：如果火场中有储罐、槽车时，应向四周隔离 1600m；也可考虑首次就向四周撤离 1600m。

8. 急救措施

（1）皮肤接触：若有冻伤，就医治疗。

（2）眼睛接触：立即提起眼睑，用清水或生理盐水冲洗 15min；就医。

（3）吸入：迅速脱离现场至空气新鲜处。保持呼吸道通畅。如呼吸困难，给输氧。如呼吸停止，立即进行人工呼吸；就医。

一甲胺泄漏、燃爆事故

1. 遇水反应

不发生反应。

2. 泄漏处置

迅速撤离泄漏污染区人员至上风处，并进行隔离，严格限制出入。切断火源。建议应急处理人员戴自给正压式呼吸器，穿防静电工作服。尽可能切断泄漏源。合理通风，加速扩散。喷雾状水稀释、溶解。构筑围堤或挖坑收容产生的大量废水。如有可能，将残余气或漏出气用排风机送至水洗塔或与塔相连的通风橱内。漏气容器要妥善处理，修复、检验后再用。储罐区最好设稀酸喷洒设施。

3. 燃爆与消防

（1）灭火方法及灭火剂：

灭火方法：消防人员须穿全身防火防毒服，佩戴空气呼吸器，在上风向灭火。切断气源。若不能切断气源，则不允许熄灭泄漏处的火焰。喷水冷却容器，在确保安全的情况下将容器从火场移至空旷处。

灭火剂：小火，抗溶性泡沫、干粉、二氧化碳；大火，雾状水。

（2）储罐或货车（拖车）着火：

1）尽可能远距离灭火或用遥控水枪或水炮灭火。

2）用大量水冷却盛有危险品的容器，直到火完全熄灭。

3）切勿对泄漏源或安全阀直接喷水，防止产生冰冻。

4）如果容器的安全阀发出响声或储罐变色，应迅速撤离。

5）切记远离被大火吞没的储罐。

4. 燃烧爆炸危险

（1）危险性综述：本品易燃，具强腐蚀性、强刺激性，可致人体灼伤。

（2）燃爆特性：与空气混合能形成爆炸性混合物。接触热、火星、火焰或氧化剂易燃烧爆炸。

5. 燃爆温度及燃烧（分解）产物

引燃温度：430℃。

燃烧（分解）产物：一氧化碳、二氧化碳、氮氧化物（有毒）。

6. 禁止混储

极易燃气体（闪点：35% 水溶液 -18℃；40% 水溶液 -10℃）。其水溶液是中等强度的有机碱。与氧化剂类、硝化碳氢化合物类发生剧烈反应。升高硝基甲烷的爆炸敏感性，与有机酸酐类、丙烯酸酯类、醇类、醛类、环氧烷烃类、取代烯丙基类、硝酸纤维素、甲酚类、己内酰胺溶液、表氯醇、二氯乙烯、异氰酸酯类、酮类、二醇类、卤素、硝酸盐类、苯酚、乙酸乙烯酯不相容，与马来酸酐发生放热反应。水溶液浸蚀铝、铜、铅、镁、锡、锌及其合金、电镀表面、一些塑料、橡胶和布品。

注：参考自《威利化学品禁忌手册》。

7. 隔离距离

泄漏：在泄漏区四周隔离至少 100m；大量泄漏，首先考虑下风向撤离至少 800m；

火灾：如果火场中有储罐、槽车时，应向四周隔离 1600m；也可考虑首次就向四周撤离 1600m。

8. 急救措施

（1）皮肤接触：立即脱去被污染的衣着，用大量流动清水冲洗至少 15min；就医。

（2）眼睛接触：立即提起眼睑，用大量流动清水或生理盐水彻底冲洗至少 15min；就医。

（3）吸入：迅速脱离现场至空气新鲜处。保持呼吸道通畅。如呼吸困难，给输氧。如呼吸停止，立即进行人工呼吸；就医。

一氧化氮泄漏、燃爆事故

1. 遇水反应

不发生反应。

2. 泄漏处置

迅速撤离泄漏污染区人员至上风处，并隔离直至气体散尽。建议应急处理人员戴正压自给式呼吸器，穿厂商特别推荐的化学防护服（完全隔离）。勿使泄漏物与可燃物质（木材、纸、油等）接触；切断气源，喷雾状水稀释、溶解，注意收集并处理废水。然后抽排（室内）或强力通风（室外）。漏气容器不能再用，且要经过技术处理以清除可能剩下的气体。

3. 燃爆与消防

（1）灭火方法及灭火剂：

灭火方法：消防人员必须穿全身防火防毒服，在上风向灭火。切断气源。喷水冷却容器，在确保安全的情况下将容器从火场移至空旷处。

灭火剂：只能用水，不能用干粉、二氧化碳或哈隆。

（2）储罐着火：

1）尽可能远距离灭火或用遥控水枪或水炮灭火。

2）用大量自来水冷却盛有危险品的容器，直到火完全熄灭。

3）切勿对泄漏源或安全阀直接喷水，防止产生冰冻。

4）如果容器的安全阀发出响声或储罐变色，应迅速撤离。

5）切记远离被大火吞没的储罐。

6）对于燃烧剧烈的大火，使用遥控水枪或水炮远距离灭火；否则撤离火场并任其燃烧。

4. 燃烧爆炸危险

（1）危险性综述：本品助燃，有毒，具刺激性，对环境有危害，对水体、土壤和大气可造成污染。

（2）燃爆特性：与易燃物、有机物接触易着火燃烧。遇到氢气会发生爆炸性化合。接触空气会散发出棕色、有氧化性的烟雾。在空气中易被氧化生成具有强烈毒性的二氧化氮。

5. 燃爆温度及燃烧（分解）产物

燃烧（分解）产物：氮氧化物（有毒）。

6. 禁止混储

与空气反应生成二氧化氮。与还原剂、无水氨、醇类、丁二烯、二硫化碳、木炭、铬粉、氧化二氯、1，3，5- 环庚三烯、醚类、氧化乙烯、氢、甲醇、氯化氮、氧、二氟化氧、氟化过氯氧、全氟四硝基异丁烷、磷化氢、红磷、乙炔铷、硫化钾、氯乙烯、乙烯基甲基醚发生剧烈反应。遇丙烯形成爆炸性产物。与易燃材料、钙、氯化烃、环戊二烯、氟、五羰基铁、金属粉末、乙炔化金属、金属碳化物、钾、臭氧、碳化钨、铀不相容。浸蚀某些塑料、橡胶和织物。在空气中和 / 或潮湿条件下浸蚀金属。

注：参考自《威利化学品禁忌手册》。

7. 隔离距离

泄漏：首次隔离距离至少 30m；考虑下风向撤离距离为 0.2km，夜晚为 0.8km；大量泄漏：首次隔离距离至少 60m；考虑下风向撤离距离白天为 0.6km，夜晚为 2.7km；

火灾：如果火场中有储罐、槽车、罐车时，应向四周隔离 800m；也可考虑首次就向四周撤离 800m。

8. 急救措施

（1）皮肤接触：立即脱去污染的衣服，用大量流动清水彻底冲洗 15min 以上；就医。

（2）眼睛接触：立即分开眼睑，用流动清水或生理盐水彻底冲洗 5~10min；就医。

（3）吸入：迅速脱离现场至空气新鲜处。保持呼吸道通畅。如呼吸困难，给输氧。如呼吸停止，立即进行人工呼吸；不要对其施行口对口人工呼吸，要戴单向阀袖珍面罩或其他合适的医用呼吸器进行；就医。

9. 气体类别及气体气瓶公称压力

永久气体，公称工作压力：15MPa。

一氧化碳泄漏、燃爆事故

1. 遇水反应

不发生反应。

2. 泄漏处置

迅速撤离泄漏污染区人员至上风处，并立即隔离150m，严格限制出入。切断火源。建议应急处理人员戴自给正压式呼吸器，穿防静电工作服。尽可能切断泄漏源。合理通风，加速扩散。喷雾状水稀释、溶解。构筑围堤或挖坑收容产生的大量废水。如有可能，将漏出气用排风机送至空旷地方或装设适当喷头烧掉。也可以用管路导至炉中、凹地焚之。漏气容器要妥善处理，修复、检验后再用。

3. 燃爆与消防

（1）灭火方法及灭火剂：

灭火方法：消防人员须穿全身防火防毒服，佩戴空气呼吸器，在上风向灭火。切断气源。若不能切断气源，则不允许熄灭泄漏处的火焰。喷水冷却容器，在确保安全的情况下将容器从火场移至空旷处。

灭火剂：小火，泡沫、干粉、二氧化碳；大火，雾状水、泡沫。

（2）储罐着火：

1）尽可能远距离灭火或用遥控水枪或水炮灭火。

2）用大量水冷却盛有危险品的容器，直到火完全熄灭。

3）切勿对泄漏源或安全阀直接喷水，防止产生冰冻。

4）如果容器的安全阀发出响声或储罐变色，应迅速撤离。

5）切记远离被大火吞没的储罐。

4. 燃烧爆炸危险

（1）危险性综述：本品易燃，对环境有危害，对水体、土壤和大气可造成污染。

（2）燃爆特性：与空气混合能形成爆炸性混合物，遇明火、高热能引起燃烧爆炸。若遇高热，容器内压增大，引起破裂和爆炸的事故。

5. 燃爆温度及燃烧（分解）产物

引燃温度：605℃。

燃烧（分解）产物：二氧化碳。

6. 禁止混储

强还原剂。与强氧化剂、氧、五氟化溴、三氟化溴、二氧化氯、三氟化氯、卤素、氧化铁、三氟化氮、二氟化过氧化二硫、氧化银发生剧烈反应或爆炸。与一氧化铯、高氯酸铜、钾、二氟化氧或钠混合形成对热、火花、撞击或水敏感的爆炸性化合物。

注：参考自《威利化学品禁忌手册》。

7. 隔离距离

泄漏：首次隔离距离至少 30m；考虑下风向撤离距离为 0.1km；大量泄漏：首次隔离距离至少 90m；考虑下风向撤离距离白天为 0.7km，晚上为 2.4km；

火灾：如果火场中有储罐、槽车、罐车时，应向四周隔离 800m；也可考虑首次就向四周撤离 800m。

8. 急救措施

吸入：迅速脱离现场至空气新鲜处。保持呼吸道通畅。如呼吸困难，给输氧。如呼吸停止，立即进行人工呼吸；就医。

9. 气体类别及气体气瓶公称压力

永久气体，公称工作压力：15MPa。

乙胺泄漏、燃爆事故

1. 遇水反应

不发生反应。

2. 泄漏处置

迅速撤离泄漏污染区人员至上风处，并进行隔离，严格限制出入。切断火源。建议应急处理人员戴自给正压式呼吸器，穿防毒服。尽可能切断泄漏源。若是气体，用工业覆盖层或吸附 / 吸收剂盖住泄漏点附近的下水道等地方，防止气体进入。合理通风，加速扩散。喷雾状水稀释、溶解。构筑围堤或挖坑收容产生的大量废水。如有可能，将残余气或漏出气用排风机送至水洗塔或与塔相连的通风橱内。漏气容器要妥善处理，修复、检验后再用。若是液体，用砂土、蛭石或其他惰性材料吸收。若大量泄漏，构筑围堤或挖坑收容。用泡沫覆盖，降低蒸气灾害。用防爆泵转移至槽车或专用收集器内，回收或运至废物处理场所处置。储罐区最好设稀酸喷洒设施。

3. 燃爆与消防

（1）灭火方法及灭火剂：

灭火方法：消防人员须穿全身防火防毒服，佩戴空气呼吸器，在上风向灭火。

切断气源。若不能切断气源，则不允许熄灭泄漏处的火焰。喷水冷却容器，在确保安全的情况下将容器从火场移至空旷处。

灭火剂：小火，抗溶性泡沫、干粉、二氧化碳；大火，雾状水。

（2）储罐着火：

1）尽可能远距离灭火或用遥控水枪或水炮灭火；

2）用大量水冷却盛有危险品的容器，直到火完全熄灭；

3）切勿对泄漏源或安全阀直接喷水，防止产生冰冻；

4）如果容器的安全阀发出响声或储罐变色，应迅速撤离；

5）切记远离被大火吞没的储罐。

4. 燃烧爆炸危险

（1）危险性综述：本品易燃，具刺激性。

（2）燃爆特性：其蒸气与空气可形成爆炸性混合物（闪点 -17.8℃），遇热源和明火有燃烧爆炸的危险。与氧化剂接触猛烈反应。其蒸气比空气重，能在较低处扩散到相当远的地方，遇火源会着火回燃。

5. 燃爆温度及燃烧（分解）产物

引燃温度：385℃。

燃烧（分解）产物：一氧化碳、二氧化碳、氮氧化物（有毒）。

6. 禁止混储

其水溶液是一种强有机碱。与氧化剂类发生剧烈反应，与强酸类、强氧化剂类、硝酸纤维素、有机化合物发生剧烈反应。与有机酸酐类、异氰酸酯类、乙酸乙烯酯、丙烯酸酯类、取代烯丙基类、环氧烷烃类、表氯醇、酮类、醛类、醇类、二醇类、酚类、甲酚类、己内酰胺溶液、高氯酸盐类不相容。浸蚀非铁金属，如铝、铜、铅、锡、锌及其合金以及一些塑料、橡胶和布品。

注：参考自《威利化学品禁忌手册》。

7. 隔离距离

泄漏：在泄漏区四周隔离至少 100m；大量泄漏，首先考虑下风向撤离至少 800m；

火灾：如果火场中有储罐、槽车时，应向四周隔离 1600m；也可考虑首次就向四周撤离 1600m。

8. 急救措施

（1）皮肤接触：立即用流动清水彻底冲洗。若有灼伤，就医。

（2）眼睛接触：立即提起眼睑，用流动清水或生理盐水冲洗至少 15min；就医。

（3）吸入：迅速脱离现场至空气新鲜处。保持呼吸道通畅。如呼吸困难，给输氧。如呼吸停止，立即进行人工呼吸；就医。

（4）食入：立即用水漱口，给饮足量牛奶或温水，催吐；就医。

9. 气体类别及气体气瓶公称压力

低压液化气体，公称工作压力：1MPa。

乙硼烷泄漏、燃爆事故

1. 遇水反应

发生反应，生成氢气。

2. 泄漏处置

迅速撤离泄漏污染区人员至上风处，并隔离直至气体散尽，切断火源。建议应急处理人员戴正压自给式呼吸器，穿厂商特别推荐的化学防护服（完全隔离）。切断气源，抽排（室内）或强力通风（室外）。漏气容器不能再用，且要经过技术处理以清除可能剩下的气体。

3. 燃爆与消防

（1）灭火方法及灭火剂：

灭火方法：消防人员须穿全身防火防毒服，佩戴空气呼吸器，在上风向灭火。切断气源。若不能切断气源，则不允许熄灭泄漏处的火焰。喷水冷却容器，在确保安全的情况下将容器从火场移至空旷处。

灭火剂：二氧化碳。禁止用水和泡沫灭火。

（2）储罐着火：

1）尽可能远距离灭火或用遥控水枪或水炮灭火。

2）用大量水冷却盛有危险品的容器，直到火完全熄灭。

3）切勿对泄漏源或安全阀直接喷水，防止产生冰冻。

4）如果容器的安全阀发出响声或储罐变色，应迅速撤离。

5）切记远离被大火吞没的储罐。

4. 燃烧爆炸危险

（1）危险性综述：本品易燃，高毒。

（2）燃爆特性：极易燃，与空气混合能形成爆炸性混合物。遇热源和明火有燃烧爆炸的危险。在室温下遇潮湿空气能自燃。能与氟氯烷灭火剂猛烈反应。

5. 燃爆温度及燃烧（分解）产物

引燃温度：38 ~ 52℃。

燃烧（分解）产物：氧化硼。

6. 禁止混储

具有热不稳定性；一种强还原剂；室温下在空气中分解，生成氢气；可自发点火；在水、蒸气、潮湿空气中分解，生成爆炸性氢气。热能引发氢气生成爆炸性分解；与强氧化剂类、卤代化合物、液态碳氢化合物、四氯化碳、氯、气态苯、硝酸、三氟化氮、四乙烯基铅、氧气发生剧烈反应；与铝、锂、镁、钾和其他活泼金属接触生成易起火的金属氢化物，在空气中自发点火；浸蚀一些塑料、橡胶和布品。

注：参考自《威利化学品紧急手册》。

7. 隔离距离

泄漏：首次隔离距离至少 60m；考虑下风向撤离距离白天为 0.4km，夜晚为 1.6km；大量泄漏：首次隔离距离至少 180m；考虑下风向撤离距离白天为 1.8km，晚上为 5.4km；

火灾：如果火场中有储罐、槽车、罐车时，应向四周隔离 1600m；也可考虑首次就向四周撤离 1600m。

8. 急救措施

（1）皮肤接触：立即脱去污染的衣着，用大量流动清水冲洗至少 15min；就医。

（2）眼睛接触：立即提起眼睑，用大量流动清水或生理盐水彻底冲洗至少 15min；就医。

（3）吸入：迅速脱离现场至空气新鲜处。保持呼吸道通畅。如呼吸困难，给输氧。如呼吸停止，立即进行人工呼吸；不要对其施行口对口人工呼吸，要戴单向阀袖珍面罩或其他合用的医用呼吸器进行；就医。

9. 气体类别及气体气瓶公称压力

永久气体，公称工作压力：15MPa。

乙炔泄漏、燃爆事故

1. 遇水反应

不发生反应。

2. 泄漏处置

迅速撤离泄漏污染区人员至上风处，并进行隔离，严格限制出入。切断火源。建议应急处理人员戴自给正压式呼吸器，穿防静电工作服。尽可能切断泄漏源。合理通风，加速扩散。喷雾状水稀释、溶解。构筑围堤或挖坑收容产生的大量废水。如有可能，将漏出气用排风机送至空旷地方或装设适当喷头烧掉。漏气容器要妥善处理，修复、检验后再用。

3. 燃爆与消防

（1）灭火方法及灭火剂：

灭火方法：消防人员须穿全身防火防毒服，佩戴空气呼吸器，在上风向灭火。切断气源。若不能切断气源，则不允许熄灭泄漏处的火焰。喷水冷却容器，在确保安全的情况下将容器从火场移至空旷处。

灭火剂：小火，泡沫、干粉、二氧化碳；大火，雾状水。

（2）储罐着火：

1）尽可能远距离灭火或用遥控水枪或水炮灭火。

2）用大量水冷却盛有危险品的容器，直到火完全熄灭。

3）切勿对泄漏源或安全阀直接喷水，防止产生冰冻。

4）如果容器的安全阀发出响声或储罐变色，应迅速撤离。

5）切记远离被大火吞没的储罐。

6）对于燃烧剧烈的大火，使用遥控水枪或水炮远距离灭火；否则撤离火场并任其燃烧。

4. 燃烧爆炸危险

（1）危险性综述：本品易燃，具窒息性。

（2）燃爆特性：与空气混合能形成爆炸性混合物，遇明火、高热能引起燃烧爆炸。能与铜、银、汞等的化合物生成爆炸性物质。

5. 燃爆温度及燃烧（分解）产物

引燃温度：305℃。

燃烧（分解）产物：一氧化碳、二氧化碳。

6. 禁止混储

加热可发生聚合反应。在空气中加热和加压可发生分解反应，引起爆炸。特别是在光的影响下，可与氧化剂（如，氯、氟）发生剧烈反应。与活性金属粉末，如铜、铜盐、汞、汞盐、银、银盐，混合形成对震动敏感的炔化物。与氯反应生成乙炔基氯。与溴、氢化铯、钴、卤素、碘等发生反应。

注：参考自《威利化学品禁忌手册》。

7. 隔离距离

泄漏：在泄漏区四周隔离至少100m；大量泄漏，首先考虑下风向撤离至少800m；

火灾：如果火场中有储罐、槽车时，应向四周隔离1600m；也可考虑首次就向四周撤离1600m。

注：参考自《危险化学品应急救援指南》。

8. 急救措施

吸入：迅速脱离现场至空气新鲜处。保持呼吸道通畅。如呼吸困难，给输氧。如呼吸停止，立即进行人工呼吸；就医。

乙烷泄漏、燃爆事故

1. 遇水反应

不发生反应。

2. 泄漏处置

撤离人员至上风处，并进行隔离。消除所有火源。用工业覆盖层或吸附 / 吸收剂盖住泄漏点附近的下水道、密闭空间等地方，防止气体进入。合理通风，加速扩散。用水幕减少蒸气或改变蒸气云流向。构筑围堤或挖坑收容产生的废水。泄漏容器要妥善处理，修复、检验后再用。

3. 燃爆与消防

（1）灭火方法及灭火剂：

灭火方法：消防人员须穿全身防火防毒服，佩戴空气呼吸器，在上风向灭火。切断气源。若不能切断气源，则不允许熄灭泄漏处的火焰。喷水冷却容器，在确保安全的情况下将容器从火场移至空旷处。

灭火剂：小火，泡沫、二氧化碳、干粉；大火，雾状水、水幕。

（2）储罐或货车（拖车）着火：

1）尽可能远距离灭火或用遥控水枪或水炮灭火。

2）用大量水冷却盛有危险品的容器，直到火完全熄灭。

3）切勿对泄漏源或安全阀直接喷水，防止产生冰冻。

4）如果容器的安全阀发出响声或储罐变色，应迅速撤离。

5）切记远离被大火吞没的储罐。

6）对于燃烧剧烈的大火，使用遥控水枪或水炮远距离灭火；否则撤离火场并任其燃烧。

4. 燃烧爆炸危险

（1）危险性综述：本品易燃，具窒息性。

（2）燃爆特性：气体与空气混合能形成爆炸混合物，遇明火、高热能引起燃烧爆炸。其蒸气比空气重，与氟、氯等能发生剧烈的化学反应。若遇高热，容器内压增大，有开裂和爆炸的危险。

5. 燃爆温度及燃烧（分解）产物

引燃温度：472℃。

燃烧（分解）产物：一氧化碳、二氧化碳。

6. 禁止混储

与强氧化剂（过氧化钙、高氯酸铵、氯酸钾等）、氯、二氧化氯、二氧基四氟硼酸盐剧烈反应。与四氟硼酸硝鎓不相容。

注：参考自《威利化学品禁忌手册》。

7. 隔离距离

泄漏：在泄漏区四周隔离至少100m；大量泄漏，首先考虑下风向撤离至少800m；

火灾：如果火场中有储罐、槽车时，应向四周隔离1600m；也可考虑首次就向四周撤离1600m。

8. 急救措施

吸入：迅速脱离现场至空气新鲜处。保持呼吸道通畅。如呼吸困难，给输氧。如呼吸停止，立即进行人工呼吸；就医。

9. 气体类别及气体气瓶公称压力

永久气体，公称工作压力：20MPa，15MPa。

高压液化气体，公称工作压力：12. 5MPa。

乙烯泄漏、燃爆事故

1. 遇水反应

不发生反应。

2. 泄漏处置

迅速撤离泄漏污染区人员至上风处，并隔离直至气体散尽，切断火源。建议应急处理人员戴自给式呼吸器，穿一般消防防护服。切断气源，喷雾状水稀释、溶解，通风对流，稀释扩散。如有可能，将漏出气用排风机送至空旷地方或装设适当喷头烧掉。漏气容器不能再用，且要经过技术处理以清除可能剩下的气体。

3. 燃爆与消防

（1）灭火方法及灭火剂：

灭火方法：消防人员须穿全身防火防毒服，佩戴空气呼吸器，在上风向灭火。切断气源。若不能切断气源，则不允许熄灭泄漏处的火焰。喷水冷却容器，在确保安全的情况下将容器从火场移至空旷处。

灭火剂：小火，泡沫、干粉、二氧化碳；大火，雾状水。

（2）储罐着火：

1）尽可能远距离灭火或用遥控水枪或水炮灭火。

2）用大量水冷却盛有危险品的容器，直到火完全熄灭。

3）切勿对泄漏源或安全阀直接喷水，防止产生冰冻。

4）如果容器的安全阀发出响声或储罐变色，应迅速撤离。

5）切记远离被大火吞没的储罐。

6）对于燃烧剧烈的大火，使用遥控水枪或水炮远距离灭火；否则撤离火场并任其燃烧。

4. 燃烧爆炸危险

（1）危险性综述：本品易燃，对环境有危害，对水体、土壤和大气可造成污染。

（2）燃爆特性：易燃，与空气混合能形成爆炸性混合物。遇明火、高热或与氧化剂接触，有引起燃烧爆炸的危险。

5. 燃爆温度及燃烧（分解）产物

引燃温度：450℃。

燃烧（分解）产物：一氧化碳、二氧化碳。

6. 禁止混储

与氧化剂、卤酸类反应剧烈。氯化物和日光或紫外线能引起爆炸性的聚合反应。与酸类、卤代烃类、锂、氮氧化物、氯化铝、溴三氯甲烷、四氯化碳、氯、二氧化氯、三氟氯乙烯、铜、溴化氢、二氧化氮、臭氧、聚乙烯、四氟乙烯、三氟次萤石不相容。浸蚀铸铁。

注：参考自《威利化学品禁忌手册》。

7. 隔离距离

泄漏：在泄漏区四周隔离至少100m；大量泄漏，首先考虑下风向撤离至少800m；

火灾：如果火场中有储罐、槽车时，应向四周隔离1600m；也可考虑首次就向四周撤离1600m。

注：参考自《危险化学品应急救援指南》。

8. 急救措施

吸入：迅速脱离现场至空气新鲜处。保持呼吸道通畅。如呼吸困难，给输氧。如呼吸停止，立即进行人工呼吸；就医。

乙烯基甲醚泄漏、燃爆事故

1. 遇水反应

不发生反应。

2. 泄漏处置

切断火源。戴自给式呼吸器，穿一般消防防护服。切断气源，禁止泄漏物进入受限制的空间（如下水道等），以避免发生爆炸。抽排（室内）或强力通风（室外）。或用管路导至炉中、凹地焚之。漏气容器不能再用，且要经过技术处理以清除可能剩下的气体。

3. 燃爆与消防

（1）灭火方法及灭火剂：

灭火方法：消防人员须穿全身消防服，佩戴防毒面具，在上风向灭火。切断气源。若不能切断气源，则不允许熄灭泄漏处的火焰。喷水冷却容器，在确保安全的情况下将容器从火场移至空旷处。

灭火剂：小火，抗溶性泡沫、干粉、二氧化碳、砂土；大火，水幕或雾状水。

（2）储罐着火：

1）尽可能远距离灭火或用遥控水枪或水炮灭火。

2）用大量水冷却盛有危险品的容器，直到火完全熄灭。

3）切勿对泄漏源或安全阀直接喷水，防止产生冰冻。

4）如果容器的安全阀发出响声或储罐变色，应迅速撤离。

5）切记远离被大火吞没的储罐。

6）对于燃烧剧烈的大火，使用遥控水枪或水炮远距离灭火；否则撤离火场并任其燃烧。

4. 燃烧爆炸危险

（1）危险性综述：本品易燃，吸入有害。

（2）燃爆特性：与空气混合能形成爆炸性混合物，遇明火、高热极易燃烧爆炸。其蒸气比空气重，能在较低处扩散到相当远的地方，遇明火会引着回燃。若遇高热，可能发生聚合反应，出现大量放热现象，引起容器破裂和爆炸事故。

5. 燃爆温度及燃烧（分解）产物

引燃温度：287℃。

燃烧（分解）产物：一氧化碳、二氧化碳。

6. 禁止混储

与水、蒸气或稀酸缓慢反应形成乙醛和甲醇。形成不稳定的过氧化物。与氯化钙能引起聚合反应。与强酸、强氧化剂、高锰酸盐、过氧化物、过硫酸盐、二氧化溴、强酸（硝酸和硫酸）、酰卤化物发生剧烈反应。由于低导电性，流动或搅动会产生静电荷。

注：参考自《威利化学品禁忌手册》。

7. 隔离距离

泄漏：在泄漏区四周隔离至少 100m；大量泄漏，首先考虑下风向撤离至少 800m；

火灾：如果火场中有储罐、槽车时，应向四周隔离 1600m；也可考虑首次就向四周撤离 1600m。

8. 急救措施

（1）皮肤接触：如发生冻伤，将患处置于 38~42℃温水中复温，忌用热水或辐射热，不要揉搓；就医。

（2）吸入：迅速脱离现场至空气新鲜处。保持呼吸道通畅。如呼吸困难，给输氧。如呼吸停止，立即进行人工呼吸；就医。

9. 气体类别及气体气瓶公称压力

低压液化气体，公称工作压力：1MPa。

异丁烯泄漏、燃爆事故

1. 遇水反应

不发生反应。

2. 泄漏处置

迅速撤离泄漏污染区人员至上风处，并进行隔离，严格限制出入。切断火源。建议应急处理人员戴自给正压式呼吸器，穿防静电工作服。尽可能切断泄漏源。用工业覆盖层或吸附 / 吸收剂盖住泄漏点附近的下水道等地方，防止气体进入。合理通风，加速扩散。喷雾状水稀释。如有可能，将漏出气用排风机送至空旷地方或装设适当喷头烧掉。漏气容器要妥善处理，修复、检验后再用。

3. 燃爆与消防

（1）灭火方法及灭火剂：

灭火方法：消防人员须穿全身防火防毒服，佩戴空气呼吸器，在上风向灭火。切断气源。若不能切断气源，则不允许熄灭泄漏处的火焰。喷水冷却容器，在确保安全的情况下将容器从火场移至空旷处。

灭火剂：小火，泡沫、二氧化碳、干粉；大火，雾状水。

（2）储罐或货车（拖车）着火：

1）尽可能远距离灭火或用遥控水枪或水炮灭火。

2）用大量水冷却盛有危险品的容器，直到火完全熄灭。

3）切勿对泄漏源或安全阀直接喷水，防止产生冰冻。

4）如果容器的安全阀发出响声或储罐变色，应迅速撤离。

5）切记远离被大火吞没的储罐。

6）对于燃烧剧烈的大火，使用遥控水枪或水炮远距离灭火；否则撤离火场并任其燃烧。

4. 燃烧爆炸危险

（1）危险性综述：本品易燃，具窒息性，对环境有危害，对水体、土壤和大气可造成污染。

（2）燃爆特性：与空气混合能形成爆炸性混合物。遇热源和明火有燃烧爆炸的危险。受热可能发生剧烈的聚合反应。气体比空气重，能在较低处扩散到相当远的地方，遇火源会着火回燃。

5. 燃爆温度及燃烧（分解）产物

引燃温度：465℃。

燃烧（分解）产物：一氧化碳、二氧化碳。

6. 禁止混储

在储存时，可能形成不稳定过氧化物。与强氧化剂、强酸、氮氧化物发生剧烈反应。与氯化铝、氯化铝硝基甲烷、四氢硼酸铝、高氯酸镁、亚硝酰基氟化物、过氧乙酸不相容。可以与高氯酸亚铜形成热敏感化合物。可积累静电荷，可引起其蒸气燃烧。

注：参考自《威利化学品禁忌手册》。

7. 隔离距离

泄漏：在泄漏区四周隔离至少100m；大量泄漏，首先考虑下风向撤离至少800m；

火灾：如果火场中有储罐、槽车时，应向四周隔离1600m；也可考虑首次就向四周撤离1600m。

注：参考自《危险化学品应急救援指南》。

8. 急救措施

吸入：迅速脱离现场至空气新鲜处。保持呼吸道通畅。如呼吸困难，给输氧。如呼吸停止，立即进行人工呼吸；就医。

9. 气体类别及气体气瓶公称压力

低压液化气体，公称工作压力：1MPa。

正丁烷泄漏、燃爆事故

1. 遇水反应

不发生反应。

2. 泄漏处置

迅速撤离泄漏污染区人员至上风处，并进行隔离，严格限制出入。切断火源。建议应急处理人员戴自给正压式呼吸器，穿防静电工作服。尽可能切断泄漏源。用工业覆盖层或吸附 / 吸收剂盖住泄漏点附近的下水道等地方，防止气体进入。合理通风，加速扩散。喷雾状水稀释、溶解。构筑围堤或挖坑收容产生的大量废水。如有可能，将漏出气用排风机送至空旷地方或装设适当喷头烧掉。漏气容器要妥善处理，修复、检验后再用。

3. 燃爆与消防

（1）灭火方法及灭火剂：

灭火方法：消防人员须穿全身防火防毒服，佩戴空气呼吸器，在上风向灭火。切断气源。若不能切断气源，则不允许熄灭泄漏处的火焰。喷水冷却容器，在确保安全的情况下将容器从火场移至空旷处

灭火剂：小火，泡沫、二氧化碳、干粉；大火，雾状水。

（2）储罐着火：

1）尽可能远距离灭火或用遥控水枪或水炮灭火。

2）用大量水冷却盛有危险品的容器，直到火完全熄灭。

3）切勿对泄漏源或安全阀直接喷水，防止产生冰冻。

4）如果容器的安全阀发出响声或储罐变色，应迅速撤离。

5）切记远离被大火吞没的储罐。

6）对于燃烧剧烈的大火，使用遥控水枪或水炮远距离灭火；否则撤离火场并任其燃烧。

4. 燃烧爆炸危险

（1）危险性综述：本品易燃，具窒息性。

（2）燃爆特性：易燃，与空气混合能形成爆炸性混合物，遇热源和明火有燃烧爆炸的危险。气体比空气重，能在较低处扩散到相当远的地方，遇火源会着火回燃。

5. 燃爆温度及燃烧（分解）产物

引燃温度：287℃。

燃烧（分解）产物：一氧化碳、二氧化碳。

6. 禁止混储

与氧化剂、卤素发生反应。与氧气混合后，在 20 ~ 40℃的温度下，与羰基镍接触会发生爆炸。可聚集静电荷；可引起其蒸气点火。

注：参考自《威利化学品禁忌手册》。

7. 隔离距离

泄漏：在泄漏区四周隔离至少 100m；大量泄漏，首先考虑下风向撤离至少 800m；

火灾：如果火场中有储罐、槽车时，应向四周隔离 1600m；也可考虑首次就向四周撤离 1600m。

8. 急救措施

（1）皮肤接触：如发生冻伤，用将患处置于 38~42℃温水中复温，忌用热水或辐射热，不要揉搓；就医。

（2）吸入：迅速脱离现场至空气新鲜处。保持呼吸道通畅。如呼吸困难，给输氧。如呼吸停止，立即进行人工呼吸；就医。

9. 气体类别及气体气瓶公称压力

低压液化气体，公称工作压力：1MPa。

第3章　易燃液体

易燃液体泄漏事故扑救通则

一、战术要点

（1）遵循“疏散救人，划定区域，有序处置，确保安全”的战术原则。

（2）合理估算兵力、装备、灭火剂，正确部署参战力量。

（3）消除危险源，防止引发爆炸。

（4）严格控制进入现场人员，组织精干小组，采取驱散、稀释等措施，加强行动掩护。

（5）充分利用固定设施和采取工艺处置措施。

（6）在上风安全区域建立指挥部，及时形成通信网络，保障调度指挥。

（7）严密监视险情，果断采取进攻及撤离行动。

（8）全面检查，彻底清理，消除隐患，安全撤离。

二、程序方法

1. 防护

（1）根据泄漏气体的毒性及划定的危险区域，确定相应的防护等级；

（2）防护等级划分标准见附录A；

（3）防护标准见附录B；

（4）凡在现场参与处置人员，最低防护不得低于三级。

2. 询情

（1）遇险人员情况。

（2）泄漏物质、时间、部位、形式、已扩散范围。

（3）周边单位、居民、地形、供电、火源等情况。

（4）单位的消防组织与设施。

（5）工艺处置措施。

3. 侦检

（1）搜寻遇险人员；

（2）使用检测仪器测定泄漏物质的浓度、扩散范围。

（3）确认设施、建（构）筑物险情。

（4）确认消防设施运行情况。

（5）确定攻防路线、阵地。

（6）现场及周边污染情况。

4. 警戒

（1）根据询情、检测情况设置警戒区域。

（2）警戒区域划分为：重危区、中危区、轻危区、安全区。

（3）分别划分区域并设立标志，在安全区外视情设立隔离带。

（4）严格控制各区域进出人员、车辆，并逐一登记。

5. 救生

（1）组成救生小组，携带救生器材迅速进入危险区域。

（2）采取正确救助方式（佩戴救生面罩、使用固定夹具等），将所有遇险人员移至安全区域。

（3）对救出人员进行登记、标识和现场急救。

（4）将伤情较重者及时送交医疗急救部门救治。

6. 控险

（1）启用喷淋等固定或半固定灭火设施。

（2）选定水源、铺设水带、设置阵地、有序展开。

（3）铺设水幕水带，设置水幕，稀释、降低泄漏物浓度。

（4）采用多支喷雾水枪形成水幕墙，防止泄漏物向重要目标或危险源扩散。

7. 堵漏

（1）根据现场泄漏情况，研究制定堵漏方案，并严格按照堵漏方案实施；

（2）所有堵漏行动必须采取防爆措施，确保安全；

（3）关闭前置阀门，切断泄漏源；

（4）根据泄漏对象，对非溶于水且比水轻的易燃液体，可向罐内适量注水，抬高液位，形成水垫层，缓解险情，配合堵漏；

（5）堵漏方法见附录C。

8. 输转

（1）利用工艺措施倒罐；

（2）转移较危险的桶体。

9. 医疗救护

（1）现场救护：

1）将染毒者迅速撤离现场，转移到上风或侧风方向空气无污染处；

2）注意对呼吸道（戴防毒面具、面罩或用湿毛巾捂住口鼻）和皮肤（穿防护服）进行防护；

3）对心跳、呼吸停止者立即进行心肺复苏措施，同时吸氧；

4）脱去污染服装，皮肤污染者，用流动清水或肥皂水彻底冲洗；眼睛污染者，用生理盐水、清水彻底冲洗；注意呼吸道是否通畅，防止窒息或阻塞；对消化道服入者应立即催吐。

（2）使用特效药物治疗；

（3）对症治疗；

（4）症状未消失者送医院观察治疗。

10. 洗消

（1）在危险区与安全区交界处的上风向设立洗消站；

（2）洗消的对象

1）轻度中毒人员；

2）重度中毒人员(在送医院治疗之前)；

3）现场医务人员；

4）消防和其他抢险人员以及群众互救人员；

5）染毒器具。

（3）洗消污水必须通过环保部门的检测，达到排放标准后方可排放，以防造成次生灾害。

11. 清理

（1）用喷雾水或蒸气、惰性气体清扫现场内排空罐及低洼、沟渠等处，确保不留残液；

（2）清点人员、车辆及器材；

（3）撤除警戒，做好移交，安全撤离。

三、注意事项

（1）进入现场须正确选择行车路线、停车位置、作战阵地；

（2）一切处置行动自始至终必须严防引发爆炸；

（3）参战人员一定要做好个人防护，防止中毒，防止冻伤；

（4）注意风向变换，适时调整部署；

（5）慎重发布灾情和相关新闻。

注：主要参考《危险化学品应急救援必读》。

易燃液体燃烧爆炸事故扑救通则

一、战术要点

（1）遵循“冷却抑爆，控制燃烧，止漏排险，适时灭火”的战术原则；

（2）在上风、侧上风等安全区域内建立指挥部，利用通讯、广播等手段，保障调度指挥；

（3）积极防御，确保重点，控制蔓延；

（4）险情突变，危及安全，果断撤离，避免伤亡；

（5）全面检查，彻底清理，消除隐患，做好移交，安全撤离。

二、程序方法

1. 防护

（1）根据泄漏气体的毒性及划定的危险区域，确定相应的防护等级；

（2）防护等级划分标准见附录 A；

（3）防护标准见附录 B；

（4）凡在现场参与处置人员，最低防护不得低于三级。

2. 询情

（1）遇险人员情况；

（2）容器储量、燃烧时间、部位、形式、火势范围；

（3）周边单位、居民、地形等情况；

（4）消防设施、工艺措施、到场人员、处置意见。

3. 侦察

（1）搜寻遇险人员；

（2）燃烧部位、形式、范围、对毗邻威胁程度等；

（3）消防设施运行情况；

（4）生产装置、控制系统、建（构）筑物损坏程度；

（5）确定主攻方向及攻防路线、阵地；现场及周边污染情况。

4. 警戒

（1）根据询问、侦察情况和实地自然地貌设置警戒区域；

（2）警戒区域划分为危险区、安全区，并设施警戒标志，在安全区外视情设立隔离带；

（3）合理设置出入口，严格控制人员、车辆进出。

5. 救生

（1）救生小组携带救生器材进入危险区域，将所有遇险人员移至安全区域；

（2）对救出人员逐一进行登记和标识；

（3）将需要救治人员交由医疗急救部门救治。

6. 控险

（1）启用喷淋、泡沫、蒸气等固定或半固定消防设施；

（2）选定水源，铺设水带，设立阵地，有序展开；

（3）用砂土、水泥粉等围堵或导流，防止泄漏物向重要目标或危险源扩散。

7. 冷却

（1）冷却燃烧罐（桶）及其邻近罐（桶），重点应是受火势威胁的一面；

（2）冷却要均匀、不间断；

（3）冷却尽可能利用带架水枪或水炮；

（4）冷却强度应不小于计算强度；

（5）启用喷淋、泡沫、蒸气等固定或半固定消防设施；

（6）用干砂土、水泥粉、煤灰等围堵或导流，防止泄漏物向重要目标或危险源流散。

8. 排险

（1）外围灭火：

向泄漏点、主火点展开灭火进攻之前，必须将外围火点彻底扑灭。

（2）堵漏：

1）根据现场泄漏情况，研究制定堵漏方案，并严格按照堵漏方案实施；

2）所有堵漏行动必须采取防爆措施，确保安全；

3）关闭前置阀门，切断泄漏源；

4）根据泄漏对象，对非溶于水且比水轻的易燃液体，可向罐内适量注水，抬高液位，形成水垫层，缓解险情，配合堵漏；

5）堵漏方法见附录C。

（3）输转：

1）利用工艺措施导流、倒罐；

2）转移受火势威胁的桶体。

9. 灭火

（1）灭火条件：

1）外围火点已彻底扑灭，火种等危险源已全部控制；

2）堵漏准备就绪；

3）着火罐（桶）已得到充分冷却；

4）兵力、装备、灭火剂已准备就绪。

（2）灭火方法：

1）关阀断料法：关阀断料，熄灭火源；

2）泡沫覆盖法：对罐（桶）和地面流淌火喷射泡沫覆盖灭火；

3）砂土覆盖法：使用干砂、水泥粉、煤灰、石墨等覆盖灭火；

4）干粉抑制法：视燃烧情况使用车载干粉炮、胶管干粉枪、推车式及手提式干粉灭火器灭火。

10. 医疗救护

（1）现场救护：

1）将染毒者迅速撤离现场，转移到上风或侧风方向空气无污染处；

2）注意对呼吸道（戴防毒面具、面罩或用湿毛巾捂住口鼻）和皮肤（穿防护服）进行防护；

3）对心跳、呼吸停止者立即进行心肺复苏措施，同时吸氧；

4）脱去污染服装，皮肤污染者，用流动清水或肥皂水彻底冲洗；眼睛污染者，用生理盐水、清水彻底冲洗；注意呼吸道是否通畅，防止窒息或阻塞；对消化道服入者应立即催吐。

（2）使用特效药物治疗；

（3）对症治疗；

（4）症状未消失者送医院观察治疗。

11. 洗消

（1）在危险区与安全区交界处设立洗消站；

（2）洗消的对象：

1）轻度中毒人员；

2）重度中毒人员(在送医院治疗之前)；

3）现场医务人员；

4）消防和其他抢险人员以及群众互救人员；

5）染毒的抢救器具。

（3）洗消污水必须通过环保部门的检测，达到排放标准后方可排放，以防造成次生灾害。

12. 清理

（1）少量残液用砂土、水泥粉、煤灰等吸附，收集后做技术处理或倒至空旷地方掩埋；

（2）大量残液用防爆泵抽吸或使用无火花盛器收集，集中处理；

（3）在污染地面洒上中和或洗涤剂浸洗，然后用大量直流水清扫现场，特别是低洼、沟渠等处，确保不留残液；

（4）清点人员、车辆及器材；

（5）撤除警戒，做好移交，安全撤离。

三、注意事项

（1）进入现场必须正确选择行车路线、停车位置、作战阵地；

（2）严密监视液体流淌情况，防止火势扩大蔓延；

（3）扑灭流淌火灾时，泡沫覆盖要充分到位，并防止回火或复燃；

（4）泡沫覆盖灭火时间应充分，并防止回火；

（5）当储罐火灾现场出现罐体震颤、啸叫、火焰由黄变白、温度急剧升高等爆炸征兆时，指挥员应果断下达紧急避险命令，参战人员迅即撤出或隐蔽；

（6）注意风向变换，适时调整部署；

（7）慎重发布灾情和相关新闻。

注：主要参考《危险化学品应急救援必读》。

苯泄漏、燃爆事故

1. 遇水反应

不发生反应。

2. 泄漏处置

迅速撤离泄漏污染区人员至安全区，并进行隔离，严格限制出入。切断火源。建议应急处理人员戴自给正压式呼吸器，穿防毒服。尽可能切断泄漏源。防止进入下水道、排洪沟等限制性空间。小量泄漏：用活性炭或其他惰性材料吸收。也可以用不燃性分散剂制成的乳液刷洗，洗液稀释后放入废水系统。大量泄漏：构筑围堤或挖坑收容。用泡沫覆盖，降低蒸气灾害。喷雾状水或泡沫冷却和稀释蒸气、保护现场人员。用防爆泵转移至槽车或专用收集器内，回收或运至废物处理场所处置。

3. 燃爆与消防

（1）灭火方法及灭火剂：

灭火方法：消防人员须穿全身防火防毒服，佩戴空气呼吸器，在上风向灭火。喷水冷却容器，可能的话将容器从火场移至空旷处。处在火场中的容器若已变色或从安全泄压装置中产生声音，必须马上撤离。

灭火剂：小火，雾状水、泡沫、干粉、二氧化碳、砂土、水泥粉；大火，雾状水。用水灭火无效。

（2）储罐或货车（拖车）着火：

1）尽可能远距离灭火或用遥控水枪或水炮灭火。

2）用大量水冷却盛有危险品的容器，直到火完全熄灭。

3）切勿对泄漏源或安全阀直接喷水，防止产生冰冻。

4）如果容器的安全阀发出响声或储罐变色，应迅速撤离。

5）切记远离被大火吞没的储罐。

6）对于燃烧剧烈的大火，使用遥控水枪或水炮远距离灭火；否则撤离火场并任其燃烧。

4. 燃烧爆炸危险

（1）危险性综述：本品高度易燃，为致癌物，对环境有危害，对水体可造成污染。

（2）燃爆特性：蒸气能与空气形成爆炸性混合物（闪点 -11℃），遇明火、高热能引起燃烧爆炸。

5. 燃爆温度及燃烧（分解）产物

引燃温度：498℃。

燃烧（分解）产物：一氧化碳、二氧化碳。

6. 禁止混储

与强氧化剂、卤素反应剧烈。与氟、氯发生爆炸性反应。与臭氧反应，生成对震动敏感的物质臭氧苯。与其他氧化剂（例如高锰酸钾、氧、高氯酸盐、过氧化物）、许多氟化物、硝酸、铬酸酐、三氧化铬、二硼烷、氮氧化物反应，反应可能剧烈。浸蚀某些塑料、布匹以及橡胶。由于电导率低，流动或搅动可能产生静电。

注：参考自《威利化学品禁忌手册》。

7. 隔离距离

泄漏：在泄漏区四周隔离至少 50m；大量泄漏，考虑首次向四周撤离 300m。

火灾：如果火场中怀疑装有炸弹或导弹等军火的槽车或拖车，应向四周隔离 800m；也可考虑首次就向四周撤离 800m。

8. 急救措施

（1）皮肤接触：脱去污染的衣着，用肥皂水和清水彻底冲洗皮肤。

（2）眼睛接触：提起眼睑，用流动清水或生理盐水冲洗；就医。

（3）吸入：迅速脱离现场至空气新鲜处。保持呼吸道通畅。如呼吸困难，给输氧。如呼吸停止，立即进行人工呼吸；就医。

（4）食入：给充分漱口、饮水，禁止催吐；就医。

苯甲醚泄漏、燃爆事故

1. 遇水反应

不发生反应。

2. 泄漏处置

迅速撤离泄漏污染区人员至安全区，并进行隔离，严格限制出入。切断火源。建议应急处理人员戴自给正压式呼吸器，穿防毒服。不要直接接触泄漏物。如是液体，尽可能切断泄漏源，防止进入下水道、排洪沟等限制性空间。小量泄漏：用干燥的砂土或类似物质吸收，也可以用不燃性分散剂制成的乳液刷洗，经稀释的洗水放入废水系统。大量泄漏：构筑围堤或挖坑收容；用泡沫覆盖，降低蒸气伤害。用防爆泵转移至槽车或专用收集器内，回收或运至废物处理场所处置。

3. 燃爆与消防

（1）灭火方法及灭火剂：

灭火方法：消防人员须穿全身防火防毒服，佩戴空气呼吸器，在上风向灭火。喷水冷却容器，可能的话将容器从火场移至空旷处。

灭火剂：泡沫、二氧化碳、干粉、砂土、水泥粉。用水灭火无效。

（2）储罐或货车（拖车）着火：

1）尽可能远距离灭火或用遥控水枪或水炮灭火。

2）用大量水冷却盛有危险品的容器，直到火完全熄灭。

3）如果容器的安全阀发出响声或储罐变色，应迅速撤离。

4）切记远离被大火吞没的储罐。

5）对于燃烧剧烈的大火，使用遥控水枪或水炮远距离灭火；否则撤离火场并任其燃烧。

4. 燃烧爆炸危险

（1）危险性综述：本品易燃，具刺激性。

（2）燃爆特性：遇高热、明火或与氧化剂接触，有引起燃烧爆炸的危险。火场中的容器有爆炸的危险。

5. 燃爆温度及燃烧（分解）产物

引燃温度：475℃。

燃烧（分解）产物：一氧化碳、二氧化碳。

6. 禁止混储

与强氧化剂、强碱、酸酐、酰氯发生反应。

7. 隔离距离

泄漏：在泄漏区四周隔离至少 50m；大量泄漏，考虑首次向四周撤离 300m；

火灾：如果火场中怀疑装有炸弹或导弹等军火的槽车或拖车，应向四周隔离800m；也可考虑首次就向四周撤离 800m。

8. 急救措施

（1）皮肤接触：立即脱去污染的衣着，用肥皂水和流动清水彻底冲洗。

（2）眼睛接触：立即提起眼睑，用流动清水或生理盐水彻底冲洗。

（3）吸入：迅速脱离现场至空气新鲜处。保持呼吸道通畅。如呼吸困难，给输氧。如呼吸停止，立即进行人工呼吸；就医。

（4）食入：给饮大量温水，禁止催吐；就医。

苯乙烯泄漏、燃爆事故

1. 遇水反应

不发生反应。

2. 泄漏处置

迅速撤离泄漏污染区人员至安全区，并进行隔离，严格限制出入。切断火源。建议应急处理人员戴自给正压式呼吸器，穿防毒服。尽可能切断泄漏源。防止进入下水道、排洪沟等限制性空间。小量泄漏：用活性炭或其他惰性材料吸收。也可以用不燃性分散剂制成的乳液刷洗，洗液稀释后放入废水系统。大量泄漏：构筑围堤或挖坑收容。用泡沫覆盖，降低蒸气灾害。用防爆泵转移至槽车或专用收集器内，回收或运至废物处理场所处置。

3. 燃爆与消防

（1）灭火方法及灭火剂：

灭火方法：消防人员须穿全身消防服，佩戴防毒面具，在上风向灭火。尽可能将容器从火场移至空旷处。喷水保持火场容器冷却，直至灭火结束。遇大火，消防人员须在有防护掩蔽处操作。

灭火剂：泡沫、干粉、二氧化碳、砂土、水泥粉。用水灭火无效。

（2）储罐或货车（拖车）着火：

1）尽可能远距离灭火或用遥控水枪或水炮灭火。

2）用大量水冷却盛有危险品的容器，直到火完全熄灭。

3）如果容器的安全阀发出响声或储罐变色，应迅速撤离。

4）切记远离被大火吞没的储罐。

5）对于燃烧剧烈的大火，使用遥控水枪或水炮远距离灭火；否则撤离火场并任其燃烧。

4. 燃烧爆炸危险

（1）危险性综述：本品易燃，为可疑致癌物，具刺激性，对环境有严重危害，对水体、土壤和大气可造成污染。

（2）燃爆特性：其蒸气与空气可形成爆炸性混合物（闪点 31℃），遇明火、高热或与氧化剂接触，有引起燃烧爆炸的危险。

5. 燃爆温度及燃烧（分解）产物

引燃温度：490℃。

燃烧（分解）产物：一氧化碳、二氧化碳。

6. 禁止混储

除非在一定的浓度下受到抑制（经常用叔丁基邻苯二酚），可发生聚合，并且容器会发生爆炸。温度升高超过 66℃时，或接触氧化剂、丁基锂、过氧化物、紫外线或日光，能引起聚合。与氯磺酸、强氧化剂、硫酸、四氟化氙反应剧烈。与酸类、铁锈、乙烯聚合反应的催化剂、2，5- 甲基 -2，5- 二（叔丁基过氧化物）己烷、过氧化物，金属盐（如氯化铝、氯酸铜、硝酸锰等）不相容。腐蚀铜及其合金。浸蚀某些塑料、橡胶或布品。由于低导电性，流动或搅动可能产生静电。其未受抑制的单体蒸气可形成固态聚合物，阻塞出口和狭窄处。

注：参考自《威利化学品禁忌手册》。

7. 隔离距离

泄漏：在泄漏区四周隔离至少 50m；大量泄漏，考虑首次向四周撤离 300m；

火灾：如果火场中怀疑装有炸弹或导弹等军火的槽车或拖车，应向四周隔离 800m；也可考虑首次就向四周撤离 800m。

8. 急救措施

（1）皮肤接触：脱去污染的衣着，用肥皂水和清水彻底冲洗皮肤。

（2）眼睛接触：立即提起眼睑，用大量流动清水或生理盐水彻底冲洗至少 15min；就医。

（3）吸入：迅速脱离现场至空气新鲜处。保持呼吸道通畅。如呼吸困难，给输氧。如呼吸停止，立即进行人工呼吸；就医。

（4）食入：饮足量温水，禁止催吐；就医。

吡啶泄漏、燃爆事故

1. 遇水反应

不发生反应。

2. 泄漏处置

迅速撤离泄漏污染区人员至安全区，并进行隔离，严格限制出入。切断火源。建议应急处理人员戴自给正压式呼吸器，穿防毒服。尽可能切断泄漏源。防止进入下水道、排洪沟等限制性空间。小量泄漏：用砂土、干燥石灰或苏打灰混合。也可以用大量水冲洗，洗水稀释后放入废水系统。大量泄漏：构筑围堤或挖坑收容。用防燃泵转移至槽车或专用收集器内，回收或运至废物处理场所处置。

3. 燃爆与消防

（1）灭火方法及灭火剂：

灭火方法：消防人员必须佩戴过滤式防毒面具（全面罩）或隔离式呼吸器、穿全身防火防毒服，在上风向灭火。尽可能将容器从火场移至空旷处。喷水保持火场容器冷却，直至灭火结束。处在火场中的容器若已变色或从安全泄压装置中产生声音，必须马上撤离。

灭火剂：小火，雾状水、泡沫、干粉、二氧化碳、砂土、水泥粉；大火，雾状水。禁止使用酸碱灭火剂。

（2）储罐或货车（拖车）着火：

1）尽可能远距离灭火或用遥控水枪或水炮灭火。

2）用大量水冷却盛有危险品的容器，直到火完全熄灭。

3）如果容器的安全阀发出响声或储罐变色，应迅速撤离。

4）切记远离被大火吞没的储罐。

5）对于燃烧剧烈的大火，使用遥控水枪或水炮远距离灭火；否则撤离火场并任其燃烧。

4. 燃烧爆炸危险

（1）危险性综述：本品易燃，具强刺激性。

（2）燃爆特性：其蒸气与空气可形成爆炸性混合物（闪点 20℃），遇明火、高热极易燃烧爆炸。若遇高热，容器内压增大，有开裂和爆炸的危险。

5. 燃爆温度及燃烧（分解）产物

引燃温度：482℃。

燃烧（分解）产物：一氧化碳、二氧化碳、氮氧化物（有毒）。

6. 禁止混储

与强氧化剂、氯、氟、强酸、三氟化溴、铬酸、三氧化铬、四氧化二氮、三氧化硫、马来酸酐、重铬酸盐、氯氧化磷、β- 丙醇酸内酯、丙炔醛、高氯酸银反应剧烈。强酸可引起其剧烈迸溅。与乙烯酮二金、硝基烷烃、三氟甲基次氟酸盐形成对震动和热敏感的爆炸性物质。与有机酸酐、硝酸纤维、甲酚、表氯醇等多种物质不相容。可增加硝基甲烷爆炸敏感性。浸蚀橡胶、塑料和棉织品。由于低导电性，流动或搅动会产生静电。

注：参考自《威利化学品禁忌手册》。

7. 隔离距离

泄漏：在泄漏区四周隔离至少 50m；大量泄漏，考虑首次向四周撤离 300m；

火灾：如果火场中怀疑装有炸弹或导弹等军火的槽车或拖车，应向四周隔离 800m；也可考虑首次就向四周撤离 800m。

8. 急救措施

（1）皮肤接触：脱去污染的衣着，用流动清水彻底冲洗皮肤。

（2）眼睛接触：提起眼睑，用流动清水或生理盐水彻底冲洗至少 15min；就医。

（3）吸入：迅速脱离现场至空气新鲜处。保持呼吸道通畅。如呼吸困难，给输氧。如呼吸停止，立即进行人工呼吸；就医。

（4）食入：给充分漱口、饮水，禁止催吐；就医。

吡咯烷泄漏、燃爆事故

1. 遇水反应

不发生反应。

2. 泄漏处置

迅速撤离泄漏污染区人员至安全区，并进行隔离，严格限制出入。切断火源。建议应急处理人员戴自给正压式呼吸器，穿防静电工作服。尽可能切断泄漏源。防止进入下水道、排洪沟等限制性空间。小量泄漏：用砂土、干燥石灰或苏打灰混合。也可以用大量水冲洗，洗水稀释后放入废水系统。大量泄漏：构筑围堤或挖坑收容。用泡沫覆盖，降低蒸气灾害。用防爆、耐腐蚀泵转移至槽车或专用收集器内，回收或运至废物处理场所处置。

3. 燃爆与消防

（1）灭火方法及灭火剂：

灭火方法：消防人员须佩戴防毒面具、穿全身消防服，在上风向灭火。尽可能将容器从火场移至空旷处。喷水保持火场容器冷却，直至灭火结束。处在火场中的容器若已变色或从安全泄压装置中产生声音，必须马上撤离。

灭火剂：雾状水、泡沫、二氧化碳、干粉、砂土、水泥粉。用水灭火无效。

（2）储罐或货车（拖车）着火：

1）尽可能远距离灭火或用遥控水枪或水炮灭火。

2）用大量水冷却盛有危险品的容器，直到火完全熄灭。

3）如果容器的安全阀发出响声或储罐变色，应迅速撤离。

4）切记远离被大火吞没的储罐。

5）对于燃烧剧烈的大火，使用遥控水枪或水炮远距离灭火；否则撤离火场并任其燃烧。

4. 燃烧爆炸危险

（1）危险性综述：本品易燃，有毒，具腐蚀性、刺激性，可致人体灼伤。

（2）燃爆特性：其蒸气与空气可形成爆炸性混合物，遇明火、高热极易燃烧爆炸。与氧化剂接触猛烈反应。高温时分解，释出剧毒的氮氧化物气体。其蒸气比空气重，能在较低处扩散到相当远的地方，遇火源会着火回燃。若遇高热，容器内压增大，有开裂和爆炸的危险。

5. 燃爆温度及燃烧（分解）产物

燃烧（分解）产物：一氧化碳、二氧化碳、氮氧化物（有毒）。

6. 禁止混储

与氧化剂接触猛烈反应。与酸类、酸酐、二氧化碳发生反应。

7. 隔离距离

泄漏：在泄漏区四周隔离至少 50m；大量泄漏，考虑首次向四周撤离 300m；

火灾：如果火场中怀疑装有炸弹或导弹等军火的槽车或拖车，应向四周隔离 800m；也可考虑首次就向四周撤离 800m。

8. 急救措施

（1）皮肤接触：立即脱去污染的衣着，用大量流动清水彻底冲洗。

（2）眼睛接触：立即提起眼睑，用大量流动清水或生理盐水彻底冲洗。

（3）吸入：迅速脱离现场至空气新鲜处。保持呼吸道通畅。如呼吸困难，给输氧。如呼吸停止，立即进行人工呼吸；就医。

（4）食入：给饮大量温水，禁止催吐，洗胃；就医。

丙胺泄漏、燃爆事故

1. 遇水反应

不发生反应。

2. 泄漏处置

迅速撤离泄漏污染区人员至安全区，并进行隔离，严格限制出入。切断火源。

建议应急处理人员戴自给正压式呼吸器，穿消防防护服。不要直接接触泄漏物。尽可能切断泄漏源，防止进入下水道、排洪沟等限制性空间。小量泄漏：用砂土或其他不燃材料吸收，也可以用大量水冲洗，经稀释的洗水放入废水系统。大量泄漏：构筑围堤或挖坑收容；用泡沫覆盖，降低蒸气伤害。用防爆、耐腐蚀泵转移至槽车或专用收集器内，回收或运至废物处理场所处置。

3. 燃爆与消防

（1）灭火方法及灭火剂：

灭火方法：消防人员须佩戴空气呼吸器，穿全身防火防毒服，在上风向灭火。喷水冷却容器，尽可能将容器从火场移至空旷处。处在火场中的容器若已变色或从安全泄压装置中产生声音，必须马上撤离。

灭火剂：泡沫、二氧化碳、干粉、砂土、水泥粉。用水灭火无效。

（2）储罐或货车（拖车）着火：

1）尽可能远距离灭火或用遥控水枪或水炮灭火。

2）用大量水冷却盛有危险品的容器，直到火完全熄灭。

3）如果容器的安全阀发出响声或储罐变色，应迅速撤离。

4）切记远离被大火吞没的储罐。

5）对于燃烧剧烈的大火，使用遥控水枪或水炮远距离灭火；否则撤离火场并任其燃烧。

4. 燃烧爆炸危险

（1）危险性综述：本品极度易燃，具腐蚀性、刺激性，可致人体灼伤。

（2）燃爆危险：其蒸气与空气可形成爆炸性混合物（闪点 -37℃），遇明火、高热能引起燃烧爆炸。其蒸气比空气重，能在较低处扩散到相当远的地方，遇火源会着火回燃。

5. 燃爆温度及燃烧（分解）产物

引燃温度：318℃。

燃烧（分解）产物：一氧化碳、二氧化碳、氮氧化物（有毒）。

6. 禁止混储

与氧化剂、氯、氟、次氯酸盐、汞、强酸、硝基烷烃、卤代烃、醇、二醇类和其他还原性的有机化合物剧烈反应。与有机酸酐、丙烯酸酯、醛、环氧烷烃、烯丙基取代物等不相容。可增加硝基甲烷的爆炸敏感性。与硝基烷烃反应，形成爆炸性的产物。浸蚀铝、铜、铅、锡、锌及其合金。水溶液可腐蚀玻璃。

注：参考自《威利化学品禁忌手册》。

7. 隔离距离

泄漏：在泄漏区四周隔离至少 50m；大量泄漏，考虑首次向四周撤离 300m；

火灾：如果火场中怀疑装有炸弹或导弹等军火的槽车或拖车，应向四周隔离 800m；也可考虑首次就向四周撤离 800m。

8. 急救措施

（1）皮肤接触：脱去污染的衣着，用流动清水冲洗 15min；若有灼伤，立即就医。

（2）眼睛接触：立即提起眼睑，用流动清水或生理盐水冲洗 15min；就医。

（3）吸入：迅速脱离现场至空气新鲜处。保持呼吸道通畅。如呼吸困难，给输氧。如呼吸停止，立即进行人工呼吸；就医。

（4）食入：立即用水漱口，给饮牛奶或蛋清；就医。

1–丙醇泄漏、燃爆事故

1. 遇水反应

不发生反应。

2. 泄漏处置

迅速撤离泄漏污染区人员至安全区，并进行隔离，严格限制出入。切断火源。建议应急处理人员戴自给正压式呼吸器，穿消防防护服。不要直接接触泄漏物。尽可能切断泄漏源，防止进入下水道、排洪沟等限制性空间。小量泄漏：用砂土或其他不燃材料吸附或吸收，也可以用不然性分散剂制成的乳液刷洗，经稀释的洗水放入废水系统。大量泄漏：构筑围堤或挖坑收容；用泡沫覆盖，降低蒸气伤害。用防爆泵转移至槽车或专用收集器内，回收或运至废物处理场所处置。

3. 燃爆与消防

（1）灭火方法及灭火剂：

灭火方法：消防人员须佩戴防毒面具，穿全身消防服，在上风向灭火。尽可能将容器从火场移至空旷处。喷水保持火场容器冷却，直至灭火结束。处在火场中的容器若已变色或从安全泄压装置中产生声音，必须马上撤离。

灭火剂：抗溶性泡沫、干粉、二氧化碳、砂土、水泥粉。

（2）储罐或货车（拖车）着火：

1）尽可能远距离灭火或用遥控水枪或水炮灭火。

2）用大量水冷却盛有危险品的容器，直到火完全熄灭。

3）如果容器的安全阀发出响声或储罐变色，应迅速撤离。

4）切记远离被大火吞没的储罐。

5）对于燃烧剧烈的大火，使用遥控水枪或水炮远距离灭火；否则撤离火场并任其燃烧。

4. 燃烧爆炸危险

（1）危险性综述：本品易燃，具刺激性。

（2）燃爆特性：易燃，其蒸气与空气可形成爆炸性混合物（闪点15℃），遇明火、高热能引起燃烧爆炸。与氧化剂接触发生化学反应或引起燃烧。在火场中，受热的容器有爆炸危险。其蒸气比空气重，能在较低处扩散到相当远的地方，遇火源会着火回燃。

5. 燃爆温度及燃烧（分解）产物

自燃温度：371℃。

燃烧（分解）产物：一氧化碳、二氧化碳。

6. 禁止混储

与强氧化剂、叔丁基氧化钾、三乙基铝发生剧烈反应。与乙醛、碱土金属和碱金属、强酸类、强苛性碱类、脂肪胺类、过氧化苯甲酰、铬酸、三氧化铬、二烷基锌、氧化二氯、氧化乙烯、次氯酸、异氰酸酯类、氯甲酸异丙基酯、四氢铝锂、硝酸、二氧化氮、四氟硼酸硝基酯、五氟胍、五硫化磷、红橘油、三异丁基铝可能发生剧烈反应。浸蚀一些塑料、橡胶和布品。

注：参考自《威利化学品禁忌手册》。

7. 隔离距离

泄漏：作为紧急预防措施，应在泄漏区四周隔离至少50m；大量泄漏，考虑首次向四周撤离300m；

火灾：如果火场中怀疑装有炸弹或导弹等军火的槽车或拖车，应向四周隔离800m；也可考虑首次就向四周撤离800m。

8. 急救措施

（1）皮肤接触：脱去污染的衣着，立即用流动清水彻底冲洗。

（2）眼睛接触：提起眼睑，用流动清水冲洗；就医。

（3）吸入：迅速脱离现场至空气新鲜处。保持呼吸道通畅。如呼吸困难，给输氧。如呼吸停止，立即进行人工呼吸；就医。

（4）食入：给饮大量温水，禁止催吐；就医。

2–丙醇泄漏、燃爆事故

1. 遇水反应

不发生反应。

2. 泄漏处置

迅速撤离泄漏污染区人员至安全区，并进行隔离，严格限制出入。切断火源。建议应急处理人员戴自给正压式呼吸器，穿消防防护服。不要直接接触泄漏物。尽可能切断泄漏源，防止进入下水道、排洪沟等限制性空间。小量泄漏：用砂土或其他不燃材料吸附或吸收，也可以用不燃性分散剂制成的乳液刷洗，经稀释的洗水放入废水系统。大量泄漏：构筑围堤或挖坑收容；用泡沫覆盖，降低蒸气伤害。用防爆泵转移至槽车或专用收集器内，回收或运至废物处理场所处置。

3. 燃爆与消防

（1）灭火方法及灭火剂：

灭火方法：消防人员须佩戴防毒面具，穿全身消防服，在上风向灭火。尽可能将容器从火场移至空旷处。喷水保持火场容器冷却，直至灭火结束。处在火场中的容器若已变色或从安全泄压装置中产生声音，必须马上撤离。

灭火剂：抗溶性泡沫、干粉、二氧化碳、砂土、水泥粉。

（2）储罐或货车（拖车）着火：

1）尽可能远距离灭火或用遥控水枪或水炮灭火。

2）用大量水冷却盛有危险品的容器，直到火完全熄灭。

3）如果容器的安全阀发出响声或储罐变色，应迅速撤离。

4）切记远离被大火吞没的储罐。

5）对于燃烧剧烈的大火，使用遥控水枪或水炮远距离灭火；否则撤离火场并任其燃烧。

4. 燃烧爆炸危险

（1）危险性综述：本品易燃，具刺激性。

（2）燃爆特性：易燃，其蒸气与空气可形成爆炸性混合物（闪点 12℃），遇明火、高热能引起燃烧爆炸。与氧化剂接触发生化学反应或引起燃烧。在火场中，受热的容器有爆炸危险。其蒸气比空气重，能在较低处扩散到相当远的地方，遇火源会着火回燃。

5. 燃爆温度及燃烧（分解）产物

自燃温度：399℃。

燃烧（分解）产物：一氧化碳、二氧化碳。

6. 禁止混储

与氧化剂类、铝粉、巴豆醛、光气发生剧烈反应。与碱土金属和碱金属、强酸类、强苛性碱类、脂肪胺类、异氰酸酯类、乙醛、过氧化苯甲酰、铬酸、三氧化铬、二烷基锌、氧化二氯、氧化乙烯、次氯酸、氯甲酸异丙基酯、四氢铝锂、硝酸、二氧化氮、五氟胍、五硫化磷、红橘油、三乙基铝、三异丁基铝可能发生剧烈反应。浸蚀一些塑料、橡胶和布品。在高温下与金属铝发生反应。由于低导电性，流动或搅动会产生静电。

注：参考自《威利化学品禁忌手册》。

7. 隔离距离

泄漏：在泄漏区四周隔离至少50m；大量泄漏，考虑首次向四周撤离300m；

火灾：如果火场中怀疑装有炸弹或导弹等军火的槽车或拖车，应向四周隔离800m；也可考虑首次就向四周撤离800m。

8. 急救措施

（1）皮肤接触：脱去污染的衣着，立即用流动清水彻底冲洗。

（2）眼睛接触：提起眼睑，用流动清水冲洗；就医。

（3）吸入：迅速脱离现场至空气新鲜处。保持呼吸道通畅。如呼吸困难，给输氧。如呼吸停止，立即进行人工呼吸；就医。

（4）食入：给饮大量温水，禁止催吐，洗胃；就医。

丙酸甲酯泄漏、燃爆事故

1. 遇水反应

不发生反应。

2. 泄漏处置

迅速撤离泄漏污染区人员至安全区，并进行隔离，严格限制出入。切断火源。建议应急处理人员戴自给正压式呼吸器，穿防静电工作服。尽可能切断泄漏源。防止进入下水道、排洪沟等限制性空间。小量泄漏：用活性炭或其他惰性材料吸收。也可以用大量水冲洗，洗水稀释后放入废水系统。大量泄漏：构筑围堤或挖坑收容。用泡沫覆盖，降低蒸气灾害。用防爆泵转移至槽车或专用收集器内，回收或运至废物处理场所处置。

3. 燃爆与消防

（1）灭火方法及灭火剂：

灭火方法：消防人员须佩戴防毒面具，穿全身消防服，在上风向灭火。尽可能将容器从火场移至空旷处。喷水保持火场容器冷却，直至灭火结束。容器突然发出异常声音或出现异常现象，应立即撤离。

灭火剂：抗溶性泡沫、二氧化碳、干粉、砂土、水泥粉。

（2）储罐或货车（拖车）着火：

1）尽可能远距离灭火或用遥控水枪或水炮灭火。

2）用大量水冷却盛有危险品的容器，直到火完全熄灭。

3）如果容器的安全阀发出响声或储罐变色，应迅速撤离。

4）切记远离被大火吞没的储罐。

5）对于燃烧剧烈的大火，使用遥控水枪或水炮远距离灭火；否则撤离火场并任其燃烧。

4. 燃烧爆炸危险

（1）本品易燃，具刺激性。

（2）燃爆特性：易燃，其蒸气与空气可形成爆炸性混合物（闪点 -2℃），遇明火、高热或与氧化剂接触，有引起燃烧爆炸的危险。其蒸气比空气重，能在较低处扩散到相当远的地方，遇火源会着火回燃。

5. 燃爆温度及燃烧（分解）产物

自燃温度：468℃。

燃烧（分解）产物：一氧化碳、二氧化碳。

6. 禁止混储

与强氧化剂剧烈反应。与硝酸盐、强酸不相容。浸蚀某些塑料和棉织品。由于低导电性，流动或搅动会产生静电。

注：参考自《威利化学品禁忌手册》。

7. 隔离距离

泄漏：在泄漏区四周隔离至少 50m；大量泄漏，考虑首次向四周撤离 300m；

火灾：如果火场中怀疑装有炸弹或导弹等军火的槽车或拖车，应向四周隔离 800m；也可考虑首次就向四周撤离 800m。

8. 急救措施

（1）皮肤接触：立即脱去污染的衣着，用肥皂水和流动清水冲洗。

（2）眼睛接触：立即提起眼睑，用流动清水彻底冲洗。

（3）吸入：迅速脱离现场至空气新鲜处。保持呼吸道通畅。如呼吸困难，给输氧。如呼吸停止，立即进行人工呼吸；就医。

（4）食入：给饮大量温水，禁止催吐；就医。

丙酮泄漏、燃爆事故

1. 遇水反应

不发生反应。

2. 泄漏处置

迅速撤离泄漏污染区人员至安全区，并进行隔离，严格限制出入。切断火源。建议应急处理人员戴自给正压式呼吸器，穿防静电工作服。尽可能切断泄漏源。

防止进入下水道、排洪沟等限制性空间。小量泄漏：用砂土或其他不燃材料吸附或吸收。也可以用大量水冲洗，洗水稀释后放入废水系统。大量泄漏：构筑围堤或挖坑收容。用泡沫覆盖，降低蒸气灾害。用防爆泵转移至槽车或专用收集器内，回收或运至废物处理场所处置。

3. 燃爆与消防

（1）灭火方法及灭火剂：

灭火方法：消防人员须佩戴防毒面具，穿全身消防服，在上风向灭火。尽可能将容器从火场移至空旷处。喷水保持火场容器冷却，直至灭火结束。处在火场中的容器若已变色或从安全泄压装置中产生声音，必须马上撤离。

灭火剂：抗溶性泡沫、二氧化碳、干粉、砂土。用水灭火无效。

（2）储罐或货车（拖车）着火：

1）尽可能远距离灭火或用遥控水枪或水炮灭火。

2）用大量水冷却盛有危险品的容器，直到火完全熄灭。

3）切勿对泄漏源或安全阀直接喷水，防止产生冰冻。

4）如果容器的安全阀发出响声或储罐变色，应迅速撤离。

5）切记远离被大火吞没的储罐。

6）对于燃烧剧烈的大火，使用遥控水枪或水炮远距离灭火；否则撤离火场并任其燃烧。

4. 燃烧爆炸危险

（1）危险性综述：本品极度易燃，具刺激性。

（2）燃爆危险：其蒸气与空气形成爆炸性混合物（闪点 -19℃），遇明火、高热能、引起燃烧爆炸。其蒸气比空气重，能在较低处扩散到相当远的地方，遇火源引着回燃。若遇高热，容器内压增大，有开裂和爆炸的危险。

5. 燃爆温度及燃烧（分解）产物

引燃温度：465℃。

燃烧（分解）产物：一氧化碳、二氧化碳。

6. 禁止混储

与氯仿发生剧烈反应。可能与活性炭、脂肪胺、溴、三氟化溴、溴仿、一氯三嗪、四价铬（Ⅳ）酸、三氧化铬、氯化铬酰、六氯三聚氰胺、七氟化碘、碘仿、液氧、亚硝酰基氯化物、亚硝酰基高氯酸盐、硝酰基高氯酸盐、全氯三聚氰胺、四氟化氙等剧烈反应。与强氧化剂、氟、90% 的过氧化氢、高氯酸钠、2- 甲基 -1，3- 丁二烯接触可形成不稳定的爆炸性的过氧化物。能够增加硝基甲烷的爆炸敏感性。由于低导电性，流动或搅动会产生静电。溶解或浸蚀大多数橡胶、树脂和塑料（聚乙烯、聚酯、乙烯基酯、聚氯乙烯、氯丁橡胶、合成橡胶 Viton）。

注：参考自《威利化学品禁忌手册》。

7. 隔离距离

泄漏：在泄漏区四周隔离至少 50m；大量泄漏，考虑首次向四周撤离 300m；

火灾：如果火场中怀疑装有炸弹或导弹等军火的槽车或拖车，应向四周隔离 800m；也可考虑首次就向四周撤离 800m。

8. 急救措施

（1）皮肤接触：脱去污染的衣着，用肥皂水和清水彻底冲洗皮肤。

（2）眼睛接触：提起眼睑，用流动清水或生理盐水冲洗；就医。

（3）吸入：迅速脱离现场至空气新鲜处。保持呼吸道通畅。如呼吸困难，给输氧。如呼吸停止，立即进行人工呼吸；就医。

（4）食入：给充分漱口、饮水，禁止催吐；就医。

丙烯腈泄漏、燃爆事故

1. 遇水反应

不发生反应。

2. 泄漏处置

疏散泄漏污染区人员至安全区，禁止无关人员进入污染区，切断火源。建议应急处理人员戴正压自给式呼吸器，穿厂商特别推荐的化学防护服（完全隔离）。不要直接接触泄漏物尽可能切断泄漏源，小量泄漏：用活性炭或其他惰性材料吸收，然后收集运至废物处理场所处置。也可以用大量水冲洗，经稀释的洗水放入废水系统。如大量泄漏，利用围堤收容，然后收集、转移、回收或无害处理后废弃。

3. 燃爆与消防

（1）灭火方法及灭火剂：

灭火方法：消防人员佩戴过滤式防毒面具（全面罩）或隔离式空气呼吸器，穿全身防火防毒服，在上风处灭火。容器突然发出异常声音或出现异常现象，应立即撤离。

灭火剂：抗溶性泡沫、二氧化碳、干粉、砂土、水泥粉。用水灭火无效。

（2）储罐或货车（拖车）着火：

1）尽可能远距离灭火或用遥控水枪或水炮灭火。

2）用大量水冷却盛有危险品的容器，直到火完全熄灭。

3）如果容器的安全阀发出响声或储罐变色，应迅速撤离。

4）切记远离被大火吞没的储罐。

5）对于燃烧剧烈的大火，使用遥控水枪或水炮远距离灭火；否则撤离火场并任其燃烧。

4. 燃烧爆炸危险

（1）危险性综述：本品易燃，高毒，为可疑致癌物，对环境有严重危害，对水体可造成污染。

（2）燃爆特性：其蒸气与空气可形成爆炸性混合物（闪点 0℃）。遇明火、高热易引起燃烧，并放出有毒气体。

5. 燃爆温度及燃烧（分解）产物

引燃温度：481℃。

燃烧（分解）产物：一氧化碳、二氧化碳、氮氧化物（有毒）、氰化氢（剧毒）。

6. 禁止混储

若不进行抑制，可自发发生聚合（通常使用甲基对苯二酚进行抑制）。与氧气、热源、强光、过氧化物或高浓度、加热的碱接触可发生聚合。高温、光照、碱类、硝酸银和过氧化物（如过氧化二苯酰、二叔丁基过氧化物）可引发爆炸性聚合。与强酸、发烟硫酸、强氧化剂、胺、2- 氨基乙醇、偶氮异丁腈、溴、苛性碱类、氯磺酸、乙二胺、四氢吡唑发生反应，有些反应可能是剧烈的。与铜、铜合金、氨、胺类反应生成毒性产物。高浓度下浸蚀铝，浸蚀大多数橡胶和塑料。由于低导电性，流动或搅动可产生静电。若蒸气不受抑制时，在储存罐的塞孔、狭窄处或火花消除装置处可能形成聚合物。

注：参考自《威利化学品禁忌手册》。

7. 隔离距离

泄漏：在泄漏区四周隔离至少 50m；大量泄漏，考虑首次向四周撤离 300m；

火灾：如果火场中怀疑装有炸弹或导弹等军火的槽车或拖车，应向四周隔离 800m；也可考虑首次就向四周撤离 800m。

8. 急救措施

（1）皮肤接触：立即脱去污染的衣着，用流动清水或 5% 硫代硫酸钠溶液彻底冲洗至少 20min；就医。

（2）眼睛接触：提起眼睑，用流动清水或生理盐水冲洗；就医。

（3）吸入：迅速脱离现场至空气新鲜处。保持呼吸道通畅。如呼吸困难，给输氧。呼吸心跳停止时，立即进行人工呼吸（勿用口对口）和胸外心脏按压术。

给吸入亚硝酸异戊酯，就医。

（4）食入：饮足量温水，催吐。用1：5000高锰酸钾或5%硫代硫酸钠溶液洗胃；就医。

丙烯醛泄漏、燃爆事故

1. 遇水反应

不发生反应。

2. 泄漏处置

迅速撤离泄漏污染区人员至安全区，并立即进行隔离，严格限制出入。切断火源。建议应急处理人员戴自给正压式呼吸器，穿防静电工作服。不要直接接触泄漏物。尽可能切断泄漏源。防止进入下水道、排洪沟等限制性空间。小量泄漏：用活性炭或其他惰性材料吸收。或用大量水冲洗，洗水稀释后放入废水系统。大量泄漏：构筑围堤或挖坑收容。用泡沫覆盖，降低蒸气灾害。喷雾状水冷却和稀释蒸气、保护现场人员、把泄漏物稀释成不燃物。用防爆泵转移至槽车或专用收集器内，回收或运至废物处理场所处置。

3. 燃爆与消防

（1）灭火方法及灭火剂：

灭火方法：消防人员须戴好防毒面具，在安全距离以外，在上风向灭火。尽可能将容器从火场移至空旷处。喷水保持火场容器冷却，直至灭火结束。容器突然发出异常声音或出现异常现象，应立即撤离。

灭火剂：抗溶性泡沫、二氧化碳、干粉、砂土。用水灭火无效。

（2）储罐或货车（拖车）着火：

1）尽可能远距离灭火或用遥控水枪或水炮灭火。

2）用大量水冷却盛有危险品的容器，直到火完全熄灭。

3）如果容器的安全阀发出响声或储罐变色，应迅速撤离。

4）切记远离被大火吞没的储罐。

5）对于燃烧剧烈的大火，使用遥控水枪或水炮远距离灭火；否则撤离火场并任其燃烧。

4. 燃烧爆炸危险

（1）危险性综述：本品极度易燃，高毒，具强刺激性，对环境有严重危害，对大气和水体可造成污染。

（2）燃爆危险：其蒸气与空气可形成爆炸性混合物（闪点 -26℃），遇明火、高热极易燃烧爆炸。在空气中久置后能生成有爆炸性的过氧化物。在火场高温下，能发生聚合放热，使容器破裂。

5. 燃爆温度及燃烧（分解）产物

自燃温度：220℃。

燃烧（分解）产物：一氧化碳、二氧化碳。

6. 禁止混储

不稳定且具有强还原性。长期储存，能形成对热和震动敏感的化合物或酸。如果不钝化（通常用对苯二酚），形成爆炸性的过氧化物。可发生爆炸性聚合，特别在高温、日光下或与氧化剂、强酸、苛性碱接触时更为强烈。是一种强还原剂。与胺类、2- 氨基乙醇、氨、亚乙基二胺、亚乙基亚胺、氢氧化物、金属盐、二氧化硫、硫脲发生剧烈反应。浸蚀大多数橡胶和塑料。浸蚀金属镉和锌。由于低导电性，流动或搅动会产生静电。其未钝化的蒸气可在塞子口、狭窄的空间或储存罐的防火装置处形成聚合物。

注：参考自《威利化学品禁忌手册》。

7. 隔离距离

泄漏：首次隔离距离至少 60m；考虑下风向撤离距离为 0.5km，夜晚为 1.7km；大量泄漏：首次隔离距离至少 500m；考虑下风向撤离距离白天为 4.8km，夜晚为 10.2km；

火灾：如果火场中有储罐、槽车、罐车时，应向四周隔离 800m；也可考虑首次就向四周撤离 800m。

8. 急救措施

（1）皮肤接触：立即脱去污染的衣着，用大量清水彻底冲洗至少 15min；就医。

（2）眼睛接触：立即提起眼睑，用大量流动清水或生理盐水彻底冲洗至少 15min；就医。

（3）吸入：迅速脱离现场至空气新鲜处。保持呼吸道通畅。如呼吸困难，给输氧。如呼吸停止，立即进行人工呼吸；就医。

（4）食入：立即用水漱口，禁止催吐。口服牛奶或蛋清；就医。

丙烯酸丁酯泄漏、燃爆事故

1. 遇水反应

不发生反应。

2. 泄漏处置

疏散泄漏污染区人员至安全区，禁止无关人员进入污染区，切断火源。建议应急处理人员戴好防毒面具，穿一般消防防护服。在确保安全情况下堵漏。喷水雾会减少蒸发，但不能降低泄漏物在受限制空间内的易燃性。用砂土、干燥石灰或苏打灰混合，然后收集运至废物处理场所处置。也可以用不燃性分散剂制成的乳液刷洗，经稀释的洗水放入废水系统。如大量泄漏，利用围堤收容，然后用防爆、耐腐蚀泵转移至槽车或专用收集器内。

3. 燃爆与消防

（1）灭火方法及灭火剂：

灭火方法：消防人员必须穿全身防火防毒服，在上风向灭火。遇大火，消防人员须在有防护掩蔽处操作。

灭火剂：泡沫、干粉、二氧化碳、砂土。用水灭火无效。

（2）储罐或货车（拖车）着火：

1）尽可能远距离灭火或用遥控水枪或水炮灭火。

2）用大量水冷却盛有危险品的容器，直到火完全熄灭。

3）如果容器的安全阀发出响声或储罐变色，应迅速撤离。

4）切记远离被大火吞没的储罐。

5）对于燃烧剧烈的大火，使用遥控水枪或水炮远距离灭火；否则撤离火场并任其燃烧。

4. 燃烧爆炸危险

（1）危险性综述：本品易燃，具刺激性。

（2）燃爆特性：易燃，遇明火、高热或与氧化剂接触，有引起燃烧爆炸的危险。

5. 燃烧（分解）产物

引燃温度：267~292℃。

燃烧（分解）产物：一氧化碳、二氧化碳。

6. 禁止混储

长期保存或长期暴露在空气中能形成不稳定的过氧化物。如果不钝化，过氧化物、氧化剂、热、火花、还原剂或日光可引起爆炸性聚合。与强氧化剂、强酸、胺、卤素、含氢物质发生剧烈反应。未钝化的蒸气可在塞子口、狭窄的空间或储存罐的防火装置处形成聚合物。

注：参考自《威利化学品禁忌手册》。

7. 隔离距离

泄漏：在泄漏区四周隔离至少50m；大量泄漏，考虑首次向四周撤离300m；

火灾：如果火场中怀疑装有炸弹或导弹等军火的槽车或拖车，应向四周隔离

800m；也可考虑首次就向四周撤离 800m。

8. 急救措施

（1）皮肤接触：立即脱去污染的衣着，用肥皂水和清水彻底冲洗；就医。

（2）眼睛接触：立即提起眼睑，用大量流动清水或生理盐水彻底冲洗；就医。

（3）吸入：迅速脱离现场至空气新鲜处。保持呼吸道通畅。如呼吸困难，给输氧。如呼吸停止，立即进行人工呼吸；就医。

（4）食入：给饮足量温水，禁止催吐；就医。

丙烯酸甲酯泄漏、燃爆事故

1. 遇水反应

不发生反应。

2. 泄漏处置

迅速撤离泄漏污染区人员至安全区，并进行隔离，严格限制出入。切断火源。建议应急处理人员戴自给正压式呼吸器，穿防静电工作服。尽可能切断泄漏源。防止进入下水道、排洪沟等限制性空间。小量泄漏：用活性炭或其他惰性材料吸收。也可以用大量水冲洗，洗水稀释后放入废水系统。大量泄漏：构筑围堤或挖坑收容。用泡沫覆盖，降低蒸气灾害。喷雾状水或泡沫冷却和稀释蒸气、保护现场人员。用防爆泵转移至槽车或专用收集器内，回收或运至废物处理场所处置。

3. 燃爆与消防

（1）灭火方法及灭火剂：

灭火方法：消防人员必须穿全身防火防毒服，在上风向灭火。遇大火，消防人员须在有防护掩蔽处操作。

灭火剂：抗溶性泡沫、二氧化碳、干粉、砂土。用水灭火无效。

（2）储罐或货车（拖车）着火：

1）尽可能远距离灭火或用遥控水枪或水炮灭火。

2）用大量水冷却盛有危险品的容器，直到火完全熄灭。

3）如果容器的安全阀发出响声或储罐变色，应迅速撤离。

4）切记远离被大火吞没的储罐。

5）对于燃烧剧烈的大火，使用遥控水枪或水炮远距离灭火；否则撤离火场并任其燃烧。

4. 燃烧爆炸危险

（1）危险性综述：本品易燃，具刺激性。

（2）燃爆特性：易燃，其蒸气与空气可形成爆炸性混合物（闪点 -3℃，开杯），遇明火、高热能引起燃烧爆炸。其蒸气比空气重，能在较低处扩散到相当远的地方，遇火源会着火回燃。

5. 燃爆温度及燃烧（分解）产物

引燃温度：468℃。

燃烧（分解）产物：一氧化碳、二氧化碳。

6. 禁止混储

储存形成不稳定的过氧化物。加热超过 21℃、光照和 / 或抑制剂浓度不足能引起爆炸性聚合。高温可引起储存容器爆炸。与强氧化剂剧烈反应。与强酸、碱、脂肪胺、链烷醇胺不相容。通常在环境温度低于 10℃的空气中储存。非钝化单体蒸气形成的固体聚合物可能堵塞通风口和狭窄的空间。

注：参考自《威利化学品禁忌手册》。

7. 隔离距离

泄漏：在泄漏区四周隔离至少 50m；大量泄漏，考虑首次向四周撤离 300m；

火灾：如果火场中怀疑装有炸弹或导弹等军火的槽车或拖车，应向四周隔离 800m；也可考虑首次就向四周撤离 800m。

8. 急救措施

（1）皮肤接触：立即脱去污染的衣着，用肥皂水及清水彻底冲洗。

（2）眼睛接触：立即提起眼睑，用流动清水或生理盐水彻底冲洗 15min；就医。

（3）吸入：迅速脱离现场至空气新鲜处。保持呼吸道通畅。如呼吸困难，给输氧。如呼吸停止，立即进行人工呼吸；就医。

（4）食入：用水漱口，给饮牛奶或蛋清，禁止催吐；就医。

2- 丁醇泄漏、燃爆事故

1. 遇水反应

不发生反应。

2. 泄漏处置

疏散泄漏污染区人员至安全区，禁止无关人员进入污染区，切断火源。建议应急处理人员戴好防毒面具，穿一般消防防护服。在确保安全情况下堵漏。喷水雾会减少蒸发，但不能降低泄漏物在受限制空间内的易燃性。小量泄漏：用活性炭或其他惰性材料吸收，然后收集运至废物处理场所处置。也可以用大量水冲洗，经稀释的洗水放入废水系统。大量泄漏：利用围堤收容，然后用防爆泵转移至槽车或专用收集器内，回收或运至废物处理场所处置。

3. 燃爆与消防

（1）灭火方法及灭火剂：

灭火方法：用水保持火场容器冷却。用水喷射逸出液体，使其稀释成不燃性混合物，并用雾状水保护消防人员。

灭火剂：泡沫、干粉、二氧化碳、雾状水、1211灭火剂、砂土、水泥粉。

（2）储罐或货车（拖车）着火：

1）尽可能远距离灭火或用遥控水枪或水炮灭火。

2）用大量水冷却盛有危险品的容器，直到火完全熄灭。

3）如果容器的安全阀发出响声或储罐变色，应迅速撤离。

4）切记远离被大火吞没的储罐。

5）对于燃烧剧烈的大火，使用遥控水枪或水炮远距离灭火；否则撤离火场并任其燃烧。

4. 燃烧爆炸危险

（1）危险性综述：本品易燃，具刺激性。

（2）燃爆特性：易燃，其蒸气与空气可形成爆炸性混合物（闪点24℃），遇明火、高热能引起燃烧爆炸。在火场中，受热的容器有爆炸危险。

5. 燃爆温度及燃烧（分解）产物

引燃温度：406℃。

燃烧（分解）产物：一氧化碳、二氧化碳。

6. 禁止混储

在空气中形成不稳定过氧化物。与强氧化剂类和三氧化铬发生剧烈反应，与碱土金属和碱金属发生剧烈反应，产生易燃氢气。与强酸类、强苛性碱类、脂肪胺类、异氰酸酯类、乙醛、过氧化苯甲酰、铬酸、氧化铬、二烷基锌、氧化二氯、氧化乙烯、次氯酸、氯甲酸异丙基酯、四氢铝锂、二氧化氮、五氟胍、五硫化磷、红橘油、三乙基铝和三异丁基铝不相容。浸蚀多种塑料和一些布品。

注：参考自《威利化学品禁忌手册》。

7. 隔离距离

泄漏：在泄漏区四周隔离至少50m；大量泄漏，考虑首次向四周撤离300m；

火灾：如果火场中怀疑装有炸弹或导弹等军火的槽车或拖车，应向四周隔离800m；也可考虑首次就向四周撤离800m。

8. 急救措施

（1）皮肤接触：立即脱去污染的衣着，用大量清水彻底冲洗；就医。

（2）眼睛接触：立即提起眼睑，用大量流动清水或生理盐水彻底冲洗至少

15min；就医。

（3）吸入：迅速脱离现场至空气新鲜处。保持呼吸道通畅。如呼吸困难，给输氧。如呼吸停止，立即进行人工呼吸；就医。

（4）食入：给饮大量温水，禁止催吐；就医。

2- 丁酮泄漏、燃爆事故

1. 遇水反应

不发生反应。

2. 泄漏处置

迅速撤离泄漏污染区人员至安全区，并进行隔离，严格限制出入。切断火源。建议应急处理人员戴自给正压式呼吸器，穿防静电工作服。尽可能切断泄漏源。防止进入下水道、排洪沟等限制性空间。小量泄漏：用砂土或其他不燃材料吸附或吸收。也可以用大量水冲洗，洗水稀释后放入废水系统。大量泄漏：构筑围堤或挖坑收容。用泡沫覆盖，降低蒸气灾害。用防爆泵转移至槽车或专用收集器内，回收或运至废物处理场所处置。

3. 燃爆与消防

（1）灭火方法及灭火剂：

灭火方法：消防人员须穿全身消防服，佩戴防毒面具，在上风向灭火。尽可能将容器从火场移至空旷处。喷水保持火场容器冷却，直至灭火结束。处在火场中的容器若已变色或从安全泄压装置中产生声音，必须马上撤离。

灭火剂：泡沫、干粉、二氧化碳、砂土、水泥粉。

（2）储罐或货车（拖车）着火：

1）尽可能远距离灭火或用遥控水枪或水炮灭火。

2）用大量水冷却盛有危险品的容器，直到火完全熄灭。

3）切勿对泄漏源或安全阀直接喷水，防止产生冰冻。

4）如果容器的安全阀发出响声或储罐变色，应迅速撤离。

5）切记远离被大火吞没的储罐。

6）对于燃烧剧烈的大火，使用遥控水枪或水炮远距离灭火；否则撤离火场并任其燃烧。

4. 燃烧爆炸危险

（1）危险性综述：本品易燃，具刺激性。

（2）燃爆特性：易燃，其蒸气与空气可形成爆炸性混合物（闪点 -6℃），遇明火、高热或与氧化剂接触，有引起燃烧爆炸的危险。其蒸气比空气重，能在较低处扩散到相当远的地方，遇火源会着火回燃。

5. 燃爆温度及燃烧（分解）产物

引燃温度：404℃。

燃烧（分解）产物：一氧化碳、二氧化碳。

6. 禁止混储

与强氧化剂、醛类、硝酸、高氯酸、叔丁基氧化钾、发烟硫酸发生剧烈反应。与无机酸、脂肪胺类、氨、苛性碱、异氰酸酯类、嘧啶、磺氯酸不相容。在储存时或与 2- 丙醇或过氧化氢接触时能够形成不稳定过氧化物。能浸蚀一些塑料。由于低导电性，流动或搅动会产生静电。

注：参考自《威利化学品禁忌手册》。

7. 隔离距离

泄漏：在泄漏区四周隔离至少 50m；大量泄漏，考虑首次向四周撤离 300m；

火灾：如果火场中怀疑装有炸弹或导弹等军火的槽车或拖车，应向四周隔离 800m；也可考虑首次就向四周撤离 800m。

8. 急救措施

（1）皮肤接触：脱去污染的衣着，立即用流动清水彻底冲洗。

（2）眼睛接触：提起眼睑，用流动清水冲洗；就医。

（3）吸入：迅速脱离现场至空气新鲜处。保持呼吸道通畅。如呼吸困难，给输氧。如呼吸停止，立即进行人工呼吸；就医。

（4）食入：给饮大量温水，禁止催吐；就医。

二环庚二烯泄漏、燃爆事故

1. 遇水反应

不发生反应。

2. 泄漏处置

迅速撤离泄漏污染区人员至安全区，并进行隔离，严格限制出入。切断火源。建议应急处理人员戴自给正压式呼吸器，穿防静电工作服。尽可能切断泄漏源。防止进入下水道、排洪沟等限制性空间。小量泄漏：用活性炭或其他惰性材料吸收。也可以用不燃性分散剂制成的乳液刷洗，洗液稀释后放入废水系统。大量泄漏：构筑围堤或挖坑收容。用泡沫覆盖，降低蒸气灾害。用泵转移至槽车或专用收集器内，然后回收或运至废物处理场所处置。

3. 燃爆与消防

（1）灭火方法及灭火剂：

灭火方法：消防人员须佩戴防毒面具，穿全身消防服，在上风向灭火。尽可能将容器从火场移至空旷处。喷水保持火场容器冷却，直至灭火结束。处在火场中的容器若已变色或从安全泄压装置中产生声音，必须马上撤离。

灭火剂：雾状水、泡沫、干粉、二氧化碳、砂土。

（2）储罐或货车（拖车）着火：

1）尽可能远距离灭火或用遥控水枪或水炮灭火。

2）用大量水冷却盛有危险品的容器，直到火完全熄灭。

3）如果容器的安全阀发出响声或储罐变色，应迅速撤离。

4）切记远离被大火吞没的储罐。

5）对于燃烧剧烈的大火，使用遥控水枪或水炮远距离灭火；否则撤离火场并任其燃烧。

4. 燃烧爆炸危险

（1）危险性综述：本品极度易燃，有毒，对环境有危害，对大气可造成污染。

（2）燃爆危险：其蒸气与空气可形成爆炸性混合物（闪点 -11℃），遇明火、高热极易燃烧爆炸。与氧化剂接触猛烈反应。若遇高热，容器内压增大，有开裂和爆炸的危险。

5. 燃爆温度及燃烧（分解）产物

自燃温度：350℃。

燃烧（分解）产物：一氧化碳、二氧化碳。

6. 禁止混储

温度升高时形成环庚三烯和其他异构体。与强氧化剂剧烈反应。可积累静电荷并点燃其蒸气。

注：参考自《威利化学品禁忌手册》。

7. 隔离距离

泄漏：在泄漏区四周隔离至少 50m；大量泄漏，考虑首次向四周撤离 300m；

火灾：如果火场中怀疑装有炸弹或导弹等军火的槽车或拖车，应向四周隔离 800m；也可考虑首次就向四周撤离 800m。

注：参考自《危险化学品应急救援指南》。

8. 急救措施

（1）皮肤接触：脱去污染的衣着，用肥皂水及清水彻底冲洗。

（2）眼睛接触：立即提起眼睑，用流动清水或生理盐水冲洗 15min；就医。

（3）吸入：迅速脱离现场至空气新鲜处。保持呼吸道通畅。如呼吸困难，给

输氧。如呼吸停止，立即进行人工呼吸；就医。

（4）食入：给饮大量温水，禁止催吐；就医。

二甲苯泄漏、燃爆事故

1. 遇水反应

不发生反应。

2. 泄漏处置

迅速撤离泄漏污染区人员至安全区，并进行隔离，严格限制出入。切断火源。建议应急处理人员戴自给正压式呼吸器，穿防毒服。尽可能切断泄漏源。防止泄漏物进入下水道、排洪沟等限制性空间。小量泄漏：用活性炭或其他惰性材料吸收。也可以用不燃性分散剂制成的乳液刷洗，洗液稀释后放入废水系统。大量泄漏：构筑围堤或挖坑收容。用泡沫覆盖，抑制蒸发。用防爆泵转移至槽车或专用收集器内，回收或运至废物处理场所处置。

3. 燃爆与消防

（1）灭火方法及灭火剂：

灭火方法：消防人员须穿全身消防服，佩戴防毒面具，在上风向灭火。尽可能将容器从火场移至空旷处。喷水保持火场容器冷却，直至灭火结束。

灭火剂：泡沫、二氧化碳、干粉、砂土、水泥粉。用水灭火无效。

（2）储罐或货车（拖车）着火：

1）尽可能远距离灭火或用遥控水枪或水炮灭火。

2）用大量水冷却盛有危险品的容器，直到火完全熄灭。

3）切勿对泄漏源或安全阀直接喷水，防止产生冰冻。

4）如果容器的安全阀发出响声或储罐变色，应迅速撤离。

5）切记远离被大火吞没的储罐。

6）对于燃烧剧烈的大火，使用遥控水枪或水炮远距离灭火；否则撤离火场并任其燃烧。

4. 燃烧爆炸危险

（1）危险性综述：本品易燃，具刺激性。

（2）燃爆特性：其蒸气与空气形成爆炸性混合物（闪点24℃），遇明火、高热能、引起燃烧爆炸。其蒸气比空气重，能在较低处扩散到相当远的地方，遇火源引着回燃。若遇高热，容器内压增大，有开裂和爆炸的危险。

5. 燃爆温度及燃烧（分解）产物

自燃温度：527℃。

燃烧（分解）产物：一氧化碳、二氧化碳。

6. 禁止混储

与强氧化剂类、1，3- 二氯 -5，5- 二甲基乙内酰脲、氟化铀接触可引发起火和爆炸。浸蚀橡胶、塑料和布。

注：参考自《威利化学品禁忌手册》。

7. 隔离距离

泄漏：在泄漏区四周隔离至少 50m；大量泄漏，考虑首次向四周撤离 300m；

火灾：如果火场中怀疑装有炸弹或导弹等军火的槽车或拖车，应向四周隔离 800m；也可考虑首次就向四周撤离 800m。

8. 急救措施

（1）皮肤接触：脱去污染的衣着，用肥皂水和清水彻底冲洗皮肤。

（2）眼睛接触：提起眼睑，用流动清水或生理盐水冲洗；就医。

（3）吸入：迅速脱离现场至空气新鲜处。保持呼吸道通畅。如呼吸困难，给输氧。如呼吸停止，立即进行人工呼吸；就医。

（4）食入：漱口、给饮大量温水，禁止催吐；就医。

1，1- 二甲基肼泄漏、燃爆事故

1. 遇水反应

不发生反应。

2. 泄漏处置

迅速撤离泄漏污染区人员至安全区，并立即进行隔离，严格限制出入。切断火源。建议应急处理人员戴自给正压式呼吸器，穿防毒服。不要直接接触泄漏物。尽可能切断泄漏源。防止进入下水道、排洪沟等限制性空间。小量泄漏：用砂土或其他不燃材料吸附或吸收。也可以用大量水冲洗，洗水稀释后放入废水系统。大量泄漏：构筑围堤或挖坑收容。然后收集、转移、回收或运至废物处理场所处置。

3. 燃爆与消防

（1）灭火方法及灭火剂：

灭火方法：消防人员必须佩戴过滤式防毒面具（全面罩）或隔离式呼吸器、穿全身防火防毒服，在上风向灭火。遇大火，消防人员须在有防护掩蔽处操作。

灭火剂：泡沫、二氧化碳、干粉、砂土、水泥粉。

（2）储罐或货车（拖车）着火：

1）尽可能远距离灭火或用遥控水枪或水炮灭火。

2）用大量水冷却盛有危险品的容器，直到火完全熄灭。

3）切勿对泄漏源或安全阀直接喷水，防止产生冰冻。

4）如果容器的安全阀发出响声或储罐变色，应迅速撤离。

5）切记远离被大火吞没的储罐。

6）对于燃烧剧烈的大火，使用遥控水枪或水炮远距离灭火；否则撤离火场并任其燃烧。

4. 燃烧爆炸危险

（1）危险性综述：本品易燃，为可疑致癌物，具刺激性，具致敏性。

（2）燃爆特性：易燃，其蒸气与空气可形成爆炸性混合物（闪点 -15℃），遇明火、高热极易燃烧爆炸。遇高热分解释出剧毒的气体。遇氧化剂及铝反应剧烈。

5. 燃爆温度及燃烧（分解）产物

引燃温度：249℃。

燃烧（分解）产物：一氧化碳、二氧化碳、氮氧化物（有毒）。

6. 禁止混储

一种强还原剂、有机碱；与强氧化剂（可能伴随自发点火）、强酸、亚甲基氯化物发生剧烈反应。与丙烯酸酯类、醛类、醇类、环氧烷烃类、己内酰胺溶液、酚类、有机酐、烯丙基取代类、环氧氯丙烷、二醇类、卤代化合物、异氰酸酯类、酮类、金属汞、苯酚类、乙酸乙烯酯不相容。由于低导电性，流动或搅动会产生静电。浸蚀一些塑料、橡胶和布品。

注：参考自《威利化学品禁忌手册》。

7. 隔离距离

泄漏：首次隔离距离至少 30m；考虑下风向撤离距离为 0.2km，夜晚为 1.1km；大量泄漏：首次隔离距离至少 90m；考虑下风向撤离距离白天为 1.0km，夜晚为 3.6km；

火灾：如果火场中有储罐、槽车、罐车时，应向四周隔离 800m；也可考虑首次就向四周撤离 800m。

8. 急救措施

（1）皮肤接触：立即脱去污染的衣着，用大量流动清水彻底冲洗。若有灼伤，立即就医。

（2）眼睛接触：立即提起眼睑，用流动清水或生理盐水冲洗 15min；就医。

（3）吸入：迅速脱离现场至空气新鲜处。保持呼吸道通畅。如呼吸困难，给输氧。如呼吸停止，立即进行人工呼吸；就医。

（4）食入：给用水漱口，给饮牛奶或蛋清，禁止催吐；就医。

2，2- 二甲基丁烷泄漏、燃爆事故

1. 遇水反应

不发生反应。

2. 泄漏处置

迅速撤离泄漏污染区人员至安全区，并进行隔离，严格限制出入。切断火源。建议应急处理人员戴自给正压式呼吸器，穿防静电工作服。尽可能切断泄漏源。防止进入下水道、排洪沟等限制性空间。小量泄漏：用砂土或其他不燃材料吸附或吸收。也可以用不燃性分散剂制成的乳液刷洗，洗液稀释后放入废水系统。大量泄漏：构筑围堤或挖坑收容。用泡沫覆盖，降低蒸气灾害。用防爆泵转移至槽车或专用收集器内，回收或运至废物处理场所处置。

3. 燃爆与消防

（1）灭火方法及灭火剂：

灭火方法：消防人员须穿全身消防服，佩戴防毒面具，在上风向灭火。喷水冷却容器，可能的话将容器从火场移至空旷处。处在火场中的容器若已变色或从安全泄压装置中产生声音，必须马上撤离。

灭火剂：1211 灭火剂、泡沫、干粉、二氧化碳、砂土、水泥粉。用水灭火无效。

（2）储罐或货车（拖车）着火：

1）尽可能远距离灭火或用遥控水枪或水炮灭火。

2）用大量水冷却盛有危险品的容器，直到火完全熄灭。

3）如果容器的安全阀发出响声或储罐变色，应迅速撤离。

4）切记远离被大火吞没的储罐。

5）对于燃烧剧烈的大火，使用遥控水枪或水炮远距离灭火；否则撤离火场并任其燃烧。

4. 燃烧爆炸危险

（1）危险性综述：本品极度易燃，具刺激性。

（2）燃爆危险：极易燃，其蒸气与空气可形成爆炸性混合物（闪点 -48℃），遇明火、高热极易燃烧爆炸。在火场中，受热的容器有爆炸危险。

5. 燃爆温度及燃烧（分解）产物

引燃温度：405℃。

燃烧（分解）产物：一氧化碳、二氧化碳。

6. 禁止混储

与强氧化剂类发生剧烈反应。

7. 隔离距离

泄漏：在泄漏区四周隔离至少 50m；大量泄漏，考虑首次向四周撤离 300m；

火灾：如果火场中怀疑装有炸弹或导弹等军火的槽车或拖车，应向四周隔离 800m；也可考虑首次就向四周撤离 800m。

8. 急救措施

（1）皮肤接触：立即脱去污染的衣着，用大量清水彻底冲洗；就医。

（2）眼睛接触：立即提起眼睑，用大量流动清水或生理盐水彻底冲洗；就医。

（3）吸入：迅速脱离现场至空气新鲜处。保持呼吸道通畅。如呼吸困难，给输氧。如呼吸停止，立即进行人工呼吸；就医。

（4）食入：给饮大量温水，禁止催吐；就医。

2，2- 二甲基戊烷泄漏、燃爆事故

1. 遇水反应

不发生反应。

2. 泄漏处置

切断火源。应急处理人员戴自给式呼吸器，穿一般消防防护服。在确保安全情况下堵漏。禁止泄漏物进入受限制的空间（如下水道等），以避免发生爆炸。喷水雾可减少蒸发。在保证安全情况下，就地焚烧。也可以用不燃性分散剂制成的乳液刷洗，经稀释的洗液放入废水系统。如大量泄漏，利用围堤收容，撒湿冰或冰水冷却，然后收集、转移、回收或无害处理后废弃。

3. 燃爆与消防

（1）灭火方法及灭火剂：

灭火方法：消防人员须穿全身消防服，佩戴防毒面具，在上风向灭火。喷水冷却容器，可能的话将容器从火场移至空旷处。处在火场中的容器若已变色或从安全泄压装置中产生声音，必须马上撤离。

灭火剂：抗溶性泡沫、二氧化碳、干粉、砂土、水泥粉。用水灭火无效。

（2）储罐或货车（拖车）着火：

1）尽可能远距离灭火或用遥控水枪或水炮灭火。

2）用大量水冷却盛有危险品的容器，直到火完全熄灭。

3）如果容器的安全阀发出响声或储罐变色，应迅速撤离。

4）切记远离被大火吞没的储罐。

5）对于燃烧剧烈的大火，使用遥控水枪或水炮远距离灭火；否则撤离火场并任其燃烧。

4. 燃烧爆炸危险

（1）危险性综述：本品易燃，对环境有危害，对水体、土壤和大气可造成污染。

（2）燃爆特性：其蒸气与空气可形成爆炸性混合物，（闪点：–9.44℃）遇热源和明火有燃烧爆炸的危险。与氧化剂接触发生化学反应或引起燃烧。在火场中，受热的容器有爆炸危险。

5. 燃爆温度及燃烧（分解）产物

自燃温度：337℃。

燃烧（分解）产物：一氧化碳、二氧化碳。

6. 禁止混储

与强氧化剂、强酸发生反应。

7. 隔离距离

泄漏：在泄漏区四周隔离至少50m；大量泄漏，考虑首次向四周撤离300m；

火灾：如果火场中怀疑装有炸弹或导弹等军火的槽车或拖车，应向四周隔离800m；也可考虑首次就向四周撤离800m。

8. 急救措施

（1）皮肤接触：立即脱去污染的衣着，用大量清水彻底冲洗至少15min；就医。

（2）眼睛接触：立即提起眼睑，用大量流动清水或生理盐水彻底冲洗至少15min；就医。

（3）吸入：迅速脱离现场至空气新鲜处。保持呼吸道通畅。如呼吸困难，给输氧。如呼吸停止，立即进行人工呼吸；就医。

（4）食入：立即用水漱口，给饮足量温水，禁止催吐；就医。

N，*N*–二甲基异丙醇胺泄漏、燃爆事故

1. 遇水反应

不发生反应。

2. 泄漏处置

疏散泄漏污染区人员至安全区，禁止无关人员进入污染区，切断火源。应急处理人员戴自给式呼吸器，穿化学防护服。不要直接接触泄漏物，在确保安全情况下堵漏。喷水雾可减少蒸发。小量泄漏：用砂土、蛭石或其他惰性材料吸收，

然后收集于密闭容器中做好标记，等待处理。也可以用大量水冲洗，经稀释的洗液放入废水系统。大量泄漏：利用围堤收容，然后收集、转移、回收或无害处理后废弃。

3. 燃爆与消防

（1）灭火方法及灭火剂：

灭火方法：消防人员须穿全身消防服，佩戴防毒面具，在上风向灭火。喷水保持火场容器冷却，直至灭火结束。尽可能将容器从火场移至空旷处。

灭火剂：雾状水、抗溶性泡沫、二氧化碳、干粉、砂土、水泥粉。

（2）储罐或货车（拖车）着火：

1）尽可能远距离灭火或用遥控水枪或水炮灭火。

2）用大量水冷却盛有危险品的容器，直到火完全熄灭。

3）如果容器的安全阀发出响声或储罐变色，应迅速撤离。

4）切记远离被大火吞没的储罐。

5）对于燃烧剧烈的大火，使用遥控水枪或水炮远距离灭火；否则撤离火场并任其燃烧。

4. 燃烧爆炸危险

（1）危险性综述：本品易燃，具强刺激性。闪点：40.5℃。

（2）燃爆特性：易燃，遇高热、明火有引起燃烧的危险。受高热分解放出有毒的气体。

5. 燃爆温度及燃烧（分解）产物

自燃温度：295℃。

燃烧（分解）产物：一氧化碳、二氧化碳、氮氧化物（有毒）。

6. 禁止混储

与强氧化剂、酸类发生反应。

7. 隔离距离

泄漏：在泄漏区四周隔离至少 50m；大量泄漏，考虑首次向四周撤离 300m；

火灾：如果火场中怀疑装有炸弹或导弹等军火的槽车或拖车，应向四周隔离 800m；也可考虑首次就向四周撤离 800m。

8. 急救措施

（1）皮肤接触：脱去污染的衣着，用大量流动清水彻底冲洗。

（2）眼睛接触：立即提起眼睑，用流动清水或生理盐水冲洗 15min；就医。

（3）吸入：迅速脱离现场至空气新鲜处。保持呼吸道通畅。如呼吸困难，给输氧。如呼吸停止，立即进行人工呼吸；就医。

（4）食入：用水漱口，给饮牛奶或蛋清，禁止催吐；就医。

1，1-二甲氧基乙烷泄漏、燃爆事故

1. 遇水反应

不发生反应。

2. 泄漏处置

迅速撤离泄漏污染区人员至安全区，并进行隔离，严格限制出入。切断火源。建议应急处理人员戴自给正压式呼吸器，穿防静电工作服。尽可能切断泄漏源。防止进入下水道、排洪沟等限制性空间。小量泄漏：用砂土、干燥石灰或苏打灰混合。也可以用大量水冲洗，洗水稀释后放入废水系统。大量泄漏：构筑围堤或挖坑收容。用泡沫覆盖，降低蒸气灾害。用泵转移至槽车或专用收集器内，回收或运至废物处理场所处置。

3. 燃爆与消防

（1）灭火方法及灭火剂：

灭火方法：消防人员须穿全身消防服，佩戴防毒面具，在上风向灭火。尽可能将容器从火场移至空旷处。喷水保持火场容器冷却，直至灭火结束。处在火场中的容器若已变色或从安全泄压装置中产生声音，必须马上撤离。

灭火剂：泡沫、二氧化碳、干粉、砂土、水泥粉。用水灭火无效。

（2）储罐或货车（拖车）着火：

1）尽可能远距离灭火或用遥控水枪或水炮灭火。

2）用大量水冷却盛有危险品的容器，直到火完全熄灭。

3）如果容器的安全阀发出响声或储罐变色，应迅速撤离。

4）切记远离被大火吞没的储罐。

5）对于燃烧剧烈的大火，使用遥控水枪或水炮远距离灭火；否则撤离火场并任其燃烧。

4. 燃烧爆炸危险

（1）危险性综述：本品易燃，具刺激性。

（2）燃爆危险：其蒸气与空气可形成爆炸性混合物（闪点0℃），遇明火、高热极易燃烧爆炸。接触空气或在光照条件下可生成具有潜在爆炸危险性的过氧化物。其蒸气比空气重，能在较低处扩散到相当远的地方，遇火源会着火回燃。若遇高热，容器内压增大，有开裂和爆炸的危险。

5. 燃爆温度及燃烧（分解）产物

自燃温度：202℃。

燃烧（分解）产物：一氧化碳、二氧化碳。

6. 禁止混储

可形成不稳定过氧化物。与强氧化剂类发生剧烈反应；与脂肪胺类、酰胺类、硫酸、硝酸、腐蚀剂、异氰酸酯类不相容。由于低导电性，流动或搅动会产生静电。

注：参考自《威利化学品禁忌手册》。

7. 隔离距离

泄漏：作为紧急预防措施，应在泄漏区四周隔离至少 50m；大量泄漏，考虑首次向四周撤离 300m；

火灾：如果火场中怀疑装有炸弹或导弹等军火的槽车或拖车，应向四周隔离 800m；也可考虑首次就向四周撤离 800m。

8. 急救措施

（1）皮肤接触：脱去污染的衣着，用大量流动清水彻底冲洗。

（2）眼睛接触：立即提起眼睑，用流动清水或生理盐水冲洗 15min；就医。

（3）吸入：迅速脱离现场至空气新鲜处。保持呼吸道通畅。如呼吸困难，给输氧。如呼吸停止，立即进行人工呼吸；就医。

（4）食入：给饮大量温水，禁止催吐；就医。

二聚环戊二烯泄漏、燃爆事故

1. 遇水反应

不发生反应。

2. 泄漏处置

隔离泄漏污染区，限制出入。切断火源。建议应急处理人员戴防尘面具（全面罩），穿防毒服。用洁净的铲子收集于干燥、洁净、有盖的容器中。若大量泄漏，收集回收或运至废物处理场所处置。

3. 燃爆与消防

（1）灭火方法及灭火剂：

灭火方法：消防人员须佩戴防毒面具、穿全身消防服，在上风向灭火。

灭火剂：泡沫、二氧化碳、干粉、砂土、水泥粉。

（2）储罐或货车（拖车）着火：

1）尽可能远距离灭火或用遥控水枪或水炮灭火。

2）用大量水冷却盛有危险品的容器，直到火完全熄灭。

3）如果容器的安全阀发出响声或储罐变色，应迅速撤离。

4）切记远离被大火吞没的储罐。

5）对于燃烧剧烈的大火，使用遥控水枪或水炮远距离灭火；否则撤离火场并任其燃烧。

4. 燃烧爆炸危险

（1）危险性综述：本品易燃，有毒，具刺激性。

（2）燃爆特性：其蒸气与空气可形成爆炸性混合物（闪点32.22℃），遇明火、高热能引起燃烧爆炸。

5. 燃爆温度及燃烧（分解）产物

引燃温度：503℃。

燃烧（分解）产物：一氧化碳、二氧化碳。

6. 禁止混储

与强氧化剂类发生剧烈反应，形成过氧化物。若不进行抑制，可发生聚合。在170℃以上发生分解；由于低导电性，流动或搅动会产生静电。

注：参考自《威利化学品禁忌手册》。

7. 隔离距离

泄漏：在泄漏区四周隔离至少50m；大量泄漏，考虑首次向四周撤离300m；

火灾：如果火场中怀疑装有炸弹或导弹等军火的槽车或拖车，应向四周隔离800m；也可考虑首次就向四周撤离800m。

8. 急救措施

（1）皮肤接触：立即脱去污染的衣着，用大量流动清水彻底冲洗。

（2）眼睛接触：立即提起眼睑，用流动清水或生理盐水冲洗；就医。

（3）吸入：迅速脱离现场至空气新鲜处。保持呼吸道通畅。如呼吸困难，给输氧。如呼吸停止，立即进行人工呼吸；就医。

（4）食入：给饮足量温水，禁止催吐；就医。

二硫化碳泄漏、燃爆事故

1. 遇水反应

不发生反应。

2. 泄漏处置

疏散泄漏污染区人员至安全区，禁止无关人员进入污染区，切断火源。建议应急处理人员不要直接接触泄漏物，在确保安全情况下堵漏。喷水雾会减少蒸发，但不能降低泄漏物在受限制空间内的易燃性。用砂土、蛭石或其他惰性材料吸收，然后收集运至废物处理场所处置。如大量泄漏，利用围堤收容，然后收集、转移、回收或无害处理后废弃。

3. 燃爆与消防

（1）灭火方法及灭火剂：

灭火方法：消防人员须穿全身防火防毒服，佩戴空气呼吸器，在上风向灭火。喷水冷却容器，可能的话将容器从火场移至空旷处。处在火场中的容器若已变色或从安全泄压装置中产生声音，必须马上撤离。

灭火剂：小火，可用雾状水、二氧化碳、干粉、砂土、水泥粉；大火，可用雾状水。

（2）储罐或货车（拖车）着火：

1）尽可能远距离灭火或用遥控水枪或水炮灭火。

2）用大量水冷却盛有危险品的容器，直到火完全熄灭。

3）如果容器的安全阀发出响声或储罐变色，应迅速撤离。

4）切记远离被大火吞没的储罐。

5）对于燃烧剧烈的大火，使用遥控水枪或水炮远距离灭火；否则撤离火场并任其燃烧。

4. 燃烧爆炸危险

（1）危险性综述：本品极度易燃，具刺激性。

（2）燃爆危险：极易燃，其蒸气能与空气形成范围广阔的爆炸性混合物（闪点 -30℃）。接触热、火星、火焰或氧化剂易燃烧爆炸。受热分解产生有毒的硫化物烟气。与铝、锌、钾、氟、氯、叠氮化物等反应剧烈，有燃烧爆炸危险。高速冲击、流动、激荡后可因产生静电火花放电引起燃烧爆炸。其蒸气比空气重，能在较低处扩散到相当远的地方，遇火源会着火回燃。

5. 燃爆温度及燃烧（分解）产物

引燃温度：90℃。

燃烧（分解）产物：一氧化碳、二氧化碳、硫氧化物（有毒）。

6. 禁止混储

具有高反应性。振动、摩擦或震荡能引发其爆炸性分解。与空气或热表面接触，可自动点燃，释放有毒二氧化硫烟雾。与金属氧化物接触能降低点火点。其蒸气可能引发屑状铝、二氯化氧、氟、氯、磷氧氯化物点火或爆炸。与钾、钾叠氮化物、钾 / 钠合金形成冲击敏感的爆炸。与强氧化剂发生剧烈反应或点火，释放氧化硫和一氧化碳、还原剂、碱金属、氧化氮。与脂肪胺类、链烷醇胺、铝、叠氮化物、一氧化碳、一氧化氯、亚乙基二胺、卤素、锂叠氮化物、氧化氮、二氧化氮、有机胺、锌不相容。侵蚀一些塑料、橡胶和布品。可侵蚀铜和铜合金。由于低导电性，流动或搅动会产生静电。

注：参考自《威利化学品禁忌手册》。

7. 隔离距离

泄漏：在泄漏区四周隔离至少 50m；大量泄漏，考虑首次向四周撤离 300m；

火灾：如果火场中怀疑装有炸弹或导弹等军火的槽车或拖车，应向四周隔离 800m；也可考虑首次就向四周撤离 800m。

8. 急救措施

（1）皮肤接触：脱去污染的衣着，用肥皂水及清水彻底冲洗。

（2）眼睛接触：立即提起眼睑，用大量流动清水彻底冲洗；就医。

（3）吸入：迅速脱离现场至空气新鲜处。保持呼吸道通畅。如呼吸困难，给输氧。如呼吸停止，立即进行人工呼吸；就医。

（4）食入：充分漱口、饮水，洗胃；就医。

1，2- 二氯丙烷泄漏、燃爆事故

1. 遇水反应

不发生反应。

2. 泄漏处置

疏散泄漏污染区人员至安全区，禁止无关人员进入污染区，切断火源。建议应急处理人员戴自给式呼吸器，穿一般消防防护服。在确保安全情况下堵漏；喷水雾会减少蒸发，但不能降低泄漏物在受限制空间内的易燃性。用砂土或其他不燃性吸附剂混合吸收，然后收集运至废物处理场所处置。也可以用不燃性分散剂制成的乳液刷洗，经稀释的洗水放入废水系统。如大量泄漏，利用围堤收容，然后收集、转移、回收或无害处理后废弃。

3. 燃爆与消防

（1）灭火方法及灭火剂：

灭火方法：消防人员须佩戴防毒面具、穿全身消防服，在上风向灭火。尽可能将容器从火场移至空旷处。喷水保持火场容器冷却，直至灭火结束。处在火场中的容器若已变色或从安全泄压装置中产生声音，必须马上撤离。

灭火剂：雾状水、泡沫、干粉、二氧化碳、砂土、水泥粉。用水灭火无效。

（2）储罐或货车（拖车）着火：

1）尽可能将容器从火场移至空旷处，尽可能远距离灭火或用遥控水枪或水炮灭火。

2）用大量水冷却盛有危险品的容器，直到火完全熄灭。

3）如果容器的安全阀发出响声或储罐变色，应迅速撤离。

4）切记远离被大火吞没的储罐。

5）对于燃烧剧烈的大火，使用遥控水枪或水炮远距离灭火；否则撤离火场并任其燃烧。

4. 燃烧爆炸危险

（1）危险性综述：本品易燃，具刺激性，对环境有危害，对大气臭氧层有极强破坏力。

（2）燃爆特性：其蒸气与空气可形成爆炸性混合物（闪点30℃），遇明火、高热极易燃烧爆炸。受高热分解产生有毒的氯化物气体。其蒸气比空气重，能在较低处扩散到相当远的地方，遇火源会着火回燃。若遇高热，容器内压增大，有开裂和爆炸的危险。

5. 燃爆温度及燃烧（分解）产物

引燃温度：557.22℃。

燃烧（分解）产物：一氧化碳、二氧化碳、氯化氢（有毒）、光气（有毒）。

6. 禁止混储

与强氧化剂剧烈反应。与铝和其他轻金属起反应，形成爆炸性的叠氮化物。强酸能引起分解，产生氯化氢蒸气。浸蚀某些塑料、棉织品和橡胶。由于低导电性，流动或搅动会产生静电。

注：参考自《威利化学品禁忌手册》。

7. 隔离距离

泄漏：在泄漏区四周隔离至少50m；大量泄漏，考虑首次向四周撤离300m；

火灾：如果火场中怀疑装有炸弹或导弹等军火的槽车或拖车，应向四周隔离800m；也可考虑首次就向四周撤离800m。

8. 急救措施

（1）皮肤接触：立即脱去污染的衣着，用肥皂水及清水彻底冲洗。

（2）眼睛接触：立即提起眼睑，用流动清水或生理盐水冲洗；就医。

（3）吸入：迅速脱离现场至空气新鲜处。保持呼吸道通畅。如呼吸困难，给输氧。如呼吸停止，立即进行人工呼吸；就医。

（4）食入：给饮大量温水，禁止催吐，洗胃；就医。

1，3–二氯丙烷泄漏、燃爆事故

1. 遇水反应

不发生反应。

2. 泄漏处置

迅速撤离泄漏污染区人员至安全区，并进行隔离，严格限制出入。切断火源。建议应急处理人员戴自给正压式呼吸器，穿防毒服。尽可能切断泄漏源。防止进入下水道、排洪沟等限制性空间。小量泄漏：用砂土或其他不燃材料吸附或吸收。也可以用大量水冲洗，洗水稀释后放入废水系统。大量泄漏：构筑围堤或挖坑收容。用泡沫覆盖，降低蒸气灾害。用防爆泵转移至槽车或专用收集器内，回收或运至废物处理场所处置。

3. 燃爆与消防

（1）灭火方法及灭火剂：

灭火方法：消防人员须穿全身防火防毒服，佩戴空气呼吸器，在上风向灭火。尽可能将容器从火场移至空旷处。喷水保持火场容器冷却，直至灭火结束。

灭火剂：雾状水、泡沫、二氧化碳、干粉、砂土、水泥粉。

（2）储罐或货车（拖车）着火：

1）尽可能远距离灭火或用遥控水枪或水炮灭火。

2）用大量水冷却盛有危险品的容器，直到火完全熄灭。

3）如果容器的安全阀发出响声或储罐变色，应迅速撤离。

4）切记远离被大火吞没的储罐。

5）对于燃烧剧烈的大火，使用遥控水枪或水炮远距离灭火；否则撤离火场并任其燃烧。

4. 燃烧爆炸危险

（1）危险性综述：本品易燃，具刺激性，对环境有危害，对水体可造成污染。

（2）燃爆特性：与空气混合形成爆炸性混合体（闪点16℃，开杯），遇明火、高热易燃。受热分解能放出剧毒的光气。

5. 燃爆温度及燃烧（分解）产物

自燃温度：480℃。

燃烧（分解）产物：一氧化碳、二氧化碳、氯化氢（有毒）、光气（有毒）。

6. 禁止混储

与酸或酸性烟雾接触生成高毒的氯化物烟雾。与强氧化剂类、轻金属不相容。浸蚀一些塑料、布品和橡胶。由于低导电性，流动或搅动会产生静电，可使奥氏体不锈钢发生点蚀和应力腐蚀。

注：参考自《威利化学品禁忌手册》。

7. 隔离距离

泄漏：在泄漏区四周隔离至少 50m；大量泄漏，考虑首次向四周撤离 300m；

火灾：如果火场中怀疑装有炸弹或导弹等军火的槽车或拖车，应向四周隔离 800m；也可考虑首次就向四周撤离 800m。

8. 急救措施

（1）皮肤接触：立即脱去污染的衣着，用流动清水彻底冲洗；就医。

（2）眼睛接触：立即提起眼睑，用流动清水或生理盐水冲洗；就医。

（3）吸入：迅速脱离现场至空气新鲜处。保持呼吸道通畅。如呼吸困难，给输氧。如呼吸停止，立即进行人工呼吸；就医。

（4）食入：给饮大量温水，催吐；就医。

顺 –1,2– 二氯乙烯泄漏、燃爆事故

1. 遇水反应

不发生反应。

2. 泄漏处置

迅速撤离泄漏污染区人员至安全区，并进行隔离，严格限制出入。切断火源。建议应急处理人员戴自给正压式呼吸器，穿防静电工作服。从上风处进入现场。尽可能切断泄漏源。防止进入下水道、排洪沟等限制性空间。小量泄漏：用砂土或其他不燃材料吸附或吸收。也可以用不燃性分散剂制成的乳液刷洗，洗液稀释后放入废水系统。大量泄漏：构筑围堤或挖坑收容。用泡沫覆盖，抑制蒸发。用防爆泵转移至槽车或专用收集器内，回收或运至废物处理场所处置。

3. 燃爆与消防

（1）灭火方法及灭火剂：

灭火方法：消防人员须佩戴防毒面具，穿全身防消防服，在上风向灭火。尽可能将容器从火场移至空旷处。喷水保持火场容器冷却，直至灭火结束。处在火场中的容器若已变色或从安全泄压装置中产生声音，必须马上撤离。

灭火剂：小火，雾状水、泡沫、干粉、二氧化碳、砂土、水泥粉；大火，雾状水。

用水灭火无效。

（2）储罐或货车（拖车）着火：

1）尽可能远距离灭火或用遥控水枪或水炮灭火。

2）用大量水冷却盛有危险品的容器，直到火完全熄灭。

3）如果容器的安全阀发出响声或储罐变色，应迅速撤离。

4）切记远离被大火吞没的储罐。

5）对于燃烧剧烈的大火，使用遥控水枪或水炮远距离灭火；否则撤离火场并任其燃烧。

4. 燃烧爆炸危险

（1）危险性综述：本品易燃，具刺激性。在空气中受热分解释出剧毒的光气和氯化氢气体。

（2）燃爆特性：易燃，其蒸气与空气可形成爆炸性混合物（闪点2℃），遇明火、高热能引起燃烧爆炸。与铜及其合金有可能生成具有爆炸性的氯乙炔。

5. 燃爆温度及燃烧（分解）产物

引燃温度：460℃。

燃烧（分解）产物：一氧化碳、二氧化碳、氯化氢（有毒）、光气（有毒）。

6. 禁止混储

在空气中能形成不稳定的过氧化物。若不进行抑制，能引发聚合；过氧化物、强烈日照、高温或与氧化剂接触能引发聚合。与强碱、碱金属、铝、二氟亚甲基、二氢氟化物、二氧化氮（爆炸性）不相容。浸蚀铁、铝、塑料和布品。

注：参考自《威利化学品禁忌手册》。

7. 隔离距离

泄漏：在泄漏区四周隔离至少50m；大量泄漏，考虑首次向四周撤离300m；

火灾：如果火场中怀疑装有炸弹或导弹等军火的槽车或拖车，应向四周隔离800m；也可考虑首次就向四周撤离800m。

8. 急救措施

（1）皮肤接触：立即脱去污染的衣着，用大量清水彻底冲洗至少15min；就医。

（2）眼睛接触：立即提起眼睑，用大量流动清水或生理盐水彻底冲洗至少15min；就医。

（3）吸入：迅速脱离现场至空气新鲜处。保持呼吸道通畅。如呼吸困难，给输氧。如呼吸停止，立即进行人工呼吸；就医。

（4）食入：给饮大量温水，禁止催吐；就医。

二噁烷泄漏、燃爆事故

1. 遇水反应

不发生反应。

2. 泄漏处置

疏散泄漏污染区人员至安全区，禁止无关人员进入污染区，切断火源。建议应急处理人员戴自给式呼吸器，穿一般消防防护服。在确保安全情况下堵漏。喷水雾会减少蒸发，但不能降低泄漏物在受限制空间内的易燃性。用活性炭或其他惰性材料吸收，收集运至废物处理场所处置。也可以用大量水冲洗，经稀释的洗水放入废水系统。如大量泄漏，利用围堤收容，然后收集、转移、回收或无害处理后废弃。

3. 燃爆与消防

（1）灭火方法及灭火剂：消防人员须穿全身消防服，佩戴防毒面具，在上风向灭火。尽可能将容器从火场移至空旷处。喷水保持火场容器冷却，直至灭火结束。处在火场中的容器若已变色或从安全泄压装置中产生声音，必须马上撤离。

灭火剂：抗溶性泡沫、1211 灭火剂、干粉、砂土。用水灭火无效。

（2）储罐或货车（拖车）着火：

1）尽可能远距离灭火或用遥控水枪或水炮灭火。

2）用大量水冷却盛有危险品的容器，直到火完全熄灭。

3）如果容器的安全阀发出响声或储罐变色，应迅速撤离。

4）切记远离被大火吞没的储罐。

5）对于燃烧剧烈的大火，使用遥控水枪或水炮远距离灭火；否则撤离火场并任其燃烧。

4. 燃烧爆炸危险

（1）危险性综述：本品易燃，具刺激性。

（2）燃爆特性：易燃，其蒸气与空气可形成爆炸性混合物（闪点 12℃），遇明火、高热或与氧化剂接触，有引起燃烧爆炸的危险。接触空气或在光照条件下可生成具有潜在爆炸危险性的过氧化物。

5. 燃爆温度及燃烧（分解）产物

引燃温度：180℃。

燃烧（分解）产物：一氧化碳、二氧化碳。

6. 禁止混储

暴露在空气中或潮湿条件下形成不稳定过氧化物；在热、摩擦、撞击作用下，过氧化物能引爆；与高氯酸银、三氧化硫、强氧化剂、强酸发生剧烈反应；与脂肪胺类、酰胺类、腐蚀剂、异氰酸酯类、镍催化剂、癸硼烷、三乙基铝不相容。由于低导电性，流动或搅动会产生静电。浸蚀多种塑料。

注：参考自《威利化学品禁忌手册》。

7. 隔离距离

泄漏：在泄漏区四周隔离至少50m；大量泄漏，考虑首次向四周撤离300m；

火灾：如果火场中怀疑装有炸弹或导弹等军火的槽车或拖车，应向四周隔离800m；也可考虑首次就向四周撤离800m。

8. 急救措施

（1）皮肤接触：立即脱去污染的衣着，用肥皂水与清水彻底冲洗至少15min；就医。

（2）眼睛接触：立即提起眼睑，用大量流动清水或生理盐水彻底冲洗至少15min；就医。

（3）吸入：迅速脱离现场至空气新鲜处。保持呼吸道通畅。如呼吸困难，给输氧。如呼吸停止，立即进行人工呼吸；就医。

（4）食入：给饮大量温水，禁止催吐；就医。

二烯丙基醚泄漏、燃爆事故

1. 遇水反应

不发生反应。

2. 泄漏处置

迅速撤离泄漏污染区人员至安全区，并进行隔离，严格限制出入。切断火源。建议应急处理人员戴自给正压式呼吸器，穿防静电工作服。尽可能切断泄漏源。防止进入下水道、排洪沟等限制性空间。小量泄漏：用砂土、干燥石灰或苏打灰混合。也可以用不燃性分散剂制成的乳液刷洗，洗液稀释后放入废水系统。大量泄漏：构筑围堤或挖坑收容。用泵转移至槽车或专用收集器内，回收或运至废物处理场所处置。

3. 燃爆与消防

（1）灭火方法及灭火剂：

灭火方法：消防人员须佩戴防毒面具、穿全身消防服，在上风向灭火。尽可能将容器从火场移至空旷处。喷水保持火场容器冷却，直至灭火结束。处在火场中的容器若已变色或从安全泄压装置中产生声音，必须马上撤离。

灭火剂：泡沫、干粉、二氧化碳、砂土、水泥粉。

（2）储罐或货车（拖车）着火：

1）尽可能远距离灭火或用遥控水枪或水炮灭火。

2）用大量水冷却盛有危险品的容器，直到火完全熄灭。

3）如果容器的安全阀发出响声或储罐变色，应迅速撤离。

4）切记远离被大火吞没的储罐。

5）对于燃烧剧烈的大火，使用遥控水枪或水炮远距离灭火；否则撤离火场并任其燃烧。

4. 燃烧爆炸危险

（1）危险性综述：本品易燃，有毒，具刺激性。

（2）燃爆特性：其蒸气与空气形成爆炸性混合物（闪点 -7℃，开杯），遇明火、高热能引起燃烧爆炸。接触空气或在光照条件下可生成具有潜在爆炸危险性的过氧化物。其蒸气比空气重，能在较低处扩散到相当远的地方，遇火源引着回燃。若遇高热，可能发生聚合反应，出现大量放热现象，引起容器破裂和爆炸事故。

5. 燃爆温度及燃烧（分解）产物

燃烧（分解）产物：过氧化物。

6. 禁止混储

与空气形成爆炸性的过氧化物。与强氧化剂类、强酸类发生剧烈反应。由于低导电性，流动或搅动会产生静电。

注：参考自《威利化学品禁忌手册》。

7. 隔离距离

泄漏：在泄漏区四周隔离至少 50m；大量泄漏，考虑首次向四周撤离 300m；

火灾：如果火场中怀疑装有炸弹或导弹等军火的槽车或拖车，应向四周隔离 800m；也可考虑首次就向四周撤离 800m。

注：参考自《危险化学品应急救援指南》。

8. 急救措施

（1）皮肤接触：脱去污染的衣着，立即用流动清水彻底冲洗。

（2）眼睛接触：提起眼睑，用流动清水冲洗 15min；就医。

（3）吸入：迅速脱离现场至空气新鲜处。保持呼吸道通畅。如呼吸困难，给输氧。如呼吸停止，立即进行人工呼吸；就医。

（4）食入：给饮大量温水，禁止催吐；就医。

二异丁基甲酮泄漏、燃爆事故

1. 遇水反应

不发生反应。

2. 泄漏处置

疏散泄漏污染区人员至安全区，禁止无关人员进入污染区，切断火源。建议应急处理人员戴好防毒面具，穿一般消防防护服。在确保安全情况下堵漏。喷水雾会减少蒸发，但不能降低泄漏物在受限制空间内的易燃性。小量泄漏：用砂土或其他不燃性吸附剂混合吸收，收集运至废物处理场所处置。也可以用不燃性分散剂制成的乳液刷洗，经稀释的洗水放入废水系统。大量泄漏：利用围堤收容，然后收集、转移、回收或无害处理后废弃。

3. 燃爆与消防

（1）灭火方法及灭火剂：

灭火方法：消防人员须穿全身消防服，佩戴防毒面具，在上风向灭火。尽可能将容器从火场移至空旷处。喷水保持火场容器冷却，直至灭火结束。处在火场中的容器若已变色或从安全泄压装置中产生声音，必须马上撤离。

灭火剂：泡沫、二氧化碳、干粉、砂土、水泥粉。用水灭火无效。

（2）储罐或货车（拖车）着火：

1）尽可能远距离灭火或用遥控水枪或水炮灭火。

2）用大量水冷却盛有危险品的容器，直到火完全熄灭。

3）如果容器的安全阀发出响声或储罐变色，应迅速撤离。

4）切记远离被大火吞没的储罐。

5）对于燃烧剧烈的大火，使用遥控水枪或水炮远距离灭火；否则撤离火场并任其燃烧。

4. 燃烧爆炸危险

（1）危险性综述：本品易燃，对环境有危害，对大气可造成污染。

（2）燃爆特性：其蒸气与空气可形成爆炸性混合物（闪点 49℃），遇明火、高热能引起燃烧爆炸。其蒸气比空气重，能在较低处扩散到相当远的地方，遇火源会着火回燃。若遇高热，容器内压增大，有开裂和爆炸的危险。

5. 燃爆温度及燃烧（分解）产物

引燃温度：396℃。

燃烧（分解）产物：一氧化碳、二氧化碳。

6. 禁止混储

与强酸、脂肪胺类、强氧化剂不相容。由于低导电性，流动或搅动会产生静电。浸蚀一些塑料、布品和橡胶。

注：参考自《威利化学品禁忌手册》。

7. 隔离距离

泄漏：在泄漏区四周隔离至少50m；大量泄漏，考虑首次向四周撤离300m；

火灾：如果火场中怀疑装有炸弹或导弹等军火的槽车或拖车，应向四周隔离800m；也可考虑首次就向四周撤离800m。

8. 急救措施

（1）皮肤接触：脱去污染的衣着，用流动清水彻底冲洗。

（2）眼睛接触：立即提起眼睑，用流动清水或生理盐水冲洗；就医。

（3）吸入：迅速脱离现场至空气新鲜处。保持呼吸道通畅。如呼吸困难，给输氧。如呼吸停止，立即进行人工呼吸；就医。

（4）食入：给饮大量温水，禁止催吐；就医。

二乙基苯泄漏、燃爆事故

1. 遇水反应

不发生反应。

2. 泄漏处置

迅速撤离泄漏污染区人员至安全区，并进行隔离，严格限制出入。切断火源。建议应急处理人员戴自给正压式呼吸器，穿防毒服。不要直接接触泄漏物。尽可能切断泄漏源。防止进入下水道、排洪沟等限制性空间。小量泄漏：用砂土或其他不燃材料吸附或吸收。也可以用不燃性分散剂制成的乳液刷洗，洗液稀释后放入废水系统。大量泄漏：构筑围堤或挖坑收容。用泡沫覆盖，降低蒸气灾害。用防爆泵转移至槽车或专用收集器内，回收或运至废物处理场所处置。

3. 燃爆与消防

（1）灭火方法及灭火剂：

灭火方法：消防人员须穿全身消防服，佩戴防毒面具，在上风向灭火。尽可能将容器从火场移至空旷处。喷水保持火场容器冷却，直至灭火结束。

灭火剂：泡沫、二氧化碳、干粉、砂土、水泥粉。用水灭火无效。

（2）储罐或货车（拖车）着火：

1）尽可能远距离灭火或用遥控水枪或水炮灭火。

2）用大量水冷却盛有危险品的容器，直到火完全熄灭。

3）切勿对泄漏源或安全阀直接喷水，防止产生冰冻。

4）如果容器的安全阀发出响声或储罐变色，应迅速撤离。

5）切记远离被大火吞没的储罐。

6）对于燃烧剧烈的大火，使用遥控水枪或水炮远距离灭火；否则撤离火场并任其燃烧。

4. 燃烧爆炸危险

（1）危险性综述：本品易燃，具刺激性。

（2）燃爆特性：蒸气能与空气形成爆炸性混合物（闪点：对位 55℃；邻位 55~56℃，间位 56℃），遇明火、高热能引起燃烧爆炸。

5. 燃爆温度及燃烧（分解）产物

引燃温度：邻二乙基苯：395℃，间二乙基苯：450℃，对二乙基苯：430℃。

燃烧（分解）产物：一氧化碳、二氧化碳。

6. 禁止混储

强氧化剂类可引发起火和爆炸。由于低导电性，流动或搅动会产生静电。橡胶长期浸泡于本物质中将发生膨胀而软化。

注：参考自《威利化学品禁忌手册》。

7. 隔离距离

泄漏：在泄漏区四周隔离至少 50m；大量泄漏，考虑首次向四周撤离 300m；

火灾：如果火场中怀疑装有炸弹或导弹等军火的槽车或拖车，应向四周隔离 800m；也可考虑首次就向四周撤离 800m。

8. 急救措施

（1）皮肤接触：脱去污染的衣着，用肥皂水和清水彻底冲洗皮肤。

（2）眼睛接触：提起眼睑，用流动清水或生理盐水冲洗；就医。

（3）吸入：迅速脱离现场至空气新鲜处。保持呼吸道通畅。如呼吸困难，给输氧。如呼吸停止，立即进行人工呼吸；就医。

（4）食入：漱口、饮大量温水，禁止催吐；就医。

酚醛树脂泄漏、燃爆事故

1. 遇水反应

不发生反应。

2. 泄漏处置

切断火源。戴好防毒面具和手套。如是固体，收集回收。如是液体，在确保安全情况下堵漏。用干燥的砂土或类似物质吸收，然后在专用废弃场所深层掩埋。如大量泄漏，收集回收或无害处理后废弃。

3. 燃爆与消防

（1）灭火方法及灭火剂：

灭火方法：消防人员须穿全身防火防毒服，佩戴空气呼吸器，在上风向灭火。喷水冷却容器，可能的话将容器从火场移至空旷处。

灭火剂：小火，雾状水、泡沫、二氧化碳、干粉、砂土、水泥粉；大火，雾状水。使用水幕或雾状水灭火，切勿用水流直接喷射灭火。

（2）储罐或货车（拖车）着火：

1）尽可能远距离灭火或用遥控水枪或水炮灭火。

2）用大量水冷却盛有危险品的容器，直到火完全熄灭。

3）如果容器的安全阀发出响声或储罐变色，应迅速撤离。

4）切记远离被大火吞没的储罐。

5）对于燃烧剧烈的大火，使用遥控水枪或水炮远距离灭火；否则撤离火场并任其燃烧。

4. 燃烧爆炸危险

（1）危险性综述：本品易燃，具刺激性。

（2）燃爆特性：易燃，遇明火、高热能燃烧。受高热分解放出有毒的气体。粉体与空气可形成爆炸性混合物，当达到一定浓度时，遇火星会发生爆炸。

5. 燃爆温度及燃烧（分解）产物

引燃温度：420℃（粉云）。

燃烧（分解）产物：一氧化碳、二氧化碳。

6. 禁止混储

与强氧化剂发生反应。

7. 隔离距离

泄漏：在泄漏区四周隔离至少 50m；大量泄漏，考虑首次向四周撤离 300m；

火灾：如果火场中怀疑装有炸弹或导弹等军火的槽车或拖车，应向四周隔离800m；也可考虑首次就向四周撤离800m。

8. 急救措施

（1）皮肤接触：立即脱去污染的衣着，用肥皂水及清水彻底冲洗。

（2）眼睛接触：立即提起眼睑，用流动清水或生理盐水冲洗15min；就医。

（3）吸入：迅速脱离现场至空气新鲜处。保持呼吸道通畅。如呼吸困难，给输氧。如呼吸停止，立即进行人工呼吸；就医。

（4）食入：给饮足量温水，禁止催吐；就医。

呋喃泄漏、燃爆事故

1. 遇水反应

不发生反应。

2. 泄漏处置

疏散泄漏污染区人员至安全区，禁止无关人员进入污染区，切断火源。建议应急处理人员戴自给式呼吸器，穿一般消防防护服。在确保安全情况下堵漏。喷水雾会减少蒸发，但不能降低泄漏物在受限制空间内的易燃性。用砂土或其他不燃性吸附剂混合吸收，然后收集运至废物处理场所处置。也可以用不燃性分散剂制成的乳液刷洗，经稀释的洗水放入废水系统。如大量泄漏，利用围堤收容，然后收集、转移、回收或无害处理后废弃。

3. 燃爆与消防

（1）灭火方法及灭火剂：

灭火方法：消防人员须穿全身防火防毒服，佩戴空气呼吸器，在上风向灭火。尽可能将容器从火场移至空旷处。喷水保持火场容器冷却，直至灭火结束。处在火场中的容器若已变色或从安全泄压装置中产生声音，必须马上撤离。

灭火剂：泡沫、二氧化碳、干粉、砂土、水泥粉。用水灭火无效。

（2）储罐或货车（拖车）着火：

1）尽可能远距离灭火或用遥控水枪或水炮灭火。

2）用大量水冷却盛有危险品的容器，直到火完全熄灭。

3）如果容器的安全阀发出响声或储罐变色，应迅速撤离。

4）切记远离被大火吞没的储罐。

5）对于燃烧剧烈的大火，使用遥控水枪或水炮远距离灭火；否则撤离火场

并任其燃烧。

4. 燃烧爆炸危险

（1）危险性综述：本品极度易燃。

（2）燃爆危险：其蒸气与空气可形成爆炸性混合物（闪点 -35℃，闭杯），遇明火、高热能引起燃烧爆炸。在火场中，受热的容器有爆炸危险。其蒸气比空气重，能在较低处扩散到相当远的地方，遇火源会着火回燃。

5. 燃爆温度及燃烧（分解）产物

引燃温度：390℃。

燃烧（分解）产物：一氧化碳、二氧化碳。

6. 禁止混储

除非受控（推荐 0. 0254% 的 2，6- 二叔丁基 -4- 甲基苯酚），暴露于空气中形成不稳定的过氧化物。与酸类、氧化剂类、过氧化物发生剧烈反应。

注：参考自《威利化学品禁忌手册》。

7. 隔离距离

泄漏：在泄漏区四周隔离至少 50m；大量泄漏，考虑首次向四周撤离 300m；

火灾：如果火场中怀疑装有炸弹或导弹等军火的槽车或拖车，应向四周隔离 800m；也可考虑首次就向四周撤离 800m。

8. 急救措施

（1）皮肤接触：脱去污染的衣着，用肥皂水与流动清水彻底冲洗。

（2）眼睛接触：立即提起眼睑，用流动清水或生理盐水冲洗 15min；就医。

（3）吸入：迅速脱离现场至空气新鲜处。保持呼吸道通畅。如呼吸困难，给输氧。如呼吸停止，立即进行人工呼吸；就医。

（4）食入：给饮大量温水，禁止催吐；就医。

呋喃甲醛泄漏、燃爆事故

1. 遇水反应

不发生反应。

2. 泄漏处置

迅速撤离泄漏污染区人员至安全区，并进行隔离，严格限制出入。切断火源。建议应急处理人员戴自给正压式呼吸器，穿防静电工作服。尽可能切断泄漏源。

防止进入下水道、排洪沟等限制性空间。小量泄漏：用砂土、干燥石灰或苏打灰混合。也可以用大量水冲洗，洗水稀释后放入废水系统。大量泄漏：构筑围堤或挖坑收容。喷雾状水冷却和稀释蒸气、保护现场人员、把泄漏物稀释成不燃物。用防爆泵转移至槽车或专用收集器内，回收或运至废物处理场所处置。

3. 燃爆与消防

（1）灭火方法及灭火剂：

灭火方法：消防人员须穿全身防火防毒服，佩戴空气呼吸器，在上风向灭火。尽可能将容器从火场移至空旷处。喷水保持火场容器冷却，直至灭火结束。处在火场中的容器若已变色或从安全泄压装置中产生声音，必须马上撤离。

灭火剂：雾状水、泡沫、二氧化碳、干粉、砂土、水泥粉。

（2）储罐或货车（拖车）着火：

1）尽可能远距离灭火或用遥控水枪或水炮灭火。

2）用大量水冷却盛有危险品的容器，直到火完全熄灭。

3）如果容器的安全阀发出响声或储罐变色，应迅速撤离。

4）切记远离被大火吞没的储罐。

5）对于燃烧剧烈的大火，使用遥控水枪或水炮远距离灭火；否则撤离火场并任其燃烧。

4. 燃烧爆炸危险

（1）危险性综述：本品易燃，具强刺激性，闪点：60℃。

（2）燃爆特性：易燃，遇明火有引起燃烧的危险。受高热分解放出有毒的气体。

5. 燃爆温度及燃烧（分解）产物

引燃温度：315℃。

燃烧（分解）产物：一氧化碳、二氧化碳。

6. 禁止混储

强酸或强碱基可引起聚合。与强酸、碱金属类、碳酸氢钠剧烈反应。与氨、脂肪胺、直链烷醇胺、芳香胺类、氧化剂不相容。浸蚀许多塑料和布品。

注：参考自《威利化学品禁忌手册》。

7. 隔离距离

泄漏：在泄漏区四周隔离至少50m；大量泄漏，考虑首次向四周撤离300m；

火灾：如果火场中怀疑装有炸弹或导弹等军火的槽车或拖车，应向四周隔离800m；也可考虑首次就向四周撤离800m。

8. 急救措施

（1）皮肤接触：脱去污染的衣着，用肥皂水及清水彻底冲洗。

（2）眼睛接触：立即提起眼睑，用大量流动清水或生理盐水彻底冲洗；就医。

（3）吸入：迅速脱离现场至空气新鲜处。保持呼吸道通畅。如呼吸困难，给输氧。如呼吸停止，立即进行人工呼吸；就医。

（4）食入：给饮大量温水，禁止催吐；就医。

1，2-环氧丙烷泄漏、燃爆事故

1. 遇水反应

发生激烈反应，生成丙二醇。

2. 泄漏处置

迅速撤离泄漏污染区人员至安全区，并进行隔离，严格限制出入。切断火源。建议应急处理人员戴自给正压式呼吸器，穿防静电工作服。尽可能切断泄漏源。防止进入下水道、排洪沟等限制性空间。小量泄漏：用活性炭或其他惰性材料吸收。也可以用不燃性分散剂制成的乳液刷洗，洗液稀释后放入废水系统。大量泄漏：构筑围堤或挖坑收容。用泡沫覆盖，降低蒸气灾害。用泵转移至槽车或专用收集器内，回收或运至废物处理场所处置。

3. 燃爆与消防

（1）灭火方法及灭火剂：

灭火方法：消防人员须穿全身消防服，佩戴防毒面具，在上风向灭火。尽可能将容器从火场移至空旷处。喷水保持火场容器冷却，直至灭火结束。处在火场中的容器若已变色或从安全泄压装置中产生声音，必须马上撤离。

灭火剂：抗溶性泡沫、二氧化碳、干粉、砂土、水泥粉。用水灭火无效。

（2）储罐或货车（拖车）着火：

1）尽可能远距离灭火或用遥控水枪或水炮灭火。

2）用大量水冷却盛有危险品的容器，直到火完全熄灭。

3）如果容器的安全阀发出响声或储罐变色，应迅速撤离。

4）切记远离被大火吞没的储罐。

5）对于燃烧剧烈的大火，使用遥控水枪或水炮远距离灭火；否则撤离火场并任其燃烧。

4. 燃烧爆炸危险

（1）危险性特性：本品极度易燃，为可疑致癌物，致灼伤，具刺激性。

（2）燃爆危险：与空气或氧混合形成爆炸性混合体（闪点 -37℃）。遇明火、高热或与氧化剂接触，有引起燃烧爆炸的危险。与铁、锡、铝的无水氯化物，铁、铝的过氧化物以及碱金属氢氧化物等催化剂的活性表面接触能聚合放热，使容器爆破。遇氨水、氯磺酸、盐酸、氟化氢、硝酸、硫酸、发烟硫酸猛烈反应，有爆炸危险。

5. 燃爆温度及燃烧（分解）产物

引燃温度：420℃。

燃烧（分解）产物：一氧化碳、二氧化碳。

6. 禁止混储

与水、水蒸气发生反应。与水接触可导致激烈反应。能形成不稳定的过氧化物。酸、苛性物质、金属卤化物能引发危险性聚合。与酸类、氨、胺、乙炔化金属、黏土基的吸收剂发生反应。与无水金属氯化物、苛性碱类、氢氧化铵、盐类不相容。浸蚀一些塑料、橡胶和布品。由于低导电性，流动或搅动会产生静电，并可能引发其蒸气点火。

注：参考自《威利化学品禁忌手册》。

7. 隔离距离

泄漏：在泄漏区四周隔离至少 50m；大量泄漏，考虑首次向四周撤离 300m；

火灾：如果火场中怀疑装有炸弹或导弹等军火的槽车或拖车，应向四周隔离 800m；也可考虑首次就向四周撤离 800m。

8. 急救措施

（1）皮肤接触：脱去污染的衣着，用大量流动清水彻底冲洗。

（2）眼睛接触：立即提起眼睑，用流动清水或生理盐水冲洗 15min；就医。

（3）吸入：迅速脱离现场至空气新鲜处。保持呼吸道通畅。如呼吸困难，给输氧。如呼吸停止，立即进行人工呼吸；就医。

（4）食入：给饮大量温水，禁止催吐；就医。

2，3- 环氧丙醛泄漏、燃爆事故

1. 遇水反应

不发生反应。

2. 泄漏处置

迅速撤离泄漏污染区人员至安全区，并进行隔离，严格限制出入。切断火源。

建议应急处理人员戴自给正压式呼吸器，穿防毒服。尽可能切断泄漏源。防止进入下水道、排洪沟等限制性空间。小量泄漏：用砂土或其他不燃材料吸附或吸收。大量泄漏：构筑围堤或挖坑收容。用泵转移至槽车或专用收集器内，回收或运至废物处理场所处置。

3. 燃爆与消防

（1）灭火方法及灭火剂：

灭火方法：消防人员须佩戴防毒面具、穿全身消防服，在上风向灭火。尽可能将容器从火场移至空旷处。喷水保持火场容器冷却，直至灭火结束。处在火场中的容器若已变色或从安全泄压装置中产生声音，必须马上撤离。

灭火剂：雾状水、泡沫、干粉、二氧化碳、砂土。

（2）储罐或货车（拖车）着火：

1）尽可能远距离灭火或用遥控水枪或水炮灭火。

2）用大量水冷却盛有危险品的容器，直到火完全熄灭。

3）如果容器的安全阀发出响声或储罐变色，应迅速撤离。

4）切记远离被大火吞没的储罐。

5）对于燃烧剧烈的大火，使用遥控水枪或水炮远距离灭火；否则撤离火场并任其燃烧。

4. 燃烧爆炸危险

（1）危险性综述：本品易燃，有毒，具刺激性，具致敏性。

（2）燃爆特性：其蒸气与空气可形成爆炸性混合物（闪点 31℃），遇明火、高热能引起燃烧爆炸。其蒸气比空气重，能在较低处扩散到相当远的地方，遇火源会着火回燃。若遇高热，容器内压增大，有开裂和爆炸的危险。

5. 燃爆温度及燃烧（分解）产物

燃烧（分解）产物：一氧化碳、二氧化碳。

6. 禁止混储

与强氧化剂、强酸发生反应。

7. 隔离距离

泄漏：在泄漏区四周隔离至少 50m；大量泄漏，考虑首次向四周撤离 300m；

火灾：如果火场中怀疑装有炸弹或导弹等军火的槽车或拖车，应向四周隔离 800m；也可考虑首次就向四周撤离 800m。

8. 急救措施

（1）皮肤接触：脱去污染的衣着，用大量流动清水彻底冲洗。

（2）眼睛接触：立即提起眼睑，用大量流动清水或生理盐水彻底冲洗；就医。

（3）吸入：迅速脱离现场至空气新鲜处。保持呼吸道通畅。如呼吸困难，给输氧。如呼吸停止，立即进行人工呼吸；就医。

（4）食入：给饮足量温水，催吐；就医。

甲苯泄漏、燃爆事故

1. 遇水反应

不发生反应。

2. 泄漏处置

迅速撤离泄漏污染区人员至安全区，并进行隔离，严格限制出入。切断火源。建议应急处理人员戴自给正压式呼吸器，穿消防防护服。尽可能切断泄漏源，防止进入下水道、排洪沟等限制性空间。小量泄漏：用活性炭或其他惰性材料吸收，也可以用不燃性分散剂制成的乳液刷洗，经稀释的洗水放入废水系统。大量泄漏：构筑围堤或挖坑收容；用泡沫覆盖，降低蒸气伤害。用防爆泵转移至槽车或专用收集器内，回收或运至废物处理场所处置。

3. 燃爆与消防

（1）灭火方法及灭火剂：

灭火方法：消防人员须穿全身防火防毒服，佩戴空气呼吸器，在上风向灭火。喷水冷却容器，可能的话将容器从火场移至空旷处。处在火场中的容器若已变色或从安全泄压装置中产生声音，必须马上撤离。

灭火剂：泡沫、二氧化碳、干粉、砂土、水泥粉。用水灭火无效。

（2）储罐或货车（拖车）着火：

1）尽可能远距离灭火或用遥控水枪或水炮灭火。

2）用大量水冷却盛有危险品的容器，直到火完全熄灭。

3）切勿对泄漏源或安全阀直接喷水，防止产生冰冻。

4）如果容器的安全阀发出响声或储罐变色，应迅速撤离。

5）切记远离被大火吞没的储罐。

6）对于燃烧剧烈的大火，使用遥控水枪或水炮远距离灭火；否则撤离火场并任其燃烧。

4. 燃烧爆炸危险

（1）危险性综述：本品易燃，具刺激性，对环境有严重危害，对空气、水环境及水源可造成污染。

（2）燃爆特性：蒸气能与空气形成爆炸性混合物（闪点4℃），遇明火、高热能引起燃烧爆炸。

5. 燃爆温度及燃烧（分解）产物

引燃温度：480℃。

燃烧（分解）产物：一氧化碳、二氧化碳。

6. 禁止混储

与强氧化剂、溴、三氟化溴、氯、盐酸－硫酸混合物、1，3－二氯－5，5－二甲基－2，4 咪唑啉酮、四氧化二氮、氟、硝酸、二氧化氮、氯化银、二氯化硫、氟化铀、乙酸乙烯酯剧烈反应。与强酸、强氧化剂、高氯酸银、四硝基甲烷形成爆炸性的混合物。与二甲苯重氮基氧化物不相容。浸蚀橡胶、塑料和棉织品。由于低导电性，流动或搅动会产生静电。

注：参考自《威利化学品禁忌手册》。

7. 隔离距离

泄漏：在泄漏区四周隔离至少 50m；大量泄漏，考虑首次向四周撤离 300m；

火灾：如果火场中怀疑装有炸弹或导弹等军火的槽车或拖车，应向四周隔离 800m；也可考虑首次就向四周撤离 800m。

8. 急救措施

（1）皮肤接触：脱去污染的衣着，用肥皂水和清水彻底冲洗皮肤。

（2）眼睛接触：提起眼睑，用流动清水或生理盐水冲洗；就医。

（3）吸入：迅速脱离现场至空气新鲜处。保持呼吸道通畅。如呼吸困难，给输氧。如呼吸停止，立即进行人工呼吸；就医。

（4）食入：给充分漱口、饮水，禁止催吐；就医。

2－甲基－1，3－丁二烯（异戊二烯）泄漏、燃爆事故

1. 遇水反应

不发生反应。

2. 泄漏处置

迅速撤离泄漏污染区人员至安全区，并进行隔离，严格限制出入。切断火源。建议应急处理人员戴自给正压式呼吸器，穿防静电工作服。尽可能切断泄漏源。防止进入下水道、排洪沟等限制性空间。小量泄漏：用砂土或其他不燃材料吸附或吸收。也可以用不燃性分散剂制成的乳液刷洗，洗液稀释后放入废水系统。大量泄漏：构筑围堤或挖坑收容。用泡沫覆盖，降低蒸气灾害。用防爆泵转移至槽车或专用收集器内，回收或运至废物处理场所处置。

3. 燃爆与消防

（1）灭火方法及灭火剂：消防人员须穿全身消防服，佩戴防毒面具，在上风向灭火。尽可能将容器从火场移至空旷处。喷水保持火场容器冷却，直至灭

火结束。处在火场中的容器若已变色或从安全泄压装置中产生声音，必须马上撤离。

灭火剂：泡沫、二氧化碳、干粉、砂土、水泥粉。用水灭火无效。

（2）储罐或货车（拖车）着火：

1）尽可能远距离灭火或用遥控水枪或水炮灭火。

2）用大量水冷却盛有危险品的容器，直到火完全熄灭。

3）如果容器的安全阀发出响声或储罐变色，应迅速撤离。

4）切记远离被大火吞没的储罐。

5）对于燃烧剧烈的大火，使用遥控水枪或水炮远距离灭火；否则撤离火场并任其燃烧。

4. 燃烧爆炸危险

（1）危险性综述：本品极度易燃，具刺激性。

（2）燃爆危险：其蒸气与空气可形成爆炸性混合物（闪点 –54℃），遇明火、高热极易燃烧爆炸。若遇高热，可发生聚合反应，放出大量热量而引起容器破裂和爆炸事故。其蒸气比空气重，能在较低处扩散到相当远的地方，遇火源会着火回燃。

5. 燃爆温度及燃烧（分解）产物

引燃温度：220℃。

燃烧（分解）产物：一氧化碳、二氧化碳。

6. 禁止混储

易形成不稳定的过氧化物类，温度升高、光照、过氧化物类、氧化剂类、臭氧可引起爆炸性聚合反应。与氧化剂类、还原剂类、乙烯胺、醋酸、氯磺酸、硝酸、硫酸和其他可能的酸类发生剧烈反应。与丙酮不相容。浸蚀一些塑料、橡胶和布品。由于低导电性，流动或搅动会产生静电。未抑制单体蒸气可形成固态的聚合物，阻塞通风口、狭窄处。以至少 50ppm 的叔丁基邻苯二酚为抑制剂，储存在惰性气体中（最好是氮）。

注：参考自《威利化学品禁忌手册》。

7. 隔离距离

泄漏：在泄漏区四周隔离至少 50m；大量泄漏，考虑首次向四周撤离 300m；

火灾：如果火场中怀疑装有炸弹或导弹等军火的槽车或拖车，应向四周隔离 800m；也可考虑首次就向四周撤离 800m。

注：参考自《危险化学品应急救援指南》。

8. 急救措施

（1）皮肤接触：脱去污染的衣着，用流动清水彻底冲洗。

（2）眼睛接触：立即提起眼睑，用流动清水彻底冲洗。

（3）吸入：迅速脱离现场至空气新鲜处。保持呼吸道通畅。如呼吸困难，给输氧。如呼吸停止，立即进行人工呼吸；就医。

（4）食入：给饮大量温水，禁止催吐；就医。

3- 甲基环己醇泄漏、燃爆事故

1. 遇水反应

不发生反应。

2. 泄漏处置

迅速撤离泄漏污染区人员至安全区，并进行隔离，严格限制出入。切断火源。建议应急处理人员戴自给正压式呼吸器，穿防静电工作服。尽可能切断泄漏源。防止进入下水道、排洪沟等限制性空间。小量泄漏：用砂土、蛭石或其他惰性材料吸收。也可以用不燃性分散剂制成的乳液刷洗，洗液稀释后放入废水系统。大量泄漏：构筑围堤或挖坑收容。用泵转移至槽车或专用收集器内，回收或运至废物处理场所处置。

3. 燃爆与消防

（1）灭火方法及灭火剂：

灭火方法：消防人员须佩戴防毒面具、穿全身消防服，在上风向灭火。尽可能将容器从火场移至空旷处。喷水保持火场容器冷却，直至灭火结束。处在火场中的容器若已变色或从安全泄压装置中产生声音，必须马上撤离。

灭火剂：雾状水、泡沫、干粉、二氧化碳、砂土。

（2）储罐或货车（拖车）着火：

1）尽可能远距离灭火或用遥控水枪或水炮灭火。

2）用大量水冷却盛有危险品的容器，直到火完全熄灭。

3）如果容器的安全阀发出响声或储罐变色，应迅速撤离。

4）切记远离被大火吞没的储罐。

5）对于燃烧剧烈的大火，使用遥控水枪或水炮远距离灭火；否则撤离火场并任其燃烧。

4. 燃烧爆炸危险

（1）危险性综述：本品易燃，有毒，具刺激性。

（2）燃爆特性：遇高热、明火或与氧化剂接触，有引起燃烧的危险。火场中的容器有爆炸的危险。

5. 燃爆温度及燃烧（分解）产物

引燃温度：295℃。

燃烧（分解）产物：一氧化碳、二氧化碳。

6. 禁止混储

与强氧化剂、酸酐、酰氯发生反应。

7. 隔离距离

泄漏：在泄漏区四周隔离至少 50m；大量泄漏，考虑首次向四周撤离 300m；

火灾：如果火场中怀疑装有炸弹或导弹等军火的槽车或拖车，应向四周隔离 800m；也可考虑首次就向四周撤离 800m。

8. 急救措施

（1）皮肤接触：立即脱去污染的衣着，用大量流动清水彻底冲洗。

（2）眼睛接触：立即提起眼睑，用流动清水或生理盐水彻底冲洗；就医。

（3）吸入：迅速脱离现场至空气新鲜处。保持呼吸道通畅。如呼吸困难，给输氧。如呼吸停止，立即进行人工呼吸。

（4）食入：给饮大量温水，禁止催吐；就医。

4–甲基–1–戊烯泄漏、燃爆事故

1. 遇水反应

不发生反应。

2. 泄漏处置

切断火源。应急处理人员戴自给式呼吸器，穿化学防护服。在确保安全情况下堵漏。禁止泄漏物进入受限制的空间（如下水道等），以避免发生爆炸。喷水雾可减少蒸发。用不燃性分散剂制成的乳液刷洗，经稀释的洗液放入废水系统。如大量泄漏，利用围堤收容，撒湿冰或冰水冷却，然后收集、转移、回收或无害处理后废弃。

3. 燃爆与消防

（1）灭火方法及灭火剂：

灭火方法：消防人员须穿全身消防服，佩戴防毒面具，在上风向灭火。喷水保持火场容器冷却，直至灭火结束。尽可能将容器从火场移至空旷处。处在火场中的容器若已变色或从安全泄压装置中产生声音，必须马上撤离。

灭火剂：泡沫、干粉、二氧化碳、砂土。

（2）储罐或货车（拖车）着火：

1）尽可能远距离灭火或用遥控水枪或水炮灭火。

2）用大量水冷却盛有危险品的容器，直到火完全熄灭。

3）如果容器的安全阀发出响声或储罐变色，应迅速撤离。

4）切记远离被大火吞没的储罐。

5）对于燃烧剧烈的大火，使用遥控水枪或水炮远距离灭火；否则撤离火场并任其燃烧。

4. 燃烧爆炸危险

（1）危险性综述：本品极度易燃，具刺激性，对环境有危害，对大气可造成污染。

（2）燃爆危险：其蒸气与空气可形成爆炸性混合物（闪点 -32℃），遇明火、高热极易燃烧爆炸。其蒸气比空气重，能在较低处扩散到相当远的地方，遇火源会着火回燃。若遇高热，容器内压增大，有开裂和爆炸的危险。

5. 燃爆温度及燃烧（分解）产物

引燃温度：300℃。

燃烧（分解）产物：一氧化碳、二氧化碳。

6. 禁止混储

与强氧化剂类发生剧烈反应。与硫酸、硝酸不相容。

7. 隔离距离

泄漏：在泄漏区四周隔离至少 50m；大量泄漏，考虑首次向四周撤离 300m；

火灾：如果火场中怀疑装有炸弹或导弹等军火的槽车或拖车，应向四周隔离 800m；也可考虑首次就向四周撤离 800m。

8. 急救措施

（1）皮肤接触：立即脱去污染的衣着，用大量流动清水彻底冲洗。

（2）眼睛接触：立即提起眼睑，用大量流动清水或生理盐水彻底冲洗；就医。

（3）吸入：迅速脱离现场至空气新鲜处。保持呼吸道通畅。如呼吸困难，给输氧。如呼吸停止，立即进行人工呼吸；就医。

（4）食入：给饮足量温水，禁止催吐；就医。

4- 甲基 -2- 戊酮（甲基异丁酮）泄漏、燃爆事故

1. 遇水反应

不发生反应。

2. 泄漏处置

迅速撤离泄漏污染区人员至安全区，并进行隔离，严格限制出入。切断火源。建议应急处理人员戴自给正压式呼吸器，穿防静电工作服。尽可能切断泄漏源。防止进入下水道、排洪沟等限制性空间。小量泄漏：用大量水冲洗，洗水稀释后放入废水系统。大量泄漏：构筑围堤或挖坑收容。用泡沫覆盖，降低蒸气灾害。用防爆泵转移至槽车或专用收集器内，回收或运至废物处理场所处置。

3. 燃爆与消防

（1）灭火方法及灭火剂：

灭火方法：消防人员须穿全身防火防毒服，佩戴空气呼吸器，在上风向灭火。尽可能将容器从火场移至空旷处。喷水保持火场容器冷却，直至灭火结束。处在火场中的容器若已变色或从安全泄压装置中产生声音，必须马上撤离。

灭火剂：抗溶性泡沫、干粉、二氧化碳、砂土、水泥粉。

（2）储罐或货车（拖车）着火：

1）尽可能远距离灭火或用遥控水枪或水炮灭火。

2）用大量水冷却盛有危险品的容器，直到火完全熄灭。

3）如果容器的安全阀发出响声或储罐变色，应迅速撤离。

4）切记远离被大火吞没的储罐。

5）对于燃烧剧烈的大火，使用遥控水枪或水炮远距离灭火；否则撤离火场并任其燃烧。

4. 燃烧爆炸危险

（1）危险性综述：本品易燃，具刺激性。

（2）燃爆特性：易燃，与空气形成爆炸性混合物（闪点14℃），遇高热、明火、氧化剂有引起燃烧的危险。其蒸气比空气重，能在较低处扩散到相当远的地方，遇火源会着火回燃。

5. 燃爆温度及燃烧（分解）产物

引燃温度：449℃。

燃烧（分解）产物：一氧化碳、二氧化碳。

6. 禁止混储

与空气或过氧化氢接触时，能形成不稳定的和爆炸性的过氧化物。与强氧化剂类、醛类、脂肪胺类、硝酸、高氯酸、叔丁氧钾、强酸类、还原剂类发生剧烈反应。能溶解一些塑料、树脂和橡胶。

注：参考自《威利化学品禁忌手册》。

7. 隔离距离

泄漏：在泄漏区四周隔离至少50m；大量泄漏，考虑首次向四周撤离300m；

火灾：如果火场中怀疑装有炸弹或导弹等军火的槽车或拖车，应向四周隔离800m；也可考虑首次就向四周撤离800m。

8. 急救措施

（1）皮肤接触：脱去污染的衣着，立即用流动清水彻底冲洗。

（2）眼睛接触：提起眼睑，用流动清水冲洗15min；就医。

（3）吸入：迅速脱离现场至空气新鲜处。保持呼吸道通畅。如呼吸困难，给输氧。如呼吸停止，立即进行人工呼吸；就医。

（4）食入：给饮大量温水，禁止催吐；就医。

对甲基异丙基苯（4–异丙基甲苯）泄漏、燃爆事故

1. 遇水反应

不发生反应。可用雾状水灭火。

2. 泄漏处置

迅速撤离泄漏污染区人员至安全区，并进行隔离，严格限制出入。切断火源。建议应急处理人员戴自给正压式呼吸器，穿防毒服。尽可能切断泄漏源。防止进入下水道、排洪沟等限制性空间。小量泄漏：用砂土、蛭石或其他惰性材料吸收。大量泄漏：构筑围堤或挖坑收容。用泵转移至槽车或专用收集器内，回收或运至废物处理场所处置。

3. 燃爆与消防

（1）灭火方法及灭火剂：

灭火方法：消防人员须佩戴防毒面具，穿全身消防服，在上风向灭火。尽可能将容器从火场移至空旷处。喷水保持火场容器冷却，直至灭火结束。处在火场中的容器若已变色或从安全泄压装置中产生声音，必须马上撤离。

灭火剂：雾状水、泡沫、二氧化碳、干粉、砂土、水泥粉。

（2）储罐或货车（拖车）着火：

1）尽可能远距离灭火或用遥控水枪或水炮灭火。

2）用大量水冷却盛有危险品的容器，直到火完全熄灭。

3）如果容器的安全阀发出响声或储罐变色，应迅速撤离。

4）切记远离被大火吞没的储罐。

5）对于燃烧剧烈的大火，使用遥控水枪或水炮远距离灭火；否则撤离火场并任其燃烧。

4. 燃烧爆炸危险

（1）危险性综述：本品易燃，具刺激性。

（2）燃爆特性：其蒸气与空气可形成爆炸性混合物（闪点47℃），遇明火、高热能引起燃烧爆炸。若遇高热，容器内压增大，有开裂和爆炸的危险。

5. 燃爆温度及燃烧（分解）产物

引燃温度：436℃。

燃烧（分解）产物：一氧化碳、二氧化碳。

6. 禁止混储

与硝酸、强氧化剂不相容。侵蚀和软化橡胶。由于低导电性，流动或搅动会产生静电。

注：参考自《威利化学品禁忌手册》。

7. 隔离距离

泄漏：在泄漏区四周隔离至少50m；大量泄漏，考虑首次向四周撤离300m；

火灾：如果火场中怀疑装有炸弹或导弹等军火的槽车或拖车，应向四周隔离800m；也可考虑首次就向四周撤离800m。

8. 急救措施

（1）皮肤接触：立即脱去污染的衣着，用大量流动清水彻底冲洗。

（2）眼睛接触：立即提起眼睑，用流动清水或生理盐水冲洗15min；就医。

（3）吸入：迅速脱离现场至空气新鲜处。保持呼吸道通畅。如呼吸困难，给输氧。如呼吸停止，立即进行人工呼吸；就医。

（4）食入：漱口，饮足量温水，禁止催吐；就医。

甲基异丁基甲醇（4–甲基–2–戊醇）泄漏、燃爆事故

1. 遇水反应

不发生反应。

2. 泄漏处置

迅速撤离泄漏污染区人员至安全区，并进行隔离，严格限制出入。切断火源。建议应急处理人员戴自给正压式呼吸器，穿防静电工作服。尽可能切断泄漏源。防止进入下水道、排洪沟等限制性空间。小量泄漏：用砂土、蛭石或其他惰性材料吸收。也可以用大量水冲洗，洗水稀释后放入废水系统。大量泄漏：构筑围堤或挖坑收容。用泵转移至槽车或专用收集器内，回收或运至废物处理场所处置。

3. 燃爆与消防

（1）灭火方法及灭火剂：

灭火方法：消防人员须穿全身消防服，佩戴防毒面具，在上风向灭火。尽可能将容器从火场移至空旷处。喷水保持火场容器冷却，直至灭火结束。处在火场中的容器若已变色或从安全泄压装置中产生声音，必须马上撤离。

灭火剂：抗溶性泡沫、二氧化碳、干粉、砂土、2122 灭火剂、水泥粉。

（2）储罐或货车（拖车）着火：

1）尽可能远距离灭火或用遥控水枪或水炮灭火。

2）用大量水冷却盛有危险品的容器，直到火完全熄灭。

3）如果容器的安全阀发出响声或储罐变色，应迅速撤离。

4）切记远离被大火吞没的储罐。

5）对于燃烧剧烈的大火，使用遥控水枪或水炮远距离灭火；否则撤离火场并任其燃烧。

4. 燃烧爆炸危险

（1）危险性综述：本品易燃，具刺激性。

（2）燃爆特性：其蒸气与空气可形成爆炸性混合物（闪点 41℃），遇明火、高热能引起燃烧爆炸。受热放出辛辣的烟气。其蒸气比空气重，能在较低处扩散到相当远的地方，遇火源会着火回燃。若遇高热，容器内压增大，有开裂和爆炸的危险。

5. 燃爆温度及燃烧（分解）产物

自燃温度：370℃。

燃烧（分解）产物：一氧化碳、二氧化碳。

6. 禁止混储

与碱金属接触产生易燃氢气。与氧化剂类、乙醛、碱土金属、强酸类、强苛性碱类、脂肪胺类、过氧化苯甲酰、铬酸、三氧化铬、二烷基锌、氧化二氯、氧化乙烯、次氯酸、异氰酸酯类、氯代碳酸异丙基酯、四氢铝锂、硝酸、二氧化氮、五氟胍、五硫化磷、红橘油、三乙基铝、三异丁基铝可能发生剧烈反应。浸蚀一些塑料、橡胶和布品。由于低导电性，流动或搅动会产生静电。

注：参考自《威利化学品禁忌手册》。

7. 隔离距离

泄漏：在泄漏区四周隔离至少 50m；大量泄漏，考虑首次向四周撤离 300m；

火灾：如果火场中怀疑装有炸弹或导弹等军火的槽车或拖车，应向四周隔离 800m；也可考虑首次就向四周撤离 800m。

8. 急救措施

（1）皮肤接触：立即脱去污染的衣着，用大量流动清水彻底冲洗。

（2）眼睛接触：立即提起眼睑，用流动清水或生理盐水冲洗至少15min；就医。

（3）吸入：迅速脱离现场至空气新鲜处。保持呼吸道通畅。如呼吸困难，给输氧。如呼吸停止，立即进行人工呼吸；就医。

（4）食入：给饮足量温水，禁止催吐；就医。

甲基异氰酸酯泄漏、燃爆事故

1. 遇水反应

发生反应，生成二氧化碳和甲胺。

2. 泄漏处置

迅速撤离泄漏污染区人员至安全区。切断火源。建议应急处理人员戴自给正压式呼吸器，穿防毒服。从上风处进入现场。尽可能切断泄漏源。防止进入下水道、排洪沟等限制性空间。小量泄漏：用活性炭或其他惰性材料吸收。大量泄漏：构筑围堤或挖坑收容。喷雾状水冷却和稀释蒸气，保护现场人员，但不要对泄漏点直接喷水。用防爆泵转移至槽车或专用收集器内，回收或运至废物处理场所处置。

3. 燃爆与消防

（1）灭火方法及灭火剂：

灭火方法：消防人员须戴好防毒面具，在安全距离以外，在上风向灭火。喷水保持火场容器冷却，直至灭火结束。

灭火剂：二氧化碳、干粉、砂土、水泥粉。不宜用水灭火。

（2）储罐或货车（拖车）着火：

1）尽可能远距离灭火或用遥控水枪或水炮灭火。

2）用大量水冷却盛有危险品的容器，直到火完全熄灭。

3）切勿将水注入容器。

4）如果容器的安全阀发出响声或储罐变色，应迅速撤离。

5）切记远离被大火吞没的储罐。

4. 燃烧爆炸危险

（1）危险性综述：本品易燃，高毒，具强刺激性。

（2）燃爆特性：易燃，其蒸气与空气可形成爆炸性混合物（闪点 -7℃），遇明火、高热能引起燃烧爆炸。在火场中，受热的容器有爆炸危险。

5. 燃爆温度及燃烧（分解）产物

自燃温度：535℃。

燃烧（分解）产物：一氧化碳、二氧化碳、氧化氮（有毒）、氰化氢（剧毒）。

6. 禁止混储

与水缓慢发生反应。与温水或蒸气发生剧烈反应，产生二氧化碳和热。与乙醛、胺类、醇类、酸类、碱金属类、强氧化剂类发生剧烈反应。若不加抑制，能够产生不稳定的过氧化物类。与铁、锡、铜或他们的盐，或与三苯基砷氧化物、三乙基磷化氢、三丁基锡氧化物接触或温度升高时可引起聚合。与乙二醇类、氨基化合物类、氨、己内酰胺不相容。浸蚀一些塑料、橡胶或布品。其未经抑制单体蒸气可形成固体聚合物材料，阻塞出口和狭窄处。

注：参考自《威利化学品禁忌手册》。

7. 隔离距离

泄漏：首次隔离距离至少60m；考虑下风向撤离距离为0.5km，夜晚为1.9km；大量泄漏：首次隔离距离至少600m；考虑下风向撤离距离白天为5.4km，夜晚为至少11.0km；

火灾：如果火场中有储罐、槽车、罐车时，应向四周隔离800m；也可考虑首次就向四周撤离800m。

8. 急救措施

（1）皮肤接触：立即脱去污染的衣着，用大量清水彻底冲洗至少15min；就医。

（2）眼睛接触：立即提起眼睑，用大量流动清水或生理盐水彻底冲洗至少15min；就医。

（3）吸入：迅速脱离现场至空气新鲜处。保持呼吸道通畅。如呼吸困难，给输氧。如呼吸停止，立即进行人工呼吸；就医。

（4）食入：立即用水漱口，口服牛奶或蛋清；就医。

甲酸乙酯泄漏、燃爆事故

1. 遇水反应

不发生反应。

2. 泄漏处置

迅速撤离泄漏污染区人员至安全区，并进行隔离，严格限制出入。切断火源。建议应急处理人员戴自给正压式呼吸器，穿防静电工作服。尽可能切断泄漏源。防止进入下水道、排洪沟等限制性空间。小量泄漏：用砂土或其他不燃材料吸附或吸收。也可以用大量水冲洗，洗水稀释后放入废水系统。大量泄漏：构筑围堤或挖坑收容。用泡沫覆盖，降低蒸气灾害。用防爆泵转移至槽车或专用收集器内，回收或运至废物处理场所处置。

3. 燃爆与消防

（1）灭火方法及灭火剂：

灭火方法：消防人员须穿全身消防服，佩戴防毒面具，在上风向灭火。尽可能将容器从火场移至空旷处。喷水保持火场容器冷却，直至灭火结束。处在火场中的容器若已变色或从安全泄压装置中产生声音，必须马上撤离。

灭火剂：泡沫、二氧化碳、干粉、砂土、水泥粉。用水灭火无效。

（2）储罐或货车（拖车）着火：

1）尽可能远距离灭火或用遥控水枪或水炮灭火。

2）用大量水冷却盛有危险品的容器，直到火完全熄灭。

3）如果容器的安全阀发出响声或储罐变色，应迅速撤离。

4）切记远离被大火吞没的储罐。

5）对于燃烧剧烈的大火，使用遥控水枪或水炮远距离灭火；否则撤离火场并任其燃烧。

4. 燃烧爆炸危险

（1）危险性综述：本品极度易燃，具刺激性。

（2）燃爆危险：极易燃，其蒸气与空气可形成爆炸性混合物（闪点 -20℃），遇明火、高热或与氧化剂接触，有引起燃烧爆炸的危险。在火场中，受热的容器有爆炸危险。其蒸气比空气重，能在较低处扩散到相当远的地方，遇火源会着火回燃。

5. 燃爆温度及燃烧（分解）产物

引燃温度：455℃。

燃烧（分解）产物：一氧化碳、二氧化碳。

6. 禁止混储

与强氧化剂类、强碱金属发生剧烈反应。与硝酸盐、强酸不相容。由于低导电性，流动或搅动会产生静电。

注：参考自《威利化学品禁忌手册》。

7. 隔离距离

泄漏：在泄漏区四周隔离至少 50m；大量泄漏，考虑首次向四周撤离 300m；

火灾：如果火场中怀疑装有炸弹或导弹等军火的槽车或拖车，应向四周隔离 800m；也可考虑首次就向四周撤离 800m。

8. 急救措施

（1）皮肤接触：脱去污染的衣着，用流动清水彻底冲洗。

（2）眼睛接触：立即提起眼睑，用流动清水彻底冲洗；就医。

（3）吸入：迅速脱离现场至空气新鲜处。保持呼吸道通畅。如呼吸困难，给输氧。如呼吸停止，立即进行人工呼吸；就医。

（4）食入：给饮大量温水，禁止催吐；就医。

环己烷泄漏、燃爆事故

1. 遇水反应

不发生反应。

2. 泄漏处置

迅速撤离泄漏污染区人员至安全区，并进行隔离，严格限制出入。切断火源。建议应急处理人员戴自给正压式呼吸器，穿防静电工作服。尽可能切断泄漏源。防止进入下水道、排洪沟等限制性空间。小量泄漏：用活性炭或其他惰性材料吸收。也可以用不燃性分散剂制成的乳液刷洗，洗液稀释后放入废水系统。大量泄漏：构筑围堤或挖坑收容。用泡沫覆盖，降低蒸气灾害。用防爆泵转移至槽车或专用收集器内，回收或运至废物处理场所处置。

3. 燃爆与消防

（1）灭火方法及灭火剂：

灭火方法：消防人员须穿全身防火防毒服，佩戴防毒面具，在上风向灭火。喷水冷却容器，可能的话将容器从火场移至空旷处。处在火场中的容器若已变色或从安全泄压装置中产生声音，必须马上撤离。

灭火剂：泡沫、二氧化碳、干粉、砂土、水泥粉。用水灭火无效。

（2）储罐或货车（拖车）着火：

1）尽可能远距离灭火或用遥控水枪或水炮灭火。

2）用大量水冷却盛有危险品的容器，直到火完全熄灭。

3）如果容器的安全阀发出响声或储罐变色，应迅速撤离。

4）切记远离被大火吞没的储罐。

5）对于燃烧剧烈的大火，使用遥控水枪或水炮远距离灭火；否则撤离火场并任其燃烧。

4. 燃烧爆炸危险

（1）危险性综述：本品极度易燃。

（2）燃爆危险：极易燃，其蒸气与空气可形成爆炸性混合物（闪点 –18℃），遇明火、高热极易燃烧爆炸。在火场中，受热的容器有爆炸危险。

5. 燃爆温度及燃烧（分解）产物

引燃温度：245℃。

燃烧（分解）产物：一氧化碳、二氧化碳。

6. 禁止混储

与强氧化剂、四氧化二氮反应剧烈。由于电导率低，流动或搅动可能产生静电。

注：参考自《威利化学品禁忌手册》。

7. 隔离距离

泄漏：在泄漏区四周隔离至少 50m；大量泄漏，考虑首次向四周撤离 300m；

火灾：如果火场中怀疑装有炸弹或导弹等的槽车或拖车，应向四周隔离 800m；也可考虑首次就向四周撤离 800m。

8. 急救措施

（1）皮肤接触：立即脱去污染的衣着，用流动清水彻底冲洗；就医。

（2）眼睛接触：立即提起眼睑，用大量流动清水冲洗；就医。

（3）吸入：迅速脱离现场至空气新鲜处。保持呼吸道通畅。如呼吸困难，给输氧。如呼吸停止，立即进行人工呼吸；就医。

（4）食入：给饮大量温水；就医。

环己烯泄漏、燃爆事故

1. 遇水反应

不发生反应。

2. 泄漏处置

迅速撤离泄漏污染区人员至安全区，并进行隔离，严格限制出入。切断火源。建议应急处理人员戴自给正压式呼吸器，穿防静电工作服。不要直接接触泄漏物。尽可能切断泄漏源。防止进入下水道、排洪沟等限制性空间。小量泄漏：用砂土、蛭石或其他惰性材料吸收。也可以用不燃性分散剂制成的乳液刷洗，洗液稀释后放入废水系统。大量泄漏：构筑围堤或挖坑收容。用泡沫覆盖，降低蒸气灾害。用防爆泵转移至槽车或专用收集器内，回收或运至废物处理场所处置。

3. 燃爆与消防

（1）灭火方法及灭火剂：

灭火方法：消防人员须穿全身防火防毒服，佩戴空气呼吸器，在上风向灭火。喷水冷却容器，可能的话将容器从火场移至空旷处。处在火场中的容器若已变色或从安全泄压装置中产生声音，必须马上撤离。

灭火剂：泡沫、干粉、二氧化碳、砂土、水泥粉。用水灭火无效。

（2）储罐或货车（拖车）着火：

1）尽可能远距离灭火或用遥控水枪或水炮灭火。

2）用大量水冷却盛有危险品的容器，直到火完全熄灭。

3）如果容器的安全阀发出响声或储罐变色，应迅速撤离。

4）切记远离被大火吞没的储罐。

5）对于燃烧剧烈的大火，使用遥控水枪或水炮远距离灭火；否则撤离火场并任其燃烧。

4. 燃烧爆炸危险

（1）危险性综述：本品极度易燃，具刺激性，对环境有危害，对水体可造成污染。

（2）燃爆特性：易燃，其蒸气与空气可形成爆炸性混合物（闪点小于 -11.7℃），遇明火、高热极易燃烧爆炸。与氧化剂能发生强烈反应，引起燃烧或爆炸。长期储存，可生成具有潜在爆炸危险性的过氧化物。其蒸气比空气重，能在较低处扩散到相当远的地方，遇火源会着火回燃。

5. 燃爆温度及燃烧（分解）产物

引燃温度：244℃。

燃烧（分解）产物：一氧化碳、二氧化碳。

6. 禁止混储

可聚合生成不稳定过氧化物。与强氧化剂类发生剧烈反应。与氯化铝发生高热的聚合。与氯化铝、硝基甲烷、高氯酸镁、亚硝酰氟、臭氧、过甲酸发生剧烈反应。与四氢硼酸铝、氟不相容。与高氯酸亚铜形成爆炸性化合物。由于低导电性，流动或搅动会产生静电。

注：参考自《威利化学品禁忌手册》。

7. 隔离距离

泄漏：在泄漏区四周隔离至少 50m；大量泄漏，考虑首次向四周撤离 300m；

火灾：如果火场中怀疑装有炸弹或导弹等军火的槽车或拖车，应向四周隔离 800m；也可考虑首次就向四周撤离 800m。

8. 急救措施

（1）皮肤接触：立即脱去污染的衣着，用流动清水冲洗；就医。

（2）眼睛接触：立即提起眼睑，用流动清水或生理盐水冲洗；就医。

（3）吸入：迅速脱离现场至空气新鲜处。保持呼吸道通畅。如呼吸困难，给输氧。如呼吸停止，立即进行人工呼吸；就医。

（4）食入：给饮大量温水，禁止催吐；就医。

环烷酸铜泄漏、燃爆事故

1. 遇水反应

不发生反应。

2. 泄漏处置

疏散泄漏污染区人员至安全区，禁止无关人员进入污染区，切断火源。建议应急处理人员戴好口罩、护目镜，穿工作服。用砂土吸收，使用不产生火花的工具铲入提桶，倒至空旷地方深埋。被污染地面用肥皂或洗涤剂刷洗，经稀释的污水放入废水系统。如大量泄漏，收集回收或无害处理后废弃。

3. 燃爆与消防

（1）灭火方法及灭火剂：

灭火方法：消防人员须佩戴防毒面具、穿全身消防服，在上风向灭火。尽可能将容器从火场移至空旷处。喷水保持火场容器冷却，直至灭火结束。处在火场中的容器若已变色或从安全泄压装置中产生声音，必须马上撤离。

灭火剂：泡沫、二氧化碳、干粉、砂土、水泥粉。不宜用水。

（2）储罐或货车（拖车）着火：

1）尽可能远距离灭火或用遥控水枪或水炮灭火。

2）用大量水冷却盛有危险品的容器，直到火完全熄灭。

3）切勿对泄漏源或安全阀直接喷水，防止产生冰冻。

4）如果容器的安全阀发出响声或储罐变色，应迅速撤离。

5）切记远离被大火吞没的储罐。

6）对于燃烧剧烈的大火，使用遥控水枪或水炮远距离灭火；否则撤离火场并任其燃烧。

4. 燃烧爆炸危险

（1）危险性综述：本品易燃，具刺激性，对环境有危害，对水体可造成污染。

（2）燃爆特性：其蒸气与空气可形成爆炸性混合物（闪点38℃），遇明火、高热易燃；与氧化剂可发生反应；受高热分解有毒气体；若遇高热，容器内压增大，有开裂和爆炸危险。

5. 燃爆温度及燃烧（分解）产物

引燃温度：282℃。

燃烧（分解）产物：一氧化碳、二氧化碳、氧化铜。

6. 禁止混储

与强氧化剂类、强酸发生剧烈反应。与1，3-二（5-四唑基）三氮烯的混合物为对热、摩擦敏感的爆炸物。与乙炔、硝酸铵、氯化亚汞、苦味酸、硝酸银不相容。

注：参考自《威利化学品禁忌手册》。

7. 隔离距离

泄漏：在泄漏区四周隔离至少50m；大量泄漏，考虑首次向四周撤离300m；

火灾：如果火场中怀疑装有炸弹或导弹等军火的槽车或拖车，应向四周隔离800m；也可考虑首次就向四周撤离800m。

8. 急救措施

（1）皮肤接触：立即脱去污染的衣着，用肥皂水及清水彻底冲洗；就医。

（2）眼睛接触：立即提起眼睑，用大量流动清水或生理盐水彻底冲洗至少15min；就医。

（3）吸入：迅速脱离现场至空气新鲜处。保持呼吸道通畅。如呼吸困难，给输氧。如呼吸停止，立即进行人工呼吸；就医。

（4）食入：给饮适量温水，禁止催吐；就医。

环辛四烯泄漏、燃爆事故

1. 遇水反应

不发生反应。

2. 泄漏处置

迅速撤离泄漏污染区人员至安全区，并进行隔离，严格限制出入。切断火源。建议应急处理人员戴自给正压式呼吸器，穿防静电工作服。尽可能切断泄漏源。防止进入下水道、排洪沟等限制性空间。小量泄漏：用砂土或其他不燃材料吸附或吸收。大量泄漏：构筑围堤或挖坑收容。用泡沫覆盖，降低蒸气灾害。用防爆泵转移至槽车或专用收集器内，回收或运至废物处理场所处置。

3. 燃爆与消防

（1）灭火方法及灭火剂：

灭火方法：消防人员须穿全身防火防毒服，佩戴空气呼吸器，在上风向灭火。喷水冷却容器，可能的话将容器从火场移至空旷处。处在火场中的容器若已变色或从安全泄压装置中产生声音，必须马上撤离。

灭火剂：泡沫、干粉、二氧化碳、砂土、水泥粉。用水灭火无效。

（2）储罐或货车（拖车）着火：

1）尽可能远距离灭火或用遥控水枪或水炮灭火。

2）用大量水冷却盛有危险品的容器，直到火完全熄灭。

3）如果容器的安全阀发出响声或储罐变色，应迅速撤离。

4）切记远离被大火吞没的储罐。

5）对于燃烧剧烈的大火，使用遥控水枪或水炮远距离灭火；否则撤离火场并任其燃烧。

4. 燃烧爆炸危险

（1）危险性综述：本品易燃，具刺激性，对环境有危害，对水体可造成污染。

（2）燃爆特性：易燃，遇明火、高热或与氧化剂接触，有引起燃烧爆炸的危险。闪点：<22℃。

5. 燃爆温度及燃烧（分解）产物

燃烧（分解）产物：一氧化碳、二氧化碳。

6. 禁止混储

与强氧化剂发生剧烈反应。

7. 隔离距离

泄漏：作为紧急预防措施，应在泄漏区四周隔离至少 50m；大量泄漏，考虑首次向四周撤离 300m；

火灾：如果火场中怀疑装有炸弹或导弹等军火的槽车或拖车，应向四周隔离 800m；也可考虑首次就向四周撤离 800m。

8. 急救措施

（1）皮肤接触：立即脱去污染的衣着，用大量流动清水冲洗；就医。

（2）眼睛接触：立即提起眼睑，用流动清水或生理盐水冲洗；就医。

（3）吸入：迅速脱离现场至空气新鲜处。保持呼吸道通畅。如呼吸困难，给输氧。如呼吸停止，立即进行人工呼吸；就医。

（4）食入：给饮足量温水，禁止催吐；就医。

氯苯泄漏、燃爆事故

1. 遇水反应

不发生反应。

2. 泄漏处置

疏散泄漏污染区人员至安全区，禁止无关人员进入污染区，切断火源。建议应急处理人员戴好防毒面具，穿一般消防防护服。在确保安全情况下堵漏。喷水雾会减少蒸发，但不能降低泄漏物在受限制空间内的易燃性。用砂土或其他不燃性吸附剂混合吸收，然后收集运至废物处理场所处置。也可以用不燃性分散剂制成的乳液刷洗，经稀释的洗水放入废水系统。如大量泄漏，利用围堤收容，然后收集、转移、回收或无害处理后废弃。

3. 燃爆与消防

（1）灭火方法及灭火剂：

灭火方法：消防人员须穿全身防火防毒服，佩戴空气呼吸器，在上风向灭火。尽可能将容器从火场移至空旷处。喷水保持火场容器冷却，直至灭火结束。

灭火剂：雾状水、泡沫、二氧化碳、干粉、砂土、水泥粉。

（2）储罐或货车（拖车）着火：

1）尽可能远距离灭火或用遥控水枪或水炮灭火。

2）用大量水冷却盛有危险品的容器，直到火完全熄灭。

3）如果容器的安全阀发出响声或储罐变色，应迅速撤离。

4）切记远离被大火吞没的储罐。

5）对于燃烧剧烈的大火，使用遥控水枪或水炮远距离灭火；否则撤离火场并任其燃烧。

4. 燃烧爆炸危险

（1）危险性综述：本品易燃，具刺激性，对环境有严重危害，对水体、土壤和大气可造成污染。

（2）燃爆特性：与空气形成爆炸性混合体（闪点 28℃）， 遇明火、高热或与氧化剂接触，有引起燃烧爆炸的危险。

5. 燃爆温度及燃烧（分解）产物

引燃温度：590℃。

燃烧（分解）产物：一氧化碳、二氧化碳、氯化氢。

6. 禁止混储

与强氧化剂、碱金属、硝酸、二甲基亚砜、钠粉、高氯酸银发生剧烈反应；可能发生爆炸。浸蚀一些塑料、橡胶和布品。由于低导电性，流动或搅动会产生静电。

注：参考自《威利化学品禁忌手册》。

7. 隔离距离

泄漏：在泄漏区四周隔离至少 50m；大量泄漏，考虑首次向四周撤离 300m；

火灾：如果火场中怀疑装有炸弹或导弹等军火的槽车或拖车，应向四周隔离 800m；也可考虑首次就向四周撤离 800m。

8. 急救措施

（1）皮肤接触：脱去污染的衣着，用肥皂水及清水彻底冲洗。

（2）眼睛接触：提起眼睑，用流动清水或生理盐水冲洗；就医。

（3）吸入：迅速脱离现场至空气新鲜处。保持呼吸道通畅。如呼吸困难，给输氧。如呼吸停止，立即进行人工呼吸；就医。

（4）食入：饮大量温水，禁止催吐；就医。

3– 氯丙烯泄漏、燃爆事故

1. 遇水反应

不发生反应。

2. 泄漏处置

迅速撤离泄漏污染区人员至安全区，并进行隔离，严格限制出入。切断火源。建议应急处理人员戴自给正压式呼吸器，穿防静电工作服。尽可能切断泄漏源。防止进入下水道、排洪沟等限制性空间。小量泄漏：用活性炭或其他惰性材料吸收。也可以用不燃性分散剂制成的乳液刷洗，洗液稀释后放入废水系统。大量泄漏：构筑围堤或挖坑收容。用泡沫覆盖，降低蒸气灾害。用泵转移至槽车或专用收集器内，回收或运至废物处理场所处置。

3. 燃爆与消防

（1）灭火方法及灭火剂：

灭火方法：消防人员须穿全身消防服，佩戴防毒面具，在上风向灭火。尽可能将容器从火场移至空旷处。喷水保持火场容器冷却，直至灭火结束。处在火场中的容器若已变色或从安全泄压装置中产生声音，必须马上撤离。

灭火剂：泡沫、二氧化碳、干粉、砂土、水泥粉。用水灭火无效。

（2）储罐或货车（拖车）着火：

1）尽可能远距离灭火或用遥控水枪或水炮灭火。

2）用大量水冷却盛有危险品的容器，直到火完全熄灭。

3）如果容器的安全阀发出响声或储罐变色，应迅速撤离。

4）切记远离被大火吞没的储罐。

5）对于燃烧剧烈的大火，使用遥控水枪或水炮远距离灭火；否则撤离火场并任其燃烧。

4. 燃烧爆炸危险

（1）危险性综述：本品极度易燃，具刺激性。

（2）燃爆危险：蒸气与空气可形成爆炸性混合物（闪点 -29℃）。遇明火、高热或与氧化剂接触，有引起燃烧爆炸的危险。在火场高温下，能发生聚合放热，使容器破裂。其蒸气比空气重，能在较低处扩散到相当远的地方，遇火源会着火回燃。

5. 燃爆温度及燃烧（分解）产物

引燃温度：392℃。

燃烧（分解）产物：一氧化碳、二氧化碳、氯化氢（有毒）。

6. 禁止混储

升高温度、光照、酸性催化剂类、氯化铁、氯化铝、路易斯酸或齐格勒催化剂、屑状金属可能导致剧烈的聚合和爆炸。与氧化剂类、氯代烷基铝类发生剧烈反应。与强酸类、发烟硫酸、胺类、氯化铝、三氟化硼、氯代磺酸、乙二胺、亚乙基亚胺、氯化铁、氢氧化钠不相容。潮湿条件下缓慢分解。浸蚀一些塑料、布品和橡胶，腐蚀钢。由于低导电性，流动或搅动会产生静电。

注：参考自《威利化学品禁忌手册》。

7. 隔离距离

泄漏：在泄漏区四周隔离至少 50m；大量泄漏，考虑首次向四周撤离 300m；

火灾：如果火场中怀疑装有炸弹或导弹等军火的槽车或拖车，应向四周隔离 800m；也可考虑首次就向四周撤离 800m。

8. 急救措施

（1）皮肤接触：立即脱去污染的衣着，用流动清水彻底冲洗。

（2）眼睛接触：立即提起眼睑，用大量流动清水或生理盐水彻底冲洗至少 15min；就医。

（3）吸入：迅速脱离现场至空气新鲜处。保持呼吸道通畅。如呼吸困难，给输氧。如呼吸停止，立即进行人工呼吸；就医。

（4）食入：给饮足量温水，禁止催吐；就医。

4-氯甲苯泄漏、燃爆事故

1. 遇水反应

不发生反应。

2. 泄漏处置

迅速撤离泄漏污染区人员至安全区，并进行隔离，严格限制出入。切断火源。建议应急处理人员戴自给式呼吸器，穿消防防护服。尽可能切断泄漏源，防止进入下水道、排洪沟等限制性空间。小量泄漏：用砂土或其他不燃材料吸附或吸收。也可以用不燃性分散剂制成的乳液刷洗，洗液稀释后放入废水系统。大量泄漏：构筑围堤或挖坑收容。用泡沫覆盖，降低蒸气灾害。用防爆泵转移至槽车或专用收集器内，回收或运至废物处理场所处置。

3. 燃爆与消防

（1）灭火方法及灭火剂：

灭火方法：消防人员须穿全身防火防毒服，佩戴空气呼吸器，在上风向灭火。尽可能将容器从火场移至空旷处。喷水保持火场容器冷却，直至灭火结束。

灭火剂：雾状水、泡沫、二氧化碳、干粉、砂土、水泥粉。

（2）储罐或货车（拖车）着火：

1）尽可能远距离灭火或用遥控水枪或水炮灭火。

2）用大量水冷却盛有危险品的容器，直到火完全熄灭。

3）如果容器的安全阀发出响声或储罐变色，应迅速撤离。

4）切记远离被大火吞没的储罐。

5）对于燃烧剧烈的大火，使用遥控水枪或水炮远距离灭火；否则撤离火场并任其燃烧。

4. 燃烧爆炸危险

（1）危险性综述：本品易燃，具刺激性。

（2）燃爆特性：其蒸气与空气可形成爆炸性混合物（闪点60℃，开杯），易燃，遇明火有引起燃烧的危险。与氧化剂接触猛烈反应。

5. 燃爆温度及燃烧（分解）产物

自燃温度：595℃。

燃烧（分解）产物：一氧化碳、二氧化碳、氯化氢（有毒）。

6. 禁止混储

与强氧化剂发生剧烈反应。升高温度或与酸或酸雾能产生有毒氯化物烟雾。与碱金属、强酸不相容。在潮湿条件下，可以引起奥氏体不锈钢和其他金属的蚀损斑和压力蚀。浸蚀一些塑料、橡胶和布品。由于低导电性，流动或搅动会产生静电。

注：参考自《威利化学品禁忌手册》。

7. 隔离距离

泄漏：在泄漏区四周隔离至少 50m；大量泄漏，考虑首次向四周撤离 300m；

火灾：如果火场中怀疑装有炸弹或导弹等军火的槽车或拖车，应向四周隔离 800m；也可考虑首次就向四周撤离 800m。

8. 急救措施

（1）皮肤接触：立即脱去污染的衣着，用肥皂水及清水彻底冲洗。

（2）眼睛接触：立即提起眼睑，用大量流动清水或生理盐水冲洗；就医。

（3）吸入：迅速脱离现场至空气新鲜处。保持呼吸道通畅。如呼吸困难，给输氧。如呼吸停止，立即进行人工呼吸；就医。

（4）食入：充分漱口、饮大量温水，禁止催吐；就医。

煤焦油泄漏、燃爆事故

1. 遇水反应

不发生反应。

2. 泄漏处置

迅速撤离泄漏污染区人员至安全区，并进行隔离，严格限制出入。切断火源。建议应急处理人员戴自给正压式呼吸器，穿防毒服。尽可能切断泄漏源。防止进入下水道、排洪沟等限制性空间。小量泄漏：用砂土或其他不燃材料吸附或吸收。大量泄漏：构筑围堤或挖坑收容。用泡沫覆盖，降低蒸气灾害。用泵转移至槽车或专用收集器内，回收或运至废物处理场所处置。

3. 燃爆与消防

（1）灭火方法及灭火剂：

灭火方法：消防人员必须佩戴过滤式防毒面具（全面罩）或隔离式呼吸器、穿全身防火防毒服，在上风向灭火。尽可能将容器从火场移至空旷处。喷水保持火场容器冷却，直至灭火结束。处在火场中的容器若已变色或从安全泄压装置中产生声音，必须马上撤离。

灭火剂：小火，雾状水、泡沫、二氧化碳、干粉、砂土、水泥粉；大火，雾状水。

（2）储罐或货车（拖车）着火：

1）尽可能远距离灭火或用遥控水枪或水炮灭火。

2）用大量水冷却盛有危险品的容器，直到火完全熄灭。

3）如果容器的安全阀发出响声或储罐变色，应迅速撤离。

4）切记远离被大火吞没的储罐。

5）对于燃烧剧烈的大火，使用遥控水枪或水炮远距离灭火；否则撤离火场并任其燃烧。

4. 燃烧爆炸危险

（1）危险性综述：本品易燃，为致癌物，对环境有危害，对大气可造成污染。

（2）燃爆特性：其蒸气与空气可形成爆炸性混合物（闪点 15~25℃），遇明火、高热极易燃烧爆炸。若遇高热，容器内压增大，有开裂和爆炸的危险。

5. 燃爆温度及燃烧（分解）产物

燃烧（分解）产物：一氧化碳、二氧化碳。

6. 禁止混储

与强氧化剂发生剧烈反应。与强酸、硝酸盐不相容。

注：参考自《威利化学品禁忌手册》。

7. 隔离距离

泄漏：在泄漏区四周隔离至少 50m；大量泄漏，考虑首次向四周撤离 300m；

火灾：如果火场中怀疑装有炸弹或导弹等军火的槽车或拖车，应向四周隔离 800m；也可考虑首次就向四周撤离 800m。

8. 急救措施

（1）皮肤接触：立即脱去污染的衣着，用肥皂水及清水彻底冲洗。

（2）眼睛接触：立即提起眼睑，用流动清水或生理盐水冲洗；就医。

（3）吸入：迅速脱离现场至空气新鲜处。保持呼吸道通畅。如呼吸困难，给输氧。如呼吸停止，立即进行人工呼吸；就医。

（4）食入：尽快彻底洗胃；就医。

煤油泄漏、燃爆事故

1. 遇水反应

不发生反应。

2. 泄漏处置

疏散泄漏污染区人员至安全区，禁止无关人员进入污染区，切断火源。建议应急处理人员戴好防毒面具，穿一般消防防护服。在确保安全情况下堵漏。喷水雾会减少蒸发，但不能降低泄漏物在受限制空间内的易燃性。小量泄漏：用砂土或其他不燃性吸附剂混合吸收，然后收集运至废物处理场所处置。也可以在保证安全情况下，就地焚烧。大量泄漏：利用围堤收容，然后收集、转移、回收或无害处理后废弃。

3. 燃爆与消防

（1）灭火方法及灭火剂：

灭火方法：消防人员须佩戴防毒面具、穿全身消防服，在上风向灭火。尽可能将容器从火场移至空旷处。喷水保持火场容器冷却，直至灭火结束。处在火场中的容器若已变色或从安全泄压装置中产生声音，必须马上撤离。

灭火剂：小火，泡沫、干粉、二氧化碳、砂土、水泥粉；大火，雾状水。使用雾状水或水幕灭火，切勿用水流直接喷射灭火。

（2）储罐或货车（拖车）着火：

1）尽可能远距离灭火或用遥控水枪或水炮灭火。

2）用大量水冷却盛有危险品的容器，直到火完全熄灭。

3）如果容器的安全阀发出响声或储罐变色，应迅速撤离。

4）切记远离被大火吞没的储罐。

5）对于燃烧剧烈的大火，使用遥控水枪或水炮远距离灭火；否则撤离火场并任其燃烧。

4. 燃烧爆炸危险

（1）危险性综述：本品易燃，具刺激性，对环境有危害，对大气可造成污染。

（2）燃爆特性：其蒸气与空气可形成爆炸性混合物（闪点 36 ~ 48℃），遇明火、高热能引起燃烧爆炸。与氧化剂可发生反应。若遇高热，容器内压增大，有开裂和爆炸的危险。

5. 燃爆温度及燃烧（分解）产物

引燃温度：280~456℃。

燃烧（分解）产物：一氧化碳、二氧化碳。

6. 禁止混储

与强氧化剂类发生剧烈反应。与硝酸不相容。由于低导电性，流动或搅动产生静电。

注：参考自《威利化学品禁忌手册》。

7. 隔离距离

泄漏：在泄漏区四周隔离至少 50m；大量泄漏，考虑首次向四周撤离 300m；

火灾：如果火场中怀疑装有炸弹或导弹等军火的槽车或拖车，应向四周隔离 800m；也可考虑首次就向四周撤离 800m。

注：参考自《危险化学品应急救援指南》。

8. 急救措施

（1）皮肤接触：脱去污染的衣着，用肥皂水及清水彻底冲洗。

（2）眼睛接触：立即提起眼睑，用流动清水或生理盐水冲洗；就医。

（3）吸入：迅速脱离现场至空气新鲜处。保持呼吸道通畅。如呼吸困难，给输氧。如呼吸停止，立即进行人工呼吸；就医。

（4）食入：尽快彻底洗胃；就医。

迷迭香油泄漏、燃爆事故

1. 遇水反应

不发生反应。

2. 泄漏处置

迅速撤离泄漏污染区人员至安全区，并进行隔离，严格限制出入。切断火源。建议应急处理人员戴自给正压式呼吸器，穿防静电工作服。尽可能切断泄漏源。防止进入下水道、排洪沟等限制性空间。小量泄漏：用不燃性分散剂制成的乳液刷洗，洗液稀释后放入废水系统。大量泄漏：构筑围堤或挖坑收容。用泡沫覆盖，降低蒸气灾害。用泵转移至槽车或专用收集器内，回收或运至废物处理场所处置。

3. 燃爆与消防

（1）灭火方法及灭火剂：消防人员须佩戴防毒面具、穿全身消防服，在上风向灭火。尽可能将容器从火场移至空旷处。喷水保持火场容器冷却，直至灭火结束。处在火场中的容器若已变色或从安全泄压装置中产生声音，必须马上撤离。

灭火剂：雾状水、泡沫、二氧化碳、干粉、砂土、水泥粉。

（2）储罐或货车（拖车）着火：

1）尽可能远距离灭火或用遥控水枪或水炮灭火。

2）用大量水冷却盛有危险品的容器，直到火完全熄灭。

3）如果容器的安全阀发出响声或储罐变色，应迅速撤离。

4）切记远离被大火吞没的储罐。

5）对于燃烧剧烈的大火，使用遥控水枪或水炮远距离灭火；否则撤离火场并任其燃烧。

4. 燃烧爆炸危险

（1）危险性综述：本品易燃，具刺激性。

（2）燃爆特性：其蒸气与空气可形成爆炸性混合物，遇明火、高热能引起燃烧爆炸。若遇高热，容器内压增大，有开裂和爆炸的危险。

5. 燃爆温度及燃烧（分解）产物

燃烧（分解）产物：一氧化碳、二氧化碳

6. 禁止混储

与强氧化剂、酸类发生反应。

7. 隔离距离

泄漏：在泄漏区四周隔离至少 50m；大量泄漏，考虑首次向四周撤离 300m；

火灾：如果火场中怀疑装有炸弹或导弹等军火的槽车或拖车，应向四周隔离 800m；也可考虑首次就向四周撤离 800m。

8. 急救措施

（1）皮肤接触：脱去污染的衣着，用大量流动清水彻底冲洗。

（2）眼睛接触：立即提起眼睑，用流动清水或生理盐水冲洗 15min；就医。

（3）吸入：迅速脱离现场至空气新鲜处。保持呼吸道通畅。如呼吸困难，给输氧。如呼吸停止，立即进行人工呼吸；就医。

（4）食入：用水漱口，给饮足量温水，催吐；就医。

α－蒎烯泄漏、燃爆事故

1. 遇水反应

不发生反应。

2. 泄漏处置

迅速撤离泄漏污染区人员至安全区，并进行隔离，严格限制出入。切断火源。建议应急处理人员戴自给正压式呼吸器，穿防毒服。尽可能切断泄漏源。防止进入下水道、排洪沟等限制性空间。小量泄漏：用活性炭或其他惰性材料吸收。也可以用大量水冲洗，洗水稀释后放入废水系统。大量泄漏：构筑围堤或挖坑收容。用泡沫覆盖，降低蒸气灾害。用防爆泵转移至槽车或专用收集器内，回收或运至废物处理场所处置。

3. 燃爆与消防

（1）灭火方法及灭火剂：

灭火方法：消防人员须穿全身防火防毒服，佩戴空气呼吸器，在上风向灭火。喷水冷却容器，可能的话将容器从火场移至空旷处。

灭火剂：泡沫、干粉、二氧化碳、砂土。用水灭火无效，但可用水冷却容器。

（2）储罐或货车（拖车）着火：

1）尽可能远距离灭火或用遥控水枪或水炮灭火。

2）用大量水冷却盛有危险品的容器，直到火完全熄灭。

3）如果容器的安全阀发出响声或储罐变色，应迅速撤离。

4）切记远离被大火吞没的储罐。

5）对于燃烧剧烈的大火，使用遥控水枪或水炮远距离灭火；否则撤离火场并任其燃烧。

4. 燃烧爆炸危险

（1）危险性综述：本品易燃，具强刺激性。

（2）燃爆特性：其蒸气与空气可形成爆炸性混合物（闪点33℃），遇明火、高热能引起燃烧爆炸。与氧化剂能发生强烈反应。与硝酸发生剧烈反应或立即燃烧。

5. 燃爆温度及燃烧（分解）产物

引燃温度：255℃。

燃烧（分解）产物：一氧化碳、二氧化碳。

6. 禁止混储

与强氧化剂、硝酸发生反应。

7. 隔离距离

泄漏：在泄漏区四周隔离至少50m；大量泄漏，考虑首次向四周撤离300m；

火灾：如果火场中怀疑装有炸弹或导弹等军火的槽车或拖车，应向四周隔离800m；也可考虑首次就向四周撤离800m。

8. 急救措施

（1）皮肤接触：脱去污染的衣着，用肥皂水及清水彻底冲洗。

（2）眼睛接触：立即提起眼睑，用流动清水或生理盐水冲洗15min；就医。

（3）吸入：迅速脱离现场至空气新鲜处。保持呼吸道通畅。如呼吸困难，给输氧。如呼吸停止，立即进行人工呼吸；就医。

（4）食入：给饮大量温水，禁止催吐；就医。

汽油泄漏、燃爆事故

1. 遇水反应

不发生反应。

2. 泄漏处置

切断火源。在确保安全情况下堵漏。禁止泄漏物进入受限制的空间（如下水道等），以避免发生爆炸。喷水雾可减少蒸发。小量泄漏：用砂土、蛭石或其他惰性材料吸收，然后收集运至废物处理场所。或在保证安全情况下，就地焚烧。大量泄漏：利用围堤收容，然后收集、转移、回收或无害处理后废弃。

3. 燃爆与消防

（1）灭火方法及灭火剂：

灭火方法：消防人员须穿全身防火防毒服，佩戴空气呼吸器，在上风向灭火。喷水冷却容器，可能的话将容器从火场移至空旷处。

灭火剂：泡沫、干粉、二氧化碳。

（2）储罐或货车（拖车）着火：

1）尽可能远距离灭火或用遥控水枪或水炮灭火。

2）用大量水冷却盛有危险品的容器，直到火完全熄灭。

3）如果容器的安全阀发出响声或储罐变色，应迅速撤离。

4）切记远离被大火吞没的储罐。

5）对于燃烧剧烈的大火，使用遥控水枪或水炮远距离灭火；否则撤离火场并任其燃烧。

4. 燃烧爆炸危险

（1）危险性综述：本品极度易燃。

（2）燃爆危险：其蒸气与空气可形成爆炸性混合物（闪点< -18℃），遇明火、高热极易燃烧爆炸。与氧化剂能发生强烈反应。其蒸气比空气重，能在较低处扩散到相当远的地方，遇火源会着火回燃。

5. 燃爆温度及燃烧（分解）产物

引燃温度：250～530℃。

燃烧（分解）产物：一氧化碳、二氧化碳。

6. 禁止混储

与氧化剂、氟发生剧烈反应。与硝酸不相容。由于低导电性，流动或搅动会产生静电。

注：参考自《威利化学品禁忌手册》。

7. 隔离距离

泄漏：在泄漏区四周隔离至少 50m；大量泄漏，考虑首次向四周撤离 300m；

火灾：如果火场中怀疑装有炸弹或导弹等军火的槽车或拖车，应向四周隔离 800m；也可考虑首次就向四周撤离 800m。

8. 急救措施

（1）皮肤接触：立即脱去污染的衣着，用肥皂水和清水彻底冲洗皮肤；就医。

（2）眼睛接触：立即提起眼睑，用大量流动清水或生理盐水彻底冲洗至少 15min；就医。

（3）吸入：迅速脱离现场至空气新鲜处。保持呼吸道通畅。如呼吸困难，给

输氧。如呼吸停止，立即进行人工呼吸；就医。

（4）食入：给饮牛奶或用植物油洗胃和灌肠；就医。

4-羟基-4-甲基-2-戊酮（双丙酮醇）泄漏、燃爆事故

1. 遇水反应

不发生反应。

2. 泄漏处置

迅速撤离泄漏污染区人员至安全区，并进行隔离，严格限制出入。切断火源。建议应急处理人员戴自给正压式呼吸器，穿防静电工作服。尽可能切断泄漏源。防止进入下水道、排洪沟等限制性空间。小量泄漏：用砂土、蛭石或其他惰性材料吸收。也可以用大量水冲洗，洗水稀释后放入废水系统。大量泄漏：构筑围堤或挖坑收容。用泵转移至槽车或专用收集器内，回收或运至废物处理场所处置。

3. 燃爆与消防

（1）灭火方法及灭火剂：

灭火方法：消防人员须佩戴防毒面具、穿全身消防服，在上风向灭火。尽可能将容器从火场移至空旷处。喷水保持火场容器冷却，直至灭火结束。处在火场中的容器若已变色或从安全泄压装置中产生声音，必须马上撤离。用水喷射逸出液体，使其稀释成不燃性混合物，并用雾状水保护消防人员。

灭火剂：泡沫、二氧化碳、干粉、砂土、水泥粉。

（2）储罐或货车（拖车）着火：

1）尽可能远距离灭火或用遥控水枪或水炮灭火。

2）用大量水冷却盛有危险品的容器，直到火完全熄灭。

3）如果容器的安全阀发出响声或储罐变色，应迅速撤离。

4）切记远离被大火吞没的储罐。

5）对于燃烧剧烈的大火，使用遥控水枪或水炮远距离灭火；否则撤离火场并任其燃烧。

4. 燃烧爆炸危险

（1）危险性综述：本品易燃，具刺激性。

（2）燃爆特性：其蒸气与空气可形成爆炸性混合物（闪点 <23℃），遇明火、高热极易燃烧爆炸。若遇高热，容器内压增大，有开裂和爆炸的危险。

5. 燃爆温度及燃烧（分解）产物

引燃温度：603℃。

燃烧（分解）产物：一氧化碳、二氧化碳。

6. 禁止混储

58℃以上与空气形成爆炸性混合物。与强氧化剂类发生剧烈反应。与强酸或强碱接触发生分解，生成丙酮和异亚丙基丙酮；与碱金属反应生成爆炸性氢气。与脂肪胺类、异氰酸酯类、乙醛等许多物质不相容。浸蚀一些塑料、树脂和橡胶。

注：参考自《威利化学品禁忌手册》。

7. 隔离距离

泄漏：在泄漏区四周隔离至少 50m；大量泄漏，考虑首次向四周撤离 300m；

火灾：如果火场中怀疑装有炸弹或导弹等军火的槽车或拖车，应向四周隔离 800m；也可考虑首次就向四周撤离 800m。

8. 急救措施

（1）皮肤接触：立即脱去污染的衣着，用大量清水彻底冲洗至少 15min；就医。

（2）眼睛接触：立即提起眼睑，用大量流动清水或生理盐水彻底冲洗至少 15min；就医。

（3）吸入：迅速脱离现场至空气新鲜处。保持呼吸道通畅。如呼吸困难，给输氧。如呼吸停止，立即进行人工呼吸；就医。

（4）食入：立即用水漱口，口服牛奶或蛋清；就医。

噻吩泄漏、燃爆事故

1. 遇水反应

不发生反应。

2. 泄漏处置

迅速撤离泄漏污染区人员至安全区，并进行隔离，严格限制出入。切断火源。建议应急处理人员戴自给正压式呼吸器，穿防静电工作服。尽可能切断泄漏源。防止进入下水道、排洪沟等限制性空间。小量泄漏：用活性炭或其他惰性材料吸收。也可以用不燃性分散剂制成的乳液刷洗，洗液稀释后放入废水系统。大量泄漏：构筑围堤或挖坑收容。用泡沫覆盖，降低蒸气灾害。用泵转移至槽车或专用收集器内，回收或运至废物处理场所处置。

3. 燃爆与消防

（1）灭火方法及灭火剂：

灭火方法：消防人员须佩戴防毒面具、穿全身消防服，在上风向灭火。尽可能将容器从火场移至空旷处。喷水保持火场容器冷却，直至灭火结束。处在火场中的容器若已变色或从安全泄压装置中产生声音，必须马上撤离。

灭火剂：泡沫、二氧化碳、干粉、砂土、水泥粉。

（2）储罐或货车（拖车）着火：

1）尽可能远距离灭火或用遥控水枪或水炮灭火。

2）用大量水冷却盛有危险品的容器，直到火完全熄灭。

3）如果容器的安全阀发出响声或储罐变色，应迅速撤离。

4）切记远离被大火吞没的储罐。

5）对于燃烧剧烈的大火，使用遥控水枪或水炮远距离灭火；否则撤离火场并任其燃烧。

4. 燃烧爆炸危险

（1）危险性综述：本品易燃，有毒，具刺激性。

（2）燃爆特性：其蒸气与空气可形成爆炸性混合物（闪点 -1.11℃），遇明火、高热极易燃烧爆炸。受高热分解产生有毒的硫化物烟气。与浓硝酸反应能起火或爆炸。其蒸气比空气重，能在较低处扩散到相当远的地方，遇火源会着火回燃。若遇高热，容器内压增大，有开裂和爆炸的危险。

5. 燃爆温度及燃烧（分解）产物

引燃温度：395℃。

燃烧（分解）产物：一氧化碳、二氧化碳、硫氧化物、硫化氢（有毒）。

6. 禁止混储

与氧化剂接触猛烈反应。

7. 隔离距离

泄漏：在泄漏区四周隔离至少 50m；大量泄漏，考虑首次向四周撤离 300m；

火灾：如果火场中怀疑装有炸弹或导弹等军火的槽车或拖车，应向四周隔离 800m；也可考虑首次就向四周撤离 800m。

8. 急救措施

（1）皮肤接触：立即脱去污染的衣着，用流动清水彻底冲洗。

（2）眼睛接触：立即提起眼睑，用流动清水或生理盐水冲洗。

（3）吸入：迅速脱离现场至空气新鲜处。保持呼吸道通畅。如呼吸困难，给输氧。如呼吸停止，立即进行人工呼吸；就医。

（4）食入：给饮大量温水，禁止催吐；就医。

三甲基氯硅烷泄漏、燃爆事故

1. 遇水反应

发生反应。生成氯化氢有毒气体和三甲基硅醇。

2. 泄漏处置

疏散泄漏污染区人员至安全区，禁止无关人员进入污染区。切断火源。建议应急处理人员戴自给式呼吸器，穿一般消防防护服。不要直接接触泄漏物，在确保安全情况下堵漏。喷水雾能减少蒸发但不要使水进入储存容器内。小量泄漏，用砂土、干燥石灰或苏打灰混合，然后收集运至废物处理场所处置。也可以用不燃性分散剂制成的乳液刷洗，经稀释的洗水放入废水系统。如大量泄漏，利用围堤收容，然后收集、转移、回收或无害处理后废弃。

3. 燃爆与消防

（1）灭火方法及灭火剂：

灭火方法：消防人员须穿全身防火防毒服，佩戴空气呼吸器，在上风向灭火。喷水冷却容器，可能的话将容器从火场移至空旷处。

灭火剂：二氧化碳、干粉、干砂。禁止用水和泡沫灭火。

（2）储罐或货车（拖车）着火：

1）尽可能远距离灭火或用遥控水枪或水炮灭火。

2）切勿将水注入容器。

3）用大量水冷却盛有危险品的容器，直到火完全熄灭。

4）如果容器的安全阀发出响声或储罐变色，应迅速撤离。

5）切记远离被大火吞没的储罐。

4. 燃烧爆炸危险

（1）危险性综述：本品极度易燃，具强腐蚀性、强刺激性，可致人体灼伤。

（2）燃爆特性：易燃，与空气形成爆炸性混合物（闪点 -18℃，闭杯），遇明火、高热或与氧化剂接触，有引起燃烧爆炸的危险。

5. 燃爆温度及燃烧（分解）产物

引燃温度：395℃。

燃烧（分解）产物：一氧化碳、二氧化碳、氧化硅、氯化氢（有毒）。

6. 禁止混储

与水、水蒸气、醇类发生剧烈反应，形成氯化氢。与强氧化剂、氨发生剧烈反应。与碱、强酸、脂肪胺类、链烷醇胺、异氰酸酯类、环氧烷烃类、表氯醇、卤化物、氧化氮不相容。在潮湿条件下，腐蚀普通金属并产生易燃的氢气。与铝发生强烈反应。储存在 21℃以下。

注：参考自《威利化学品禁忌手册》。

7. 隔离距离

泄漏：首次隔离距离至少 30m；考虑下风向撤离距离为 0.1km，夜晚为 0.3km；大量泄漏：首次隔离距离至少 90m；考虑下风向撤离距离白天为 0.8km，夜晚为 2.7km；

火灾：如果火场中有储罐、槽车、罐车时，应向四周隔离 800m；也可考虑首次就向四周撤离 800m。

8. 急救措施

（1）皮肤接触：立即脱去污染的衣着，用流动清水彻底冲；若有灼伤，立即就医。

（2）眼睛接触：立即提起眼睑，用大量流动清水或生理盐水彻底冲洗至少 15min；就医。

（3）吸入：迅速脱离现场至空气新鲜处。保持呼吸道通畅。如呼吸困难，给输氧。如呼吸停止，立即进行人工呼吸；就医。

（4）食入：立即漱口，给饮牛奶或蛋清；就医。

三聚乙醛泄漏、燃爆事故

1. 遇水反应

不发生反应。

2. 泄漏处置

疏散泄漏污染区人员至安全区，禁止无关人员进入污染区，切断火源。建议应急处理人员戴好防毒面具，穿一般消防防护服。在确保安全情况下堵漏。小量泄漏：用砂土或其他不燃性吸附剂混合吸收，然后收集运至废物处理场所处置。大量泄漏：利用围堤收容，然后收集、转移、回收或无害处理后废弃。

3. 燃爆与消防

（1）灭火方法及灭火剂：

灭火方法：消防人员须穿全身防火防毒服，佩戴空气呼吸器，在上风向灭火。尽可能将容器从火场移至空旷处。喷水保持火场容器冷却，直至灭火结束。处在火场中的容器若已变色或从安全泄压装置中产生声音，必须马上撤离。

灭火剂：抗溶性泡沫、二氧化碳、干粉、砂土、水泥粉。

（2）储罐或货车（拖车）着火：

1）尽可能远距离灭火或用遥控水枪或水炮灭火。

2）用大量水冷却盛有危险品的容器，直到火完全熄灭。

3）如果容器的安全阀发出响声或储罐变色，应迅速撤离。

4）切记远离被大火吞没的储罐。

5）对于燃烧剧烈的大火，使用遥控水枪或水炮远距离灭火；否则撤离火场并任其燃烧。

4. 燃烧爆炸危险

（1）危险性综述：本品易燃，具刺激性。

（2）燃爆特性：易燃，与空气混合形成爆炸性混合体（闪点24℃，闭杯），遇明火有引起燃烧的危险。

5. 燃爆温度及燃烧（分解）产物

引燃温度：235℃。

燃烧（分解）产物：一氧化碳、二氧化碳。

6. 禁止混储

与强酸类、苛性碱类、氨、胺、氧化剂发生反应。当与酸或酸雾接触时分解生成乙醛。由于低导电性，流动或搅动会产生静电。

注：参考自《威利化学品禁忌手册》。

7. 隔离距离

泄漏：在泄漏区四周隔离至少50m；大量泄漏，考虑首次向四周撤离300m；

火灾：如果火场中怀疑装有炸弹或导弹等军火的槽车或拖车，应向四周隔离800m；也可考虑首次就向四周撤离800m。

8. 急救措施

（1）皮肤接触：立即脱去污染的衣着，用肥皂水和清水彻底冲洗。

（2）眼睛接触：立即提起眼睑，用流动清水或生理盐水冲洗。

（3）吸入：迅速脱离现场至空气新鲜处。保持呼吸道通畅。如呼吸困难，给输氧。如呼吸停止，立即进行人工呼吸；就医。

（4）食入：给饮大量温水，禁止催吐；就医。

石脑油泄漏、燃爆事故

1. 遇水反应

不发生反应。

2. 泄漏处置

疏散泄漏污染区人员至安全区，禁止无关人员进入污染区，切断火源。建议应急处理人员戴自给式呼吸器，穿一般消防防护服。在确保安全情况下堵漏。喷水雾会减少蒸发，但不能降低泄漏物在受限制空间内的易燃性。小量泄漏：用砂土、蛭石或其他惰性材料吸收，然后收集运至空旷的地方掩埋；蒸发或焚烧。大量泄漏：利用围堤收容，然后收集、转移、回收或无害处理后废弃。

3. 燃爆与消防

（1）灭火方法及灭火剂：

灭火方法：消防人员须穿全身防火防毒服，佩戴空气呼吸器，在上风向灭火。喷水冷却容器，可能的话将容器从火场移至空旷处。处在火场中的容器若已变色或从安全泄压装置中产生声音，必须马上撤离。

灭火剂：泡沫、二氧化碳、干粉、砂土、水泥粉。用水灭火无效。

（2）储罐或货车（拖车）着火：

1）尽可能远距离灭火或用遥控水枪或水炮灭火。

2）用大量水冷却盛有危险品的容器，直到火完全熄灭。

3）切勿对泄漏源或安全阀直接喷水，防止产生冰冻。

4）如果容器的安全阀发出响声或储罐变色，应迅速撤离。

5）切记远离被大火吞没的储罐。

4. 燃烧爆炸危险

（1）危险性综述：本品易燃，具刺激性，对环境有危害，对水体、土壤和大气可造成污染。

（2）燃爆特性：其蒸气与空气可形成爆炸性混合物（闪点 <–18℃），遇明火、高热能引起燃烧爆炸。其蒸气比空气重，能在较低处扩散到相当远的地方，遇火源会着火回燃。

5. 燃爆温度及燃烧（分解）产物

引燃温度：232 ~ 510℃（不同种类石脑油引燃温度不同）。

燃烧（分解）产物：一氧化碳、二氧化碳。

6. 禁止混储

与强氧化剂类发生剧烈反应。与强酸、硝酸盐不相容；浸蚀一些塑料、橡胶和布品。

注：参考自《威利化学品禁忌手册》。

7. 隔离距离

泄漏：在泄漏区四周隔离至少50m；大量泄漏，考虑首次向四周撤离300m；

火灾：如果火场中怀疑装有炸弹或导弹等军火的槽车或拖车，应向四周隔离800m；也可考虑首次就向四周撤离800m。

8. 急救措施

（1）皮肤接触：脱去污染的衣着，用肥皂水及清水彻底冲洗。

（2）眼睛接触：立即提起眼睑，用大量流动清水彻底冲洗；就医。

（3）吸入：迅速脱离现场至空气新鲜处。保持呼吸道通畅。如呼吸困难，给输氧。如呼吸停止，立即进行人工呼吸；就医。

（4）食入：饮牛奶或蛋清；就医。

石油焦油泄漏、燃爆事故

1. 遇水反应

不发生反应。

2. 泄漏处置

迅速撤离泄漏污染区人员至安全区，并进行隔离，严格限制出入。切断火源。建议应急处理人员戴自给正压式呼吸器，穿防静电工作服。尽可能切断泄漏源。防止进入下水道、排洪沟等限制性空间。小量泄漏：用不燃性分散剂制成的乳液刷洗，洗液稀释后放入废水系统。大量泄漏：构筑围堤或挖坑收容。用泵转移至槽车或专用收集器内，回收或运至废物处理场所处置。

3. 燃爆与消防

（1）灭火方法及灭火剂：

灭火方法：消防人员必须佩戴过滤式防毒面具（全面罩）或隔离式呼吸器、穿全身防火防毒服，在上风向灭火。尽可能将容器从火场移至空旷处。喷水保持火场容器冷却，直至灭火结束。处在火场中的容器若已变色或从安全泄压装置中产生声音，必须马上撤离。

灭火剂：雾状水、泡沫、干粉、二氧化碳、砂土。

（2）储罐或货车（拖车）着火：

1）尽可能远距离灭火或用遥控水枪或水炮灭火。

2）用大量水冷却盛有危险品的容器，直到火完全熄灭。

3）如果容器的安全阀发出响声或储罐变色，应迅速撤离。

4）切记远离被大火吞没的储罐。

5）对于燃烧剧烈的大火，使用遥控水枪或水炮远距离灭火；否则撤离火场并任其燃烧。

4. 燃烧爆炸危险

（1）危险性综述：本品易燃，对环境有危害，对水体和大气可造成污染。

（2）燃爆特性：其蒸气与空气可形成爆炸性混合物，遇明火、高热极易燃烧爆炸。若遇高热，容器内压增大，有开裂和爆炸的危险。

5. 燃爆温度及燃烧（分解）产物

燃烧（分解）产物：一氧化碳、二氧化碳、成分未知的黑色烟雾。

6. 禁止混储

与强氧化剂发生反应。

7. 隔离距离

泄漏：在泄漏区四周隔离至少50m；大量泄漏，考虑首次向四周撤离300m；

火灾：如果火场中怀疑装有炸弹或导弹等军火的槽车或拖车，应向四周隔离800m；也可考虑首次就向四周撤离800m。

8. 急救措施

（1）皮肤接触：脱去污染的衣着，用肥皂水及清水彻底冲洗。

（2）眼睛接触：立即提起眼睑，用流动清水彻底冲洗；就医。

（3）吸入：迅速脱离现场至空气新鲜处。保持呼吸道通畅。如呼吸困难，给输氧。如呼吸停止，立即进行人工呼吸；就医。

（4）食入：误尽快彻底洗胃；就医。

石油醚泄漏、燃爆事故

1. 遇水反应

不发生反应。

2. 泄漏处置

散泄漏污染区人员至安全区，禁止无关人员进入污染区，切断火源。建议应急处理人员戴自给式呼吸器，穿一般消防防护服。在确保安全情况下堵漏，喷水雾会减少蒸发，但不能降低泄漏物在受限制空间内的易燃性。小量泄漏：用活性炭或其他惰性材料吸收。也可以用不燃性分散剂制成的乳液刷洗，洗液稀释后放入废水系统。大量泄漏：构筑围堤或挖坑收容。用泡沫覆盖，降低蒸气灾害。用防爆泵转移至槽车或专用收集器内，回收或运至废物处理场所处置。

3. 燃爆与消防

（1）灭火方法及灭火剂：

灭火方法：消防人员须穿全身防火防毒服，佩戴空气呼吸器，在上风向灭火。喷水冷却容器，可能的话将容器从火场移至空旷处。处在火场中的容器若已变色或从安全泄压装置中产生声音，必须马上撤离。

灭火剂：泡沫、二氧化碳、干粉、砂土、水泥粉。用水灭火无效。

（2）储罐或货车（拖车）着火：

1）尽可能远距离灭火或用遥控水枪或水炮灭火。

2）用大量水冷却盛有危险品的容器，直到火完全熄灭。

3）如果容器的安全阀发出响声或储罐变色，应迅速撤离。

4）切记远离被大火吞没的储罐。

5）对于燃烧剧烈的大火，使用遥控水枪或水炮远距离灭火；否则撤离火场并任其燃烧。

4. 燃烧爆炸危险

（1）危险性综述：本品极度易燃，具强刺激性，对环境有危害，对水体、土壤和大气可造成污染。

（2）燃爆特性：其蒸气与空气可形成爆炸性混合物（闪点 <-20℃），遇明火、高热能引起燃烧爆炸。高速冲击、流动、激荡后可因产生静电火花放电引起燃烧爆炸。

5. 燃爆温度及燃烧（分解）产物

引燃温度：232～280℃。

燃烧（分解）产物：一氧化碳、二氧化碳。

6. 禁止混储

与强氧化剂、强酸发生剧烈反应。浸蚀某些塑料、布品和橡胶。由于低导电率，流动或搅动会产生静电。

注：参考自《威利化学品禁忌手册》。

7. 隔离距离

泄漏：在泄漏区四周隔离至少 50m；大量泄漏，考虑首次向四周撤离 300m；

火灾：如果火场中怀疑装有炸弹或导弹等军火的槽车或拖车，应向四周隔离800m；也可考虑首次就向四周撤离800m。

8. 急救措施

（1）皮肤接触：立即脱去污染的衣着，用大量清水彻底冲洗至少15min；就医。

（2）眼睛接触：立即提起眼睑，用大量流动清水或生理盐水彻底冲洗至少15min；就医。

（3）吸入：迅速脱离现场至空气新鲜处。保持呼吸道通畅。如呼吸困难，给输氧。如呼吸停止，立即进行人工呼吸；就医。

（4）食入：立即用水漱口，口服牛奶或蛋清；就医。

叔丁硫醇泄漏、燃爆事故

1. 遇水反应

不发生反应。

2. 泄漏处置

疏散泄漏污染区人员至安全区，禁止无关人员进入污染区，切断火源。建议应急处理人员戴自给式正压呼吸器，穿一般消防防护服。在确保安全情况下堵漏。喷水雾会减少蒸发，但不能降低泄漏物在受限制空间内的易燃性。用活性炭或其他惰性材料吸收，然后收集运至废物处理场所处置。也可以用大量水冲洗，经稀释的洗水放入废水系统。如大量泄漏，利用围堤收容，然后收集、转移、回收或无害处理后废弃。

3. 燃爆与消防

（1）灭火方法及灭火剂：

灭火方法：消防人员须穿全身消防服，佩戴防毒面具，在上风向灭火。尽可能将容器从火场移至空旷处。喷水保持火场容器冷却，直至灭火结束。处在火场中的容器若已变色或从安全泄压装置中产生声音，必须马上撤离。

灭火剂：泡沫、二氧化碳、1211灭火剂、干粉、砂土、水泥粉。

（2）储罐或货车（拖车）着火：

1）尽可能远距离灭火或用遥控水枪或水炮灭火。

2）用大量水冷却盛有危险品的容器，直到火完全熄灭。

3）如果容器的安全阀发出响声或储罐变色，应迅速撤离。

4）切记远离被大火吞没的储罐。

5）对于燃烧剧烈的大火，使用遥控水枪或水炮远距离灭火；否则撤离火场

并任其燃烧。

4. 燃烧爆炸危险

（1）危险性综述：本品极度易燃，具刺激性。

（2）燃爆危险：其蒸气与空气形成爆炸性混合物，遇明火、高热极易燃烧爆炸。若遇高热，容器内压增大，有开裂和爆炸的危险。

5. 燃爆温度及燃烧（分解）产物

燃烧（分解）产物：一氧化碳、二氧化碳、硫氧化物、硫化氢（有毒）。

6. 禁止混储

与强氧化剂、酸类、酸酐、酰基氯、碱金属发生反应。

7. 隔离距离

泄漏：在泄漏区四周隔离至少 50m；大量泄漏，考虑首次向四周撤离 300m；

火灾：如果火场中怀疑装有炸弹或导弹等军火的槽车或拖车，应向四周隔离 800m；也可考虑首次就向四周撤离 800m。

8. 急救措施

（1）皮肤接触：立即脱去污染的衣着，用大量清水彻底冲洗；就医。

（2）眼睛接触：立即提起眼睑，用大量流动清水或生理盐水彻底冲洗至少 15min；就医。

（3）吸入：迅速脱离现场至空气新鲜处。保持呼吸道通畅。如呼吸困难，给输氧。如呼吸停止，立即进行人工呼吸；就医。

（4）食入：给饮大量温水，禁止催吐；就医。

四氢呋喃泄漏、燃爆事故

1. 遇水反应

不发生反应。

2. 泄漏处置

疏散泄漏污染区人员至安全区，禁止无关人员进入污染区，切断火源。建议应急处理人员戴自给式呼吸器，穿一般消防防护服。在确保安全情况下堵漏。喷水雾会减少蒸发，但不能降低泄漏物在受限制空间内的易燃性。用砂土或其他不燃性吸附剂混合吸收，然后收集运至废物处理场所处置。也可以用大量水冲洗，经稀释的洗水放入废水系统。如大量泄漏，利用围堤收容，用泡沫覆盖，降低蒸气灾害。喷雾状水冷却和稀释蒸气、保护现场人员、把泄漏物稀释成不燃物，然后收集、转移、回收或无害处理后废弃。

3. 燃爆与消防

（1）灭火方法及灭火剂：

灭火方法：消防人员须穿全身防火防毒服，佩戴空气呼吸器，在上风向灭火。尽可能将容器从火场移至空旷处。喷水保持火场容器冷却，直至灭火结束。处在火场中的容器若已变色或从安全泄压装置中产生声音，必须马上撤离。

灭火剂：泡沫、二氧化碳、干粉、砂土水泥粉。用水灭火无效。

（2）储罐或货车（拖车）着火：

1）尽可能远距离灭火或用遥控水枪或水炮灭火。

2）用大量水冷却盛有危险品的容器，直到火完全熄灭。

3）如果容器的安全阀发出响声或储罐变色，应迅速撤离。

4）切记远离被大火吞没的储罐。

5）对于燃烧剧烈的大火，使用遥控水枪或水炮远距离灭火；否则撤离火场并任其燃烧。

4. 燃烧爆炸危险

（1）危险性综述：本品极度易燃，具刺激性。

（2）燃爆危险：其蒸气与空气可形成爆炸性混合物（闪点 -14℃，闭杯）。遇高热、明火及强氧化剂易引起燃烧。接触空气或在光照条件下可生成具有潜在爆炸危险性的过氧化物。

5. 燃爆温度及燃烧（分解）产物

引燃温度：321℃。

燃烧（分解）产物：一氧化碳、二氧化碳。

6. 禁止混储

与空气形成爆炸性混合物，若不进行抑制，形成 2- 四氢呋喃氢过氧化物，然后形成不稳定、爆炸性聚亚烷基过氧化物。酸类、碱类（如氢氧化钠、氢氧化钾）和一些盐类可使其聚合，使用经过硫酸钠处理过的硫酸亚铁弱酸溶液可去除过氧化物。与强氧化剂类、溴、氧气、四氢铝酸镁、金属卤化物、过乙酸、氢化钾发生剧烈反应。储存罐及其他储存容器应绝对干燥，避免与空气、氨、乙炔、硫化氢、铁锈和其他污染物接触。与硼烷、氢化钙、四氢铝酸锂、四氢化钠不相容。浸蚀一些塑料、布品和橡胶；可聚集静电荷，能使其蒸气发生点火。

注：参考自《威利化学品禁忌手册》。

7. 隔离距离

泄漏：在泄漏区四周隔离至少 50m；大量泄漏，考虑首次向四周撤离 300m；

火灾：如果火场中怀疑装有炸弹或导弹等军火的槽车或拖车，应向四周隔离 800m；也可考虑首次就向四周撤离 800m。

8. 急救措施

（1）皮肤接触：立即脱去污染的衣着，用大量清水彻底冲洗；就医。

（2）眼睛接触：立即提起眼睑，用大量流动清水彻底冲洗；就医。

（3）吸入：迅速脱离现场至空气新鲜处。保持呼吸道通畅。如呼吸困难，给输氧。如呼吸停止，立即进行人工呼吸；就医。

（4）食入：清醒时给饮大量温水，禁止催吐；就医。

松节油泄漏、燃爆事故

1. 遇水反应

不发生反应。

2. 泄漏处置

疏散泄漏污染区人员至安全区，禁止无关人员进入污染区，切断火源。建议应急处理人员戴好防毒面具，穿一般消防防护服。在确保安全情况下堵漏。喷水雾会减少蒸发，但不能降低泄漏物在受限制空间内的易燃性。小量泄漏：用砂土或其他不燃性吸附剂混合吸收，然后收集运至废物处理场所处置。也可以用不燃性分散剂制成的乳液刷洗，经稀释的洗水放入废水系统。大量泄漏：利用围堤收容，然后收集、转移、回收或无害处理后废弃。

3. 燃爆与消防

（1）灭火方法及灭火剂：

灭火方法：消防人员须穿全身防火防毒服，佩戴空气呼吸器，在上风向灭火。喷水冷却容器，可能的话将容器从火场移至空旷处。遇大火，消防人员须在有防护掩蔽处操作。

灭火剂：泡沫、二氧化碳、干粉、砂土、水泥粉。用水灭火无效，但可用水冷却火场容器。

（2）储罐或货车（拖车）着火：

1）尽可能远距离灭火或用遥控水枪或水炮灭火。

2）用大量水冷却盛有危险品的容器，直到火完全熄灭。

3）如果容器的安全阀发出响声或储罐变色，应迅速撤离。

4）切记远离被大火吞没的储罐。

5）对于燃烧剧烈的大火，使用遥控水枪或水炮远距离灭火；否则撤离火场并任其燃烧。

4. 燃烧爆炸危险

（1）危险性综述：本品易燃，具刺激性。

（2）燃爆特性：其蒸气与空气可形成爆炸性混合物（闪点35℃），遇明火、高热能引起燃烧爆炸。若遇高热，容器内压增大，有开裂和爆炸的危险。

5. 燃爆温度及燃烧（分解）产物

引燃温度：220~255℃（混合物，且有很多种类，引燃温度是个范围）。

燃烧（分解）产物：一氧化碳、二氧化碳。

6. 禁止混储

与强氧化剂、卤素、氯、氟、碘、次氯酸钙、二氯二氧化铬、氧化二氯、乙烯、硝酸、四氯化锡发生剧烈反应。与强酸、三氧化铬、二氯二氧化铬、硅藻土、六氯化三聚氰胺、四氯化锡不相容。浸蚀普通橡胶。

注：参考自《威利化学品禁忌手册》。

7. 隔离距离

泄漏：在泄漏区四周隔离至少50m；大量泄漏，考虑首次向四周撤离300m；

火灾：如果火场中怀疑装有炸弹或导弹等军火的槽车或拖车，应向四周隔离800m；也可考虑首次就向四周撤离800m。

8. 急救措施

（1）皮肤接触：脱去污染的衣着，用肥皂水及清水彻底冲洗。

（2）眼睛接触：立即提起眼睑，用流动清水或生理盐水彻底冲洗至少15min；就医。

（3）吸入：迅速脱离现场至空气新鲜处。保持呼吸道通畅。如呼吸困难，给输氧。如呼吸停止，立即进行人工呼吸；就医。

（4）食入：给饮大量温水，禁止催吐；就医。

萜品油烯泄漏、燃爆事故

1. 遇水反应

不发生反应。

2. 泄漏处置

迅速撤离泄漏污染区人员至安全区，并进行隔离，严格限制出入。切断火源。建议应急处理人员戴自给正压式呼吸器，穿防静电工作服。尽可能切断泄漏源。防止进入下水道、排洪沟等限制性空间。小量泄漏：用不燃性分散剂制成的乳液刷洗，洗液稀释后放入废水系统。大量泄漏：构筑围堤或挖坑收容。用泵转移至槽车或专用收集器内，回收或运至废物处理场所处置。

3. 燃爆与消防

（1）灭火方法及灭火剂：

灭火方法：消防人员须佩戴防毒面具、穿全身消防服，在上风向灭火。尽可能将容器从火场移至空旷处。喷水保持火场容器冷却，直至灭火结束。处在火场中的容器若已变色或从安全泄压装置中产生声音，必须马上撤离。

灭火剂：雾状水、泡沫、二氧化碳、干粉、砂土、水泥粉。

（2）储罐或货车（拖车）着火：

1）尽可能远距离灭火或用遥控水枪或水炮灭火。

2）用大量水冷却盛有危险品的容器，直到火完全熄灭。

3）如果容器的安全阀发出响声或储罐变色，应迅速撤离。

4）切记远离被大火吞没的储罐。

5）对于燃烧剧烈的大火，使用遥控水枪或水炮远距离灭火；否则撤离火场并任其燃烧。

4. 燃烧爆炸危险

（1）危险性综述：本品易燃，有毒。

（2）燃爆特性：其蒸气与空气可形成爆炸性混合物（闪点 37℃），遇明火、高热能引起燃烧爆炸。与氧化剂可发生反应。流速过快，容易产生和积聚静电。容易自聚，聚合反应随着温度的上升而急骤加剧。若遇高热，容器内压增大，有开裂和爆炸的危险。

5. 燃爆温度及燃烧（分解）产物

燃烧（分解）产物：一氧化碳、二氧化碳。

6. 禁止混储

与强氧化剂发生反应。

7. 隔离距离

泄漏：在泄漏区四周隔离至少 50m；大量泄漏，考虑首次向四周撤离 300m；

火灾：如果火场中怀疑装有炸弹或导弹等军火的槽车或拖车，应向四周隔离 800m；也可考虑首次就向四周撤离 800m。

8. 急救措施

（1）皮肤接触：脱去污染的衣着，用肥皂水及清水彻底冲洗。

（2）眼睛接触：立即提起眼睑，用流动清水或生理盐水冲洗 15min；就医。

（3）吸入：迅速脱离现场至空气新鲜处。保持呼吸道通畅。如呼吸困难，给输氧。如呼吸停止，立即进行人工呼吸；就医。

（4）食入：用水漱口，给饮牛奶或蛋清；就医。

无水肼泄漏、燃爆事故

1. 遇水反应

发生反应，生成水合肼。

2. 泄漏处置

疏散泄漏污染区人员至安全区，禁止无关人员进入污染区，切断火源。建议应急处理人员戴正压自给式呼吸器，穿化学防护服。不要直接接触泄漏物，在确保安全情况下堵漏。喷水雾会减少蒸发，但不能降低泄漏物在受限制空间内的易燃性。小量泄漏：用砂土或其他不燃性吸附剂混合吸收，收集运至废物处理场所处置。也可以用大量水冲洗，经稀释的洗水放入废水系统。大量泄漏：利用围堤收容，然后收集、转移、回收或无害处理后废弃。

3. 燃爆与消防

（1）灭火方法及灭火剂：

灭火方法：消防人员须穿全身防火防毒服，在上风向灭火。喷水冷却容器，可能的话将容器从火场移至空旷处。遇大火，消防人员须在有防护掩蔽处操作。

灭火剂：雾状水、泡沫、二氧化碳、干粉、砂土、水泥粉。

（2）储罐或货车（拖车）着火：

1）尽可能远距离灭火或用遥控水枪或水炮灭火。

2）用大量水冷却盛有危险品的容器，直到火完全熄灭。

3）如果容器的安全阀发出响声或储罐变色，应迅速撤离。

4）切记远离被大火吞没的储罐。

5）对于燃烧剧烈的大火，使用遥控水枪或水炮远距离灭火；否则撤离火场并任其燃烧。

4. 燃烧爆炸危险

（1）危险性综述：本品易燃，具强腐蚀性、刺激性，可致人体灼伤。

（2）燃爆特性：其蒸气能与空气形成范围广阔的爆炸性混合物（闪点：38℃）。遇明火、高热极易燃烧爆炸。在空气中遇尘土、石棉、木材等疏松性物质能自燃。

5. 燃爆温度及燃烧（分解）产物

引燃温度：270℃。

燃烧（分解）产物：氮氧化物（有毒）。

6. 禁止混储

具有热不稳定性、强爆炸性、高活性还原剂，强碱；分解无须空气或氧气，在室温下空气中或吸附在多孔性材料如石棉、衣物、软木塞、泥土、木材上可发生自发性点火。与氧化剂、酸类、卤素等许多物质发生剧烈反应（接触可发生爆炸）。与许多化合物生成对热、摩擦、震动敏感的爆炸性混合物，如高氯酸锂、金属盐类等。与铝、铜、铅等许多物质不相容。浸蚀一些塑料、橡胶和布品；与其他材料隔离存放。

注：参考自《威利化学品禁忌手册》。

7. 隔离距离

泄漏：在泄漏区四周隔离至少 50m；大量泄漏，考虑首次向四周撤离 300m；

火灾：如果火场中怀疑装有炸弹或导弹等军火的槽车或拖车，应向四周隔离 800m；也可考虑首次就向四周撤离 800m。

8. 急救措施

（1）皮肤接触：立即脱去污染的衣着，用流动清水冲洗 15min。

（2）眼睛接触：立即提起眼睑，用大量流动清水或生理盐水彻底冲洗至少 15min；就医。

（3）吸入：迅速脱离现场至空气新鲜处。保持呼吸道通畅。如呼吸困难，给输氧。如呼吸停止，立即进行人工呼吸；就医。

（4）食入：用水漱口，口服牛奶或蛋清；就医。

烯丙胺泄漏、燃爆事故

1. 遇水反应

不发生反应。

2. 泄漏处置

疏散泄漏污染区人员至安全区，禁止无关人员进入污染区，切断火源。建议应急处理人员戴正压自给式呼吸器，穿厂商特别推荐的化学防护服（完全隔离）。不要直接接触泄漏物，在确保安全情况下堵漏。喷水雾会减少蒸发，但不能降低泄漏物在受限制空间内的易燃性。用砂土、干燥石灰或苏打灰混合，然后使用无火花工具收集运至废物处理场所处置。也可以用大量水冲洗，经稀释的洗水放入废水系统。如大量泄漏，利用围堤收容，然后收集、转移、回收或无害处理后废弃。

3. 燃爆与消防

（1）灭火方法及灭火剂：

灭火方法：消防人员须穿全身防火防毒服，佩戴空气呼吸器，在上风向灭火。

喷水冷却容器，可能的话将容器从火场移至空旷处。处在火场中的容器若已变色或从安全泄压装置中产生声音，必须马上撤离。

灭火剂：泡沫、二氧化碳、干粉、砂土。用水灭火无效。

（2）储罐或货车（拖车）着火：

1）尽可能远距离灭火或用遥控水枪或水炮灭火。

2）用大量水冷却盛有危险品的容器，直到火完全熄灭。

3）如果容器的安全阀发出响声或储罐变色，应迅速撤离。

4）切记远离被大火吞没的储罐。

5）对于燃烧剧烈的大火，使用遥控水枪或水炮远距离灭火；否则撤离火场并任其燃烧。

4. 燃烧爆炸危险

（1）危险性综述：本品极度易燃，高毒，具腐蚀性、强刺激性，可致人体灼伤。

（2）燃爆危险：其蒸气与空气可形成爆炸性混合物（闪点 -29℃），遇明火、高热或与氧化剂接触，有引起燃烧爆炸的危险。燃烧时，放出剧毒的氰化氢气体。在火场高温下，能发生聚合放热，使容器破裂。在酸性催化剂存在下能猛烈聚合爆炸。

5. 燃爆温度及燃烧（分解）产物

引燃温度：370℃。

燃烧（分解）产物：一氧化碳、二氧化碳、氮氧化物（有毒）。

6. 禁止混储

氧化剂类、过氧化物类和升高温度可能导致其聚合。是一种中等强度的碱。与酸类、强氧化剂类、次氯酸盐类、卤代化合物、高氯酸亚硝酰基酯、活跃有机化合物、易燃烧材料、屑状化学性质活泼的金属可能发生剧烈反应。浸蚀铜，侵蚀活泼金属。

注：参考自《威利化学品禁忌手册》。

7. 隔离距离

泄漏：首次隔离距离至少 30m；考虑下风向撤离距离为 0.1km，夜晚为 0.5km；大量泄漏：首次隔离距离至少 120m；考虑下风向撤离距离白天为 1.1km，夜晚为 2.5km；

火灾：如果火场中有储罐、槽车、罐车时，应向四周隔离 800m；也可考虑首次就向四周撤离 800m。

8. 急救措施

（1）皮肤接触：脱去污染的衣着，用流动清水冲洗 15min。

（2）眼睛接触：立即提起眼睑，用流动清水或生理盐水冲洗 15min；就医。

（3）吸入：迅速脱离现场至空气新鲜处。保持呼吸道通畅。如呼吸困难，给输氧。如呼吸停止，立即进行人工呼吸；就医。

（4）食入：立即用水漱口，给饮牛奶或蛋清；就医。

烯丙醇泄漏、燃爆事故

1. 遇水反应

不发生反应。

2. 泄漏处置

迅速撤离泄漏污染区人员至安全区，严格限制出入。切断火源。建议应急处理人员戴自给正压式呼吸器，穿防毒服。尽可能切断泄漏源。防止进入下水道、排洪沟等限制性空间。小量泄漏：用砂土、蛭石或其他惰性材料吸收。也可以用大量水冲洗，洗水稀释后放入废水系统。大量泄漏：构筑围堤或挖坑收容。用泵转移至槽车或专用收集器内，回收或运至废物处理场所处置。

3. 燃爆与消防

（1）灭火方法及灭火剂：

灭火方法：消防人员必须佩戴过滤式防毒面具或隔离式呼吸器、穿全身防火防毒服，在上风向灭火。尽可能将容器从火场移至空旷处。喷水保持火场容器冷却，直至灭火结束。处在火场中的容器若已变色或从安全泄压装置中产生声音，必须马上撤离。

灭火剂：泡沫、二氧化碳、干粉、砂土、水泥粉。用水灭火无效。

（2）储罐或货车（拖车）着火：

1）尽可能远距离灭火或用遥控水枪或水炮灭火。

2）用大量水冷却盛有危险品的容器，直到火完全熄灭。

3）如果容器的安全阀发出响声或储罐变色，应迅速撤离。

4）切记远离被大火吞没的储罐。

5）对于燃烧剧烈的大火，使用遥控水枪或水炮远距离灭火；否则撤离火场并任其燃烧。

4. 燃烧爆炸危险

（1）危险性综述：本品易燃，有毒，具强刺激性，对环境有危害。

（2）燃爆特性：其蒸气与空气可形成爆炸性混合物（闪点 21℃），遇明火、高热极易燃烧爆炸。容易自聚，聚合反应随着温度的上升而急骤加剧。在火场中，受热的容器有爆炸危险。

5. 燃爆温度及燃烧（分解）产物

引燃温度：378℃。

燃烧（分解）产物：一氧化碳、二氧化碳。

6. 禁止混储

遇氧化剂、过氧化物、高温可引起聚合。与氧化剂发生剧烈反应。与硫酸、强碱、四氯化碳发生剧烈反应。可能与强酸、发烟硫酸、胺、异氰酸盐（或酯）、氯磺酸、二烯丙基磷化物、三溴代三聚氰胺、金属卤化物、钠、镁、铝及其合金发生剧烈反应。浸蚀某些棉织品、塑料和橡胶。由于低导电性，流动或搅动会产生静电。

注：参考自《威利化学品禁忌手册》。

7. 隔离距离

泄漏：首次隔离距离至少30m；考虑下风向撤离距离为0.1km，夜晚为0.1km；大量泄漏：首次隔离距离至少60m；考虑下风向撤离距离白天为0.4km，夜晚为0.6km；

火灾：如果火场中有储罐、槽车、罐车时，应向四周隔离800m；也可考虑首次就向四周撤离800m。

8. 急救措施

（1）皮肤接触：立即脱去污染的衣着，用大量清水彻底冲洗至少15min；就医。

（2）眼睛接触：立即提起眼睑，用大量流动清水或生理盐水彻底冲洗至少15min；就医。

（3）吸入：迅速脱离现场至空气新鲜处。保持呼吸道通畅。如呼吸困难，给输氧。如呼吸停止，立即进行人工呼吸；就医。

（4）食入：立即用水漱口，口服牛奶或蛋清；就医。

烯丙基溴泄漏、燃爆事故

1. 遇水反应

不发生反应。

2. 泄漏处置

染区人员至安全区，并进行隔离，严格限制出入。切断火源。建议应急处理人员戴自给正压式呼吸器，穿防静电工作服。不要直接接触泄漏物。尽可能切断泄漏源。防止进入下水道、排洪沟等限制性空间。小量泄漏：用砂土或其他不燃材料吸附或吸收。也可以用不燃性分散剂制成的乳液刷洗，洗液稀释后放入废水系统。大量泄漏：构筑围堤或挖坑收容。用泡沫覆盖，抑制蒸发。喷雾状水或泡沫冷却和稀释蒸气、保护现场人员。用防爆泵转移至槽车或专用收集器内，回收或运至废物处理场所处置。

3. 燃爆与消防

（1）灭火方法及灭火剂：

灭火方法：消防人员须穿全身防火防毒服，佩戴空气呼吸器，在上风向灭火。尽可能将容器从火场移至空旷处。喷水保持火场容器冷却，直至灭火结束。处在火场中的容器若已变色或从安全泄压装置中产生声音，必须马上撤离。

灭火剂：雾状水、泡沫、二氧化碳、干粉、砂土、水泥粉。用水灭火无效。

（2）储罐或货车（拖车）着火：

1）尽可能远距离灭火或用遥控水枪或水炮灭火。

2）用大量水冷却盛有危险品的容器，直到火完全熄灭。

3）如果容器的安全阀发出响声或储罐变色，应迅速撤离。

4）切记远离被大火吞没的储罐。

5）对于燃烧剧烈的大火，使用遥控水枪或水炮远距离灭火；否则撤离火场并任其燃烧。

4. 燃烧爆炸危险

（1）危险性综述：本品易燃，具刺激性（闪点 -1℃）。受高热分解产生有毒的溴化物气体。

（2）燃爆特性：易燃，遇明火、高热、或与氧化剂接触能燃烧。

5. 燃爆温度及燃烧（分解）产物

引燃温度：295℃。

燃烧（分解）产物：一氧化碳、二氧化碳、溴化氢（有毒）。

6. 禁止混储

加热或光照能够导致分解释放溴化氢烟雾。与强氧化剂类、强酸类发生剧烈反应。

注：参考自《威利化学品禁忌手册》。

7. 隔离距离

泄漏：在泄漏区四周隔离至少 50m；大量泄漏，考虑首次向四周撤离 300m；

火灾：如果火场中怀疑装有炸弹或导弹等军火的槽车或拖车，应向四周隔离 800m；也可考虑首次就向四周撤离 800m。

8. 急救措施

（1）皮肤接触：立即脱去污染的衣着，用肥皂水及清水彻底冲洗。

（2）眼睛接触：立即提起眼睑，用大量流动清水或生理盐水彻底冲洗。

（3）吸入：迅速脱离现场至空气新鲜处。保持呼吸道通畅。如呼吸困难，给

输氧。如呼吸停止，立即进行人工呼吸；就医。

（4）食入：给饮大量温水，禁止催吐，洗胃；就医。

香蕉水泄漏、燃爆事故

1. 遇水反应

不发生反应。

2. 泄漏处置

迅速撤离泄漏污染区人员至安全区，并进行隔离，严格限制出入。切断火源。建议应急处理人员戴自给正压式呼吸器，穿防毒服。尽可能切断泄漏源。防止进入下水道、排洪沟等限制性空间。小量泄漏：用砂土、干燥石灰或苏打灰混合。也可以用不燃性分散剂制成的乳液刷洗，洗液稀释后放入废水系统。大量泄漏：构筑围堤或挖坑收容。用泵转移至槽车或专用收集器内，回收或运至废物处理场所处置。

3. 燃爆与消防

（1）灭火方法及灭火剂：

灭火方法：消防人员须穿全身防火防毒服，佩戴空气呼吸器，在上风向灭火。尽可能将容器从火场移至空旷处。喷水保持火场容器冷却，直至灭火结束。处在火场中的容器若已变色或从安全泄压装置中产生声音，必须马上撤离。

灭火剂：泡沫、二氧化碳、干粉、砂土、水泥粉。

（2）储罐或货车（拖车）着火：

1）尽可能远距离灭火或用遥控水枪或水炮灭火。

2）用大量水冷却盛有危险品的容器，直到火完全熄灭。

3）切勿对泄漏源或安全阀直接喷水，防止产生冰冻。

4）如果容器的安全阀发出响声或储罐变色，应迅速撤离。

5）切记远离被大火吞没的储罐。

6）对于燃烧剧烈的大火，使用遥控水枪或水炮远距离灭火；否则撤离火场并任其燃烧。

4. 燃烧爆炸危险

（1）危险性综述：本品易燃，有毒，具刺激性。

（2）燃爆特性：其蒸气与空气可形成爆炸性混合物（闪点 18~35℃），遇明火、高热能引起燃烧爆炸。若遇高热，容器内压增大，有开裂和爆炸的危险。

5. 燃爆温度及燃烧（分解）产物

引燃温度：360℃。

燃烧（分解）产物：一氧化碳、二氧化碳。

6. 禁止混储

与强氧化剂反应。与强碱金属、强酸、硝酸盐类不相容。浸蚀石棉，能够软化和溶解多种塑料、橡胶和涂料。

注：参考自《威利化学品禁忌手册》。

7. 隔离距离

泄漏：在泄漏区四周隔离至少 50m；大量泄漏，考虑首次向四周撤离 300m；

火灾：如果火场中怀疑装有炸弹或导弹等军火的槽车或拖车，应向四周隔离 800m；也可考虑首次就向四周撤离 800m。

8. 急救措施

（1）皮肤接触：脱去污染的衣着，用流动清水彻底冲洗。

（2）眼睛接触：立即提起眼睑，用流动清水或生理盐水冲洗。

（3）吸入：迅速脱离现场至空气新鲜处。保持呼吸道通畅。如呼吸困难，给输氧。如呼吸停止，立即进行人工呼吸；就医。

（4）食入：给饮大量温水，禁止催吐；就医。

2- 硝基丙烷泄漏、燃爆事故

1. 遇水反应

不发生反应。

2. 泄漏处置

迅速撤离泄漏污染区人员至安全区，并进行隔离，严格限制出入。切断火源。建议应急处理人员戴自给正压式呼吸器，穿防毒服。尽可能切断泄漏源。防止进入下水道、排洪沟等限制性空间。小量泄漏：用砂土、干燥石灰或苏打灰混合。也可以用大量水冲洗，洗水稀释后放入废水系统。大量泄漏：构筑围堤或挖坑收容。用泡沫覆盖，降低蒸气灾害。用防爆泵转移至槽车或专用收集器内，回收或运至废物处理场所处置。

3. 燃爆与消防

（1）灭火方法及灭火剂：

灭火方法：消防人员须穿全身防火防毒服，佩戴空气呼吸器，在上风向灭火。尽可能将容器从火场移至空旷处。喷水保持火场容器冷却，直至灭火结束。

灭火剂：雾状水、泡沫、二氧化碳、干粉、砂土、水泥粉。

（2）储罐或货车（拖车）着火：

1）尽可能远距离灭火或用遥控水枪或水炮灭火。

2）用大量水冷却盛有危险品的容器，直到火完全熄灭。

3）如果容器的安全阀发出响声或储罐变色，应迅速撤离。

4）切记远离被大火吞没的储罐。

5）对于燃烧剧烈的大火，使用遥控水枪或水炮远距离灭火；否则撤离火场并任其燃烧。

4. 燃烧爆炸危险

（1）危险性综述：本品易燃，具刺激性。

（2）燃爆特性：易燃，其蒸气与空气可形成爆炸性混合物（闪点24℃）。强烈震动及受热或遇无机碱类、氧化剂、烃类、胺类及三氯化铝、六甲基苯等均能引起燃烧爆炸。燃烧分解时，放出有毒的氮氧化物气体。

5. 燃爆温度及燃烧（分解）产物

引燃温度：428℃。

燃烧（分解）产物：一氧化碳、二氧化碳、氮氧化物（有毒）。

6. 禁止混储

与强氧化剂类、氯磺酸、碳氢化合物、氢氧化物（如氢氧化钙或氢氧化钾）、发烟硫酸发生剧烈反应，加热可爆炸（在缺氧条件下也可燃烧）引起压力快速增加，密闭容器可发生爆炸。酸类、胺类或碱类作用下可促进分解。与酸类、胺类、无机碱、汞盐、亚硝酸、银盐形成对热、摩擦、震动敏感的爆炸性产物。金属氧化物增加其爆炸敏感性。与异氰酸酯类、氰化钾不相容。浸蚀一些塑料、橡胶和布品。

注：参考自《威利化学品禁忌手册》。

7. 隔离距离

泄漏：在泄漏区四周隔离至少50m；大量泄漏，考虑首次向四周撤离300m；

火灾：如果火场中怀疑装有炸弹或导弹等军火的槽车或拖车，应向四周隔离800m；也可考虑首次就向四周撤离800m。

8. 急救措施

（1）皮肤接触：立即脱去污染的衣着，用流动清水彻底冲洗。

（2）眼睛接触：立即提起眼睑，用流动清水彻底冲洗；就医。

（3）吸入：迅速脱离现场至空气新鲜处。保持呼吸道通畅。如呼吸困难，给输氧。如呼吸停止，立即进行人工呼吸；就医。

（4）食入：给饮足量温水，禁止催吐；就医。

硝基甲烷泄漏、燃爆事故

1. 遇水反应

不发生反应。可用雾状水灭火。

2. 泄漏处置

迅速撤离泄漏污染区人员至安全区，并进行隔离，严格限制出入。切断火源。建议应急处理人员戴自给正压式呼吸器，穿防毒服。尽可能切断泄漏源。防止进入下水道、排洪沟等限制性空间。小量泄漏：用砂土、蛭石或其他惰性材料吸收。大量泄漏：用泡沫覆盖，降低蒸气灾害。构筑围堤或挖坑收容。喷雾状水冷却和稀释蒸气、保护现场人员、把泄漏物稀释成不燃物。用防爆泵转移至槽车或专用收集器内，回收或运至废物处理场所处置。

3. 燃爆与消防

（1）灭火方法及灭火剂：

灭火方法：消防人员须穿全身消防服，佩戴空气呼吸器，在上风向灭火。尽可能将容器从火场移至空旷处。喷水保持火场容器冷却，直至灭火结束。

灭火剂：雾状水、泡沫、二氧化碳、干粉、砂土、水泥粉。使用雾状水或水幕灭火，切勿用水流直接喷射灭火。

（2）储罐或货车（拖车）着火：

1）尽可能远距离灭火或用遥控水枪或水炮灭火。

2）用大量水冷却盛有危险品的容器，直到火完全熄灭。

3）如果容器的安全阀发出响声或储罐变色，应迅速撤离。

4）切记远离被大火吞没的储罐。

5）对于燃烧剧烈的大火，使用遥控水枪或水炮远距离灭火；否则撤离火场并任其燃烧。

4. 燃烧爆炸危险

（1）危险性综述：本品易燃，具刺激性。

（2）燃爆特性：易燃，其蒸气与空气可形成爆炸性混合物（闪点35℃）。强烈震动及受热或遇无机碱类、氧化剂、烃类、胺类及三氯化铝、六甲基苯等均能引起燃烧爆炸。燃烧分解时，放出有毒的氮氧化物气体。

5. 燃爆温度及燃烧（分解）产物

引燃温度：418℃。

燃烧（分解）产物：一氧化碳、二氧化碳、氮氧化物（有毒）。

6. 禁止混储

遇热不稳定。摩擦、震动、压迫或温度升高到315℃以上将导致其爆炸性分解，特别是在封闭状态下。与强氧化剂、烷基金属卤化物、二乙基铝溴化物、甲酸、甲基锌的碘化物发生剧烈反应。与酸类、碱类、丙酮、铝粉、胺类、双(2-氨基乙基)胺接触，使其更加敏感并产生爆炸。与氢氧化铵、氢氧化钙等许多物质反应可能剧烈。与氨、苯胺、二亚乙基三胺、金属氧化物、甲胺、吗啉、磷酸、硝酸银混合生成对震动敏感的化合物。与高氯酸尿素酯形成具有高度爆炸性的化合物。与烃类和其他易燃材料混合可能引起起火和爆炸。浸蚀某些塑料、织物和橡胶。

注：参考自《威利化学品禁忌手册》。

7. 隔离距离

泄漏：在泄漏区四周隔离至少50m；大量泄漏，考虑首次向四周撤离300m；

火灾：如果火场中怀疑装有炸弹或导弹等军火的槽车或拖车，应向四周隔离800m；也可考虑首次就向四周撤离800m。

8. 急救措施

(1)皮肤接触：立即脱去污染的衣着，用大量流动清水彻底冲洗。

(2)眼睛接触：立即提起眼睑，用流动清水或生理盐水冲洗；就医。

(3)吸入：迅速脱离现场至空气新鲜处。保持呼吸道通畅。如呼吸困难，给输氧。如呼吸停止，立即进行人工呼吸；就医。

(4)食入：给饮大量温水，禁止催吐；就医。

硝酸乙酯泄漏、燃爆事故

1. 遇水反应

不发生反应。

2. 泄漏处置

迅速撤离泄漏污染区人员至安全区，并进行隔离，严格限制出入。切断火源。建议应急处理人员戴自给正压式呼吸器，穿防毒服。尽可能切断泄漏源。防止进入下水道、排洪沟等限制性空间。小量泄漏：用砂土、蛭石或其他惰性材料吸收。大量泄漏：构筑围堤或挖坑收容。撒湿冰或冰水冷却。用防爆泵转移至槽车或专用收集器内，回收或运至废物处理场所处置。

3. 燃爆与消防

(1)灭火方法及灭火剂：

灭火方法：消防人员必须佩戴过滤式防毒面具(全面罩)或隔离式呼吸器、穿全身防火防毒服，在上风向灭火。喷水保持火场容器冷却，直至灭火结束。

灭火剂：泡沫、二氧化碳、干粉、砂土、水泥粉。

（2）储罐或货车（拖车）着火：

1）尽可能远距离灭火或用遥控水枪或水炮灭火。

2）用大量水冷却盛有危险品的容器，直到火完全熄灭。

3）如果容器的安全阀发出响声或储罐变色，应迅速撤离。

4）切记远离被大火吞没的储罐。

5）对于燃烧剧烈的大火，使用遥控水枪或水炮远距离灭火；否则撤离火场并任其燃烧。

4. 燃烧爆炸危险

（1）危险性综述：本品易燃，闪点10℃。

（2）燃爆特性：遇明火、高热极易燃烧爆炸。

5. 燃爆温度及燃烧（分解）产物

引燃温度：85℃。

燃烧（分解）产物：一氧化碳、二氧化碳、氮氧化物（有毒）。

6. 禁止混储

与还原剂、氧化剂发生反应。

7. 隔离距离

泄漏：在泄漏区四周隔离至少50m；大量泄漏，考虑首次向四周撤离300m；

火灾：如果火场中怀疑装有炸弹或导弹等军火的槽车或拖车，应向四周隔离800m；也可考虑首次就向四周撤离800m。

8. 急救措施

（1）皮肤接触：立即脱去污染的衣着，用大量清水彻底冲洗至。

（2）眼睛接触：立即提起眼睑，用流动清水或生理盐水彻底冲洗至。

（3）吸入：迅速脱离现场至空气新鲜处。保持呼吸道通畅。如呼吸困难，给输氧。如呼吸停止，立即进行人工呼吸；就医。

（4）食入：漱口，饮足量温水，禁止催吐；就医。

乙苯泄漏、燃爆事故

1. 遇水反应

不发生反应。

2. 泄漏处置

疏散泄漏污染区人员至安全区，禁止无关人员进入污染区，切断火源。建议应急处理人员戴自给式呼吸器，穿一般消防防护服。在确保安全情况下堵漏。喷水雾会减少蒸发，但不能降低泄漏物在受限制空间内的易燃性。用活性炭或其他惰性材料吸收，然后使用无火花工具收集运至废物处理场所处置。也可以用不燃性分散剂制成的乳液刷洗，经稀释的洗水放入废水系统。如大量泄漏，利用围堤收容，然后收集、转移、回收或无害处理后废弃。

3. 燃爆与消防

（1）灭火方法及灭火剂：

灭火方法：消防人员须穿全身防火防毒服，佩戴空气呼吸器，在上风向灭火。喷水冷却容器，可能的话将容器从火场移至空旷处。处在火场中的容器若已变色或从安全泄压装置中产生声音，必须马上撤离。

灭火剂：泡沫、二氧化碳、干粉、砂土、水泥粉。用水灭火无效。

（2）储罐或货车（拖车）着火：

1）尽可能远距离灭火或用遥控水枪或水炮灭火。

2）用大量水冷却盛有危险品的容器，直到火完全熄灭。

3）切勿对泄漏源或安全阀直接喷水，防止产生冰冻。

4）如果容器的安全阀发出响声或储罐变色，应迅速撤离。

5）切记远离被大火吞没的储罐。

6）对于燃烧剧烈的大火，使用遥控水枪或水炮远距离灭火；否则撤离火场并任其燃烧。

4. 燃烧爆炸危险

（1）危险性综述：本品易燃，具强刺激性，对环境有危害。

（2）燃爆特性：蒸气能与空气形成爆炸性混合物（闪点15℃），遇明火、高热能引起燃烧爆炸。

5. 燃爆温度及燃烧（分解）产物

引燃温度：432℃。

燃烧（分解）产物：一氧化碳、二氧化碳。

6. 禁止混储

与强氧化剂类、硝酸、高氯酸发生剧烈反应。由于低导电性，流动或搅动会产生静电。

注：参考自《威利化学品禁忌手册》。

7. 隔离距离

泄漏：在泄漏区四周隔离至少50m；大量泄漏，考虑首次向四周撤离300m；

火灾：如果火场中怀疑装有炸弹或导弹等的槽车或拖车，应向四周隔离800m；也可考虑首次就向四周撤离800m。

8. 急救措施

（1）皮肤接触：脱去污染的衣着，用肥皂水和清水彻底冲洗皮肤。

（2）眼睛接触：提起眼睑，用流动清水或生理盐水冲洗；就医。

（3）吸入：迅速脱离现场至空气新鲜处。保持呼吸道通畅。如呼吸困难，给输氧。如呼吸停止，立即进行人工呼吸；就医。

（4）食入：给充分漱口、饮水；就医。

乙醇泄漏、燃爆事故

1. 遇水反应

不发生反应。

2. 泄漏处置

迅速撤离泄漏污染区人员至安全区，并进行隔离，严格限制出入。切断火源。建议应急处理人员戴自给正压式呼吸器，穿防静电工作服。尽可能切断泄漏源。防止进入下水道、排洪沟等限制性空间。小量泄漏：用砂土或其他不燃材料吸附或吸收。也可以用大量水冲洗，洗水稀释后放入废水系统。大量泄漏：构筑围堤或挖坑收容。用泡沫覆盖，降低蒸气灾害。用防爆泵转移至槽车或专用收集器内，回收或运至废物处理场所处置。

3. 燃爆与消防

（1）灭火方法及灭火剂：

灭火方法：消防人员须穿全身防火防毒服，佩戴空气呼吸器，在上风向灭火。尽可能将容器从火场移至空旷处。喷水保持火场容器冷却，直至灭火结束。

灭火剂：抗溶性泡沫、二氧化碳、干粉、砂土、水泥粉。

（2）储罐或货车（拖车）着火：

1）尽可能远距离灭火或用遥控水枪或水炮灭火。

2）用大量水冷却盛有危险品的容器，直到火完全熄灭。

3）切勿对泄漏源或安全阀直接喷水，防止产生冰冻。

4）如果容器的安全阀发出响声或储罐变色，应迅速撤离。

5）切记远离被大火吞没的储罐。

6）对于燃烧剧烈的大火，使用遥控水枪或水炮远距离灭火；否则撤离火场并任其燃烧。

4. 燃烧爆炸危险

（1）危险性综述：本品易燃，具刺激性。

（2）燃爆特性：易燃，其蒸气与空气可形成爆炸性混合物（闪点 13℃），遇明火、高热能引起燃烧爆炸。与氧化剂接触发生化学反应或引起燃烧。在火场中，受热的容器有爆炸危险。其蒸气比空气重，能在较低处扩散到相当远的地方，遇火源会着火回燃。

5. 燃爆温度及燃烧（分解）产物

引燃温度：363℃。

燃烧（分解）产物：一氧化碳、二氧化碳。

6. 禁止混储

与强氧化剂类、碱类、乙酸酐、溴化乙酰、氯化乙酰、脂肪胺类、五氟化溴、氧化钙、氧化铯、高氯酸氯氧基酯、二氟化二硫等许多物质可能发生剧烈反应。与硝酸汞混合形成爆炸性的雷汞。与高氯酸盐类、高氯酸镁（形成高氯酸乙基酯）、高氯酸银形成爆炸性的复合物。由于低导电性，流动或搅动会产生静电。

注：参考自《威利化学品禁忌手册》。

7. 隔离距离

泄漏：在泄漏区四周隔离至少 50m；大量泄漏，考虑首次向四周撤离 300m；

火灾：如果火场中怀疑装有炸弹或导弹等军火的槽车或拖车，应向四周隔离 800m；也可考虑首次就向四周撤离 800m。

8. 急救措施

（1）皮肤接触：脱去污染的衣着，用流动清水彻底冲洗皮肤。

（2）眼睛接触：提起眼睑，用流动清水彻底冲洗；就医。

（3）吸入：迅速脱离现场至空气新鲜处。保持呼吸道通畅。如呼吸困难，给输氧。如呼吸停止，立即进行人工呼吸；就医。

（4）食入：给充分漱口、饮水，催吐；就医。

乙二醇二乙醚泄漏、燃爆事故

1. 遇水反应

不发生反应。

2. 泄漏处置

迅速撤离泄漏污染区人员至安全区，并进行隔离，严格限制出入。切断火源。建议应急处理人员戴自给正压式呼吸器，穿防静电工作服。尽可能切断泄漏源。防止进入下水道、排洪沟等限制性空间。小量泄漏：用砂土或其他不燃材料吸附或吸收。也可以用大量水冲洗，洗水稀释后放入废水系统。大量泄漏：构筑围堤或挖坑收容。用泡沫覆盖，降低蒸气灾害。用防爆泵转移至槽车或专用收集器内，回收或运至废物处理场所处置。

3. 燃爆与消防

（1）灭火方法及灭火剂：

灭火方法：消防人员须佩戴防毒面具、穿全身消防服，在上风向灭火。尽可能将容器从火场移至空旷处。喷水保持火场容器冷却，直至灭火结束。处在火场中的容器若已变色或从安全泄压装置中产生声音，必须马上撤离。

灭火剂：泡沫、二氧化碳、干粉、砂土、水泥粉。

（2）储罐或货车（拖车）着火：

1）尽可能远距离灭火或用遥控水枪或水炮灭火。

2）用大量水冷却盛有危险品的容器，直到火完全熄灭。

3）如果容器的安全阀发出响声或储罐变色，应迅速撤离。

4）切记远离被大火吞没的储罐。

5）对于燃烧剧烈的大火，使用遥控水枪或水炮远距离灭火；否则撤离火场并任其燃烧。

4. 燃烧爆炸危险

（1）危险性综述：本品易燃，具刺激性。

（2）燃爆特性：其蒸气与空气可形成爆炸性混合物（闪点 20.56℃），遇明火、高热能引起燃烧爆炸。其蒸气比空气重，能在较低处扩散到相当远的地方，遇火源会着火回燃。若遇高热，容器内压增大，有开裂和爆炸的危险。

5. 燃爆温度及燃烧（分解）产物

引燃温度：205℃。

燃烧（分解）产物：一氧化碳、二氧化碳。

6. 禁止混储

长期暴露在空气中，能形成不稳定过氧化物。与强氧化剂类发生剧烈反应。若不进行抑制，形成不稳定过氧化物。与脂肪胺类、酰胺类、硫酸、硝酸、腐蚀剂、异氰酸酯类不相容。

注：参考自《威利化学品禁忌手册》。

7. 隔离距离

泄漏：在泄漏区四周隔离至少 50m；大量泄漏，考虑首次向四周撤离 300m；

火灾：如果火场中怀疑装有炸弹或导弹等的槽车或拖车，应向四周隔离 800m；也可考虑首次就向四周撤离 800m。

8. 急救措施

（1）皮肤接触：立即脱去污染的衣着，用流动清水冲洗。

（2）眼睛接触：立即提起眼睑，用流动清水或生理盐水冲洗。

（3）吸入：迅速脱离现场至空气新鲜处。保持呼吸道通畅。如呼吸困难，给输氧。如呼吸停止，立即进行人工呼吸；就医。

（4）食入：给饮大量温水，禁止催吐；就医。

乙二醇乙醚泄漏、燃爆事故

1. 遇水反应

不发生反应。

2. 泄漏处置

泄漏应急处理：迅速撤离泄漏污染区人员至安全区，并进行隔离，严格限制出入。切断火源。建议应急处理人员戴自给正压式呼吸器，穿防静电工作服。尽可能切断泄漏源。防止进入下水道、排洪沟等限制性空间。小量泄漏：用砂土或其他不燃材料吸附或吸收。也可以用大量水冲洗，洗水稀释后放入废水系统。大量泄漏：构筑围堤或挖坑收容。用泡沫覆盖，降低蒸气灾害。用防爆泵转移至槽车或专用收集器内，回收或运至废物处理场所处置。

3. 燃爆与消防

（1）灭火方法及灭火剂：

灭火方法：尽可能将容器从火场移至空旷处。喷水保持火场容器冷却，直至灭火结束。处在火场中的容器若已变色或从安全泄压装置中产生声音，必须马上撤离。

灭火剂：泡沫、二氧化碳、干粉、砂土、水泥粉。

（2）储罐或货车（拖车）着火：

1）尽可能远距离灭火或用遥控水枪或水炮灭火。

2）用大量水冷却盛有危险品的容器，直到火完全熄灭。

3）如果容器的安全阀发出响声或储罐变色，应迅速撤离。

4）切记远离被大火吞没的储罐。

5）对于燃烧剧烈的大火，使用遥控水枪或水炮远距离灭火；否则撤离火场并任其燃烧。

4. 燃烧爆炸危险

（1）危险性综述：本品易燃，具刺激性。

（2）燃爆特性：易燃，与空气混合形成爆炸性混合体（闪点 43℃），遇明火、高热或与氧化剂接触，有引起燃烧爆炸的危险。接触空气或在光照条件下可生成具有潜在爆炸危险性的过氧化物。

5. 燃爆温度及燃烧（分解）产物

引燃温度：235℃。

燃烧（分解）产物：一氧化碳、二氧化碳。

6. 禁止混储

强氧化剂，可能引起着火和爆炸。能形成过氧化物一种。与强酸不相容。侵蚀橡胶和一些布品。

注：参考自《威利化学品禁忌手册》。

7. 隔离距离

泄漏：在泄漏区四周隔离至少 50m；大量泄漏，考虑首次向四周撤离 300m；

火灾：如果火场中怀疑装有炸弹或导弹等军火的槽车或拖车，应向四周隔离 800m；也可考虑首次就向四周撤离 800m。

8. 急救措施

（1）皮肤接触：立即脱去污染的衣着，用流动清水冲洗。

（2）眼睛接触：立即提起眼睑，用流动清水或生理盐水冲洗。

（3）吸入：迅速脱离现场至空气新鲜处。保持呼吸道通畅。如呼吸困难，给输氧。如呼吸停止，立即进行人工呼吸；就医。

（4）食入：给饮大量温水，禁止催吐；就医。

乙腈泄漏、燃爆事故

1. 遇水反应

不发生反应。

2. 泄漏处置

迅速撤离泄漏污染区人员至安全区，并进行隔离，严格限制出入。切断火源。建议应急处理人员戴自给正压式呼吸器，穿防毒服。不要直接接触泄漏物。尽可能切断泄漏源。防止进入下水道、排洪沟等限制性空间。小量泄漏：用活性炭或其他惰性材料吸收。也可以用大量水冲洗，洗水稀释后放入废水系统。大量泄漏：构筑围堤或挖坑收容。喷雾状水冷却和稀释蒸气、保护现场人员、把泄漏物稀释成不燃物。用防爆泵转移至槽车或专用收集器内，回收或运至废物处理场所处置。

3. 燃爆与消防

（1）灭火方法及灭火剂：

灭火方法：消防人员须穿全身防火防毒服，佩戴空气呼吸器，在上风向灭火。喷水冷却容器，可能的话将容器从火场移至空旷处。

灭火剂：抗溶性泡沫、二氧化碳、干粉、砂土、水泥粉。用水灭火无效。

（2）储罐或货车（拖车）着火：

1）尽可能远距离灭火或用遥控水枪或水炮灭火。

2）用大量水冷却盛有危险品的容器，直到火完全熄灭。

3）如果容器的安全阀发出响声或储罐变色，应迅速撤离。

4）切记远离被大火吞没的储罐。

5）对于燃烧剧烈的大火，使用遥控水枪或水炮远距离灭火；否则撤离火场并任其燃烧。

4. 燃烧爆炸危险

（1）危险性综述：本品易燃。

（2）燃爆特性：易燃，其蒸气与空气可形成爆炸性混合物（闪点12.8℃，开杯），遇明火、高热或与氧化剂接触，有引起燃烧爆炸的危险。燃烧时有发光火焰。

5. 燃爆温度及燃烧（分解）产物

引燃温度：524℃。

燃烧（分解）产物：一氧化碳、二氧化碳、氮氧化物（有毒）、氰化氢（剧毒）。

6. 禁止混储

与蒸气接触生成氰化物气体。与氧化剂，如氯、溴、氟、氯磺酸、发烟硫酸或硫酸发生剧烈反应；与水（特别是酸性和碱性）、酸类、腐蚀剂、硝化剂、铟、二氧化氮、三氧化硫、高氯酸铁、氮氟化合物不相容；浸蚀大多数橡胶和塑料；可聚集静电荷，并引起其蒸气点火。

注：参考自《威利化学品禁忌手册》。

7. 隔离距离

泄漏：在泄漏区四周隔离至少50m；大量泄漏，考虑首次向四周撤离300m；

火灾：如果火场中怀疑装有炸弹或导弹等的槽车或拖车，应向四周隔离800m；也可考虑首次就向四周撤离800m。

8. 急救措施

（1）皮肤接触：立即脱去污染的衣着，用肥皂水和清水彻底冲洗至少15min；就医。

（2）眼睛接触：立即提起眼睑，用大量流动清水或生理盐水彻底冲洗至少15min；就医。

（3）吸入：迅速脱离现场至空气新鲜处。保持呼吸道通畅。如呼吸困难，给输氧。如呼吸停止，立即进行人工呼吸；就医。

（4）食入：饮足量温水，禁止催吐。用1∶5000高锰酸钾或5%硫代硫酸钠溶液洗胃；就医。

乙硫醇（硫代乙醇）泄漏、燃爆事故

1. 遇水反应

发生反应。放出硫化氢有毒和易燃的气体。

2. 泄漏处置

迅速撤离泄漏污染区人员至安全区，并进行隔离，严格限制出入。切断火源。建议应急处理人员戴自给正压式呼吸器，穿防静电工作服。尽可能切断泄漏源。防止进入下水道、排洪沟等限制性空间。小量泄漏：用活性炭或其他惰性材料吸收。大量泄漏：构筑围堤或挖坑收容。用防爆泵转移至槽车或专用收集器内，回收或运至废物处理场所处置。

3. 燃爆与消防

（1）灭火方法及灭火剂：

灭火方法：消防人员须穿全身消防服，佩戴防毒面具，在上风向灭火。尽可能将容器从火场移至空旷处。喷水保持火场容器冷却，直至灭火结束。处在火场中的容器若已变色或从安全泄压装置中产生声音，必须马上撤离。

灭火剂：抗溶性泡沫、二氧化碳、干粉、砂土。用水灭火无效。

（2）储罐或货车（拖车）着火：

1）尽可能远距离灭火或用遥控水枪或水炮灭火。

2）用大量水冷却盛有危险品的容器，直到火完全熄灭。

3）如果容器的安全阀发出响声或储罐变色，应迅速撤离。

4）切记远离被大火吞没的储罐。

5）对于燃烧剧烈的大火，使用遥控水枪或水炮远距离灭火；否则撤离火场并任其燃烧。

4. 燃烧爆炸危险

（1）危险性综述：本品极度易燃，对环境有危害，对水体可造成污染。

（2）燃爆危险：其蒸气与空气可形成爆炸性混合物（闪点 -45℃），遇明火、高热极易燃烧爆炸。接触酸和酸雾产生有毒气体。遇水或水蒸气反应放出有毒和易燃的气体。其蒸气比空气重，能在较低处扩散到相当远的地方，遇火源会着火回燃。若遇高热，容器内压增大，有开裂和爆炸的危险。

5. 燃爆温度及燃烧（分解）产物

引燃温度：300℃。

燃烧（分解）产物：一氧化碳、二氧化碳、二氧化硫（有毒）。

6. 禁止混储

与水、酸蒸气、酸烟雾发生反应，生成硫化氢。与强氧化剂类、次氯酸钙发生剧烈反应。与脂肪胺类、苛性碱类、氧化乙烯、异氰酸酯类、硝酸、硫酸不相容。浸蚀一些塑料、布品和橡胶。由于低导电性，流动或搅动可能产生静电。

注：参考自《威利化学品禁忌手册》。

7. 隔离距离

泄漏：在泄漏区四周隔离至少 50m；大量泄漏，考虑首次向四周撤离 300m；

火灾：如果火场中怀疑装有炸弹或导弹等军火的槽车或拖车，应向四周隔离 800m；也可考虑首次就向四周撤离 800m。

8. 急救措施

（1）皮肤接触：脱去污染的衣着，用肥皂水和清水彻底冲洗。

（2）眼睛接触：立即提起眼睑，用流动清水或生理盐水冲洗 15min；就医。

（3）吸入：迅速脱离现场至空气新鲜处。保持呼吸道通畅。如呼吸困难，给输氧。如呼吸停止，立即进行人工呼吸；就医。

（4）食入：给饮大量温水，禁止催吐；就医。

乙醚泄漏、燃爆事故

1. 遇水反应

不发生反应。

2. 泄漏处置

疏散泄漏污染区人员至安全区，禁止无关人员进入污染区，切断火源。建议应急处理人员戴自给式呼吸器，穿一般消防防护服。在确保安全情况下堵漏。喷水雾会减少蒸发，但不能降低泄漏物在受限制空间内的易燃性。用活性炭或其他惰性材料吸收，然后收集运至废物处理场所处置。也可以用大量水冲洗，经稀释的洗水放入废水系统。如大量泄漏，利用围堤收容，然后收集、转移、回收或无害处理后废弃。储区设喷淋降温设施。

3. 燃爆与消防

（1）灭火方法及灭火剂：

灭火方法：消防人员须穿全身消防服，佩戴防毒面具，在上风向灭火。尽可能将容器从火场移至空旷处。喷水保持火场容器冷却，直至灭火结束。处在火场中的容器若已变色或从安全泄压装置中产生声音，必须马上撤离。

灭火剂：抗溶性泡沫、二氧化碳、干粉、砂土。用水灭火无效。

（2）储罐或货车（拖车）着火：

1）尽可能远距离灭火或用遥控水枪或水炮灭火。

2）用大量水冷却盛有危险品的容器，直到火完全熄灭。

3）如果容器的安全阀发出响声或储罐变色，应迅速撤离。

4）切记远离被大火吞没的储罐。

5）对于燃烧剧烈的大火，使用遥控水枪或水炮远距离灭火；否则撤离火场并任其燃烧。

4. 燃烧爆炸危险

（1）危险性综述：本品极度易燃，具刺激性。

（2）燃爆危险：其蒸气与空气可形成爆炸性混合物（闪点 –45℃），遇明火、高热极易燃烧爆炸。与氧化剂能发生强烈反应。在空气中久置后能生成有爆炸性的过氧化物。在火场中，受热的容器有爆炸危险。

5. 燃爆温度及燃烧（分解）产物

引燃温度：160 ~180℃。

燃烧（分解）产物：一氧化碳、二氧化碳。

6. 禁止混储

长期暴露在空气中，能形成不稳定的过氧化物。与强酸、强氧化剂、三叠氮化硼、氧化铬、卤代化合物、四氢铝锂、过氧化钠、硫、硫化合物、三甲基铊反应剧烈。与过氧化氢（90%）、高氯酸银、三乙炔铝生成爆炸性化合物。与磺酰氯不相容。浸蚀某些塑料、橡胶和布品。储存时能形成不稳定的对热、撞击和摩擦敏感的过氧化物。由于电导率低，流动或搅动会产生静电。

注：参考自《威利化学品禁忌手册》。

7. 隔离距离

泄漏：在泄漏区四周隔离至少 50m；大量泄漏，考虑首次向四周撤离 300m；

火灾：如果火场中怀疑装有炸弹或导弹等军火的槽车或拖车，应向四周隔离 800m；也可考虑首次就向四周撤离 800m。

8. 急救措施

（1）皮肤接触：脱去污染的衣着，用大量流动清水彻底冲洗。

（2）眼睛接触：提起眼睑，用流动清水或生理盐水冲洗；就医。

（3）吸入：迅速脱离现场至空气新鲜处。保持呼吸道通畅。如呼吸困难，给

输氧。如呼吸停止，立即进行人工呼吸；就医。

（4）食入：给饮大量温水，禁止催吐；就医。

乙醛泄漏、燃爆事故

1. 遇水反应

不发生反应。

2. 泄漏处置

迅速撤离泄漏污染区人员至安全区，并进行隔离，严格限制出入。切断火源。建议应急处理人员戴自给正压式呼吸器，穿防静电工作服。尽可能切断泄漏源。防止进入下水道、排洪沟等限制性空间。小量泄漏：用砂土或其他不燃材料吸附或吸收。也可以用大量水冲洗，洗水稀释后放入废水系统。大量泄漏：构筑围堤或挖坑收容。喷雾状水冷却和稀释蒸气、保护现场人员、把泄漏物稀释成不燃物。用防爆泵转移至槽车或专用收集器内，回收或运至废物处理场所处置。

3. 燃爆与消防

（1）灭火方法及灭火剂：

灭火方法：消防人员须穿全身防火防毒服，佩戴空气呼吸器，在上风向灭火。遇到大火，消防人员须在有防爆掩蔽处操作。在确保安全的情况下将容器从火场移至空旷处。

灭火剂：抗溶性泡沫、二氧化碳、干粉、砂土、水泥粉。用水灭火无效。

（2）储罐或货车（拖车）着火：

1）尽可能远距离灭火或用遥控水枪或水炮灭火。

2）用大量水冷却盛有危险品的容器，直到火完全熄灭。

3）如果容器的安全阀发出响声或储罐变色，应迅速撤离。

4）切记远离被大火吞没的储罐。

5）对于燃烧剧烈的大火，使用遥控水枪或水炮远距离灭火；否则撤离火场并任其燃烧。

4. 燃烧爆炸危险

（1）危险性综述：本品极度易燃，具刺激性，具致敏性，对环境有危害，对水体可造成污染。

（2）燃爆危险：其蒸气与空气可形成爆炸性混合物（闪点 −39℃）。遇明火、高热或与氧化剂接触，有引起燃烧爆炸的危险。若遇高热，可能发生聚合反应，出现大量放热现象，引起容器破裂和爆炸事故。

5. 燃爆温度及燃烧（分解）产物

引燃温度：175℃。

燃烧（分解）产物：一氧化碳、二氧化碳。

6. 禁止混储

在空气中容易氧化，生成不稳定的过氧化物，从而导致自发性的爆炸。缓慢聚合形成乙酸。暴露于热、尘、腐蚀或氧化剂中能引发爆炸性聚合。是一种强还原剂。与可燃材料、强酸类、酸酐、醇类、无水氨、胺、溴、腐蚀性物质、氯、酮类、卤素、硫化氢、氧化剂类、苯酚、磷发生剧烈反应、当与碘、氧混合时发生爆炸。能溶解橡胶。轻微腐蚀低碳钢。由于低导电性，流动或搅动会产生静电。当暴露于尘、热、腐蚀剂或氧化剂时，可能没有预兆地发生爆炸。纯产品侵蚀橡胶、布品和一些塑料（PVC、腈类、聚乙烯、聚乙烯醇、特氟纶、聚氨酯、氯丁橡胶、合成橡胶）。

注：参考自《威利化学品禁忌手册》。

7. 隔离距离

泄漏：在泄漏区四周隔离至少 50m；大量泄漏，考虑首次向四周撤离 300m；

火灾：如果火场中怀疑装有炸弹或导弹等军火的槽车或拖车，应向四周隔离 800m；也可考虑首次就向四周撤离 800m。

8. 急救措施

（1）皮肤接触：脱去污染的衣着，用肥皂水及清水彻底冲洗。

（2）眼睛接触：立即提起眼睑，用流动清水或生理盐水冲洗。

（3）吸入：迅速脱离现场至空气新鲜处。保持呼吸道通畅。如呼吸困难，给输氧。如呼吸停止，立即进行人工呼吸；就医。

（4）食入：给饮大量温水，禁止催吐；就医。

乙酸乙烯酯泄漏、燃爆事故

1. 遇水反应

发生反应，酸性和碱性条件下，生成乙烯醇和乙酸。

2. 泄漏处置

切断火源。戴自给式呼吸器，穿化学防护服。不要直接接触泄漏物，在确保安全情况下堵漏。喷水雾可减少蒸发。小量泄漏：用砂土或其他不燃材料吸附或吸收。也可以用不燃性分散剂制成的乳液刷洗，洗液稀释后放入废水系统。大量泄漏：利用围堤收容，然后收集、转移、回收或无害处理后废弃。

3. 燃爆与消防

（1）灭火方法及灭火剂：

灭火方法：消防人员须穿全身消防服，佩戴防毒面具，在上风向灭火。遇大火，消防人员须在有防护掩蔽处操作。

灭火剂：抗溶性泡沫、二氧化碳、干粉、砂土、水泥粉。用水灭火无效。但可用水保持火场中容器冷却。

（2）储罐或货车（拖车）着火：

1）尽可能远距离灭火或用遥控水枪或水炮灭火。

2）用大量水冷却盛有危险品的容器，直到火完全熄灭。

3）如果容器的安全阀发出响声或储罐变色，应迅速撤离。

4）切记远离被大火吞没的储罐。

5）对于燃烧剧烈的大火，使用遥控水枪或水炮远距离灭火；否则撤离火场并任其燃烧。

4. 燃烧爆炸危险

（1）危险性综述：本品易燃，具刺激性。

（2）燃爆特性：易燃，其蒸气与空气可形成爆炸性混合物（闪点 -8℃），遇明火、高热能引起燃烧爆炸。

5. 燃爆温度及燃烧（分解）产物

引燃温度：402℃。

燃烧（分解）产物：一氧化碳、二氧化碳。

6. 禁止混储

如果没有抑制，容易聚合。高温、光照、空气、氧、水或过氧化物影响下能引发反应。必须稳定化（推荐对苯二酚或二苯基胺）防止聚合。与强氧化剂发生剧烈反应。与非氧化性无机酸、强酸类、氨、脂肪胺类、链烷醇胺、碱类、偶氮化合物、发烟硫酸、臭氧（形成爆炸性乙酸乙烯酯臭氧化物）、2- 氨基乙醇、氯磺酸、亚乙基二胺、亚乙基亚胺、甲苯发生反应。其蒸气可与干燥剂（如硅胶或氧化铝）发生剧烈反应。由于低导电性，流动或搅动会产生静电。未抑制的单体蒸气通过生成固体聚合物质可阻塞管道和狭窄处。

注：参考自《威利化学品禁忌手册》。

7. 隔离距离

泄漏：在泄漏区四周隔离至少 50m；大量泄漏，考虑首次向四周撤离 300m；

火灾：如果火场中怀疑装有炸弹或导弹等军火的槽车或拖车，应向四周隔离

800m；也可考虑首次就向四周撤离800m。

8. 急救措施

（1）皮肤接触：立即脱去污染的衣着，用肥皂水及清水彻底冲洗。

（2）眼睛接触：立即提起眼睑，用流动清水彻底冲洗15min；就医。

（3）吸入：迅速脱离现场至空气新鲜处。保持呼吸道通畅。如呼吸困难，给输氧。如呼吸停止，立即进行人工呼吸；就医。

（4）食入：给饮足量温水，禁止催吐；就医。

乙酸乙酯泄漏、燃爆事故

1. 遇水反应

不发生反应。

2. 泄漏处置

迅速撤离泄漏污染区人员至安全区，并进行隔离，严格限制出入。切断火源。建议应急处理人员戴自给正压式呼吸器，穿防静电工作服。尽可能切断泄漏源。防止进入下水道、排洪沟等限制性空间。小量泄漏：用活性炭或其他惰性材料吸收。也可以用大量水冲洗，洗水稀释后放入废水系统。大量泄漏：构筑围堤或挖坑收容。用泡沫覆盖，降低蒸气灾害。用防爆泵转移至槽车或专用收集器内，回收或运至废物处理场所处置。

3. 燃爆与消防

（1）灭火方法及灭火剂：

灭火方法：消防人员须穿全身消防服，佩戴空气呼吸器，在上风向灭火。尽可能将容器从火场移至空旷处。喷水保持火场容器冷却，直至灭火结束。处在火场中的容器若已变色或从安全泄压装置中产生声音，必须马上撤离。

灭火剂：抗溶性泡沫、二氧化碳、干粉、砂土、水泥粉。用水灭火无效。但可用水保持火场中容器冷却。

（2）储罐或货车（拖车）着火：

1）尽可能远距离灭火或用遥控水枪或水炮灭火。

2）用大量水冷却盛有危险品的容器，直到火完全熄灭。

3）如果容器的安全阀发出响声或储罐变色，应迅速撤离。

4）切记远离被大火吞没的储罐。

5）对于燃烧剧烈的大火，使用遥控水枪或水炮远距离灭火；否则撤离火场

并任其燃烧。

4. 燃烧爆炸危险

（1）危险性综述：本品易燃，具刺激性，具致敏性。

（2）燃爆特性：易燃，其蒸气与空气可形成爆炸性混合物（闪点 7.2℃，开杯），遇明火、高热能引起燃烧爆炸。

5. 燃爆温度及燃烧（分解）产物

引燃温度：426℃。

燃烧（分解）产物：一氧化碳、二氧化碳。

6. 禁止混储

与强氧化剂、氯磺酸发生剧烈反应。与强酸、硝酸盐类、氢化锂铝、四氢铝锂、发烟硫酸不相容。静置会水解生成乙酸和乙醇。强碱可极大地提高该反应的速率。

注：参考自《威利化学品禁忌手册》。

7. 隔离距离

泄漏：在泄漏区四周隔离至少 50m；大量泄漏，考虑首次向四周撤离 300m；

火灾：如果火场中怀疑装有炸弹或导弹等军火的槽车或拖车，应向四周隔离 800m；也可考虑首次就向四周撤离 800m。

8. 急救措施

（1）皮肤接触：立即脱去污染的衣着，用肥皂水和流动清水冲洗。

（2）眼睛接触：立即提起眼睑，用流动清水或生理盐水冲洗。

（3）吸入：迅速脱离现场至空气新鲜处。保持呼吸道通畅。如呼吸困难，给输氧。如呼吸停止，立即进行人工呼吸；就医。

（4）食入：给饮大量温水，禁止催吐；就医。

乙酸正丙酯泄漏、燃爆事故

1. 遇水反应

不发生反应。

2. 泄漏处置

迅速撤离泄漏污染区人员至安全区，并进行隔离，严格限制出入。切断火源。建议应急处理人员戴自给正压式呼吸器，穿防静电工作服。尽可能切断泄漏源。防止进入下水道、排洪沟等限制性空间。小量泄漏：用活性炭或其他惰性材料吸收。也可以用大量水冲洗，洗水稀释后放入废水系统。大量泄漏：构筑围堤或挖坑收容。

用泡沫覆盖，降低蒸气灾害。用防爆泵转移至槽车或专用收集器内，回收或运至废物处理场所处置。

3. 燃爆与消防

（1）灭火方法及灭火剂：

灭火方法：消防人员须穿全身消防服，佩戴防毒面具，在上风向灭火。尽可能将容器从火场移至空旷处。喷水保持火场容器冷却，直至灭火结束。处在火场中的容器若已变色或从安全泄压装置中产生声音，必须马上撤离。

灭火剂：抗溶性泡沫、二氧化碳、干粉、砂土、水泥粉。用水灭火无效。但可用水保持火场中容器冷却。

（2）储罐或货车（拖车）着火：

1）尽可能远距离灭火或用遥控水枪或水炮灭火。

2）用大量水冷却盛有危险品的容器，直到火完全熄灭。

3）如果容器的安全阀发出响声或储罐变色，应迅速撤离。

4）切记远离被大火吞没的储罐。

5）对于燃烧剧烈的大火，使用遥控水枪或水炮远距离灭火；否则撤离火场并任其燃烧。

4. 燃烧爆炸危险

（1）危险性综述：本品易燃，具刺激性。

（2）燃爆特性：易燃，其蒸气与空气可形成爆炸性混合物（闪点 13℃），遇明火、高热能引起燃烧爆炸。其蒸气比空气重，能在较低处扩散到相当远的地方，遇火源会着火回燃。

5. 燃爆温度及燃烧（分解）产物

引燃温度：450℃。

燃烧（分解）产物：一氧化碳、二氧化碳。

6. 禁止混储

与强氧化剂剧烈反应。与强酸、硝酸盐不相容。浸蚀塑料、橡胶和棉织品。由于低导电性，流动或搅动会产生静电。

注：参考自《威利化学品禁忌手册》。

7. 隔离距离

泄漏：作为紧急预防措施，应在泄漏区四周隔离至少 50m；大量泄漏，考虑首次向四周撤离 300m；

火灾：如果火场中怀疑装有炸弹或导弹等军火的槽车或拖车，应向四周隔离 800m；也可考虑首次就向四周撤离 800m。

8. 急救措施

（1）皮肤接触：立即脱去污染的衣着，用肥皂水和流动清水彻底冲洗。

（2）眼睛接触：立即提起眼睑，用流动清水或生理盐水彻底冲洗；就医。

（3）吸入：迅速脱离现场至空气新鲜处。保持呼吸道通畅。如呼吸困难，给输氧。如呼吸停止，立即进行人工呼吸；就医。

（4）食入：给饮足量温水，禁止催吐；就医。

乙酸正丁酯泄漏、燃爆事故

1. 遇水反应

不发生反应。

2. 泄漏处置

迅速撤离泄漏污染区人员至安全区，并进行隔离，严格限制出入。切断火源。建议应急处理人员戴自给正压式呼吸器，穿防静电工作服。尽可能切断泄漏源。防止进入下水道、排洪沟等限制性空间。小量泄漏：用活性炭或其他惰性材料吸收。也可以用大量水冲洗，洗水稀释后放入废水系统。大量泄漏：构筑围堤或挖坑收容。用泡沫覆盖，降低蒸气灾害。用防爆泵转移至槽车或专用收集器内，回收或运至废物处理场所处置。

3. 燃爆与消防

（1）灭火方法及灭火剂：

灭火方法：消防人员须穿全身消防服，佩戴防毒面具，在上风向灭火。尽可能将容器从火场移至空旷处。喷水保持火场容器冷却，直至灭火结束。处在火场中的容器若已变色或从安全泄压装置中产生声音，必须马上撤离。

灭火剂：抗溶性泡沫、二氧化碳、干粉、砂土、水泥粉。用水灭火无效。但可用水保持火场中容器冷却。

（2）储罐或货车（拖车）着火：

1）尽可能远距离灭火或用遥控水枪或水炮灭火。

2）用大量水冷却盛有危险品的容器，直到火完全熄灭。

3）如果容器的安全阀发出响声或储罐变色，应迅速撤离。

4）切记远离被大火吞没的储罐。

5）对于燃烧剧烈的大火，使用遥控水枪或水炮远距离灭火；否则撤离火场并任其燃烧。

4. 燃烧爆炸危险

（1）危险性综述：本品易燃，具强刺激性。

（2）燃爆特性：易燃，其蒸气与空气可形成爆炸性混合物（闪点22℃），遇明火、高热能引起燃烧爆炸。其蒸气比空气重，能在较低处扩散到相当远的地方，遇火源会着火回燃。

5. 燃爆温度及燃烧（分解）产物

引燃温度：421℃。

燃烧（分解）产物：一氧化碳、二氧化碳。

6. 禁止混储

静置时与水发生反应形成乙酸和正丁醇。与强氧化剂和叔丁基氧化钾发生剧烈反应。与苛性碱、强酸、硝酸盐不相容。溶解橡胶、一些塑料、树脂和一些布品。由于低导电性，流动或搅动会产生静电。

注：参考自《威利化学品禁忌手册》。

7. 隔离距离

泄漏：在泄漏区四周隔离至少 50m；大量泄漏，考虑首次向四周撤离 300m；

火灾：如果火场中怀疑装有炸弹或导弹等军火的槽车或拖车，应向四周隔离 800m；也可考虑首次就向四周撤离 800m。

8. 急救措施

（1）皮肤接触：立即脱去污染的衣着，用肥皂水和流动清水冲洗。

（2）眼睛接触：立即提起眼睑，用流动清水彻底冲洗。

（3）吸入：迅速脱离现场至空气新鲜处。保持呼吸道通畅。如呼吸困难，给输氧。如呼吸停止，立即进行人工呼吸；就医。

（4）食入：给饮大量温水，禁止催吐；就医。

异丙基乙烯（3- 甲基 -1- 丁烯）泄漏、燃爆事故

1. 遇水反应

不发生反应。

2. 泄漏处置

疏散泄漏污染区人员至安全区，禁止无关人员进入污染区，切断火源。建议应急处理人员戴自给式呼吸器，穿一般消防防护服。在确保安全情况下堵漏。喷水雾会减少蒸发，但不能降低泄漏物在受限制空间内的易燃性。用活性炭或其他惰性材料吸收，然后收集运至废物处理场所处置。也可以用不燃性分散剂制成的乳液刷洗，经稀释的洗水放入废水系统。如大量泄漏，利用围堤收容，然后收集、转移、回收或无害处理后废弃。

3. 燃爆与消防

（1）灭火方法及灭火剂：

灭火方法：消防人员须佩戴防毒面具、穿全身消防服，在上风向灭火。尽可能将容器从火场移至空旷处。喷水保持火场容器冷却，直至灭火结束。处在火场中的容器若已变色或从安全泄压装置中产生声音，必须马上撤离。

灭火剂：泡沫、干粉、二氧化碳、砂土、水泥粉。用水灭火无效。

（2）储罐或货车（拖车）着火：

1）尽可能远距离灭火或用遥控水枪或水炮灭火。

2）用大量水冷却盛有危险品的容器，直到火完全熄灭。

3）如果容器的安全阀发出响声或储罐变色，应迅速撤离。

4）切记远离被大火吞没的储罐。

5）对于燃烧剧烈的大火，使用遥控水枪或水炮远距离灭火；否则撤离火场并任其燃烧。

4. 燃烧爆炸危险

（1）危险性综述：本品极度易燃，具刺激性，对环境有危害，对大气可造成污染。

（2）燃爆特性：其蒸气与空气可形成爆炸性混合物，闪点：–56℃，遇明火、高热极易燃烧爆炸。其蒸气比空气重，能在较低处扩散到相当远的地方，遇火源会着火回燃。若遇高热，容器内压增大，有开裂和爆炸的危险。

5. 燃爆温度及燃烧（分解）产物

引燃温度：365℃。

燃烧（分解）产物：一氧化碳、二氧化碳。

6. 禁止混储

与强氧化剂剧烈反应。

7. 隔离距离

泄漏：在泄漏区四周隔离至少 50m；大量泄漏，考虑首次向四周撤离 300m；

火灾：如果火场中怀疑装有炸弹或导弹等军火的槽车或拖车，应向四周隔离 800m；也可考虑首次就向四周撤离 800m。

8. 急救措施

（1）皮肤接触：立即脱去污染的衣着，用大量流动清水冲洗；就医。

（2）眼睛接触：立即提起眼睑，用大量流动清水冲洗；就医。

（3）吸入：迅速脱离现场至空气新鲜处。保持呼吸道通畅。如呼吸困难，给输氧。如呼吸停止，立即进行人工呼吸；就医。

（4）食入：饮足量温水，禁止催吐；就医。

异丁醛泄漏、燃爆事故

1. 遇水反应

不发生反应。

2. 泄漏处置

迅速撤离泄漏污染区人员至安全区，并进行隔离，严格限制出入。切断火源。建议应急处理人员戴自给正压式呼吸器，穿防静电工作服。尽可能切断泄漏源。防止进入下水道、排洪沟等限制性空间。小量泄漏：用活性炭或其他惰性材料吸收。也可以用大量水冲洗，洗水稀释后放入废水系统。大量泄漏：构筑围堤或挖坑收容。用泡沫覆盖，降低蒸气灾害。用防爆泵转移至槽车或专用收集器内，回收或运至废物处理场所处置。

3. 燃爆与消防

（1）灭火方法及灭火剂：

灭火方法：消防人员须佩戴防毒面具，穿全身消防服，在上风向灭火。遇到大火，消防人员须在有防爆掩蔽处操作。在确保安全的情况下将容器移离火场。

灭火剂：抗溶性泡沫、二氧化碳、干粉、砂土。用水灭火无效。

（2）储罐或货车（拖车）着火：

1）尽可能远距离灭火或用遥控水枪或水炮灭火。

2）用大量水冷却盛有危险品的容器，直到火完全熄灭。

3）如果容器的安全阀发出响声或储罐变色，应迅速撤离。

4）切记远离被大火吞没的储罐。

5）对于燃烧剧烈的大火，使用遥控水枪或水炮远距离灭火；否则撤离火场并任其燃烧。

4. 燃烧爆炸危险

（1）危险性综述：本品极度易燃，具刺激性，具致敏性。

（2）燃爆危险：其蒸气与空气可形成爆炸性混合物（闪点 -24℃，闭杯），遇明火、高热极易燃烧爆炸。与氧化剂能发生强烈反应。其蒸气比空气重，能在较低处扩散到相当远的地方，遇火源会着火回燃。

5. 燃爆温度及燃烧（分解）产物

引燃温度：196℃。

燃烧（分解）产物：一氧化碳、二氧化碳。

6. 禁止混储

在空气中可缓慢氧化，形成异丁酸。与强氧化剂、强酸、溴、酮发生剧烈反应。与苛性碱类、氨、胺类不相容。

注：参考自《威利化学品禁忌手册》。

7. 隔离距离

泄漏：在泄漏区四周隔离至少 50m；大量泄漏，考虑首次向四周撤离 300m；

火灾：如果火场中怀疑装有炸弹或导弹等军火的槽车或拖车，应向四周隔离 800m；也可考虑首次就向四周撤离 800m。

8. 急救措施

（1）皮肤接触：立即脱去污染的衣着，用大量清水彻底冲洗。

（2）眼睛接触：立即提起眼睑，用流动清水或生理盐水彻底冲洗至少 15min；就医。

（3）吸入：迅速脱离现场至空气新鲜处。保持呼吸道通畅。如呼吸困难，给输氧。如呼吸停止，立即进行人工呼吸；就医。

（4）食入：给饮大量温水，禁止催吐；就医。

异丁烯醛（2- 甲基丙烯醛）泄漏、燃爆事故

1. 遇水反应

不发生反应。

2. 泄漏处置

迅速撤离泄漏污染区人员至安全区，并进行隔离，严格限制出入。切断火源。建议应急处理人员戴自给正压式呼吸器，穿防毒服。尽可能切断泄漏源。防止进入下水道、排洪沟等限制性空间。小量泄漏：用活性炭或其他惰性材料吸收。也可以用不燃性分散剂制成的乳液刷洗，洗液稀释后放入废水系统。大量泄漏：构筑围堤或挖坑收容。用泡沫覆盖，降低蒸气灾害。用泵转移至槽车或专用收集器内，回收或运至废物处理场所处置。

3. 燃爆与消防

（1）灭火方法及灭火剂：

灭火方法：消防人员必须佩戴过滤式防毒面具或隔离式呼吸器、穿全身防火防毒服，在上风向灭火。尽可能将容器从火场移至空旷处。喷水保持火场容器冷却，

直至灭火结束。处在火场中的容器若已变色或从安全泄压装置中产生声音，必须马上撤离。

灭火剂：泡沫、二氧化碳、干粉、砂土、水泥粉。用水灭火无效。

（2）储罐或货车（拖车）着火：

1）尽可能远距离灭火或用遥控水枪或水炮灭火。

2）用大量水冷却盛有危险品的容器，直到火完全熄灭。

3）如果容器的安全阀发出响声或储罐变色，应迅速撤离。

4）切记远离被大火吞没的储罐。

5）对于燃烧剧烈的大火，使用遥控水枪或水炮远距离灭火；否则撤离火场并任其燃烧。

4. 燃烧爆炸危险

（1）危险性综述：本品易燃，有毒，具强刺激性，对环境有危害，对大气可造成污染。

（2）燃爆特性：其蒸气与空气可形成爆炸性混合物（闪点 -15℃，闭杯），遇明火、高热极易燃烧爆炸。受热分解产生有毒的烟气。其蒸气比空气重，能在较低处扩散到相当远的地方，遇火源会着火回燃。若遇高热，容器内压增大，有开裂和爆炸的危险。

5. 燃爆温度及燃烧（分解）产物

引燃温度：295℃。

燃烧（分解）产物：一氧化碳、二氧化碳。

6. 禁止混储

长时间暴露于空气中能形成不稳定过氧化物类，可发生聚合（建议用 0. 1% 对苯二酚为抑制剂）。与氧化剂类、溴、酮发生剧烈反应。与酸类、含氮染料、腐蚀剂类、氨、胺类、硼烷类、肼类不相容。由于低导电性，流动或搅动会产生静电。

注：参考自《威利化学品禁忌手册》。

7. 隔离距离

泄漏：在泄漏区四周隔离至少 50m；大量泄漏，考虑首次向四周撤离 300m；

火灾：如果火场中怀疑装有炸弹或导弹等军火的槽车或拖车，应向四周隔离 800m；也可考虑首次就向四周撤离 800m。

8. 急救措施

（1）皮肤接触：立即脱去污染的衣着，用肥皂水及清水彻底冲洗。

（2）眼睛接触：立即提起眼睑，用大量流动清水或生理盐水彻底冲洗；就医。

（3）吸入：迅速脱离现场至空气新鲜处。保持呼吸道通畅。如呼吸困难，给输氧。如呼吸停止，立即进行人工呼吸；就医。

（4）食入：给饮大量温水，禁止催吐；就医

异丁烯酸乙酯（甲基丙烯酸乙酯）泄漏、燃爆事故

1. 遇水反应

不发生反应。可用雾状水灭火。

2. 泄漏处置

疏散泄漏污染区人员至安全区，禁止无关人员进入污染区，切断火源。应急处理人员戴自给式呼吸器，穿一般消防防护服。在确保安全情况下堵漏。小量泄漏：用大量水冲洗，洗水稀释后放入废水系统。大量泄漏：构筑围堤或挖坑收容。用泡沫覆盖，降低蒸气灾害。用防爆泵转移至槽车或专用收集器内，回收或运至废物处理场所处置。

3. 燃爆与消防

（1）灭火方法及灭火剂：

灭火方法：消防人员必须穿全身防火防毒服，在上风向灭火。遇大火，消防人员须在有防护掩蔽处操作。

灭火剂：雾状水、泡沫、二氧化碳、干粉、砂土、水泥粉。用水灭火无效，但可用水保持火场中容器冷却。

（2）储罐或货车（拖车）着火：

1）尽可能远距离灭火或用遥控水枪或水炮灭火。

2）用大量水冷却盛有危险品的容器，直到火完全熄灭。

3）如果容器的安全阀发出响声或储罐变色，应迅速撤离。

4）切记远离被大火吞没的储罐。

5）对于燃烧剧烈的大火，使用遥控水枪或水炮远距离灭火；否则撤离火场并任其燃烧。

4. 燃烧爆炸危险

（1）危险性综述：本品易燃，具刺激性，具致敏性。

（2）燃爆特性：易燃，其蒸气与空气可形成爆炸性混合物（闪点20℃，开杯），遇明火、高热能引起燃烧爆炸。

5. 燃爆温度及燃烧（分解）产物

引燃温度：393℃。

燃烧（分解）产物：一氧化碳、二氧化碳。

6. 禁止混储

能形成不稳定的过氧化物。如果不钝化能发生聚合。与强氧化剂、过氧化苯甲酰或其他引发聚合的物质剧烈反应。高温、光、杂质可引起自发爆炸性的聚合。与苛性碱、硝酸盐、强酸、胺类、链烷醇胺、过氧化物不相容。由于低导电性，流动或搅动会产生静电。非钝化单体蒸气形成的固体聚合物可能堵塞通风口和狭窄的空间。

注：参考自《威利化学品禁忌手册》。

7. 隔离距离

泄漏：在泄漏区四周隔离至少 50m；大量泄漏，考虑首次向四周撤离 300m；

火灾：如果火场中怀疑装有炸弹或导弹等军火的槽车或拖车，应向四周隔离 800m；也可考虑首次就向四周撤离 800m。

8. 急救措施

（1）皮肤接触：立即脱去污染的衣着，用肥皂水及清水彻底冲洗。

（2）眼睛接触：立即提起眼睑，用流动清水或生理盐水冲洗至少 15min；就医。

（3）吸入：迅速脱离现场至空气新鲜处。保持呼吸道通畅。如呼吸困难，给输氧。如呼吸停止，立即进行人工呼吸；就医。

（4）食入：给饮足量温水，禁止催吐；就医。

异戊醇（3– 甲基 –1– 丁醇）泄漏、燃爆事故

1. 遇水反应

不发生反应。

2. 泄漏处置

迅速撤离泄漏污染区人员至安全区，并进行隔离，严格限制出入。切断火源。建议应急处理人员戴自给式呼吸器，穿消防防护服。尽可能切断泄漏源，防止进入下水道、排洪沟等限制性空间。小量泄漏：用砂土或其他不燃材料吸附或吸收。也可以用不燃性分散剂制成的乳液刷洗，洗液稀释后放入废水系统。大量泄漏：构筑围堤或挖坑收容。用泡沫覆盖，降低蒸气灾害。用防爆泵转移至槽车或专用收集器内，回收或运至废物处理场所处置。

3. 燃爆与消防

（1）灭火方法及灭火剂：

灭火方法：消防人员须佩戴防毒面具，穿全身消防服，在上风向灭火。喷水冷却容器，尽可能将容器从火场移至空旷处。

灭火剂：抗溶性泡沫、干粉、二氧化碳、1211灭火剂、砂土。

（2）储罐或货车（拖车）着火：

1）尽可能远距离灭火或用遥控水枪或水炮灭火。

2）用大量水冷却盛有危险品的容器，直到火完全熄灭。

3）如果容器的安全阀发出响声或储罐变色，应迅速撤离。

4）切记远离被大火吞没的储罐。

5）对于燃烧剧烈的大火，使用遥控水枪或水炮远距离灭火；否则撤离火场并任其燃烧。

4. 燃烧爆炸危险

（1）危险性综述：本品易燃，具刺激性。

（2）燃爆特性：易燃，其蒸气与空气可形成爆炸性混合物（闪点43℃，闭杯），遇明火、高热能引起燃烧爆炸。在火场中，受热的容器有爆炸危险。

5. 燃爆温度及燃烧（分解）产物

引燃温度：340℃。

燃烧（分解）产物：一氧化碳、二氧化碳。

6. 禁止混储

与强氧化剂、还原剂、三硫化二氢剧烈反应。与酸酐、含氯酸、脂肪胺、苛性碱、异氰酸盐（或酯）、硝酸、硫酸不相容。浸蚀塑料、橡胶和棉织品。

注：参考自《威利化学品禁忌手册》。

7. 隔离距离

泄漏：在泄漏区四周隔离至少50m；大量泄漏，考虑首次向四周撤离300m；

火灾：如果火场中怀疑装有炸弹或导弹等军火的槽车或拖车，应向四周隔离800m；也可考虑首次就向四周撤离800m。

8. 急救措施

（1）皮肤接触：立即脱去污染的衣着，用肥皂水和流动清水彻底冲洗。

（2）眼睛接触：立即提起眼睑，用流动清水或生理盐水彻底冲洗；就医。

（3）吸入：迅速脱离现场至空气新鲜处。保持呼吸道通畅。如呼吸困难，给输氧。如呼吸停止，立即进行人工呼吸；就医。

（4）食入：给饮大量温水，禁止催吐；就医。

正丁酰氯泄漏、燃爆事故

1. 遇水反应

发生反应。遇水或水蒸气反应发热放出有毒的 HCl 气体。

2. 泄漏处置

迅速撤离泄漏污染区人员至安全区，并进行隔离，严格限制出入。切断火源。建议应急处理人员戴自给正压式呼吸器，穿防毒服。尽可能切断泄漏源。防止进入下水道、排洪沟等限制性空间。小量泄漏：用砂土、干燥石灰或苏打灰混合。也可以用不燃性分散剂制成的乳液刷洗，洗液稀释后放入废水系统。大量泄漏：构筑围堤或挖坑收容。用泵转移至槽车或专用收集器内，回收或运至废物处理场所处置。

3. 燃爆与消防

（1）灭火方法及灭火剂：

灭火方法：消防人员必须佩戴过滤式防毒面具或隔离式呼吸器、穿全身防火防毒服，在上风向灭火。尽可能将容器从火场移至空旷处。处在火场中的容器若已变色或从安全泄压装置中产生声音，必须马上撤离。

灭火剂：二氧化碳、干粉、砂土。禁止用水灭火。

（2）储罐或货车（拖车）着火：

1）尽可能远距离灭火或用遥控水枪或水炮灭火。

2）用大量水冷却盛有危险品的容器，直到火完全熄灭。

3）如果容器的安全阀发出响声或储罐变色，应迅速撤离。

4）切记远离被大火吞没的储罐。

5）对于燃烧剧烈的大火，使用遥控水枪或水炮远距离灭火；否则撤离火场并任其燃烧。

4. 燃烧爆炸危险

（1）危险性综述：本品易燃，具强刺激性。

（2）燃爆特性：其蒸气与空气可形成爆炸性混合物（闪点 21.67℃，闭杯），遇明火、高热极易燃烧爆炸。受热分解能放出剧毒的光气。与水和水蒸气发生反应，放出有毒的腐蚀性气体。若遇高热，容器内压增大，有开裂和爆炸的危险。

5. 燃爆温度及燃烧（分解）产物

燃烧（分解）产物：一氧化碳、二氧化碳、氯化氢（有毒）、光气（有毒）。

6. 禁止混储

与潮湿空气、水、蒸气和醇类发生缓慢反应形成氯化氢和光气。与强氧化剂、强碱发生剧烈反应。在潮湿条件下腐蚀金属。可积累静电荷，其蒸气可引起燃烧。

注：参考自《威利化学品禁忌手册》。

7. 隔离距离

泄漏：在泄漏区四周隔离至少50m；大量泄漏，考虑首次向四周撤离300m；

火灾：如果火场中怀疑装有炸弹或导弹等军火的槽车或拖车，应向四周隔离800m；也可考虑首次就向四周撤离800m。

8. 急救措施

（1）皮肤接触：立即脱去污染的衣着，用肥皂水及清水彻底冲洗。若有灼伤，立即就医。

（2）眼睛接触：立即提起眼睑，用流动清水或生理盐水冲洗至少15min；就医。

（3）吸入：迅速脱离现场至空气新鲜处。保持呼吸道通畅。如呼吸困难，给输氧。如呼吸停止，立即进行人工呼吸；就医。

（4）食入：立即漱口，给饮牛奶或蛋清；就医。

正庚烷泄漏、燃爆事故

1. 遇水反应

不发生反应。

2. 泄漏处置

疏散泄漏污染区人员至安全区，禁止无关人员进入污染区，切断火源。建议应急处理人员戴自给式呼吸器，穿一般消防防护服。在确保安全情况下堵漏。喷水雾会减少蒸发，但不能降低泄漏物在受限制空间内的易燃性。用活性炭或其他惰性材料吸收，然后收集运至废物处理场所处置。也可以用不燃性分散剂制成的乳液刷洗，经稀释的洗水放入废水系统。如大量泄漏，利用围堤收容，然后收集、转移、回收或无害处理后废弃。

3. 燃爆与消防

（1）灭火方法及灭火剂：

灭火方法：消防人员须穿全身消防服，佩戴防毒面具，在上风向灭火。喷水冷却容器，可能的话将容器从火场移至空旷处。处在火场中的容器若已变色或从安全泄压装置中产生声音，必须马上撤离。

灭火剂：泡沫、干粉、二氧化碳、砂土、水泥粉。用水灭火无效。

（2）储罐或货车（拖车）着火：

1）尽可能远距离灭火或用遥控水枪或水炮灭火。

2）用大量水冷却盛有危险品的容器，直到火完全熄灭。

3）如果容器的安全阀发出响声或储罐变色，应迅速撤离。

4）切记远离被大火吞没的储罐。

5）对于剧烈燃烧的大火，使用遥控水枪或水炮远距离灭火；否则撤离火场并任其燃烧。

4. 燃烧爆炸危险

（1）危险性综述：本品易燃，具刺激性。

（2）燃爆特性：其蒸气与空气可形成爆炸性混合物（闪点 -4℃，闭杯），遇热源和明火有燃烧爆炸的危险。与氧化剂接触发生化学反应或引起燃烧。高速冲击、流动、激荡后可因产生静电火花放电引起燃烧爆炸。

5. 燃爆温度及燃烧（分解）产物

引燃温度：215℃。

燃烧（分解）产物：一氧化碳、二氧化碳。

6. 禁止混储

与强氧化剂发生剧烈反应。侵蚀一些塑料、橡胶和布品。可积累静电荷点燃其蒸气。

注：参考自《威利化学品禁忌手册》。

7. 隔离距离

泄漏：在泄漏区四周隔离至少 50m；大量泄漏，考虑首次向四周撤离 300m；

火灾：如果火场中怀疑装有炸弹或导弹等军火的槽车或拖车，应向四周隔离 800m；也可考虑首次就向四周撤离 800m。

8. 急救措施

（1）皮肤接触：脱去污染的衣着，用肥皂水和清水彻底冲洗皮肤。

（2）眼睛接触：立提起眼睑，用流动清水或生理盐水冲洗；就医。

（3）吸入：迅速脱离现场至空气新鲜处。保持呼吸道通畅。如呼吸困难，给输氧。如呼吸停止，立即进行人工呼吸；就医。

（4）食入：饮足量温水，禁止催吐；就医。

正己烷泄漏、燃爆事故

1. 遇水反应

不发生反应。用水灭火无效。

2. 泄漏处置

迅速撤离泄漏污染区人员至安全区，并进行隔离，严格限制出入。切断火源。

建议应急处理人员戴自给正压式呼吸器，穿防静电工作服。尽可能切断泄漏源。防止进入下水道、排洪沟等限制性空间。小量泄漏：用砂土或其他不燃材料吸附或吸收。也可以用不燃性分散剂制成的乳液刷洗，洗液稀释后放入废水系统。大量泄漏：构筑围堤或挖坑收容。用泡沫覆盖，降低蒸气灾害。用防爆泵转移至槽车或专用收集器内，回收或运至废物处理场所处置。

3. 燃爆与消防

（1）灭火方法及灭火剂：

灭火方法：消防人员须穿全身消防服，佩戴防毒面具，在上风向灭火。喷水冷却容器，尽可能将容器从火场移至空旷处。处在火场中的容器若已变色或从安全泄压装置中产生声音，必须马上撤离。

灭火剂：泡沫、二氧化碳、干粉、砂土、水泥粉。

（2）储罐或货车（拖车）着火：

1）尽可能远距离灭火或用遥控水枪或水炮灭火。

2）用大量水冷却盛有危险品的容器，直到火完全熄灭。

3）如果容器的安全阀发出响声或储罐变色，应迅速撤离。

4）切记远离被大火吞没的储罐。

5）对于燃烧剧烈的大火，使用遥控水枪或水炮远距离灭火；否则撤离火场并任其燃烧。

4. 燃烧爆炸危险

（1）危险性综述：本品极度易燃，具刺激性。

（2）燃爆危险：其蒸气与空气可形成爆炸性混合物（闪点 -22℃，闭杯），遇明火、高热极易燃烧爆炸。与氧化剂接触发生强烈反应，甚至引起燃烧。在火场中，受热的容器有爆炸危险。

5. 燃爆温度及燃烧（分解）产物

引燃温度：225℃。

燃烧（分解）产物：一氧化碳、二氧化碳。

6. 禁止混储

与强氧化剂发生剧烈反应。在 28℃时与四氧化二氮接触可能引发爆炸。与强酸不相容。浸蚀一些塑料、橡胶和布品。由于低导电性，流动或搅动会产生静电。

注：参考自《威利化学品禁忌手册》。

7. 隔离距离

泄漏：在泄漏区四周隔离至少 50m；大量泄漏，考虑首次向四周撤离 300m；

火灾：如果火场中怀疑装有炸弹或导弹等军火的槽车或拖车，应向四周隔离800m；也可考虑首次就向四周撤离800m。

8. 急救措施

（1）皮肤接触：脱去污染的衣着，用肥皂水及清水彻底冲洗。

（2）眼睛接触：立即提起眼睑，用流动清水或生理盐水冲洗。

（3）吸入：迅速脱离现场至空气新鲜处。保持呼吸道通畅。如呼吸困难，给输氧。如呼吸停止，立即进行人工呼吸；就医。

（4）食入：给饮大量温水，禁止催吐；就医。

正壬烷泄漏、燃爆事故

1. 遇水反应

不发生反应。

2. 泄漏处置

迅速撤离泄漏污染区人员至安全区，并进行隔离，严格限制出入。切断火源。建议应急处理人员戴自给正压式呼吸器，穿防静电工作服。尽可能切断泄漏源。防止进入下水道、排洪沟等限制性空间。小量泄漏：用活性炭或其他惰性材料吸收。大量泄漏：构筑围堤或挖坑收容。用泡沫覆盖，降低蒸气灾害。用防爆泵转移至槽车或专用收集器内，回收或运至废物处理场所处置。

3. 燃爆与消防

（1）灭火方法及灭火剂：

灭火方法：消防人员须穿全身消防服，佩戴防毒面具，在上风向灭火。尽可能将容器从火场移至空旷处。用雾状水保护消防人员，用砂土堵逸出液体。

灭火剂：泡沫、二氧化碳、干粉、砂土、水泥粉。用水灭火无效，但须用水冷却火场中容器。

（2）储罐或货车（拖车）着火：

1）尽可能远距离灭火或用遥控水枪或水炮灭火。

2）用大量水冷却盛有危险品的容器，直到火完全熄灭。

3）如果容器的安全阀发出响声或储罐变色，应迅速撤离。

4）切记远离被大火吞没的储罐。

5）对于燃烧剧烈的大火，使用遥控水枪或水炮远距离灭火；否则撤离火场并任其燃烧。

4. 燃烧爆炸危险

（1）危险性综述：本品易燃，具刺激性，对环境有危害，对水体、土壤和大气可造成污染。

（2）燃爆特性：其蒸气与空气可形成爆炸性混合物(闪点 31℃,闭杯),遇明火、高热能引起燃烧爆炸。与氧化剂能发生强烈反应。

5. 燃爆温度及燃烧（分解）产物

引燃温度：205℃。

燃烧（分解）产物：一氧化碳、二氧化碳。

6. 禁止混储

遇强氧化剂类可引起起火和爆炸。由于低导电性，流动或搅动会产生静电。

注：参考自《威利化学品禁忌手册》。

7. 隔离距离

泄漏：在泄漏区四周隔离至少 50m；大量泄漏，考虑首次向四周撤离 300m；

火灾：如果火场中怀疑装有炸弹或导弹等军火的槽车或拖车，应向四周隔离 800m；也可考虑首次就向四周撤离 800m。

8. 急救措施

（1）皮肤接触：立即脱去污染的衣着，用肥皂水和流动清水冲洗；就医。

（2）眼睛接触：立即提起眼睑，用大量流动清水或生理盐水冲洗；就医。

（3）吸入：迅速脱离现场至空气新鲜处。保持呼吸道通畅。如呼吸困难，给输氧。如呼吸停止，立即进行人工呼吸；就医。

（4）食入：饮足量温水，禁止催吐；就医

正戊烷泄漏、燃爆事故

1. 遇水反应

不发生反应。

2. 泄漏处置

疏散泄漏污染区人员至安全区，禁止无关人员进入污染区，切断火源。建议应急处理人员戴自给式呼吸器，穿一般消防防护服。在确保安全情况下堵漏。喷水雾会减少蒸发，但不能降低泄漏物在受限制空间内的易燃性。用活性炭或其他惰性材料吸收，然后收集运至废物处理场所处置。如大量泄漏，利用围堤收容，然后收集、转移、回收或无害处理后废弃。

3. 燃爆与消防

（1）灭火方法及灭火剂：

灭火方法：消防人员须穿全身消防服，佩戴防毒面具，在上风向灭火。喷水冷却容器，可能的话将容器从火场移至空旷处。处在火场中的容器若已变色或从安全泄压装置中产生声音，必须马上撤离。

灭火剂：干粉、二氧化碳、砂土、水泥粉。用水灭火无效。

（2）储罐或货车（拖车）着火：

1）尽可能远距离灭火或用遥控水枪或水炮灭火。

2）用大量水冷却盛有危险品的容器，直到火完全熄灭。

3）如果容器的安全阀发出响声或储罐变色，应迅速撤离。

4）切记远离被大火吞没的储罐。

5）对于燃烧剧烈的大火，使用遥控水枪或水炮远距离灭火；否则撤离火场并任其燃烧。

4. 燃烧爆炸危险

（1）危险性综述：本品极度易燃。

（2）燃爆危险：极易燃，其蒸气与空气可形成爆炸性混合物（闪点 -40℃，闭杯），遇明火、高热极易燃烧爆炸。与氧化剂接触发生强烈反应，甚至引起燃烧。液体比水轻，不溶于水，可随水漂流扩散到远处，遇明火即引起燃烧。

5. 燃爆温度及燃烧（分解）产物

引燃温度：260℃。

燃烧（分解）产物：一氧化碳、二氧化碳。

6. 禁止混储

与强氧化剂发生剧烈反应。浸蚀某些塑料、橡胶和涂料。由于电导率低，物质的流动或搅动可能产生静电。

注：参考自《威利化学品禁忌手册》。

7. 隔离距离

泄漏：作为紧急预防措施，应在泄漏区四周隔离至少 50m；大量泄漏，考虑首次向四周撤离 300m；

火灾：如果火场中怀疑装有炸弹或导弹等军火的槽车或拖车，应向四周隔离 800m；也可考虑首次就向四周撤离 800m。

8. 急救措施

（1）皮肤接触：脱去污染的衣着，用肥皂水和清水彻底冲洗皮肤。

（2）眼睛接触：提起眼睑，用流动清水或生理盐水冲洗；就医。

（3）吸入：迅速脱离现场至空气新鲜处。保持呼吸道通畅。如呼吸困难，给输氧。如呼吸停止，立即进行人工呼吸；就医。

（4）食入：饮足量温水，禁止催吐；就医。

正辛烷泄漏、燃爆事故

1. 遇水反应

不发生反应。

2. 泄漏处置

切断火源。戴自给式呼吸器，穿一般消防防护服。在确保安全情况下堵漏。禁止泄漏物进入受限制的空间（如下水道等），以避免发生爆炸。喷水雾可减少蒸发。小量泄漏：用活性炭或其他惰性材料吸收。也可以用不燃性分散剂制成的乳液刷洗，洗液稀释后放入废水系统。大量泄漏：构筑围堤或挖坑收容。用泡沫覆盖，降低蒸气灾害。用防爆泵转移至槽车或专用收集器内，回收或运至废物处理场所处置。

3. 燃爆与消防

（1）灭火方法及灭火剂：

灭火方法：喷水冷却容器，可能的话将容器从火场移至空旷处。处在火场中的容器若已变色或从安全泄压装置中产生声音，必须马上撤离。

灭火剂：泡沫、干粉、二氧化碳、砂土、水泥粉。用水灭火无效。

（2）储罐或货车（拖车）着火：

1）尽可能远距离灭火或用遥控水枪或水炮灭火。

2）用大量水冷却盛有危险品的容器，直到火完全熄灭。

3）如果容器的安全阀发出响声或储罐变色，应迅速撤离。

4）切记远离被大火吞没的储罐。

5）对于燃烧剧烈的大火，使用遥控水枪或水炮远距离灭火；否则撤离火场并任其燃烧。

4. 燃烧爆炸危险

（1）危险性综述：本品易燃，具刺激性，对环境有危害，对水体、土壤和大气可造成污染，对大气可造成严重污染。

（2）燃爆特性：其蒸气与空气可形成爆炸性混合物（闪点13℃，闭杯），遇明火、高热能引起燃烧爆炸。与氧化剂能发生强烈反应。高速冲击、流动、激荡后可因产生静电火花放电引起燃烧爆炸。

5. 燃爆温度及燃烧（分解）产物

引燃温度：206℃。

燃烧（分解）产物：一氧化碳、二氧化碳。

6. 禁止混储

与强氧化剂剧烈反应。

7. 隔离距离

泄漏：在泄漏区四周隔离至少 50m；大量泄漏，考虑首次向四周撤离 300m；

火灾：如果火场中怀疑装有炸弹或导弹等军火的槽车或拖车，应向四周隔离 800m；也可考虑首次就向四周撤离 800m。

8. 急救措施

（1）皮肤接触：立即脱去污染的衣着，用大量流动清水冲洗；就医。

（2）眼睛接触：立即提起眼睑，用大量流动清水冲洗；就医。

（3）吸入：迅速脱离现场至空气新鲜处。保持呼吸道通畅。如呼吸困难，给输氧。如呼吸停止，立即进行人工呼吸；就医。

（4）食入：饮足量温水，禁止催吐；就医。

第 4 章　易燃固体、自燃物品和遇湿易燃物品

易燃固体、自燃物品和遇湿易燃物品泄漏事故扑救通则

一、战术要点

（1）遵循“疏散救人，划定区域，有序处置，确保安全”战术原则；
（2）合理估算兵力、装备、灭火剂，正确部署参战力量；
（3）消除危险源，防止引发爆炸；
（4）严格控制进入现场人员，组织精干小组，采取覆盖措施，加强行动掩护；
（5）充分利用固定设施和采取工艺处置措施；
（6）在上风安全区域建立指挥部，及时形成通信网络，保障调度指挥；
（7）严密监视险情，果断采取进攻及撤离行动；
（8）全面核查、彻底清理、消除隐患、安全撤离。

二、程序与方法

1. 防护

（1）根据泄漏气体的毒性及划定的危险区域，确定相应的防护等级；
（2）防护等级划分标准见附录 A；
（3）防护标准见附录 B；
（4）凡在现场参与处置人员，最低防护不得低于三级。

2. 询情

（1）遇险人员情况；
（2）泄漏物质、时间、部位、形式、已扩散范围；
（3）周边单位、居民、地形、供电、火源等情况；
（4）单位的消防组织与设施；
（5）工艺处置措施。

3. 侦检

（1）搜寻遇险人员；
（2）使用检测仪器测定现场有毒物质的浓度、扩散范围；
（3）确认设施、建（构）筑物险情；

（4）确认消防设施运行情况；

（5）确定攻防路线、阵地；

（6）现场及周边污染情况。

4. 警戒

（1）根据询情、检测情况设置警戒区域；

（2）警戒区域划分为：重危区、中危区、轻危区、安全区；

（3）分别划分区域并设立标志，在安全区外视情设立隔离带；

（4）严格控制各区域进出人员、车辆，并逐一登记。

5. 救生

（1）组成救生小组，携带救生器材迅速进入危险区域；

（2）采取正确救助方式（佩戴救生面罩、使用固定夹具等），将所有遇险人员移至安全区域；

（3）对救出人员进行登记和标识；

（4）将需要救治人员交由医疗急救部门救治。

6. 控险

（1）启动或启用喷淋、干粉、泡沫、二氧化碳等固定或半固定灭火设施；

（2）占领水源、铺设干线、设置阵地、展开战斗。

7. 堵漏

（1）根据现场泄漏情况，研究制定堵漏方案，并严格按照堵漏方案实施；

（2）所有堵漏行动必须采取防爆措施，确保安全；

（3）关闭前置阀门，切断泄漏源。

堵漏方法见附录 C。

8. 输转

小量泄漏：用砂土或其他不燃材料吸附或吸收。大量泄漏：构筑围堤或挖坑收容；用防爆泵转移至槽车或专用收集器内，回收或运至废物处理场所处置。

9. 医疗救护

（1）现场救护：

1）迅速离开现场到上风或侧风方向空气无污染的地区；

2）注意呼吸道（戴防毒面具、面罩或用湿毛巾捂住口鼻）和皮肤（穿防护服）的防护；

3）对呼吸、心跳停止者采取心脏复苏措施，待呼吸恢复后及时吸氧；

4）脱去污染服装，皮肤污染者，用流动清水或肥皂水彻底冲洗；眼睛污染者，用生理盐水、清水彻底冲洗；注意呼吸道是否通畅，防止窒息或阻塞；对消化道服入者应立即催吐。

（2）使用特效药物治疗；

（3）对症治疗；

（4）症状未消失者送医院观察治疗。

10. 洗消

（1）可用砂土、干粉、石墨等覆盖；

（2）污染地域尽量不用水冲洗，用（1）法处理。

11. 清理

（1）切断所有火源，用砂土混合吸收，扫起后倒入大量水中，放置 24 小时后，污水放入废水系统；

（2）清点人员、车辆及器材；

（3）撤除警戒，做好移交，安全撤离。

三、注意事项

（1）进入现场须正确选择行车路线、停车位置、作战阵地；

（2）不准盲目扑灭火源；

（3）当现场出现爆炸征兆时，指挥员果断下达撤离命令；

（4）严密监视液相流淌情况，防止火势扩大蔓延；

（5）确定宣传口径，慎重发布灾情和相关新闻。

注：主要参考《危险化学品应急救援必读》。

易燃固体、自燃物品和遇湿易燃物品燃烧爆炸事故扑救通则

一、战术要点

（1）遵循“救人第一，预先准备，冷却排险，慎重灭火”战术原则；

（2）合理估算兵力、装备、灭火剂，正确部署参战力量；

（3）确保重点，积极防御，防止引发二次爆炸；

（4）严格控制进入现场人员，组织抢险小组，加强行动掩护，确保人员安全；

（5）充分利用固定设施和采取工艺处置措施；

（6）在上风安全区域建立指挥部，及时形成通信网络，保障调度指挥；

（7）严密监视险情，果断采取攻防行动；

（8）全面核查、彻底清理、消除隐患、安全撤离。

二、程序与方法

1. 防护

（1）根据泄漏气体的毒性及划定的危险区域，确定相应的防护等级；

（2）防护等级划分标准见附录 A；

（3）防护标准见附录 B；

（4）凡在现场参与处置人员，最低防护不得低于三级。

2. 询情

（1）遇险人员情况；

（2）燃烧物质、时间、部位、形式、火势范围；

（3）周边单位、居民、地形、供电、火源等情况；

（4）单位的消防组织、水源、设施；

（5）工艺措施、到场人员处置意见。

3. 侦察

（1）搜寻遇险人员；

（2）确定燃烧物质、范围、蔓延方向、火势阶段、对邻近的威胁程度；

（3）使用检测仪器测定现场有毒物质的浓度、扩散范围；

（4）确认设施、建（构）筑物险情；

（5）确认消防设施运行情况；

（6）确定火场主攻方向及攻防路线、阵地；

（7）现场及周边污染情况。

4. 警戒

（1）根据询情、侦察情况设置警戒区域；

（2）将警戒区域划分为：重危区、中危区、轻危区和安全区，并设立警戒标志，在安全区外视情设立隔离带；

（3）严格控制各区域进出人员、车辆。

5. 救生

（1）组成救生小组，携带救生器材迅速进入现场；

（2）采取正确救助方式（佩戴救生面罩、使用固定夹具等），将所有遇险人员转移至安全区域；

（3）对救出人员进行登记和标识；

（4）将需要救治人员交由医疗急救部门救治。

6. 控险

（1）启动或启用喷淋、泡沫、蒸气等固定或半固定灭火设施；

（2）占领水源、铺设干线、设置阵地、展开战斗。

7. 输转

转移受火势威胁的桶、箱、瓶、袋等。

8. 灭火

（1）灭火条件：

1）堵漏准备就绪，且有十分把握堵漏成功或堵漏已完成；

2）周围火点已彻底扑灭；

3）外围火种等危险源已全部控制；

4）着火罐已得到充分冷却；

5）兵力、装备、灭火剂已准备就绪。

（2）灭火方法：

1）干粉抑制法：视燃烧情况使用车载干粉炮、胶管干粉枪、推车式及手提式干粉灭火器、二氧化碳灭火器灭火。

2）用水强攻灭火法：直接出水强攻，边灭火，边冷却，疏散，加快泄漏物反应，直至火熄灭。

3）泡沫覆盖法：对于流淌火喷射泡沫进行覆盖灭火。

9. 医疗救护

（1）现场救护：

1）迅速离开现场到上风或侧风方向空气无污染的地区；

2）注意呼吸道（戴防毒面具、面罩或用湿毛巾捂住口鼻）和皮肤（穿防护服）的防护；

3）对呼吸、心跳停止者采取心脏复苏措施，待呼吸恢复后及时吸氧；

4）脱去污染服装，皮肤污染者，用流动清水或肥皂水彻底冲洗；眼睛污染者，用生理盐水、清水彻底冲洗；注意呼吸道是否通畅，防止窒息或阻塞；对消化道服入者应立即催吐。

（2）对症治疗；

（3）严重者送医院观察治疗。

10. 洗消

（1）在安全区近危险区交界处的上风方向设立洗消站；

（2）洗消的对象：

1）轻度中毒人员；

2）重度中毒人员（在送医院治疗之前）；

3）现场医务人员；

4）消防和其他抢险人员以及群众互救人员；

5）抢救及染毒器具。

（3）可选择小苏打或弱碱性物质作为洗消剂；

（4）洗消污水必须通过环保部门的检测！达到排放标准后方可排放，以防造成次生灾害。

11. 清理

（1）火场残物，用干砂土、水泥粉、煤灰、干粉等吸附，收集后做技术处理或视情况倒至空旷地方掩埋；

（2）在污染地面上洒上中和或洗涤剂浸洗，然后用大量直流水清扫现场，特别是低洼、沟渠等处，确保不留残物；

（3）清点人员、车辆及应急装备；

（4）撤除警戒，做好移交，安全撤离。

三、注意事项

（1）进入现场正确选择行车路线、停车位置、作战阵地；

（2）对大量泄漏并与水反应的物品火灾，不得使用水、泡沫扑救；

（3）对粉末等物品火灾，不得使用直流水冲击灭火；

（4）注意风向变换，适时调整部署；

（5）确定宣传口径，慎重发布灾情及相关新闻。

注：主要参考《危险化学品应急救援必读》。

2- 莰醇（龙脑）泄漏、燃爆事故

1. 遇水反应

不发生反应。可用雾状水灭火。

2. 泄漏处置

隔离泄漏污染区，限制出入。切断火源。建议应急处理人员戴防尘面具（全面罩），穿防毒服。用砂土、水泥粉、干燥石灰或苏打灰混合。收集于干燥、洁净、有盖的容器中。转移至安全场所。若大量泄漏，收集回收或运至废物处理场所处置。

3. 燃爆与消防

（1）灭火方法及灭火剂：

灭火方法：消防人员须戴防毒面具，穿全身消防服，在上风向灭火。

灭火剂：雾状水、二氧化碳、泡沫、干粉、砂土、水泥粉。

（2）储罐或货车（拖车）着火：

1）用大量水冷却盛有危险品的容器，直到火完全熄灭。

2）如果容器的安全阀发出响声或储罐变色，应迅速撤离。

3）切记远离被大火吞没的储罐。

4）对于燃烧剧烈的大火，使用遥控水枪或水炮远距离灭火；否则撤离火场并任其燃烧。

4. 燃烧爆炸危险

（1）危险性综述：本品易燃，具刺激性，具致敏性。

（2）燃爆特性：易燃，遇热易升华，其蒸气与空气可形成爆炸性混合物（闪点 60℃，闭杯），遇明火、火花、高热和氧化剂有燃烧爆炸危险。粉体与空气可形成爆炸性混合物，当达到一定的浓度时，遇火星会发生爆炸。

5. 燃爆温度及燃烧（分解）产物

燃烧（分解）产物：一氧化碳、二氧化碳。

6. 禁止混储

与强氧化剂发生反应。

7. 隔离距离

泄漏：应立即隔离 25m 范围；大量泄漏首先考虑下风向撤离至少 0.1km。人员停留在上风向。

火灾：火场内若有储罐、槽车或罐车，隔离 800m。也可以考虑首次向四周撤离 800m。

8. 急救措施

（1）皮肤接触：脱去污染的衣物，用肥皂水及流动清水彻底冲洗。

（2）眼睛接触：立即提起眼睑，用流动清水冲洗至少 15min；就医。

（3）吸入：迅速脱离现场至空气新鲜处。保持呼吸道通畅。如呼吸困难，给输氧。如呼吸停止，立即进行人工呼吸；就医。

（4）食入：饮足量温水，催吐；就医。

2- 莰酮（樟脑）泄漏、燃爆事故

1. 遇水反应

不发生反应。可用雾状水灭火。

2. 泄漏处置

隔离泄漏污染区，限制出入。切断火源。建议应急处理人员戴自给式呼吸器，穿一般作业工作服。不要直接接触泄漏物。小量泄漏：避免扬尘，使用无火花工具收集于干燥、洁净、有盖的容器中。大量泄漏：用水润湿，然后使用无火花工具收集回收或运至废物处理场所处置。

3. 燃爆与消防

（1）灭火方法及灭火剂：

灭火方法：尽可能将容器从火场移至空旷处。

灭火剂：雾状水、二氧化碳、干粉、砂土、水泥粉。

（2）储罐或货车（拖车）着火：

1）用大量水冷却盛有危险品的容器，直到火完全熄灭。

2）如果容器的安全阀发出响声或储罐变色，应迅速撤离。

3）切记远离被大火吞没的储罐。

4）对于燃烧剧烈的大火，使用遥控水枪或水炮远距离灭火；否则撤离火场并任其燃烧。

4. 燃烧爆炸危险

（1）危险性综述：本品易燃，有毒。

（2）燃爆特性：遇明火、高热或与氧化剂接触，有引起燃烧爆炸的危险（闪点 66℃，闭杯）。燃烧时产生大量烟雾。常温下有蒸气挥发，高温下能迅速挥发。

5. 燃爆温度及燃烧（分解）产物

引燃温度：466℃。

燃烧（分解）产物：一氧化碳、二氧化碳。

6. 禁止混储

与强氧化剂、铬酐、高锰酸钾发生剧烈反应。与氯酸盐类、萘、2-萘酚、二氯苯不相容。由于低导电性，流动或搅动会产生静电。

注：参考自《威利化学品禁忌手册》。

7. 隔离距离

泄漏：应立即隔离 25m 范围；大量泄漏首先考虑下风向撤离至少 0.1km。人员停留在上风向。

火灾：火场内若有储罐、槽车或罐车，隔离 800m。也可以考虑首次向四周撤离 800m。

8. 急救措施

（1）皮肤接触：脱去污染的衣物，用肥皂水及流动清水或生理盐水彻底冲洗。

（2）眼睛接触：立即提起眼睑，用流动清水冲洗至少 15min；就医。

（3）吸入：迅速脱离现场至空气新鲜处。保持呼吸道通畅。如呼吸困难，给输氧。如呼吸停止，立即进行人工呼吸；就医。

（4）食入：饮足量温水，催吐；就医。

莰烯（樟脑萜）泄漏、燃爆事故

1. 遇水反应

不发生反应。可用雾状水灭火。

2. 泄漏处置

隔离泄漏污染区，限制出入。切断火源。建议应急处理人员戴自给式呼吸器，穿防静电工作服。不要直接接触泄漏物。小量泄漏：用砂土、水泥粉、干燥石灰或苏打灰混合。收集运至废物处理场所处置。大量泄漏：用塑料布、帆布覆盖。使用无火花工具收集回收或运至废物处理场所处置。

3. 燃爆与消防

（1）灭火方法及灭火剂：

灭火方法：尽可能将容器从火场移至空旷处。

灭火剂：雾状水、二氧化碳、干粉、砂土、水泥粉、泡沫。

（2）储罐或货车（拖车）着火：

1）用大量水冷却盛有危险品的容器，直到火完全熄灭。

2）如果容器的安全阀发出响声或储罐变色，应迅速撤离。

3）切记远离被大火吞没的储罐。

4）对于燃烧剧烈的大火，使用遥控水枪或水炮远距离灭火；否则撤离火场并任其燃烧。

4. 燃烧爆炸危险

（1）危险性综述：本品易燃，具刺激性。

（2）燃爆特性：遇明火、高热或与氧化剂接触，有引起燃烧爆炸的危险（闪点 34℃，闭杯）。燃烧时产生大量烟雾。

5. 燃爆温度及燃烧（分解）产物

引燃温度：265℃。

燃烧（分解）产物：一氧化碳、二氧化碳。

6. 禁止混储

与强氧化剂类接触可引发起火和爆炸。70℃温度下，其二甲苯乳剂与铁或铝接触可剧烈分解。

注：参考自《威利化学品禁忌手册》。

7. 隔离距离

泄漏：应立即隔离25m范围；大量泄漏首先考虑下风向撤离至少0.1km。人员停留在上风向。

火灾：火场内若有储罐、槽车或罐车，隔离800m。也可以考虑首次向四周撤离800m。

8. 急救措施

（1）皮肤接触：脱去污染的衣物，用肥皂水及流动清水彻底冲洗。

（2）眼睛接触：立即提起眼睑，用大量流动清水或生理盐水冲洗。

（3）吸入：迅速脱离现场至空气新鲜处。保持呼吸道通畅。如呼吸困难，给输氧。如呼吸停止，立即进行人工呼吸；就医。

（4）食入：立即用水漱口，立即洗胃；就医。

苯磺酰肼泄漏、燃爆事故

1. 遇水反应

不发生反应。可用雾状水灭火。

2. 泄漏处置

隔离泄漏污染区，限制出入。切断火源。建议应急处理人员戴自给正压式呼吸器，穿防毒服。不要直接接触泄漏物。用水润湿，然后收集于密闭的塑料桶或纸板桶中。回收或运至废物处理场所处置。

3. 燃爆与消防

（1）灭火方法及灭火剂：

灭火方法：消防人员须穿全身消防服，佩戴空气呼吸器，在上风向灭火。尽可能将容器从火场移至空旷处。喷水保持火场容器冷却，直至灭火结束。避免使用直流水灭火，直流水可能导致可燃性液体的飞溅，使火势扩散。

灭火剂：雾状水、二氧化碳、干粉、砂土、泡沫或水泥粉。

（2）储罐或货车（拖车）着火：

1）用大量水冷却盛有危险品的容器，直到火完全熄灭。

2）如果容器的安全阀发出响声或储罐变色，应迅速撤离。

3）切记远离被大火吞没的储罐。

4）对于燃烧剧烈的大火，使用遥控水枪或水炮远距离灭火；否则撤离火场

并任其燃烧。

4. 燃烧爆炸危险

（1）危险性综述：本品易燃，具刺激性。

（2）燃爆特性：遇明火、高热或与氧化剂接触，有引起燃烧爆炸的危险。对摩擦、撞击较敏感，有燃烧的危险。燃烧时，放出有毒气体。

5. 燃爆温度及燃烧（分解）产物

燃烧（分解）产物：一氧化碳、二氧化碳、硫氧化物（有毒）、氮氧化物（有毒）。

6. 禁止混储

与强氧化剂、强碱发生反应。

7. 隔离距离

泄漏：应立即隔离 25m 范围；大量泄漏首先考虑下风向撤离至少 0.1 km。人员停留在上风向。

火灾：火场内若有储罐、槽车或罐车，隔离 800m。也可以考虑首次向四周撤离 800m。

8. 急救措施

（1）皮肤接触：脱去污染的衣物，用肥皂水及流动清水彻底冲洗。

（2）眼睛接触：立即提起眼睑，用大量流动清水或生理盐水冲洗；就医。

（3）吸入：迅速脱离现场至空气新鲜处。保持呼吸道通畅。如呼吸困难，给输氧。如呼吸停止，立即进行人工呼吸；就医。

（4）食入：饮大量温水，催吐；就医。

多聚甲醛泄漏、燃爆事故

1. 遇水反应

不发生反应。可用雾状水灭火。

2. 泄漏处置

隔离泄漏污染区，限制出入。切断火源。建议应急处理人员戴防尘面具（全面罩），穿防毒服。用砂土、水泥粉、干燥石灰或苏打灰混合。使用无火花工具收集于干燥洁净有盖的容器中，转移至安全场所。若大量泄漏，用水打湿。收集回收或运至废物处理场所处置。

3. 燃爆与消防

（1）灭火方法及灭火剂：

灭火方法：消防人员须戴好防毒面具，在安全距离外，在上风向灭火。

灭火剂：雾状水、二氧化碳、泡沫、干粉、砂土。

（2）储罐或货车（拖车）着火：

1）用大量水冷却盛有危险品的容器，直到火完全熄灭。

2）如果容器的安全阀发出响声或储罐变色，应迅速撤离。

3）切记远离被大火吞没的储罐。

4）对于燃烧剧烈的大火，使用遥控水枪或水炮远距离灭火；否则撤离火场并任其燃烧。

4. 燃烧爆炸危险

（1）危险性综述：本品易燃，具强刺激性，具致敏性。

（2）燃爆特性：粉尘或粉末与空气形成爆炸性混合体（闪点：70℃，闭杯）。遇明火、高热与氧化剂易燃。燃烧或受热分解时，均放出大量有毒的甲醛气体。

5. 燃爆温度及燃烧（分解）产物

引燃温度：300℃。

燃烧（分解）产物：一氧化碳、二氧化碳。

6. 禁止混储

水溶液产生甲醛。与强氧化剂类、液态氧发生剧烈反应。与酸类、碱金属、日光和紫外线不相容。由于低导电性，流动或搅动会产生静电。甲醛形成的聚合物可以有多种聚合度（8~100）。

注：参考自《威利化学品禁忌手册》。

7. 隔离距离

泄漏：应立即隔离 25m 范围；大量泄漏首先考虑下风向撤离至少 0.1km。人员停留在上风向。

火灾：火场内若有储罐、槽车或罐车，隔离 800m。也可以考虑首次向四周撤离 800m。

8. 急救措施

（1）皮肤接触：脱去污染的衣物，用肥皂水及流动清水彻底冲洗。

（2）眼睛接触：立即提起眼睑，用流动清水或生理盐水冲洗至少 15min；就医。

（3）吸入：迅速脱离现场至空气新鲜处。保持呼吸道通畅。如呼吸困难，给输氧。如呼吸停止，立即进行人工呼吸；就医。

（4）食入：饮大量温水，催吐；就医。

N，*N*- 二亚硝基五亚甲基四胺泄漏、燃爆事故

1. 遇水反应

不发生反应。可以用水灭火。

2. 泄漏处置

隔离泄漏污染区，周围设警告标志，切断火源。应急处理人员戴自给式呼吸器，穿工作服。在确保安全情况下堵漏。用聚氯乙烯等合成膜覆盖或惰性液体润湿，避免扬尘，小心扫起，置于袋中转移至安全场所。如大量泄漏，收集回收或无害处理后废弃。

3. 燃爆与消防

（1）灭火方法及灭火剂：

灭火方法：消防人员须穿全身消防服，佩戴空气呼吸器，在上风向灭火。尽可能将容器从火场移至空旷处。喷水保持火场容器冷却，直至灭火结束。避免使用直流水灭火，直流水可能导致可燃性液体的飞溅，使火势扩散。

灭火剂：水、砂土。禁止用酸碱灭火剂。

（2）储罐或货车（拖车）着火：

1）用大量水冷却盛有危险品的容器，直到火完全熄灭。

2）如果容器的安全阀发出响声或储罐变色，应迅速撤离。

3）切记远离被大火吞没的储罐。

4）对于燃烧剧烈的大火，使用遥控水枪或水炮远距离灭火；否则撤离火场并任其燃烧。

4. 燃烧爆炸危险

（1）危险性综述：本品易燃，具爆炸性，有毒。

（2）燃爆特性：易燃，遇明火、高温能引起分解爆炸和燃烧。与碱、酸或酸雾接触将迅速起火燃烧。与氧化剂混合能形成爆炸性混合物。经摩擦、震动或撞击可引起燃烧或爆炸。

5. 燃爆温度及燃烧（分解）产物

燃烧（分解）产物：一氧化碳、二氧化碳、氮氧化物（有毒）。

6. 禁止混储

与强氧化剂、酸类、碱类发生反应。

7. 隔离距离

泄漏：应立即隔离 25m 范围；大量泄漏首先考虑下风向撤离至少 0.1km。人员停留在上风向。

火灾：火场内若有储罐、槽车或罐车，隔离 800m。也可以考虑首次向四周撤

离 800m。

注：参考自《危险化学品应急救援指南》。

8. 急救措施

（1）皮肤接触：脱去污染的衣物，用肥皂水及流动清水彻底冲洗；就医。

（2）眼睛接触：立即提起眼睑，用流动清水冲洗 15min；就医。

（3）吸入：迅速脱离现场至空气新鲜处。保持呼吸道通畅。如呼吸困难，给输氧。如呼吸停止，立即进行人工呼吸；就医。

（4）食入：用水漱口，饮牛奶或蛋清，立即就医。

硅粉 [非晶形的] 泄漏、燃爆事故

1. 遇水反应

常温下不发生反应。高温下与水蒸气发生反应，生成氢气和原硅酸。

2. 泄漏处置

隔离泄漏污染区，限制出入。切断火源。建议应急处理人员戴防尘面具（全面罩），穿一般作业工作服。小量泄漏：避免扬尘，用洁净的铲子收集于干燥、洁净、有盖的容器中。大量泄漏：用水润湿，然后转移回收。

3. 燃爆与消防

（1）灭火方法及灭火剂：

灭火方法：消防人员必须佩戴空气呼吸器，穿全身防火防毒服，在上风向灭火。尽可能将容器从火场移至空旷处。

灭火剂：干粉、砂土、水泥粉。禁止用水和二氧化碳灭火。

（2）储罐或货车（拖车）着火：

1）如果不能扑灭火灾，保护周围环境并容许其燃尽。

2）用水扑灭金属着火，尤其是发生在密闭空间（如建筑物、船舱等）的着火，可产生氢气，产生极严重的爆炸危害。

3）用限制法和窒息法扑灭金属着火优于用水灭火。

4）在确保安全的情况下，将容器移离火场。

4. 燃烧爆炸危险

（1）危险性综述：本品易燃。

（2）燃爆特性：粉尘遇火焰或与氧化剂接触发生反应，有中等程度的危险性。

5. 燃爆温度及燃烧（分解）产物

燃烧（分解）产物：氧化硅。

6. 禁止混储

与强氧化剂、潮湿空气发生反应。

7. 隔离距离

泄漏：应立即隔离 25m 范围；大量泄漏首先考虑下风向撤离至少 50m。人员停留在上风向。

火灾：火场内若有储罐、槽车或罐车，隔离 800m。也可以考虑首次向四周撤离 800m。

8. 急救措施

（1）皮肤接触：脱去污染的衣物，用大量流动清水冲洗。

（2）眼睛接触：立即提起眼睑，用大量流动清水或生理盐水彻底冲洗；就医。

（3）吸入：迅速脱离现场至空气新鲜处。保持呼吸道通畅。如呼吸困难，给输氧。如呼吸停止，立即进行人工呼吸；就医。

（4）食入：饮足量温水，催吐；就医。

红磷泄漏、燃爆事故

1. 遇水反应

不发生反应。可用水灭火。

2. 泄漏处置

隔离泄漏污染区，限制出入。切断火源。建议应急处理人员戴防尘面具（全面罩），不要直接接触泄漏物。小量泄漏：用潮湿的沙或泥土覆盖，收集于干燥、洁净、有盖的容器中。倒至空旷的地方，干燥后即自行燃烧。大量泄漏：用水润湿，然后使用无火花工具收集回收或运至废物处理场所处置。

3. 燃爆与消防

（1）灭火方法及灭火剂：

灭火方法：小火，用水泥粉、砂土闷熄；大火，水。火熄后，用湿砂土覆盖，以防复燃。

灭火剂：水泥粉、砂土、水。

（2）储罐或货车（拖车）着火：

1）用大量水冷却盛有危险品的容器，直到火完全熄灭。

2）对于燃烧剧烈的大火，使用遥控水枪或水炮远距离灭火；否则撤离火场

并任其燃烧。

3）如果容器的安全阀发出响声或储罐变色，应迅速撤离。

4）切记远离被大火吞没的储罐。

4. 燃烧爆炸危险

（1）危险性综述：本品易燃。

（2）燃爆特性：遇明火、高热、摩擦、撞击有引起燃烧的危险。与溴混合能发生燃烧。与大多数氧化剂如氯酸盐、硝酸盐、高氯酸盐或高锰酸盐等组成爆炸性能十分敏感的化合物。燃烧时放出有毒的刺激性烟雾。

5. 燃爆温度及燃烧（分解）产物

引燃温度：260℃。

燃烧（分解）产物：氧化磷、磷烷。

6. 禁止混储

与氧化剂接触可导致起火和爆炸，或产生对震动敏感的化合物。它也与还原剂发生反应。与湿气和氧接触产生磷化氢气体。与许多其他物质可能发生剧烈反应，包括硝酸铵、五氯化锑、五氟化锑、溴酸钡等。应在凉爽、干燥的地方用密闭容器储存。

注：参考自《威利化学品禁忌手册》。

7. 隔离距离

泄漏：应立即隔离 25m 范围；大量泄漏首先考虑下风向撤离至少 100m；人员停留在上风向。

火灾：火场内若有储罐、槽车或罐车，隔离 800m。也可以考虑首次向四周撤离 800m。

8. 急救措施

（1）皮肤接触：脱去污染的衣物，用肥皂水和清水彻底冲洗皮肤。

（2）眼睛接触：提起眼睑，用流动清水或生理盐水冲洗；就医。

（3）吸入：迅速脱离现场至空气新鲜处。保持呼吸道通畅。如呼吸困难，给输氧。如呼吸停止，立即进行人工呼吸；就医。

（4）食入：饮足量温水，催吐；就医。

白磷泄漏、燃爆事故

1. 遇水反应

不发生反应。用雾状水灭火。

2. 泄漏处置

隔离泄漏污染区，限制出入。切断火源。建议应急处理人员戴自给正压式呼吸器，穿防毒服。不要直接接触泄漏物。小量泄漏：用水、潮湿的沙或泥土覆盖。收入金属容器并保存于水或矿物油中。大量泄漏：在专家指导下清除。

3. 燃爆与消防

（1）灭火方法及灭火剂：

灭火方法：消防人员必须穿橡胶防护服、胶鞋，并佩戴过滤式防毒面具（全面罩）或自给式呼吸器。

灭火剂：用干沙、水泥粉、石灰、黏土覆盖隔绝空气。

（2）储罐或货车（拖车）着火：

1）尽可能远距离灭火或用遥控水枪或水炮灭火。

2）用大量水冷却盛有危险品的容器，直到火完全熄灭。

3）切勿对泄漏源或安全阀直接喷水，防止产生冰冻。

4）如果容器的安全阀发出响声或储罐变色，应迅速撤离。

5）切记远离被大火吞没的储罐。

4. 燃烧爆炸危险

（1）危险性综述：本品属自燃物品，高毒，具刺激性，对环境有危害。

（2）燃爆特性：接触空气能自燃并引起燃烧和爆炸，在潮湿空气中的自燃点低于在干燥空气中的自燃点。与氯酸盐等氧化剂混合发生爆炸。其碎片和碎屑接触皮肤干燥后即着火，可引起严重的皮肤灼伤。

5. 燃爆温度及燃烧（分解）产物

引燃温度：30℃。

燃烧（分解）产物：氧化磷。

6. 禁止混储

保存在水中或惰性气体中。与各种氧化剂、元素硫、卤素、卤化物接触能引起燃烧和爆炸。与强苛性碱接触产生有毒和易燃的磷化氢气体，与金属接触形成高反应性的磷化物。在 43℃熔化为黄色或白色液体。

注：参考自《威利化学品禁忌手册》。

7. 隔离距离

泄漏：应立即隔离 25m 范围；大量泄漏首先考虑下风向撤离至少 0.3km。人员停留在上风向。

火灾：火场内若有储罐、槽车或罐车，隔离 800m。也可以考虑首次向四周撤离 800m。

8. 急救措施

（1）皮肤接触：脱去污染的衣物，用大量流动清水冲洗。立即涂抹2%～3%硝酸银灭磷火；就医。

（2）眼睛接触：立即提起眼睑，用大量流动清水或生理盐水彻底冲洗至少15min；就医。

（3）吸入：迅速脱离现场至空气新鲜处。保持呼吸道通畅。如呼吸困难，给输氧。如呼吸停止，立即进行人工呼吸；就医。

（4）食入：立即用2%硫酸铜洗胃，或用1∶5000高锰酸钾洗胃。洗胃及导泻时应当谨慎，防止胃肠穿孔或出血；就医。

甲基二氯硅烷泄漏、燃爆事故

1. 遇水反应

发生反应。放出氯化氢有毒气体。

2. 泄漏处置

迅速撤离泄漏污染区人员至安全区，并进行隔离，严格限制出入。切断火源。建议应急处理人员戴自给正压式呼吸器，穿防毒服。不要直接接触泄漏物。尽可能切断泄漏源。防止进入下水道、排洪沟等限制性空间。小量泄漏：用砂土或其他不燃材料吸附或吸收。大量泄漏：构筑围堤或挖坑收容。用防爆泵转移至槽车或专用收集器内，回收或运至废物处理场所处置。

3. 燃爆与消防

（1）灭火方法及灭火剂：

灭火方法：消防人员须穿全身防火防毒服，在上风向灭火。

灭火剂：二氧化碳、砂土、干粉。禁止用水和泡沫灭火。

（2）储罐或货车（拖车）着火：

1）尽可能远距离灭火或用遥控水枪或水炮扑救。

2）用大量水冷却盛有危险品的容器，直到火完全熄灭。

3）切勿将水注入容器。

4）如果容器的安全阀发出响声或储罐变色，应迅速撤离。

5）切记远离被大火吞没的储罐。

4. 燃烧爆炸危险

（1）危险性综述：本品极度易燃，具强刺激性。

（2）燃爆特性：其蒸气与空气可形成爆炸性混合物（闪点：-32℃），遇明火、高热能引起燃烧爆炸。遇水或水蒸气剧烈反应，放出的热量可导致其自燃，并放出有毒和腐蚀性的烟雾。与氧化剂接触猛烈反应。

5. 燃爆温度及燃烧（分解）产物

引燃温度：316℃。

燃烧（分解）产物：一氧化碳、二氧化碳、氧化硅、氯化氢（有毒）。

6. 禁止混储

与空气中湿气发生反应；可自发点火；与水、蒸气、醇类发生剧烈反应生成氯化氢；与强氧化剂类、氨发生剧烈反应；与碱类、强酸、脂肪胺类、烷醇胺类、异氰酸酯类、环氧烷烃、环氧氯丙烷、卤代化合物、氮氧化物不相容；与高锰酸钾或铜、铅、银的氧化物混合可形成对撞击敏感的爆炸物；潮湿条件下腐蚀普通金属生成易燃氢气；浸蚀一些塑料、橡胶和布品；难熄火，可发生再点火。

注：参考自《威利化学品禁忌手册》。

7. 隔离距离

泄漏：应立即隔离 30m 范围，下风向撤离范围白天为 0.2km，夜晚为 0.7km，可依据需要增加下风向撤离的距离；大量泄漏：应立即隔离 180m 范围，下风向撤离范围白天为 1.6km，夜晚为 4.8km，可依据需要增加下风向撤离的距离；人员停留在上风向。

火灾：火场内若有储罐、槽车或罐车，隔离 800m。也可以考虑首次向四周撤离 800m。

8. 急救措施

（1）皮肤接触：脱去污染的衣物，立即用流动清水彻底冲洗；若有灼伤，立即就医。

（2）眼睛接触：立即提起眼睑，用流动清水或生理盐水冲洗至少 15min；就医。

（3）吸入：迅速脱离现场至空气新鲜处。保持呼吸道通畅。如呼吸困难，给输氧。如呼吸停止，立即进行人工呼吸；就医。

（4）食入：用水漱口，饮牛奶或蛋清；就医。

金属钠泄漏、燃爆事故

（金属锂、钾、钙、锶、钡、镁可参照本处置方案）

1. 遇水反应

发生反应，放出氢气和氢氧化钠。不能用水、卤代烃（如 1211 灭火剂）、碳酸氢钠、碳酸氢钾作为灭火剂。

2. 泄漏处置

隔离泄漏污染区，限制出入。切断火源。建议应急处理人员戴自给正压式呼吸器，穿化学防护服。不要直接接触泄漏物。小量泄漏：收入金属容器并保存在煤油或液体石蜡中。大量泄漏：用塑料布、帆布覆盖。在专家指导下清除。

3. 燃爆与消防

（1）灭火方法及灭火剂：

灭火方法：消防人员须佩戴空气呼吸器，穿全身防火防毒服，在上风向灭火。

灭火剂：干燥氯化钠粉末、干燥石墨粉、碳酸钠干粉、碳酸钙干粉、干沙等。禁止用水、泡沫和二氧化碳。

（2）储罐或货车（拖车）着火：

1）尽可能远距离灭火或用遥控水枪或水炮灭火。

2）切勿将水注入容器。

3）用大量水冷却盛有危险品的容器，直到火完全熄灭。

4）如果容器的安全阀发出响声或储罐变色，应迅速撤离。

5）切记远离被大火吞没的储罐。

4. 燃烧爆炸危险

（1）危险性综述：本品遇湿易燃，具强腐蚀性、强刺激性，可致人体灼伤。

（2）燃爆特性：在氧、氯、氟、溴蒸气中会燃烧。遇水或潮气猛烈反应放出氢气，大量放热，引起燃烧或爆炸。金属钠暴露在空气或氧气中能自行燃烧并爆炸使熔融物飞溅。

5. 燃爆温度及燃烧（分解）产物

燃烧（分解）产物：氧化钠（对鼻、喉及上呼吸道具有腐蚀作用和极强的刺激作用）。

6. 禁止混储

暴露于潮气中产生不稳定的过氧化物并 / 或可能导致自发点燃。与水、水蒸气发生剧烈反应，生成易燃氢气、氢氧化钠，放出热量，通常产生火焰。与氧化剂类、酸类、氯化锑、二氧化碳、四氯化碳等许多物质发生剧烈反应。与溴化铝、硝酸铵、碘化砷、氯化铁、硝基甲苯、硝酸钠形成爆炸性化合物。与常用灭火剂发生剧烈反应。发生火灾时，可用干沙、干石墨等覆盖闷熄。与所有其他材料和任何类型的潮气隔离。储存于惰性气体或液态碳氢化合物中。

注：参考自《威利化学品禁忌手册》。

7. 隔离距离

泄漏：应立即隔离 25m 范围，可依据需要增加下风向撤离的距离；人员停留在上风向。

火灾：火场内若有储罐、槽车或罐车，隔离 800m。也可以考虑首次向四周撤离 800m。

8. 急救措施

（1）皮肤接触：用大量流动清水冲洗至少 15min；就医。

（2）眼睛接触：立即提起眼睑，用大量流动清水或生理盐水彻底冲洗至少 15min；就医。

（3）吸入：迅速脱离现场至空气新鲜处。保持呼吸道通畅。如呼吸困难，给输氧。如呼吸停止，立即进行人工呼吸；就医。

（4）食入：用水漱口，给饮牛奶或蛋清；就医。

金属钛粉 [含水 ≥ 25%] 泄漏、燃爆事故

1. 遇水反应

常温不反应，高温生成氢气与氢氧化钛。

2. 泄漏处置

隔离泄漏污染区，限制出入。切断火源。建议应急处理人员戴防尘面具（全面罩），穿防毒服。不要直接接触泄漏物。小量泄漏：避免扬尘，用洁净的铲子收集于干燥、洁净、有盖的容器中。转移回收。大量泄漏：用塑料布、帆布覆盖。使用无火花工具转移回收。

3. 燃爆与消防

（1）灭火方法及灭火剂：

灭火方法：消防人员须佩戴空气呼吸器，穿全身防火防毒服，在上风向灭火。

灭火剂：干粉、砂土、水泥粉。严禁用水、泡沫、二氧化碳灭火。高热或剧烈燃烧时，用水扑救可能引起爆炸。

（2）储罐或货车（拖车）着火：

1）如果不能扑灭火灾，保护周围环境并容许其燃尽。

2）用水扑灭金属着火，尤其是发生在密闭空间（如建筑物、船舱等）的着

火，可产生氢气，极严重的爆炸危害。

3）用限制法和窒息法扑灭金属着火优于用水灭火。

4）在确保安全的情况下，将容器移离火场。

4. 燃烧爆炸危险

（1）危险性综述：本品易燃，具刺激性。

（2）燃爆特性：金属钛粉尘具有爆炸性，遇热、明火或发生化学反应会燃烧爆炸。其粉体化学活性很高，在空气中能自燃。

5. 燃爆温度及燃烧（分解）产物

引燃温度：460℃。

燃烧（分解）产物：氧化钛。

6. 禁止混储

与强氧化剂、氧、卤素、铝、强酸、二氧化碳发生反应。

7. 隔离距离

泄漏：应立即隔离 25m 范围；大量泄漏首先考虑下风向撤离至少 0.1 km。人员停留在上风向。

火灾：火场内若有储罐、槽车或罐车，隔离 800m。也可以考虑首次向四周撤离 800m。

8. 急救措施

（1）皮肤接触：立即脱去污染的衣物，用流动清水彻底冲洗；就医。

（2）眼睛接触：立即提起眼睑，用流动清水彻底冲洗；就医。

（3）吸入：迅速脱离现场至空气新鲜处。保持呼吸道通畅。如呼吸困难，给输氧。如呼吸停止，立即进行人工呼吸；就医。

（4）食入：饮大量温水，催吐；就医。

连二亚硫酸钠（保险粉）泄漏、燃爆事故

1. 遇水反应

发生反应。生成硫化氢和二氧化硫有毒气体。

2. 泄漏处置

隔离泄漏污染区，限制出入。切断火源。建议应急处理人员戴自给正压式呼吸器，穿化学防护服。不要直接接触泄漏物。小量泄漏：避免扬尘，用洁净的铲子收集于干燥、洁净、有盖的容器中。大量泄漏：用干石灰、沙或苏打灰覆盖，使用无火花工具收集回收或运至废物处理场所处置。

3. 燃爆与消防

（1）灭火方法及灭火剂：

灭火方法：尽可能将容器从火场移至空旷处。

灭火剂：干粉、砂土、水泥粉。禁止用水灭火。

（2）储罐或货车（拖车）着火：

1）尽可能远距离灭火。

2）禁止将水注入容器或让水和本类物质直接接触。

3）用大量水冷却盛有危险物的容器，直到火完全熄灭。

4）如果容器的安全阀发出响声或储罐变色，应迅速撤离。

5）切记远离被大火吞没的储罐。

4. 燃烧爆炸危险

（1）危险性综述：本品属自燃物品，具刺激性。

（2）燃爆特性：与氧化剂能发生强烈反应，引起燃烧或爆炸。遇少量水或吸收潮湿空气能发热分解，引起冒烟燃烧，甚至爆炸。

5. 燃爆温度及燃烧（分解）产物

引燃温度：250℃。

燃烧（分解）产物：硫化物。

6. 禁止混储

细粉末或粉尘与空气混合形成爆炸性混合物。遇水、潮湿的空气或蒸气，释放出二氧化硫和热，有发生自燃的危险。遇酸有二氧化硫产生。一种强还原剂。遇氧化剂、亚氯酸钠可发生剧烈反应、着火和爆炸。高于 50℃可发生剧烈的热解，生成硫酸钠和二氧化硫。当用水溶解时，切记将该物质缓慢加入水中。

注：参考自《威利化学品禁忌手册》。

7. 隔离距离

泄漏：应立即隔离 30m 范围，下风向撤离范围 0.1km；大量泄漏：应立即隔离 60m 范围，下风向撤离范围白天为 0.4km，夜晚为 1.3km；人员停留在上风向。

火灾：火场内若有储罐、槽车或罐车，隔离 1600m。也可以考虑首次向四周撤离 1600m。

8. 急救措施

（1）皮肤接触：脱去污染的衣物，用肥皂水和清水彻底冲洗。

（2）眼睛接触：提起眼睑，用流动清水或生理盐水冲洗；就医。

（3）吸入：迅速脱离现场至空气新鲜处。保持呼吸道通畅。如呼吸困难，给

输氧。如呼吸停止，立即进行人工呼吸；就医。

（4）食入：饮足量温水，催吐；就医。

磷化铝泄漏、燃爆事故

1. 遇水反应

发生反应。放出剧毒的自燃的磷化氢气体。

2. 泄漏处置

隔离泄漏污染区，限制出入。切断火源。建议应急处理人员戴自给正压式呼吸器，穿化学防护服。小量泄漏：避免扬尘，用洁净的铲子收集于干燥、洁净、有盖的容器中。大量泄漏：用塑料布、帆布覆盖。然后收集回收或运至废物处理场所处置。

3. 燃爆与消防

（1）灭火方法及灭火剂：

灭火方法：消防人员须穿全身防火防毒服，在上风向灭火。

灭火剂：干粉、干燥砂土，禁止使用酸碱灭火剂、水、泡沫灭火。

（2）储罐或货车（拖车）着火：

1）尽可能远距离灭火或用遥控水枪或水炮灭火。

2）用大量水冷却盛有危险品的容器，直到火完全熄灭。

3）切勿对泄漏源或安全阀直接喷水，防止产生冰冻。

4）如果容器的安全阀发出响声或储罐变色，应迅速撤离。

5）切记远离被大火吞没的储罐。

4. 燃烧爆炸危险

（1）危险性综述：本品遇湿易燃。

（2）燃爆特性：遇酸或水和潮气时，能发生剧烈反应，放出剧毒的自燃的磷化氢气体，当温度超过 60℃时会立即在空气中自燃。与氧化剂能发生强烈反应，引起燃烧或爆炸。

5. 燃爆温度及燃烧（分解）产物

燃烧（分解）产物：磷烷。

6. 禁止混储

与湿气（包括空气中的湿气）、水、蒸气或碱接触释放出可自燃的磷化氢气体。与强酸类接触反应剧烈，并且也释放出磷化氢气体。与氯和硝酸钾发生剧烈的反应。

注：参考自《威利化学品禁忌手册》。

7. 隔离距离

泄漏：应立即隔离 90m 范围，下风向撤离范围白天为 0.6km，夜晚为 2.7km，可依据需要增加下风向撤离的距离；大量泄漏：应立即隔离 1000m 范围，下风向撤离范围白天为 9km，夜晚为 11km，可依据需要增加下风向撤离的距离；人员停留在上风向。

火灾：火场内若有储罐、槽车或罐车，隔离 800m。也可以考虑首次向四周撤离 800m。

8. 急救措施

（1）皮肤接触：脱去污染的衣物，用肥皂水及清水彻底冲洗。

（2）眼睛接触：立即翻开眼睑，用大量流动清水或生理盐水彻底冲洗至少 15min；就医。

（3）吸入：迅速脱离现场至空气新鲜处。保持呼吸道通畅。如呼吸困难，给输氧。如呼吸停止，立即进行人工呼吸；就医。

（4）食入：立即漱口，饮大量温水，催吐；就医。

硫黄泄漏、燃爆事故

1. 遇水反应

不发生反应。可用雾状水灭火。

2. 泄漏处置

隔离泄漏污染区，限制出入。切断火源。建议应急处理人员戴防尘面具（全面罩），穿一般作业工作服。不要直接接触泄漏物。小量泄漏：避免扬尘，用洁净的铲子收集于干燥、洁净、有盖的容器中。转移至安全场所。大量泄漏：用塑料布、帆布覆盖。使用无火花工具收集回收或运至废物处理场所处置。

3. 燃爆与消防

（1）灭火方法及灭火剂：

灭火方法：消防人员须戴好防毒面具，在安全距离以外，在上风向灭火。

灭火剂：小火，砂土闷熄；大火，雾状水。切勿将水流直接射至熔融物，以免引起严重的流淌火灾或剧烈的沸溅。

（2）储罐或货车（拖车）着火：

1）用大量水冷却盛有危险品的容器，直到火完全熄灭。

2）对于燃烧剧烈的大火，使用遥控水枪或水炮远距离灭火；否则撤离火场并任其燃烧。

3）如果容器的安全阀发出响声或储罐变色，应迅速撤离。

4）切记远离被大火吞没的储罐。

4. 燃烧爆炸危险

（1）危险性综述：本品易燃、易爆。

（2）燃爆特性：与卤素、金属粉末等接触剧烈反应。粉尘或蒸气与空气或氧化剂混合形成爆炸性混合物。

5. 燃爆温度及燃烧（分解）产物

燃烧（分解）产物：氧化硫（有毒）。

6. 禁止混储

屑状干性硫黄与空气混合可形成爆炸性混合物。与许多物质发生反应，包括强氧化剂、铝粉末、硼、五氟化溴、三氟化溴、次氯酸钙、碳化物、铯、氯酸盐、二氧化氯、铬酸、氯化铬酰、氧化二氯、二乙基锌、氟、卤素化合物、二硅化六锂、灯黑、亚氯酸铅、二氧化铅、锂、镍粉末、镍催化剂、红磷、三氧化磷、钾、亚氯酸钾、碘酸钾、过氧铁酸钾、乙炔铷、四氧化钌、钠、亚氯酸钠、过氧化钠、锡、铀、锌、六水合硝酸锌。与氨、硝酸铵、溴酸钡、溴酸盐、碳化钙、木炭、碳氢化合物、碘酸盐、五氟化碘、五氧化碘、铁、铬酸铅、氧化亚汞、硝酸汞、氧化汞、硝酸氟、二氧化氮、无机高氯酸酯、溴酸钾、氮化钾、高氯酸钾、硝酸银、氢化钠、二氯化硫接触可生成对热、摩擦、撞击、震动敏感的爆炸性或自燃性混合物。浸蚀铜、汞、银。熔融材料与空气反应生成二氧化硫，与氢气反应生成硫化氢，与碳氢化合物反应生成二硫化碳和硫化氢，可引起爆炸。由于可聚集静电荷，其蒸气可自燃。

注：参考自《威利化学品禁忌手册》。

7. 隔离距离

泄漏：应立即隔离25m范围；大量泄漏首先考虑下风向撤离至少0.1km。人员停留在上风向。

火灾：火场内若有储罐、槽车或罐车，隔离800m。也可以考虑首次向四周撤离800m。

注：参考自《危险化学品应急救援指南》。

8. 急救措施

（1）皮肤接触：脱去污染的衣物，用肥皂水和清水彻底冲洗皮肤。

（2）眼睛接触：提起眼睑，用流动清水或生理盐水冲洗；就医。

（3）吸入：迅速脱离现场至空气新鲜处。保持呼吸道通畅。如呼吸困难，给

输氧。如呼吸停止，立即进行人工呼吸；就医。

（4）食入：饮足量温水，催吐；就医。

硫氢化钠泄漏、燃爆事故

1. 遇水反应

发生反应。可用雾状水灭火。

2. 泄漏处置

迅速撤离污染区人员至安全区，并进行隔离，严格限制出入。切断火源。建议应急处理人员戴自给正压式呼吸器，穿防毒服。尽可能切断泄漏源。小量泄漏：用大量水冲洗，洗水稀释后放入废水系统。大量泄漏：构筑围堤或挖坑收容。用泵转移至槽车或专用收集器内，回收或运至废物处理场所处置。

3. 燃爆与消防

（1）灭火方法及灭火剂：

灭火方法：消防人员须佩戴过滤式防毒面具（全面罩）或隔离式呼吸器，穿全身防火防毒服，在上风向灭火。尽可能将容器从火场移至空旷处。喷水保持火场容器冷却，直至灭火结束。处在火场中的容器若已变色或从安全泄压装置产生声音，必须马上撤离。

灭火剂：雾状水、泡沫、二氧化碳、干粉、砂土、水泥粉。

（2）储罐或货车（拖车）着火：

1）尽可能远距离灭火或用遥控水枪或水炮灭火。

2）禁止将水注入容器或让水和本类物质直接接触。

3）用大量水冷却盛有危险品的容器，直到火完全熄灭。

4）如果容器的安全阀发出响声或储罐变色，应迅速撤离。

5）切记远离被大火吞没的储罐。

4. 燃烧爆炸危险

（1）危险性综述：易自燃，高毒，具强刺激性，对环境有危害，对水体可造成污染。

（2）燃爆特性：在潮湿空气中迅速分解成氢氧化钠和硫化钠，并放热，易自燃。

5. 燃爆温度及燃烧（分解）产物

燃烧（分解）产物：硫化氢（有毒）。

6. 禁止混储

与强氧化剂、酸类、锌、铝、铜及其合金发生反应。

7. 隔离距离

泄漏：应立即隔离25m范围，可依据需要增加下风向撤离的距离；人员停留在上风向。

火灾：火场内若有储罐、槽车或罐车，隔离800m。也可以考虑首次向四周撤离800m。

8. 急救措施

（1）皮肤接触：立即脱去污染的衣物，用大量清水彻底冲洗至少15min；就医。

（2）眼睛接触：立即提起眼睑，用大量流动清水或生理盐水彻底冲洗至少15min；就医。

（3）吸入：迅速脱离现场至空气新鲜处。保持呼吸道通畅。如呼吸困难，给输氧。如呼吸停止，立即进行人工呼吸；就医。

（4）食入：立即漱口，口服牛奶或蛋清；就医。

六亚甲基四胺泄漏、燃爆事故

1. 遇水反应

不发生反应。可用雾状水灭火。

2. 泄漏处置

隔离泄漏污染区，限制出入。切断火源。建议应急处理人员戴防尘面具（全面罩），穿防毒服。不要直接接触泄漏物。小量泄漏：用洁净的铲子收集于干燥、洁净、有盖的容器中。大量泄漏：用塑料布、帆布覆盖。使用无火花工具收集回收或运至废物处理场所处置。

3. 燃爆与消防

（1）灭火方法及灭火剂：

灭火方法：喷水冷却容器，可能的话将容器从火场移至空旷处。

灭火剂：雾状水、二氧化碳、泡沫、砂土。

（2）储罐或货车（拖车）着火：

1）用大量水冷却盛有危险品的容器，直到火完全熄灭。

2）如果容器的安全阀发出响声或储罐变色，应迅速撤离。

3）切记远离被大火吞没的储罐。

4）对于燃烧剧烈的大火，使用遥控水枪或水炮远距离灭火；否则撤离火场并任其燃烧。

4. 燃烧爆炸危险

（1）危险性综述：本品易燃，具腐蚀性，可致人体灼伤，接触可引起皮炎，奇痒。

（2）燃爆特性：遇明火有引起燃烧的危险。受热分解放出有毒的氧化氮烟气。与氧化剂混合能形成爆炸性混合物。

5. 燃爆温度及燃烧（分解）产物

燃烧（分解）产物：一氧化碳、二氧化碳、氮氧化物（有毒）。

6. 禁止混储

与酸、1– 溴戊硼烷（9）、有机酐类、异氰酸盐（或酯）类、乙酸乙烯酯、丙烯酸盐（酯）类、取代烯丙基类、环氧烷烃、表氯醇、碘、三碘甲烷、酮、醛类、醇类、二元醇类、酚类、甲（苯）酚类、己内酰胺溶液、过氧化钠、强氧化剂不相容。浸蚀铝、铜、铅、锡、锌及其合金，以及某些塑料、橡胶、布品。

注：参考自《威利化学品禁忌手册》。

7. 隔离距离

泄漏：应立即隔离 25m 范围；大量泄漏首先考虑下风向撤离至少 0.05km。人员停留在上风向。

火灾：火场内若有储罐、槽车或罐车，隔离 800m。也可以考虑首次向四周撤离 800m。

8. 急救措施

（1）皮肤接触：脱去污染的衣物，用大量流动清水彻底冲洗。

（2）眼睛接触：立即提起眼睑，用大量流动清水彻底冲洗；就医。

（3）吸入：迅速脱离现场至空气新鲜处。保持呼吸道通畅。如呼吸困难，给输氧。如呼吸停止，立即进行人工呼吸；就医。

（4）食入：饮足量温水，催吐；就医。

铝粉泄漏、燃爆事故

1. 遇水反应

常温不生反应，高温遇水生成氢气和氢氧化铝。

2. 泄漏处置

隔离泄漏污染区，限制出入。切断火源。建议应急处理人员戴自给正压式呼吸器，穿防静电工作服。不要直接接触泄漏物。小量泄漏：避免扬尘，用洁净的铲子收集于干燥、洁净、有盖的容器中。转移回收。大量泄漏：用塑料布、帆布覆盖。使用无火花工具转移回收。

3. 燃爆与消防

（1）灭火方法及灭火剂：

灭火方法：消防人员须佩戴防毒面具，穿全身消防服，在上风向灭火。尽可能将容器从火场移至空旷处。

灭火剂：适当的干沙、石粉闷熄。禁止用水、泡沫、二氧化碳灭火。

（2）储罐或货车（拖车）着火：

1）尽可能远距离灭火或用遥控水枪或水炮灭火。

2）切勿将水注入容器。

3）用大量水冷却盛有危险品的容器，直到火完全熄灭。

4）如果容器的安全阀发出响声或储罐变色，应迅速撤离。

5）切记远离被大火吞没的储罐。

4. 燃烧爆炸危险

（1）危险性综述：本品遇湿易燃，具刺激性。

（2）燃爆特性：大量粉尘遇潮湿、水蒸气能自燃。与氧化剂混合能形成爆炸性混合物。与氟、氯等接触会发生剧烈的化学反应。与酸类或与强碱接触也能产生氢气，引起燃烧爆炸。粉体与空气可形成爆炸性混合物，当达到一定浓度时，遇火星会发生爆炸。

5. 燃爆温度及燃烧（分解）产物

引燃温度：645℃。

燃烧（分解）产物：氧化铝。

6. 禁止混储

屑状物质是易燃固体。与空气形成的粉尘云团是爆炸性的，与锰粉尘接触发生爆炸。散装粉尘与潮气接触持续发热。一种强还原剂。与氧气、氯化砷、氯、氯化氢、五氯化磷、二氯化硫的气体或蒸气接触时起火。与苛性碱类如氢氧化钠接触时释放出爆炸性的氢气。与许多物质发生剧烈的反应，包括氧化剂类、强酸类、醇类、汞和汞化合物、金属氧化物类、硝酸盐类、硝基甲烷、磷、硒、硫酸盐类、硫化物类、硫黄。与过氧化钡、五氟化钡、二硫化碳、硝酸氯仿脒盐、氧化铜、五氧化二碘、氧化铁、一氧化铅、甲基氯化物、硝酸盐类、二氟化氧、二氧化锰、碘酸钾、碳酸钠、过氧化钠、三氯乙烯混合时发生起火和 / 或爆炸性的铝热反应和 / 或爆炸。与乙硼烷、次氯酸盐或其他卤素源、多种氧化物、钯、过氧化物类、氯酸钾、高氯酸钾、乙炔化钠、硝酸钠形成闪火花的或敏感的爆炸性混合物。摩擦或搅动可能积聚静电并因此点燃。注意：铝热反应达到很高的温度（＞2482℃），氧气充足时极难终止。

注：参考自《威利化学品禁忌手册》。

7. 隔离距离

泄漏：应立即隔离 25m 范围，可依据需要增加下风向撤离的距离；人员停留在上风向。

火灾：火场内若有储罐、槽车或罐车，隔离 800m。也可以考虑首次向四周撤离 800m。

8. 急救措施

（1）皮肤接触：用大量流动清水彻底冲洗。

（2）眼睛接触：立即提起眼睑，用流动清水或生理盐水彻底冲洗至少 15min；就医。

（3）吸入：迅速脱离现场至空气新鲜处。保持呼吸道通畅。如呼吸困难，给输氧。如呼吸停止，立即进行人工呼吸；就医。

（4）食入：用水漱口，饮大量温水，催吐；就医。

萘泄漏、燃爆事故

1. 遇水反应

不发生反应。可用雾状水灭火。

2. 泄漏处置

隔离泄漏污染区，限制出入。切断火源。建议应急处理人员戴防尘面具（全面罩），穿防毒服。不要直接接触泄漏物。小量泄漏：避免扬尘，使用无火花工具收集于干燥、洁净、有盖的容器中。运至空旷处引爆。或在保证安全情况下，就地焚烧。大量泄漏：用塑料布、帆布覆盖。使用无火花工具收集回收或运至废物处理场所处置。

3. 燃爆与消防

（1）灭火方法及灭火剂：

灭火方法：勿将水流直接射至熔融物，以免引起严重的流淌火灾或引起剧烈的沸溅。

灭火剂：二氧化碳、雾状水、砂土、水泥粉。

（2）储罐或货车（拖车）着火：

1）用大量水冷却盛有危险品的容器，直到火完全熄灭。

2）对于燃烧剧烈的大火，使用遥控水枪或水炮远距离灭火；否则撤离火场

并任其燃烧。

3）如果容器的安全阀发出响声或储罐变色，应迅速撤离。

4）切记远离被大火吞没的储罐。

4. 燃烧爆炸危险

（1）危险性综述：本品易燃，具刺激性，对环境有危害，对水体可造成污染。

（2）燃爆特性：遇明火、高热易燃。粉体、粉或蒸气与空气可形成爆炸性混合物，当达到一定浓度时，遇火星会发生爆炸。

5. 燃爆温度及燃烧（分解）产物

引燃温度：526℃。

燃烧（分解）产物：一氧化碳、二氧化碳。

6. 禁止混储

与强氧化剂、五氧化二氮、三氧化铬发生剧烈反应。浸蚀一些塑料、橡胶和布品。由于低导电性，流动或搅动会产生静电。

注：参考自《威利化学品禁忌手册》。

7. 隔离距离

泄漏：应立即隔离 25m 范围；大量泄漏首先考虑下风向撤离至少 0.1km。人员停留在上风向。

火灾：火场内若有储罐、槽车或罐车，隔离 800m。也可以考虑首次向四周撤离 800m。

8. 急救措施

（1）皮肤接触：脱去污染的衣物，用大量流动清水冲洗。

（2）眼睛接触：立即提起眼睑，用大量流动清水或生理盐水彻底冲洗至少 15min；就医。

（3）吸入：迅速脱离现场至空气新鲜处。保持呼吸道通畅。如呼吸困难，给输氧。如呼吸停止，立即进行人工呼吸；就医。

（4）食入：饮足量温水，催吐，洗胃；就医。

偶氮二甲酰胺泄漏、燃爆事故

1. 遇水反应

不发生反应。可用雾状水灭火。

2. 泄漏处置

隔离泄漏污染区，周围设警告标志，切断火源。建议应急处理人员戴好防毒面具，穿防静电服。禁止摩擦、震动和撞击。小心扫起，运到空旷处焚烧。如大量泄漏，收集回收或无害处理后废弃。

3. 燃爆与消防

（1）灭火方法及灭火剂：

灭火方法：消防人员须穿全身防火防毒服，佩戴空气呼吸器，在上风向灭火。尽可能将容器从火场移至空旷处。

灭火剂：雾状水、二氧化碳、干粉、砂土、水泥粉、泡沫。

（2）储罐或货车（拖车）着火：

1）用大量水冷却盛有危险品的容器，直到火完全熄灭。

2）如果容器的安全阀发出响声或储罐变色，应迅速撤离。

3）切记远离被大火吞没的储罐。

4）对于燃烧剧烈的大火，使用遥控水枪或水炮远距离灭火；否则撤离火场并任其燃烧。

4. 燃烧爆炸危险

危险特性：遇明火、高热易燃。受热分解，放出有毒的烟气。若遇高热可发生剧烈分解，引起容器破裂或爆炸事故。

5. 燃爆温度及燃烧（分解）产物

自燃温度：225℃（分解）。

燃烧（分解）产物：一氧化碳、二氧化碳、氮氧化物（有毒）。

6. 禁止混储

与强氧化剂、强酸、强碱发生反应。

7. 隔离距离

泄漏：应立即隔离 25m 范围；大量泄漏首先考虑下风向撤离至少 0.1km。人员停留在上风向。

火灾：火场内若有储罐、槽车或罐车，隔离 800m。也可以考虑首次向四周撤离 800m。

8. 急救措施

（1）皮肤接触：脱去污染的衣物，用肥皂水及流动清水彻底冲洗；就医。

（2）眼睛接触：立即提起眼睑，用流动清水或生理盐水冲洗 15min；就医。

（3）吸入：迅速脱离现场至空气新鲜处。保持呼吸道通畅。如呼吸困难，给输氧。如呼吸停止，立即进行人工呼吸；就医。

（4）食入：漱口、饮适量温水，催吐；就医。

2，2′-偶氮二异丁腈泄漏、燃爆事故

1. 遇水反应

不发生反应。

2. 泄漏处置

隔离泄漏污染区，限制出入。切断火源。建议应急处理人员戴防尘面具（全面罩），穿防毒、防静电服。不要直接接触泄漏物。用水润湿，使用无火花工具收集于盖子较松的塑料桶或纸板桶中。回收或运至废物处理场所处置。

3. 燃爆与消防

（1）灭火方法及灭火剂：

灭火方法：消防人员须穿全身消防服，佩戴防毒面具，在上风向灭火。尽可能将容器从火场移至空旷处。喷水保持容器冷却，直至灭火结束。

灭火剂：水、二氧化碳、干粉、砂土、泡沫。

（2）储罐或货车（拖车）着火：

1）用大量水冷却盛有危险品的容器，直到火完全熄灭。

2）如果容器的安全阀发出响声或储罐变色，应迅速撤离。

3）切记远离被大火吞没的储罐。

4）对于燃烧剧烈的大火，使用遥控水枪或水炮远距离灭火；否则撤离火场并任其燃烧。

4. 燃烧爆炸危险

（1）危险性综述：本品易燃，具刺激性。

（2）燃爆特性：遇高热、明火或与氧化剂混合，经摩擦、撞击有引起燃烧爆炸的危险。燃烧时，放出有毒气体。受热时性质不稳定，40℃逐渐分解，至103~104℃时激烈分解，放出氮气及数种有机氰化合物，对人体有害，并散发出较大热量，能引起爆炸。

5. 燃爆温度及燃烧（分解）产物

自燃温度：64℃。

燃烧（分解）产物：一氧化碳、二氧化碳、氮气、氰化物（有毒）、氮氧化物（有毒）。

6. 禁止混储

与强氧化剂发生反应。

7. 隔离距离

泄漏：应立即隔离25m范围；大量泄漏首先考虑下风向撤离至少0.1km。人

员停留在上风向。

火灾：火场内若有储罐、槽车或罐车，隔离 800m。也可以考虑首次向四周撤离 800m。

8. 急救措施

（1）皮肤接触：脱去污染的衣物，用大量流动清水彻底冲洗；就医。

（2）眼睛接触：立即提起眼睑，用流动清水或生理盐水冲洗；就医。

（3）吸入：迅速脱离现场至空气新鲜处。保持呼吸道通畅。如呼吸困难，给输氧。如呼吸停止，立即进行人工呼吸；就医。

（4）食入：饮适量温水，催吐；用 1∶5000 高锰酸钾溶液或 5% 硫代硫酸钠溶液洗胃；就医。

硼氢化锂泄漏、燃爆事故

1. 遇水反应

发生反应。放出易燃氢气。禁止用水灭火。

2. 泄漏处置

隔离泄漏污染区，限制出入。切断火源。建议应急处理人员戴自给正压式呼吸器，穿防毒服。用砂土、干燥石灰或苏打灰混合。用塑料布、帆布覆盖。严禁设法扫除干的泄漏物。收集回收或运至废物处理场所处置。

3. 燃爆与消防

（1）灭火方法及灭火剂：

灭火方法：消防人员须戴好防毒面具，在安全距离外，在上风向灭火。尽可能将容器从火场移至空旷处。喷水保持容器冷却，直至灭火结束。

灭火剂：二氧化碳、干粉、砂土。禁止用水和泡沫灭火。

（2）储罐或货车（拖车）着火：

1）尽可能远距离灭火或用遥控水枪或水炮灭火。

2）用大量水冷却盛有危险品的容器，直到火完全熄灭。

3）如果容器的安全阀发出响声或储罐变色，应迅速撤离。

4）切记远离被大火吞没的储罐。

5）对于燃烧剧烈的大火，使用遥控水枪或水炮远距离灭火；否则撤离火场并任其燃烧。

4. 燃烧爆炸危险

（1）危险性综述：本品遇湿易燃，具强刺激性。

（2）燃爆特性：遇潮湿空气和水发生反应放出易燃的氢气，容易引起燃烧。遇水、潮湿空气、酸类、氧化剂、高热及明火能引起燃烧。

5. 燃爆温度及燃烧（分解）产物

燃烧（分解）产物：氧化硼、氢气、氧化锂。

6. 禁止混储

与强氧化剂、酸类、水、醇类发生反应。

7. 隔离距离

泄漏：应立即隔离 50m 范围，可依据需要增加下风向撤离的距离；人员停留在上风向。

火灾：火场内若有储罐、槽车或罐车，隔离 800m。也可以考虑首次向四周撤离 800m。

8. 急救措施

（1）皮肤接触：立即脱去污染的衣物，用流动清水彻底冲洗至少 15min；就医。

（2）眼睛接触：立即提起眼睑，用大量流动清水或生理盐水彻底冲洗至少 15min；就医。

（3）吸入：迅速脱离现场至空气新鲜处。保持呼吸道通畅。如呼吸困难，给输氧。如呼吸停止，立即进行人工呼吸；就医。

（4）食入：立即漱口，口服牛奶或蛋清；就医。

硼氢化钠泄漏、燃爆事故

1. 遇水反应

发生反应。放出易燃氢气。

2. 泄漏处置

隔离泄漏污染区，限制出入。切断火源。建议应急处理人员戴自给正压式呼吸器，穿防毒服。用砂土、干燥石灰或苏打灰混合。用塑料布、帆布覆盖。严禁设法扫除干的泄漏物。收集回收或运至废物处理场所处置。

3. 燃爆与消防

（1）灭火方法及灭火剂：

灭火方法：消防人员须戴好防毒面具，在安全距离外，在上风向灭火。尽可能将容器移至空旷处。喷水保持容器冷却，直至灭火结束。

灭火剂：二氧化碳、干粉、砂土。禁止用水和泡沫灭火。

（2）储罐或货车（拖车）着火：

1）尽可能远距离灭火或用遥控水枪或水炮灭火。

2）切勿将水注入容器。

3）用大量水冷却盛有危险品的容器，直到火完全熄灭。

4）如果容器的安全阀发出响声或储罐变色，应迅速撤离。

5）切记远离被大火吞没的储罐。

4. 燃烧爆炸危险

（1）危险性综述：本品遇湿易燃，有毒，具强刺激性。

（2）燃爆特性：遇潮湿空气、水或酸能放出易燃的氢气而引起燃烧。遇水、潮湿空气、酸类、氧化剂、高热及明火能引起燃烧。

5. 燃爆温度及燃烧（分解）产物

自燃温度：288℃。

燃烧（分解）产物：氧化硼、氧化钠氢气（易燃）。

6. 禁止混储

与氧化剂、酸类、碱类、醇类发生反应。

7. 隔离距离

泄漏：应立即隔离 50m 范围，可依据需要增加下风向撤离的距离；人员停留在上风向。

火灾：火场内若有储罐、槽车或罐车，隔离 800m。也可以考虑首次向四周撤离 800m。

8. 急救措施

（1）皮肤接触：立即脱去污染的衣物，用大量清水彻底冲洗至少 15min；就医。

（2）眼睛接触：立即提起眼睑，用大量流动清水或生理盐水彻底冲洗至少 15min；就医。

（3）吸入：迅速脱离现场至空气新鲜处。保持呼吸道通畅。如呼吸困难，给输氧。如呼吸停止，立即进行人工呼吸；就医。

（4）食入：立即漱口，口服牛奶或蛋清；就医。

七硫化（四）磷泄漏、燃爆事故

1. 遇水反应

发生反应。生成硫化氢有毒气体。

2. 泄漏处置

隔离泄漏污染区，限制出入。切断火源。建议应急处理人员戴自给正压式呼吸器，穿防毒服。避免扬尘，小心扫起，置于袋中转移至安全场所。若大量泄漏，用塑料布、帆布覆盖。收集回收或运至废物处理场所处置。

3. 燃爆与消防

（1）灭火方法及灭火剂：

灭火方法：消防人员须佩戴防毒面具，穿全身消防服，在上风向灭火。尽可能将容器从火场移至空旷处。喷水保持容器冷却，直至灭火结束。

灭火剂：二氧化碳、干粉、砂土、水泥粉。禁止用水和泡沫灭火。

（2）储罐或货车（拖车）着火：

1）尽可能远距离灭火或用遥控水枪或水炮扑救。

2）用大量水冷却盛有危险品的容器，直到火完全熄灭。

3）切勿将水注入容器。

4）如果容器的安全阀发出响声或储罐变色，应迅速撤离。

5）切记远离被大火吞没的储罐。

4. 燃烧爆炸危险

（1）危险性综述：本品易燃，具刺激性。

（2）燃爆特性：受热或摩擦极易燃烧。与潮湿空气接触会发热以至燃烧。与大多数氧化剂如氯酸盐、硝酸盐、高氯酸盐或高锰酸盐等组成敏感度极高的爆炸性混合物。

5. 燃爆温度及燃烧（分解）产物

燃烧（分解）产物：氧化硫、氧化磷、磷烷。均有毒。

6. 禁止混储

与强氧化剂发生反应。

7. 隔离距离

泄漏：应立即隔离 25m 范围；大量泄漏首先考虑下风向撤离至少 0.3km。人员停留在上风向。

火灾：火场内若有储罐、槽车或罐车，隔离 800m。也可以考虑首次向四周撤离 800m。

注：参考自《危险化学品应急救援指南》。

8. 急救措施

（1）皮肤接触：脱去污染的衣物，用肥皂水及流动清水彻底冲洗；就医。

（2）眼睛接触：立即提起眼睑，用流动清水彻底冲洗；就医。

（3）吸入：迅速脱离现场至空气新鲜处。保持呼吸道通畅。如呼吸困难，给输氧。如呼吸停止，立即进行人工呼吸；就医。

（4）食入：用水漱口，饮牛奶或蛋清；立即就医。

氰氨化钙泄漏、燃爆事故

1. 遇水反应

发生反应。生成尿素、氢氧化钙、乙炔、氨等。

2. 泄漏处置

隔离泄漏污染区，限制出入。切断火源。建议应急处理人员戴自给正压式呼吸器，穿防毒服。用洁净的铲子收集于干燥、洁净、有盖的容器中。转移至安全场所。若大量泄漏，用塑料布、帆布覆盖。

3. 燃爆与消防

（1）灭火方法及灭火剂：

灭火方法：消防人员须佩戴防毒面具，穿全身消防服，在上风向灭火。尽可能将容器移至空旷处。喷水保持容器冷却，直至灭火结束。

灭火剂：干粉、二氧化碳、砂土。禁止用水、泡沫和酸碱灭火剂灭火。

（2）储罐或货车（拖车）着火：

1）尽可能远距离灭火或用遥控水枪或水炮扑救。

2）用大量水冷却盛有危险品的容器，直到火完全熄灭。

3）切勿将水注入容器。

4）如果容器的安全阀发出响声或储罐变色，应迅速撤离。

5）切记远离被大火吞没的储罐。

4. 燃烧爆炸危险

（1）危险性综述：本品遇湿易燃，具刺激性。

（2）燃爆特性：本身不燃烧，遇水或潮气、酸类产生易燃气体和热量，有发生燃烧爆炸的危险。如含有杂质碳化钙或少量磷化钙时，则遇水易自燃。

5. 燃爆温度及燃烧（分解）产物

燃烧（分解）产物：一氧化碳、二氧化碳、氮氧化物（有毒）。

6. 禁止混储

易燃烧固体。粉尘或粉末与空气混合形成爆炸性混合物。接触水、蒸气导致分解形成电石气、氨和氰胺氢钙。与强氧化剂类、氟、强酸类发生剧烈反应。与过氧化钡、硼酸、干氢、过氧化氢不相容。与各种实验溶剂接触也导致分解。

注：参考自《威利化学品禁忌手册》。

7. 隔离距离

泄漏：应立即隔离 25m 范围，可依据需要增加下风向撤离的距离；人员停留在上风向。

火灾：火场内若有储罐、槽车或罐车，隔离 800m。也可以考虑首次向四周撤离 800m。

8. 急救措施

（1）皮肤接触：立即脱去污染的衣物，用大量清水彻底冲洗至少 15min；就医。

（2）眼睛接触：立即提起眼睑，用大量流动清水或生理盐水彻底冲洗至少 15min；就医。

（3）吸入：迅速脱离现场至空气新鲜处。保持呼吸道通畅。注意保暖，如呼吸困难，给输氧。如呼吸停止，立即进行人工呼吸；就医。

（4）食入：饮足量温水，催吐；就医。

三丁基硼泄漏、燃爆事故

1. 遇水反应

不发生反应。

2. 泄漏处置

迅速撤离泄漏污染区人员至安全区，并进行隔离，严格限制出入。切断火源。建议应急处理人员戴自给正压式呼吸器，穿防毒服。尽可能切断泄漏源。防止进入下水道、排洪沟等限制性空间。小量泄漏：用砂土、干燥石灰或苏打灰混合，用洁净的无火花工具收集泄漏物，置于一盖子较松的塑料容器中，待处置。大量泄漏：构筑围堤或挖坑收容。用泵转移至槽车或专用收集器内，回收或运至废物处理场所处置。

3. 燃爆与消防

（1）灭火方法及灭火剂：

灭火方法：消防人员须佩戴防毒面具，穿全身消防服，在上风向灭火。尽可能将容器从火场移至空旷处。处在火场中的容器变色或安全泄压装置产生声音，立即撤退。

灭火剂：二氧化碳、干粉、干沙。禁止用水和泡沫灭火。

（2）储罐或货车（拖车）着火：

1）尽可能远距离灭火或用遥控水枪或水炮扑救。

2）用大量水冷却盛有危险品的容器，直到火完全熄灭。

3）切勿将水注入容器。

4）如果容器的安全阀发出响声或储罐变色，应迅速撤离。

5）切记远离被大火吞没的储罐。

4. 燃烧爆炸危险

（1）危险性综述：本品属自燃物品，具刺激性。

（2）燃爆特性：暴露在空气中能自燃。遇明火及氧化剂易燃烧。

5. 燃爆温度及燃烧（分解）产物

燃烧（分解）产物：一氧化碳、二氧化碳、氧化硼。

6. 禁止混储

与氧化剂发生反应。

7. 隔离距离

泄漏：应立即隔离 50m 范围，可依据需要增加下风向撤离的距离；人员停留在上风向。

火灾：火场内若有储罐、槽车或罐车，隔离 800m。也可以考虑首次向四周撤离 800m。

8. 急救措施

（1）皮肤接触：立即脱去污染的衣物，用大量流动清水冲洗至少 15min；就医。

（2）眼睛接触：立即提起眼睑，用大量流动清水冲洗至少 15min；就医。

（3）吸入：迅速脱离现场至空气新鲜处。保持呼吸道通畅。如呼吸困难，给输氧。如呼吸停止，立即进行人工呼吸；就医。

（4）食入：饮足量温水，饮牛奶或蛋清，就医。

三聚甲醛泄漏、燃爆事故

1. 遇水反应

不发生反应。

2. 泄漏处置

隔离泄漏污染区，限制出入。切断火源。建议应急处理人员戴防尘面具（全面罩），穿防毒服。用砂土、干燥石灰或苏打灰混合，收集于干燥、洁净、有盖的容器中，转移至安全场所。若大量泄漏，用水润湿，并筑堤收容，收集回收或运至废物处理场所处置。

3. 燃爆与消防

（1）灭火方法及灭火剂：

灭火方法：消防人员须戴好防毒面具，在安全距离外，在上风向灭火。尽可能将容器移至空旷处。喷水保持容器冷却，直至灭火结束。

灭火剂：雾状水、二氧化碳、泡沫、干粉、砂土、水泥粉。

（2）储罐或货车（拖车）着火：

1）尽可能远距离灭火或用遥控水枪或水炮扑救。

2）用大量水冷却盛有危险品的容器，直到火完全熄灭。

3）切勿将水注入容器。

4）如果容器的安全阀发出响声或储罐变色，应迅速撤离。

5）切记远离被大火吞没的储罐。

4. 燃烧爆炸危险

（1）危险性综述：本品易燃，具刺激性。

（2）燃爆特性：粉末与空气可形成爆炸性混合体。遇明火、高热或与氧化剂接触，有引起燃烧爆炸的危险。接触强酸或受热分解放出有毒的甲醛气体。

5. 燃爆温度及燃烧（分解）产物

自燃温度：414℃。

燃烧（分解）产物：一氧化碳、二氧化碳、甲醛。

6. 禁止混储

与氧化剂、酸类反应。

7. 隔离距离

泄漏：应立即隔离 25m 范围；大量泄漏首先考虑下风向撤离至少 0.05km；人员停留在上风向。

火灾：火场内若有储罐、槽车或罐车，隔离 800m。也可以考虑首次向四周撤离 800m。

8. 急救措施

（1）皮肤接触：脱去污染的衣物，用大量流动清水彻底冲洗至少 15min；就医。

（2）眼睛接触：立即提起眼睑，用流动清水或生理盐水冲洗 15min；就医。

（3）吸入：迅速脱离现场至空气新鲜处。保持呼吸道通畅。如呼吸困难，给输氧。如呼吸停止，立即进行人工呼吸；就医。

（4）食入：用水漱口，给饮牛奶或蛋清；就医。

三硫化（四）磷泄漏、燃爆事故

1. 遇水反应

发生反应。生成硫化氢有毒气体。

2. 泄漏处置

隔离泄漏污染区，限制出入。切断火源。建议应急处理人员戴自给正压式呼吸器，穿防毒服。用洁净的铲子收集于干燥、洁净、有盖的容器中。转移至安全场所。若大量泄漏，用塑料布或帆布覆盖泄漏物，与有关技术部门联系，确定清除方法。

3. 燃爆与消防

（1）灭火方法及灭火剂：

灭火方法：消防人员须戴好防毒面具，在安全距离外，在上风向灭火。尽可能将容器移至空旷处。喷水保持容器冷却，直至灭火结束。

灭火剂：干粉、二氧化碳、砂土和水泥粉。禁止用水和泡沫灭火。

（2）储罐或货车（拖车）着火：

1）尽可能远距离灭火或用遥控水枪或水炮灭火。

2）用大量水冷却盛有危险品的容器，直到火完全熄灭。

3）切勿将水注入容器。

4）如果容器的安全阀发出响声或储罐变色，应迅速撤离。

5）切记远离被大火吞没的储罐。

4. 燃烧爆炸危险

（1）危险性综述：本品易燃，高毒，具刺激性。

（2）燃爆特性：受热或摩擦极易燃烧。燃烧时生成有毒的二氧化硫气体。遇热水水解，生成硫化氢气体。与潮湿空气接触会发热，散发出有毒和易燃的气体。与大多数氧化剂如氯酸盐、硝酸盐、高氯酸盐或高锰酸盐等组成敏感度极高的爆炸性混合物。

5. 燃爆温度及燃烧（分解）产物

引燃温度：100℃。

燃烧（分解）产物：氧化硫、氧化磷、磷烷（有毒）。

6. 禁止混储

与强氧化剂发生反应。

7. 隔离距离

泄漏：应立即隔离 25m 范围；大量泄漏首先考虑下风向撤离至少 0.1km。人员停留在上风向。

火灾：火场内若有储罐、槽车或罐车，隔离 800m。也可以考虑首次向四周撤离 800m。

8. 急救措施

（1）皮肤接触：脱去污染的衣物，用肥皂水及流动清水彻底冲洗；就医。

（2）眼睛接触：立即提起眼睑，用流动清水彻底冲洗；就医。

（3）吸入：迅速脱离现场至空气新鲜处。保持呼吸道通畅。如呼吸困难，给输氧。如呼吸停止，立即进行人工呼吸；就医。

（4）食入：用水漱口，饮水及镁乳；就医。

三氯硅烷泄漏、燃爆事故

1. 遇水反应

发生反应。放出氯化氢有毒气体。

2. 泄漏处置

迅速撤离泄漏污染区人员至安全区，并进行隔离，严格限制出入。切断火源。建议应急处理人员戴自给正压式呼吸器，穿防腐、防毒服。从上风处进入现场。尽可能切断泄漏源。防止进入下水道、排洪沟等限制性空间。小量泄漏：用砂土或其他不燃材料吸附或吸收。大量泄漏：构筑围堤或挖坑收容。在专家指导下清除。

3. 燃爆与消防

（1）灭火方法及灭火剂：

灭火方法：消防人员必须佩戴过滤式防毒面具（全面罩）或隔离式空气呼吸器，穿全身防火防毒服，在上风向灭火。尽可能将容器移至空旷处。喷水保持容器冷却，直至灭火结束。处在火场中的容器若已变色或从安全泄压装置中发出声音，必须马上撤离。

灭火剂：砂土、干粉。禁止用水、泡沫、二氧化碳和酸碱灭火剂。

（2）储罐或货车（拖车）着火：

1）尽可能远距离灭火或用遥控水枪或水炮扑救。

2）用大量水冷却盛有危险品的容器，直到火完全熄灭。

3）切勿将水注入容器。

4）如果容器的安全阀发出响声或储罐变色，应迅速撤离。

5）切记远离被大火吞没的储罐。

4. 燃烧爆炸危险

（1）危险性综述：本品遇湿易燃，具强腐蚀性、强刺激性，可致人体灼伤。

（2）燃爆特性：遇明火强烈燃烧。受高热分解产生有毒的氯化物气体，容器内压增大，有开裂和爆炸危险。与氧化剂发生反应，有燃烧危险。极易挥发，在空气中发烟，遇水或水蒸气能产生热和有毒的腐蚀性烟雾。

5. 燃爆温度及燃烧（分解）产物

燃烧（分解）产物：氧化硅、氯化氢（有毒）。

6. 禁止混储

与强氧化剂、强碱、酸类、醇类、胺类等反应。

7. 隔离距离

泄漏：应立即隔离 30m 范围，下风向撤离范围白天为 0.2km，夜晚为 1.0km，可依据需要增加下风向撤离的距离；大量泄漏：应立即隔离 270m 范围，下风向撤离范围白天为 2.5km，夜晚为 6.5km，可依据需要增加下风向撤离的距离；人员停留在上风向。

火灾：火场内若有储罐、槽车或罐车，隔离 800m。也可以考虑首次向四周撤离 800m。

8. 急救措施

（1）皮肤接触：脱去污染的衣物，立即用流动清水彻底冲洗；若有灼伤，立即就医。

（2）眼睛接触：立即提起眼睑，用大量流动清水或生理盐水冲洗至少 15min；就医。

（3）吸入：迅速脱离现场至空气新鲜处。保持呼吸道通畅。如呼吸困难，给输氧。如呼吸停止，立即进行人工呼吸；就医。

（4）食入：用水漱口，饮牛奶或蛋清；就医。

三乙基铝泄漏、燃爆事故

1. 遇水反应

发生反应，生成乙烷和氢氧化铝。

2. 泄漏处置

迅速撤离泄漏污染区人员至安全区，并进行隔离，严格限制出入。切断火源。建议应急处理人员戴自给正压式呼吸器，穿防毒服。不要直接接触泄漏物。尽可能切断泄漏源。小量泄漏：用砂土或其他不燃材料吸附或吸收。大量泄漏：构筑围堤或挖坑收容。用防爆泵转移至槽车或专用收集器内，回收或运至废物处理场所处置。

3. 燃爆与消防

（1）灭火方法及灭火剂：

灭火方法：消防人员须穿全身防火防毒服，佩戴空气呼吸器，在上风向灭火。尽可能将容器移至空旷处。喷水保持容器冷却，直至灭火结束。

灭火剂：干粉、干沙、水泥粉、惰性气体。禁止用水、泡沫和酸碱灭火剂灭火。

（2）储罐或货车（拖车）着火：

1）尽可能远距离灭火或用遥控水枪或水炮灭火。

2）禁止将水注入容器或让水和本类物质直接接触。

3）用大量水冷却盛有危险品的容器，直到火完全熄灭。

4）如果容器的安全阀发出响声或储罐变色，应迅速撤离。

5）切记远离被大火吞没的储罐。

4. 燃烧爆炸危险

（1）危险性综述：本品极度易燃，具强腐蚀性、强刺激性，可致人体灼伤。

（2）燃爆特性：接触空气会冒烟自燃。对微量的氧及水分反应极其灵敏，易引起燃烧爆炸。遇水强烈分解，放出易燃的烷烃气体。

5. 燃爆温度及燃烧（分解）产物

自燃温度：＜ -52℃。

燃烧（分解）产物：一氧化碳、二氧化碳、氧化铝。

6. 禁止混储

与氧化剂、酸类、醇类、胺类等反应。

7. 隔离距离

泄漏：应立即隔离 50m 范围，可依据需要增加下风向撤离的距离；人员停留在上风向。

火灾：火场内若有储罐、槽车或罐车，隔离 800m。也可以考虑首次向四周撤离 800m。

8. 急救措施

（1）皮肤接触：用汽油或酒精擦去读物，不可用水冲洗；立即就医。

（2）眼睛接触：尽快用软纸或棉花等擦去毒物，立即提起眼睑，用大量流动清水或生理盐水彻底冲洗至少 15min；就医。

（3）吸入：迅速脱离现场至空气新鲜处。保持呼吸道通畅。如呼吸困难，给输氧。如呼吸停止，立即进行人工呼吸；就医。

（4）食入：用水漱口，给饮牛奶或蛋清；就医。

四氢化铝锂泄漏、燃爆事故

1. 遇水反应

发生反应，放热并释放出氢气。

2. 泄漏处置

隔离泄漏污染区，限制出入。切断火源。建议应急处理人员戴自给正压式呼吸器，穿化学防护服。不要直接接触泄漏物。小量泄漏：避免扬尘，使用无火花工具收集于干燥、洁净、有盖的容器中。转移至安全场所。大量泄漏：用塑料布、帆布覆盖。与有关技术部门联系，确定清除方法。

3. 燃爆与消防

（1）灭火方法及灭火剂：

灭火方法：消防人员须佩戴好防毒面具，穿全身消防服，在上风向灭火。尽可能将容器从火场移至空旷处。

灭火剂：只能用金属盖或干燥石墨粉、干燥白云石粉末将火焖熄。不可用水、泡沫、二氧化碳、卤代烃（如 1211 灭火剂）等灭火。

（2）储罐或货车（拖车）着火：

1）尽可能远距离灭火或用遥控水枪或水炮扑救。

2）用大量水冷却盛有危险品的容器，直到火完全熄灭。

3）切勿将水注入容器。

4）如果容器的安全阀发出响声或储罐变色，应迅速撤离。

5）切记远离被大火吞没的储罐。

4. 燃烧爆炸危险

（1）危险性综述：本品遇湿易燃，具强刺激性。

（2）燃爆特性：在空气中和 / 或加热到 125℃以上时起火并自发燃烧。受热或与湿气、水、醇、酸类接触，即发生放热反应并放出氢气而燃烧或爆炸。与强氧化剂接触猛烈反应而爆炸。

5. 燃爆温度及燃烧（分解）产物

燃烧（分解）产物：氧化铝、氧化锂、氢气（易燃）。

6. 禁止混储

与氧化剂、酸类、醛类等发生剧烈反应。

7. 隔离距离

泄漏：应立即隔离 25m 范围，可依据需要增加下风向撤离的距离；人员停留在上风向。

火灾：火场内若有储罐、槽车或罐车，隔离 800m。也可以考虑首次向四周撤离 800m。

8. 急救措施

（1）皮肤接触：立即脱去污染的衣物，用大量清水彻底冲洗；就医。

（2）眼睛接触：立即提起眼睑，用大量流动清水或生理盐水彻底冲洗至少

15min；就医。

（3）吸入：迅速脱离现场至空气新鲜处。保持呼吸道通畅。如呼吸困难，给输氧。如呼吸停止，立即进行人工呼吸；就医。

（4）食入：立即漱口，口服牛奶或蛋清，可服用盐水；就医。

碳化钙（电石）泄漏、燃爆事故

1. 遇水反应

发生反应，生成易燃的乙炔气体。

2. 泄漏处置

隔离泄漏污染区，限制出入。切断火源。建议应急处理人员戴自给正压式呼吸器，穿化学防护服。不要直接接触泄漏物。小量泄漏：用砂土、干燥石灰或苏打灰混合。使用无火花工具收集于干燥、洁净、有盖的容器中。转移至安全场所。大量泄漏：用塑料布、帆布覆盖。与有关技术部门联系，确定清除方法。

3. 燃爆与消防

（1）灭火方法及灭火剂：

灭火方法：消防人员须佩戴空气呼吸器，穿全身防火防毒服，在上风向灭火。尽可能将容器移至空旷处。喷水保持容器冷却，直至灭火结束。

灭火剂：干燥石墨粉末或其他干粉（如干沙）。禁止用水和泡沫灭火，二氧化碳灭火也无效。

（2）储罐或货车（拖车）着火：

1）尽可能远距离灭火或用遥控水枪或水炮扑救。

2）用大量水冷却盛有危险品的容器，直到火完全熄灭。

3）切勿将水注入容器。

4）如果容器的安全阀发出响声或储罐变色，应迅速撤离。

5）切记远离被大火吞没的储罐。

4. 燃烧爆炸危险

（1）危险性综述：本品遇湿易燃。

（2）燃爆特性：遇水或湿气能迅速产生高度易燃的乙炔气体，在空气中达到一定的浓度时，可发生爆炸性灾害。

5. 燃爆温度及燃烧（分解）产物

燃烧（分解）产物：一氧化碳、二氧化碳、乙炔（易燃）。

6. 禁止混储

与酸、醇类反应。

7. 隔离距离

泄漏：应立即隔离 25m 范围，可依据需要增加下风向撤离的距离；人员停留在上风向。

火灾：火场内若有储罐、槽车或罐车，隔离 800m。也可以考虑首次向四周撤离 800m。

8. 急救措施

（1）皮肤接触：脱去污染的衣物，用肥皂水及清水彻底冲洗。

（2）眼睛接触：立即翻开眼睑，用大量流动清水或生理盐水彻底冲洗至少 15min；就医。

（3）吸入：迅速脱离现场至空气新鲜处。保持呼吸道通畅。如呼吸困难，给输氧。如呼吸停止，立即进行人工呼吸；就医。

（4）食入：立即漱口，饮大量温水，催吐；就医。

戊硼烷泄漏、燃爆事故

1. 遇水反应

发生反应。放出易燃的氢气。

2. 泄漏处置

疏散泄漏污染区人员至安全区，禁止无关人员进入污染区，切断火源。建议应急处理人员戴好防毒面具，穿化学防护服。合理通风，不要直接接触泄漏物，小量泄漏：用干燥的砂土或其他不燃材料覆盖泄漏物，用洁净的无火花工具收集泄漏物，置于盖子较松的塑料容器中，待处置。大量泄漏：构筑围堤或挖坑收容。用防爆泵转移至槽车或专用收集器内。在确保安全情况下堵漏。禁止向泄漏物直接喷水，更不要让水进入包装容器内。

3. 燃爆与消防

（1）灭火方法及灭火剂：

灭火方法：消防人员须佩戴空气呼吸器，穿全身防火防毒服，在上风向灭火。尽可能将容器移至空旷处。喷水保持容器冷却，直至灭火结束。

灭火剂：二氧化碳、干粉、砂土。禁止用水和泡沫灭火。

（2）储罐或货车（拖车）着火：

1）尽可能远距离灭火或用遥控水枪或水炮灭火。

2）禁止将水注入容器或让水和本类物质直接接触。

3）用大量水冷却盛有危险品的容器，直到火完全熄灭。

4）如果容器的安全阀发出响声或储罐变色，应迅速撤离。

5）切记远离被大火吞没的储罐。

4. 燃烧爆炸危险

（1）危险性综述：本品易燃，高毒，具强刺激性。

（2）燃爆特性：暴露在空气中能自燃。遇明火、高热、摩擦、撞击有引起燃烧的危险。与强氧化剂如铬酸酐、氯酸盐和高锰酸钾等接触，能发生强烈反应，引起燃烧或爆炸。若遇高热可发生剧烈分解，引起容器破裂或爆炸事故。与水和水蒸气反应，放出易爆炸着火的氢气。

5. 燃爆温度及燃烧（分解）产物

自燃温度：35℃。

燃烧（分解）产物：氧化硼、一氧化碳、二氧化碳、水。

6. 禁止混储

与氧化剂、食用化学品分开存放。

7. 隔离距离

泄漏：应立即隔离 90m 范围，下风向撤离范围白天为 0.9km，夜晚为 3.3km，可依据需要增加下风向撤离的距离；大量泄漏：应立即隔离 600m 范围，下风向撤离范围白天为 5.3km，夜晚为 11km，可依据需要增加下风向撤离的距离；人员停留在上风向。

火灾：火场内若有储罐、槽车或罐车，隔离 800m。也可以考虑首次向四周撤离 800m。

8. 急救措施

（1）皮肤接触：立即脱去污染的衣着，立即用 1%~3% 三乙醇胺水溶液或 3% 氨水冲洗，至少 5min，再用肥皂水及清水彻底冲洗；就医。

（2）眼睛接触：立即提起眼睑，用大量流动清水或生理盐水彻底冲洗至少 15min，就医。

（3）吸入：迅速脱离现场至空气新鲜处。保持呼吸道通畅。如呼吸困难，给输氧。如呼吸停止，立即进行人工呼吸；就医。

（4）食入：饮大量温水，催吐；就医。

硝化棉 [含氮≤ 12. 6%，含醇≥ 25%] 泄漏、燃爆事故

1. 遇水反应

不发生反应。可用雾状水灭火。

2. 泄漏处置

隔离泄漏污染区，限制出入。切断火源。建议应急处理人员戴防尘面具（全面罩），穿防静电工作服。作业时使用的所有设备应接地。使用无火花工具收集于干燥、洁净、有盖的容器中。转移至安全场所。也可以在保证安全情况下，就地焚烧。若大量泄漏，收集回收或运至废物处理场所处置。

3. 燃爆与消防

（1）灭火方法及灭火剂：

灭火方法：消防人员须在有防爆掩蔽处操作。尽可能将容器从火场移至空旷处。

灭火剂：雾状水、泡沫、二氧化碳。禁止用砂土压盖灭火。

（2）货物着火：

1）当大火蔓延到货物时，不要灭火！可能发生爆炸！

2）至少隔离 1600m；撤离所有人员并禁止通行，任其自行燃烧。

3）切勿移动火场内的货物或开动火场内的车辆。

（3）轮胎或车辆着火：

1）用大量水淹没。如果没有水，使用二氧化碳、干粉或砂土灭火。

2）如果可能并确保无危险，可使用遥控水枪或水炮远距离灭火，防止火蔓延到货物。

3）应特别注意轮胎着火，因为极容易复燃，要随时准备好灭火器。

4. 燃烧爆炸危险

（1）危险性综述：本品易燃，具爆炸性。

（2）燃爆特性：暴露在空气中能自燃（闪点 12.8℃，闭杯）。本品遇到火星、高温、氧化剂以及大多数有机胺（对苯二甲胺等）会发生燃烧和爆炸。

5. 燃爆温度及燃烧（分解）产物

自燃温度：170℃。

燃烧（分解）产物：一氧化碳、二氧化碳、氮氧化物（有毒）。

6. 禁止混储

与强氧化剂、胺类反应。

7. 隔离距离

泄漏：立即隔离泄漏区四周至少100m，大量泄漏，首次向四周撤离至少0.5km。人员停留在上风向。

火灾：如果火场中有储罐、槽车时，应向四周隔离1600m；船运火灾，至少隔离800m，撤离所有人员，任其自行燃烧。

8. 急救措施

（1）皮肤接触：立即脱去污染的衣物，用流动清水冲洗。

（2）眼睛接触：立即提起眼睑，用流动清水冲洗；就医。

（3）吸入：迅速脱离现场至空气新鲜处。保持呼吸道通畅。如呼吸困难，给输氧。如呼吸停止，立即进行人工呼吸；就医。

（4）食入：饮足量温水，催吐；就医。

硝化纤维塑料板（赛璐珞）[板、片、棒、卷等状；不包括碎屑]燃爆事故

1. 遇水反应

不发生反应。可用雾状水灭火。

2. 泄漏处置

隔离泄漏污染区，周围设立警告标志；切断火源；建议应急处理人员戴防尘面罩（全面罩），穿一般工作服；小心扫起，置于袋中转移至安全场所；如大量泄漏，用水润湿，并筑堤收容，收集回收或无害处理后废弃。

3. 燃爆与消防

（1）灭火方法及灭火剂：

灭火方法：消防人员须穿全身防火防毒服，佩戴空气呼吸器，在上风向灭火。尽可能将容器从火场移至空旷处。

灭火剂：雾状水、二氧化碳、泡沫、干粉、水泥粉。

（2）储罐或货车（拖车）着火：

1）用大量水冷却盛有危险品的容器，直到火完全熄灭。

2）如果容器的安全阀发出响声或储罐变色，应迅速撤离。

3）切记远离被大火吞没的储罐。

4）对于燃烧剧烈的大火，使用遥控水枪或水炮远距离灭火；否则撤离火场

并任其燃烧。

4. 燃烧爆炸危险

（1）危险性综述：本品易燃。

（2）燃爆特性：遇明火、高热极易燃烧，燃速很快；与氧化剂接触发生强烈反应，甚至引起燃烧。久储会逐渐发热，若积热不散会引起自燃；其粉体化学活性很高，在空气中能自燃。

5. 燃爆温度及燃烧（分解）产物

（自）引燃温度：180℃

燃烧（分解）产物：一氧化碳、二氧化碳、氮氧化物（有毒）。

6. 禁止混储

与强氧化剂发生反应。

7. 隔离距离

泄漏：应立即隔离25m范围；大量泄漏首先考虑下风向撤离至少0.1km。人员停留在上风向。

火灾：火场内若有储罐、槽车或罐车，隔离800m。也可以考虑首次向四周撤离800m。

8. 急救措施

（1）皮肤接触：用流动清水冲洗。

（2）眼睛接触：翻开眼睑，用流动清水冲洗；就医。

（3）吸入：迅速脱离现场至空气新鲜处，保持呼吸道通畅。如呼吸困难，给输氧。如呼吸停止，立即进行人工呼吸；就医。

（4）食入：饮足量温水，催吐；就医。

1– 硝基萘泄漏、燃爆事故

1. 遇水反应

不发生反应。可用雾状水灭火。

2. 泄漏处置

隔离泄漏污染区，限制出入。切断火源。建议应急处理人员戴防尘面具（全面罩），穿防毒服。不要直接接触泄漏物。小量泄漏：用洁净的铲子收集于干燥、洁净、有盖的容器中。大量泄漏：用塑料布、帆布覆盖。使用无火花工具收集回收或运至废物处理场所处置。

3. 燃爆与消防

（1）灭火方法及灭火剂：

灭火方法：消防人员须穿全身防火防毒服，佩戴空气呼吸器，在上风向灭火。喷水冷却容器。可能的话将容器从火场移至空旷处。

灭火剂：雾状水、二氧化碳、干粉、砂土、水泥粉。

（2）储罐或货车（拖车）着火：

1）用大量水冷却盛有危险品的容器，直到火完全熄灭。

2）如果容器的安全阀发出响声或储罐变色，应迅速撤离。

3）切记远离被大火吞没的储罐。

4）对于燃烧剧烈的大火，使用遥控水枪或水炮远距离灭火；否则撤离火场并任其燃烧。

4. 燃烧爆炸危险

（1）危险性综述：本品易燃，具刺激性。

（2）燃爆特性：遇明火、高热易燃。与氧化剂混合能形成爆炸性混合物。粉体与空气可形成爆炸性混合物，当达到一定浓度时，遇火星会发生爆炸。

5. 燃爆温度及燃烧（分解）产物

燃烧（分解）产物：一氧化碳、二氧化碳、氮氧化物（有毒）。

6. 禁止混储

与强氧化剂、强还原剂发生反应。

7. 隔离距离

泄漏：应立即隔离 25m 范围；大量泄漏首先考虑下风向撤离至少 0.1km。人员停留在上风向。

火灾：火场内若有储罐、槽车或罐车，隔离 800m。也可以考虑首次向四周撤离 800m。

8. 急救措施

（1）皮肤接触：脱去污染的衣物，用肥皂水及流动清水彻底冲洗。

（2）眼睛接触：立即提起眼睑，用大量流动清水或生理盐水冲洗至少 15min；就医。

（3）吸入：迅速脱离现场至空气新鲜处。保持呼吸道通畅。如呼吸困难，给输氧。如呼吸停止，立即进行人工呼吸；就医。

（4）食入：用水漱口，饮水，洗胃后口服活性炭，再给以导泻；就医。

锌粉泄漏、燃爆事故

1. 遇水反应

发生反应。放出氢气。

2. 泄漏处置

隔离泄漏污染区，限制出入。切断火源。建议应急处理人员戴自给正压式呼吸器，穿防静电工作服。不要直接接触泄漏物。小量泄漏：避免扬尘，使用无火花工具收集于干燥、洁净、有盖的容器中。转移回收。大量泄漏：用塑料布、帆布覆盖。在专家指导下清除。

3. 燃爆与消防

（1）灭火方法及灭火剂：

灭火方法：消防人员须穿全身防火防毒服，佩戴空气呼吸器，在上风向灭火。喷水冷却容器。可能的话将容器从火场移至空旷处。

灭火剂：干沙、干粉。禁止用水、泡沫和卤代烃（如 1211 灭火剂）等灭火。尽可能将容器移至空旷处。

（2）储罐或货车（拖车）着火：

1）尽可能远距离灭火或用遥控水枪或水炮灭火。

2）切勿将水注入容器。

3）用大量水冷却盛有危险品的容器，直到火完全熄灭。

4）如果容器的安全阀发出响声或储罐变色，应迅速撤离。

5）切记远离被大火吞没的储罐。

4. 燃烧爆炸危险

（1）危险性综述：本品遇湿易燃，具刺激性。

（2）燃爆特性：与水、酸类或碱金属氢氧化物接触能放出易燃的氢气。与氧化剂、硫黄反应会引起燃烧或爆炸。粉末与空气能形成爆炸性混合物，易被明火点燃引起爆炸，潮湿粉尘在空气中易自行发热燃烧。

5. 燃爆温度及燃烧（分解）产物

（自）引燃温度：500℃。

燃烧（分解）产物：氧化锌。

6. 禁止混储

与胺类、硫、氯代烃、强酸、强碱、氧化物、强氧化剂、空气发生反应。

7. 隔离距离

泄漏：应立即隔离 25m 范围，可依据需要增加下风向撤离的距离；人员停留在上风向。

火灾：火场内若有储罐、槽车或罐车，隔离 800m。也可以考虑首次向四周撤离 800m。

8. 急救措施

（1）皮肤接触：脱去污染的衣物，立即用流动清水彻底冲洗。

（2）眼睛接触：立即提起眼睑，用大量流动清水或生理盐水彻底冲洗；就医。

（3）吸入：迅速脱离现场至空气新鲜处。保持呼吸道通畅。如呼吸困难，给输氧。如呼吸停止，立即进行人工呼吸；就医。

（4）食入：用水漱口，饮大量温水，催吐；就医。

第5章 氧化剂和有机过氧化物

氧化剂泄漏事故扑救通则

一、战术要点

（1）遵循“疏散救人，划定区域，尽快回收，确保安全”的战术原则；
（2）严格控制进入现场人员，组织精干小组，采取覆盖、转移等措施；
（3）充分利用固定设施和采取工艺处置措施；
（4）在上风安全区域建立指挥部，及时形成通信网络，保障调度指挥；
（5）严密监视险情，果断采取进攻及撤离行动；
（6）全面核查、彻底清理、消除隐患、安全撤离。

二、程序方法

1. 防护

（1）根据泄漏气体的毒性及划定的危险区域，确定相应的防护等级；
（2）防护等级划分标准见附录A；
（3）防护标准见附录B；
（4）凡在现场参与处置人员，最低防护不得低于三级。

2. 询情

（1）遇险人员情况；
（2）泄漏物质、时间、部位、形式、已扩散范围；
（3）周边单位、居民、地形、供电、火源等情况；
（4）单位内部消防设施；
（5）工艺处置措施。

3. 侦检

（1）搜寻遇险人员；
（2）使用检测仪器测定泄漏物质、浓度、扩散范围；
（3）确认设施、建（构）筑物险情；
（4）确认消防设施运行情况；
（5）确定攻防路线、阵地；
（6）现场及周边污染情况。

4. 警戒

（1）根据询情、检测情况设置警戒区域；

（2）警戒区域划分为：重危区、轻危区、安全区；

（3）分别划分区域并设立标志，在安全区外视情设立隔离带；

（4）严格控制各区域进出人员、车辆，并逐一登记。

5. 救生

（1）组成救生小组，携带救生器材迅速进入危险区域；

（2）采取正确救助方式（佩戴救生面罩等），将所有遇险人员移至安全区域；

（3）对救出人员进行登记和标识；

（4）将需要救治人员交由医疗急救部门救治。

6. 控险

（1）占领水源、铺设干线、设置阵地、有序展开；

（2）铺设水幕水带，设置水幕，稀释、降解泄漏物蒸气浓度；

（3）采用多支喷雾水枪形成水幕墙，防止泄漏物蒸气向重要目标或危险源扩散。

7. 输转

（1）及时转移泄漏物周边受威胁的瓶（桶）体；

（2）大量泄漏，尽快扫起回收恢复原状，不能有效回收的，收集后运至废物处理场所处置；

（3）小量泄漏，避免扬尘，用洁净的铲子收集于干燥、洁净、有盖的容器中；也可以直接用大量水冲洗，洗水稀释后放入废水系统。

8. 医疗救护

（1）现场救护：

1）迅速离开现场到上风或侧风方向空气无污染的地区；

2）注意呼吸道（戴防毒面具、面罩或用湿毛巾捂住口鼻）和皮肤（穿防护服）的防护；

3）对昏迷者应立即进行人工呼吸，采取心肺复苏措施，并输氧；

4）脱去污染服装，皮肤污染者，用流动清水或肥皂水彻底冲洗；眼睛污染者，用生理盐水、清水彻底冲洗；注意呼吸道是否通畅，防止窒息或阻塞；对消化道服入者应立即催吐。

（2）对症治疗；

（3）严重者送医院观察治疗。

9. 洗消

（1）在危险区与安全区交界处设立洗消站；

（2）洗消的对象：

1）轻度中毒人员；

2）重度中毒人员（在送医院治疗之前）；

3）现场医务人员；

4）消防和其他抢险人员以及群众互救人员；

5）染毒器具。

（3）洗消污水必须通过环保部门的检测，达到排放标准后方可排放，以防造成次生灾害。

10. 清理

（1）火场残物，用干砂土、水泥粉、煤灰、干粉等吸附，收集后做技术处理或视情倒至空旷地方掩埋；

（2）用大量直流水清洗地面，经稀释的污水放入废水系统；

（3）清点人员、车辆及器材；

（4）撤除警戒，做好移交，安全撤离。

三、注意事项

（1）进入现场应正确选择行车路线、停车位置、作战阵地；

（2）勿使泄漏物与还原剂、有机物、易燃物或金属粉末接触；

（3）确定宣传口径，慎重发布灾情和相关新闻。

注：主要参考《危险化学品应急救援必读》。

有机过氧化物泄漏事故扑救通则

一、战术要点

（1）遵循“疏散救人，划定区域，尽快回收，确保安全”的战术原则；

（2）严格控制进入现场人员，组织精干小组，采取覆盖、转移等措施；

（3）充分利用固定设施和采取工艺处置措施；

（4）在上风安全区域建立指挥部，及时形成通信网络，保障调度指挥；

（5）严密监视险情，果断采取进攻及撤离行动；

（6）全面核查、彻底清理、消除隐患、安全撤离。

二、程序方法

1. 防护

（1）根据泄漏气体的毒性及划定的危险区域，确定相应的防护等级；

（2）防护等级划分标准见附录 A；

（3）防护标准见附录 B；

（4）凡在现场参与处置人员，最低防护不得低于三级。

2. 询情

（1）遇险人员情况；

（2）泄漏物质、时间、部位、形式、已扩散范围；

（3）周边单位、居民、地形、供电、火源等情况；

（4）单位内部消防设施；

（5）工艺处置措施。

3. 侦检

（1）搜寻遇险人员；

（2）使用检测仪器测定泄漏物质、浓度、扩散范围；

（3）确认设施、建（构）筑物险情；

（4）确认消防设施运行情况；

（5）确定攻防路线、阵地；

（6）现场及周边污染情况。

4. 警戒

（1）根据询情、检测情况设置警戒区域；

（2）警戒区域划分为：重危区、轻危区、安全区；

（3）分别划分区域并设立标志，在安全区外视情设立隔离带；

（4）严格控制各区域进出人员、车辆，并逐一登记。

5. 救生

（1）组成救生小组，携带救生器材迅速进入危险区域；

（2）采取正确救助方式（佩戴救生面罩等），将所有遇险人员移至安全区域；

（3）对救出人员进行登记和标识；

（4）将需要救治人员交由医疗急救部门救治。

6. 控险

（1）占领水源、铺设干线、设置阵地、有序展开；

（2）铺设水幕水带，设置水幕，稀释、降解泄漏物蒸气浓度；

（3）采用多支喷雾水枪形成水幕墙，防止泄漏物蒸气向重要目标或危险源扩散。

7. 输转

（1）及时转移泄漏物周边受威胁的瓶（桶）体；

（2）大量泄漏，尽快扫起回收恢复原状，不能有效回收的，收集后运至废物处理场所处置；

（3）少量泄漏，用惰性、潮湿的不燃材料混合吸收，收入塑料桶内。避免扬尘，用洁净的铲子收集于干燥、洁净、有盖的容器中，也可以直接用大量水或用不燃性分散剂制成的乳液刷洗，洗水稀释收集回收或运至废物处理场所处置。

8. 医疗救护

（1）现场救护：

1）迅速离开现场到上风或侧风方向空气无污染的地区；

2）注意呼吸道（戴防毒面具、面罩或用湿毛巾捂住口鼻）和皮肤（穿防护服）的防护；

3）对昏迷者应立即进行心肺复苏措施，并输氧；

4）脱去污染服装，皮肤污染者，用流动清水或肥皂水彻底冲洗；眼睛污染者，用生理盐水、清水彻底冲洗；注意呼吸道是否通畅，防止窒息或阻塞；对消化道服入者应立即催吐。

（2）对症治疗；

（3）严重者送医院观察治疗。

9. 洗消

（1）在危险区与安全区交界处设立洗消站；

（2）洗消的对象：

1）轻度中毒人员；

2）重度中毒人员在（送医院治疗之前）；

3）现场医务人员；

4）消防和其他抢险人员以及群众互救人员；

5）染毒器具。

（3）洗消污水必须通过环保部门的检测，达到排放标准后方可排放，以防造成次生灾害。

10. 清理

（1）火场残物，用干砂土、水泥粉、煤灰、干粉等吸附，收集后做技术处理或视情倒至空旷地方掩埋；

（2）用大量直流水清洗地面，经稀释的污水放入废水系统；

（3）清点人员、车辆及器材；

（4）撤除警戒，做好移交，安全撤离。

三、注意事项

（1）进入现场应正确选择行车路线、停车位置、作战阵地；
（2）勿使泄漏物与还原剂、有机物、易燃物或金属粉末接触；
（3）确定宣传口径，慎重发布灾情和相关新闻。
注：主要参考《危险化学品应急救援必读》。

有机过氧化物燃烧爆炸事故扑救通则

一、战术要点

（1）遵循“救人第一，预先准备，冷却排险，慎重灭火”战术原则；
（2）合理估算兵力、装备、灭火剂，正确部署参战力量；
（3）确保重点，积极防御，防止引发二次爆炸；
（4）严格控制进入现场人员，组织抢险小组，加强行动掩护，确保人员安全；
（5）充分利用固定设施和采取工艺处置措施；
（6）在上风安全区域建立指挥部，及时形成通信网络，保障调度指挥；
（7）严密监视险情，果断采取攻防行动；
（8）全面核查、彻底清理、消除隐患、安全撤离。

二、程序与方法

1. 防护

（1）根据泄漏气体的毒性及划定的危险区域，确定相应的防护等级；
（2）防护等级划分标准见附录 A；
（3）防护标准见附录 B；
（4）凡在现场参与处置人员，最低防护不得低于三级。

2. 询情

（1）遇险人员情况；
（2）燃烧物质、时间、部位、形式、火势范围；
（3）周边单位、居民、地形、供电、火源等情况；
（4）单位的消防组织、水源、设施；
（5）工艺措施、到场人员处置意见。

3. 侦察

（1）搜寻遇险人员；
（2）确定燃烧物质、范围、蔓延方向、火势阶段、对邻近的威胁程度；
（3）使用检测仪器测定泄漏物质、浓度、扩散范围；
（4）确认设施、建（构）筑物险情；

（5）确认消防设施运行情况；

（6）确定火场主攻方向及攻防路线、阵地；

（7）现场及周边污染情况。

4. 警戒

（1）根据询情、侦察情况设置警戒区域；

（2）将警戒区域划分为：重危区、中危区、轻危区和安全区，并设立警戒标志，在安全区外视情设立隔离带；

（3）严格控制各区域进出人员、车辆。

5. 救生

（1）组成救生小组，携带救生器材迅速进入现场；

（2）采取正确救助方式（佩戴救生面罩、使用固定夹具等），将所有遇险人员转移至安全区域；

（3）对救出人员进行登记和标识；

（4）将需要救治人员交由医疗急救部门救治。

6. 控险

（1）启动或启用喷淋、泡沫、蒸气等固定或半固定灭火设施；

（2）占领水源、铺设干线、设置阵地、展开战斗。

7. 输转

转移受火势威胁的桶、箱、瓶、袋等。

8. 灭火

（1）灭火条件：

1）堵漏准备就绪，且有十分把握堵漏成功或堵漏已完成；

2）周围火点已彻底扑灭；

3）外围火种等危险源已全部控制；

4）着火罐已得到充分冷却；

5）兵力、装备、灭火剂已准备就绪。

（2）灭火方法：

1）干粉抑制法：视燃烧情况使用车载干粉炮、胶管干粉枪、推车式及手提式干粉灭火器、二氧化碳灭火器灭火。

2）用水强攻灭火法：在有限空间内（如货运船），桶装堆垛中因固体泄漏引发火灾，在使用干粉、砂土等灭火剂难以奏效的情况下，可直接出水强攻，边灭火，边冷却，疏散，加快泄漏物反应，直至火熄灭。

3）泡沫覆盖法：对于流淌火喷射泡沫进行覆盖灭火。

9. 医疗救护

（1）现场救护：

1）迅速离开现场到上风或侧风方向空气无污染的地区；

2）注意呼吸道（戴防毒面具、面罩或用湿毛巾捂住口鼻）和皮肤（穿防护服）的防护；

3）对昏迷者应立即进行人工呼吸和体外心脏按压，采取心肺复苏措施，并输氧；

4）脱去污染服装，皮肤污染者，用流动清水或肥皂水彻底冲洗；眼睛污染者，用生理盐水、清水彻底冲洗；注意呼吸道是否通畅，防止窒息或阻塞；对消化道服入者应立即催吐。

（2）对症治疗；

（3）严重者送医院观察治疗。

10. 洗消

（1）在安全区近危险区交界处的上风向设立洗消站；

（2）洗消的对象：

1）轻度中毒人员；

2）重度中毒人员（在送医院治疗之前）；

3）现场医务人员；

4）消防和其他抢险人员以及群众互救人员；

5）抢救及染毒器具。

（3）使用相应的洗消剂；

（4）洗消污水必须通过环保部门的检测，达到排放标准后方可排放，以防造成次生灾害。

11. 清理

（1）火场残物，用干砂土、水泥粉、煤灰、干粉等吸附，收集后做技术处理或视情况倒至空旷地方掩埋；

（2）在污染地面上洒上中和物质或洗涤剂浸洗，然后用大量直流水清扫现场，特别是低洼、沟渠等处，确保不留残物；

（3）清点人员、车辆及应急装备；

（4）撤除警戒，做好移交，安全撤离。

三、注意事项

（1）进入现场正确选择行车路线、停车位置、作战阵地；

（2）对大量泄漏并与水反应的物品火灾，不得使用水、泡沫扑救；

（3）任何曾卷入火中或暴露于高温下的有机过氧化物包件，会随时发生剧烈分解，即使火已扑灭，在包件未完全冷却之前，也不应接近这些包件，应用大量的水冷却，如有可能，应在专业人员的指导下尽快处理；

（4）对粉末等物品火灾，不得使用直流水冲击灭火；

（5）注意风向变换，适时调整部署；

（6）确定宣传口径，慎重发布灾情及相关新闻。

注：主要参考《危险化学品应急救援必读》。

次氯酸钙（漂白粉）泄漏、燃爆事故

1. 遇水反应

发生反应，生成次氯酸、氯化氢等。

2. 泄漏处置

隔离泄漏污染区，限制出入。建议应急处理人员戴防尘面具（全面罩），穿防毒服。不要直接接触泄漏物。勿使泄漏物与还原剂、有机物、易燃物或金属粉末接触。小量泄漏：避免扬尘，用洁净的铲子收集于干燥、洁净、有盖的容器中。转移至安全场所。大量泄漏：用塑料布、帆布覆盖。然后收集回收或运至废物处理场所处置。

3. 燃爆与消防

灭火方法：消防人员须佩戴防毒面具、穿全身消防服，在上风向灭火。

灭火剂：直流水、雾状水、砂土。

4. 燃烧爆炸危险

（1）危险性综述：本品助燃，具刺激性。

（2）燃爆特性：遇水或潮湿空气会引起燃烧爆炸。与碱性物质混合能引起爆炸。接触有机物有引起燃烧的危险。受热、遇酸或日光照射会分解放出剧毒的氯气。

5. 燃爆温度及燃烧（分解）产物

燃烧（分解）产物：氯气、氯化物、氧化钙。

6. 禁止混储

极不稳定，在升高温度（176℃）或光照时分解，放出氧气。固体可以爆炸。固体或溶液与空气接触可以缓慢分解。与潮气、蒸气、醇类、酸接触引起分解、释放热和氯气，形成氢氯酸。与氨、胺类形成爆炸性化合物。与还原剂、硝基甲烷、氯化铵发生剧烈反应。与易燃烧材料、所有其他化学物质，尤其是乙炔、蒽、四氯化碳、氧化铁、氧化锰等不相容。

注：参考自《威利化学品禁忌手册》。

7. 隔离距离

泄漏：应立即隔离 50m 范围；大量泄漏首先考虑向下风向撤离 0.1km，可依据需要增加下风向撤离的距离；人员停留在上风向。

火灾：火场内若有储罐、槽车或罐车，隔离 800m。也可以考虑首次向四周撤离 800m。

8. 急救措施

（1）皮肤接触：脱去被污染的衣着，用肥皂水及清水彻底冲洗。

（2）眼睛接触：立即提起眼睑，用大量流动清水彻底冲洗。

（3）吸入：迅速脱离现场至空气新鲜处。保持呼吸道通畅。如呼吸困难，给输氧。如呼吸停止，立即进行人工呼吸；就医。

（4）食入：漱口，不要催吐；就医。

高锰酸钾泄漏、燃爆事故

1. 遇水反应

不发生反应。

2. 泄漏处置

隔离泄漏污染区，限制出入。建议应急处理人员戴防尘面具（全面罩），穿防毒服。不要直接接触泄漏物。小量泄漏：用砂土、干燥石灰或苏打灰混合。用洁净的铲子收集于干燥、洁净、有盖的容器中。大量泄漏：收集回收或运至废物处理场所处置。

3. 燃爆与消防

灭火方法：消防人员须穿全身防火防毒服，佩戴空气呼吸器，在上风向灭火。

灭火剂：雾状水、砂土。

4. 燃烧爆炸危险

（1）危险性综述：本品助燃，具腐蚀性，刺激性，可致人体灼伤。

（2）燃爆特性：强氧化剂。遇硫酸、铵盐或过氧化氢能发生爆炸。遇甘油、乙醇能引起自燃。与有机物、还原剂、易燃物如硫、磷等接触或混合时有引起燃烧爆炸的危险。

5. 燃爆温度及燃烧（分解）产物

燃烧（分解）产物：氧化钾、氧化锰。

6. 禁止混储

具有火灾和爆炸危险。应与其他材料隔离存放。不易燃烧，但许多化学反应可引起起火和爆炸。为强氧化剂，与易燃烧材料、有机物、还原剂、乙酸、乙酸酐、醇类、碳化铝、无水氨、硝酸铝、硝酸苯胺、锑、砷粉、二氯甲硅烷、二甲基甲酰胺、二甲基亚砜、醚类、蚁醛、甘油、二醇类、盐酸、过氧化氢、三硫化氢、羟胺、2-萘酚、磷、聚丙烯、硫黄粉末、焦棓酸、钛、3，4，4′-三甲基二苯基砜、四氟化氙发生剧烈反应或接触后发生爆炸。与高氯酸铵、砷、二氯甲硅烷、磷、硫、硫酸（形成不稳定的七氧化锰）、钛混合形成对热、震动敏感的爆炸物。与硝酸不相容。

注：参考自《威利化学品禁忌手册》。

7. 隔离距离

泄漏：应立即隔离25m范围；大量泄漏首先考虑向下风向撤离0.1km，可依据需要增加下风向撤离的距离；人员停留在上风向。

火灾：火场内若有储罐、槽车或罐车，隔离800m。也可以考虑首次向四周撤离800m。

8. 急救措施

（1）皮肤接触：立即脱去被污染的衣着，用流动清水冲洗15min；就医。

（2）眼睛接触：立即提起眼睑，用流动清水或生理盐水冲洗至少15min；就医。

（3）吸入：迅速脱离现场至空气新鲜处。保持呼吸道通畅。如呼吸困难，给输氧。如呼吸停止，立即进行人工呼吸；就医。

（4）食入：用水漱口，给饮牛奶或蛋清；就医。

过氧化苯甲酸叔丁酯泄漏、燃爆事故

1. 遇水反应

不发生反应。

2. 泄漏处置

隔离泄漏污染区，限制出入。切断火源。建议应急处理人员戴自给式呼吸器，穿化学防护服。不要直接接触泄漏物，在确保安全的情况下堵漏。小量泄漏：用惰性、潮湿的不燃材料混合吸收。也可以用次氯酸盐溶液冲洗，洗液稀释后放入废水系统。大量泄漏：构筑围堤或挖坑收容。用泵转移至槽车或专用收集器内，回收或运至废物处理场所处置。

3. 燃爆与消防

（1）灭火方法及灭火剂：

灭火方法：消防人员须佩戴防毒面具、穿全身消防服，在上风向灭火。遇大火，消防人员须在有防护掩蔽处操作。尽可能将容器从火场移至空旷处。喷水保持火场容器冷却，直至灭火结束。处在火场中的容器若已变色或从安全泄压装置中产生声音，必须马上撤离。

灭火剂：雾状水、泡沫、干粉、二氧化碳、砂土。

（2）大火：

1）远距离用水淹没火区。

2）使用水幕或雾状水灭火，切勿用水流直接喷射灭火。

3）在确保安全的情况下，将容器移离火场。

4）切勿开动火场中的货船或车辆。

5）尽可能远距离灭火或用遥控水枪或水炮扑救。

6）用大量水冷却盛有危险物的容器，直到火完全熄灭。

7）注意容器可能爆炸。

8）切记远离被大火吞没的储罐。

9）对于燃烧剧烈的大火，使用遥控水枪或水炮远距离灭火；否则撤离火场并任其燃烧。

4. 燃烧爆炸危险

（1）危险性综述：本品易燃，具爆炸性，有毒，具刺激性。

（2）危险特性：易燃，其蒸气与空气可形成爆炸性混合物。干燥时经震动、撞击会引起爆炸。与还原剂、有机物、易燃物、酸类或胺类物品等接触会发生剧烈反应，有燃烧爆炸的危险。

5. 燃爆温度及燃烧（分解）产物

燃烧（分解）产物：苯、叔丁醇、丙酮、甲烷、苯甲酸、一氧化碳、二氧化碳。

6. 禁止混储

与还原剂、易燃或可燃物发生反应。

7. 隔离距离

泄漏：应立即隔离 50m 范围；大量泄漏首先考虑向下风向撤离 0.1km，可依据需要增加下风向撤离的距离；人员停留在上风向。

火灾：火场内若有储罐、槽车或罐车，隔离 800m。也可以考虑首次向四周撤离 800m。

8. 急救措施

（1）皮肤接触：立即脱去被污染的衣着，用肥皂水及流动清水彻底冲洗。

（2）眼睛接触：立即提起眼睑，用流动清水或生理盐水冲洗 15min；就医。

（3）吸入：迅速脱离现场至空气新鲜处。保持呼吸道通畅。如呼吸困难，给输氧。如呼吸停止，立即进行人工呼吸；就医。

（4）食入：给饮适量温水，催吐；就医。

过氧化苯甲酰泄漏、燃爆事故

1. 遇水反应

不发生反应。

2. 泄漏处置

隔离泄漏污染区，限制出入。切断火源。建议应急处理人员戴防尘面具（全面罩），穿防毒服。不要直接接触泄漏物。小量泄漏：用惰性、潮湿的不燃材料混合吸收，用洁净的非火花工具收集于一盖子较松的塑料容器中。大量泄漏：用水润湿，与有关技术部门联系，确定清除方法。

3. 燃爆与消防

（1）灭火方法及灭火剂：

灭火方法：消防人员须在有防爆掩蔽处操作。遇大火切勿轻易接近。在物料附近失火，须用水保持容器冷却。禁止用砂土盖压。

灭火剂：水、雾状水、抗溶性泡沫、二氧化碳。

（2）大火：

1）远距离用水淹没火区。

2）使用水幕或雾状水灭火，切勿用水流直接喷射灭火。

3）在确保安全的情况下，将容器移离火场。

4）切勿开动火场中的货船或车辆。

5）尽可能远距离灭火或用遥控水枪或水炮扑救。

6）用大量水冷却盛有危险物的容器，直到火完全熄灭。

7）注意容器可能爆炸。

8）切记远离被大火吞没的储罐。

9）对于燃烧剧烈的大火，使用遥控水枪或水炮远距离灭火；否则撤离火场并任其燃烧。

4. 燃烧爆炸危险

（1）危险性综述：本品易燃，具爆炸性，具强刺激性，具致敏性。

（2）燃爆特性：干燥状态下非常易燃，遇热、摩擦、震动或杂质污染均能引起爆炸性分解。急剧加热时可发生爆炸。

5. 燃爆温度及燃烧（分解）产物

自燃温度：80℃。

燃烧（分解）产物：苯甲酸、苯、苯甲酸苯酯、一氧化碳、二氧化碳。

6. 禁止混储

易燃烧固体。干燥化合物的封闭储存可导致分解和爆炸。强氧化剂，与许多物质发生极端激烈的反应。是一种爆炸物，对摩擦、震动以及热敏感，可在低于其熔点103℃时分解。接触强酸、易燃烧材料、还原剂、氧化剂、酸类、碱类、醇类、胺类、苯胺、*N*, *N*–二甲基苯胺、醚类、金属、金属氧化物、聚合加速剂、碳化锂铝、四氢铝锂、环烷酸金属盐类、甲基丙烯酸甲酯、有机物、木炭，造成的污染可引起着火和/或爆炸。可浸蚀某些塑料、橡胶以及布品。

注：参考自《威利化学品禁忌手册》。

7. 隔离距离

泄漏：应立即隔离25m范围；大量泄漏首先考虑向下风向撤离0.1km，可依据需要增加下风向撤离的距离；人员停留在上风向。

火灾：火场内若有储罐、槽车或罐车，隔离800m。也可以考虑首次向四周撤离800m。

8. 急救措施

（1）皮肤接触：立即脱去污染的衣着，用流动清水彻底冲洗至少15min；就医。

（2）眼睛接触：立即提起眼睑，用大量流动清水或生理盐水冲洗至少15min；就医。

（3）吸入：迅速脱离现场至空气新鲜处。保持呼吸道通畅。如呼吸困难，给输氧。如呼吸停止，立即进行人工呼吸；就医。

（4）食入：用水漱口，饮牛奶或蛋清；立即就医。

过氧化丁二酸泄漏、燃爆事故

1. 遇水反应

不发生反应。

2. 泄漏处置

隔离泄漏污染区，限制出入。切断火源。建议应急处理人员戴防尘面具（全面罩），穿防毒服。不要直接接触泄漏物。小量泄漏：用惰性、潮湿的不燃材料混合吸收。也可以用次氯酸盐溶液冲洗，洗液稀释后放入废水系统。大量泄漏：用水润湿，然后收集回收或运至废物处理场所处置。

3. 燃爆与消防

（1）灭火方法及灭火剂：

灭火方法：消防人员须穿全身耐酸碱消防服，佩戴空气呼吸器灭火。消防人员须在有防爆掩蔽处操作。遇大火切勿轻易接近。在物料附近失火，须用水保持容器冷却。

灭火剂：水、雾状水、二氧化碳、抗溶性泡沫。

（2）大火：

1）远距离用水淹没火区。

2）使用水幕或雾状水灭火，切勿用水流直接喷射灭火。

3）在确保安全的情况下，将容器移离火场。

4）切勿开动火场中的货船或车辆。

5）尽可能远距离灭火或用遥控水枪或水炮扑救。

6）用大量水冷却盛有危险物的容器，直到火完全熄灭。

7）注意容器可能爆炸。

8）切记远离被大火吞没的储罐。

9）对于燃烧剧烈的大火，使用遥控水枪或水炮远距离灭火；否则撤离火场并任其燃烧。

4. 燃烧爆炸危险

（1）危险性综述：本品易燃，具爆炸性，具强刺激性。

（2）燃爆特性：遇光或受热易分解。经摩擦、震动或撞击可引起燃烧或爆炸。与还原剂、促进剂、有机物、可燃物等接触会发生剧烈反应，有燃烧爆炸的危险。

5. 燃爆温度及燃烧（分解）产物

燃烧（分解）产物：一氧化碳、二氧化碳。

6. 禁止混储

与强氧化剂、强还原剂、易燃或可燃物发生反应。

7. 隔离距离

泄漏：应立即隔离25m范围；大量泄漏首先考虑向下风向撤离0.1km，可依据需要增加下风向撤离的距离；人员停留在上风向。

火灾：火场内若有储罐、槽车或罐车，隔离800m。也可以考虑首次向四周撤离800m。

8. 急救措施

（1）皮肤接触：立即脱去污染的衣着，用流动清水彻底冲洗。

（2）眼睛接触：立即提起眼睑，用流动清水冲洗15min；就医。

（3）吸入：迅速脱离现场至空气新鲜处。保持呼吸道通畅。如呼吸困难，给输氧。如呼吸停止，立即进行人工呼吸；就医。

（4）食入：用水漱口，给饮牛奶或蛋清；就医。

过氧化对氯苯甲酰泄漏、燃爆事故

1. 遇水反应

不发生反应。可用雾状水灭火。

2. 泄漏处置

隔离泄漏污染区，限制出入。切断火源。建议应急处理人员戴防尘面具（全面罩），穿防毒服。不要直接接触泄漏物。小量泄漏：用惰性、潮湿的不燃材料混合吸收。大量泄漏：用水润湿，然后收集回收或运至废物处理场所处置。

3. 燃爆与消防

（1）灭火方法及灭火剂：

灭火方法：消防人员须在有防爆掩蔽处操作。遇大火切勿轻易接近。在物料附近失火，须用水保持容器冷却。

灭火剂：水、雾状水、抗溶性泡沫、二氧化碳、禁止用砂土压盖。

（2）大火：

1）远距离用水淹没火区。

2）使用水幕或雾状水灭火，切勿用水流直接喷射灭火。

3）在确保安全的情况下，将容器移离火场。

4）切勿开动火场中的货船或车辆。

5）尽可能远距离灭火或用遥控水枪或水炮扑救。

6）用大量水冷却盛有危险物的容器，直到火完全熄灭。

7）注意容器可能爆炸。

8）切记远离被大火吞没的储罐。

9）对于燃烧剧烈的大火，使用遥控水枪或水炮远距离灭火；否则撤离火场并任其燃烧。

4. 燃烧爆炸危险

（1）危险性综述：本品易燃，具爆炸性，具强刺激性。

（2）燃爆特性：易燃，具有强氧化性。对撞击、摩擦较敏感，加热或卷入火时会剧烈分解，引起燃烧爆炸。与还原剂、促进剂、有机物、可燃物等接触会发生剧烈反应，有燃烧爆炸的危险。

5. 燃爆温度及燃烧（分解）产物

燃烧（分解）产物：一氧化碳、二氧化碳、氯化氢（有毒）。

6. 禁止混储

27℃以上具有热不稳定性。暴露在日光直射、热表面或38℃以上温度，可引发爆炸。燃烧释放高毒的氯代联苯。一种强氧化剂，与许多材料，包括还原剂、易燃烧材料、金属粉末、有机物、聚合引发剂、硫氰酸盐或污染物发生剧烈反应。短波辐射可引发爆炸性聚合。

注：参考自《威利化学品禁忌手册》。

7. 隔离距离

泄漏：应立即隔离25m范围；大量泄漏首先考虑向下风向撤离0.1km，可依据需要增加下风向撤离的距离；人员停留在上风向。

火灾：火场内若有储罐、槽车或罐车，隔离800m。也可以考虑首次向四周撤离800m。

8. 急救措施

（1）皮肤接触：立即脱去污染的衣着，用流动清水彻底冲洗。

（2）眼睛接触：立即提起眼睑，用流动清水冲洗15min；就医。

（3）吸入：迅速脱离现场至空气新鲜处。保持呼吸道通畅。如呼吸困难，给输氧。如呼吸停止，立即进行人工呼吸；就医。

（4）食入：给饮适量温水，催吐；就医。

过氧化二-（3，5，5-三甲基己酰）（催化剂K）泄漏、燃爆事故

1. 遇水反应

不发生反应。

2. 泄漏处置

迅速撤离泄漏污染区人员至安全区，并进行隔离，严格限制出入。切断火源。建议应急处理人员戴自给正压式呼吸器，穿防毒服。尽可能切断泄漏源。防止进入下水道、排洪沟等限制性空间。小量泄漏：用砂土或其他不燃材料吸附或吸收。也可以用不燃性分散剂制成的乳液刷洗，洗液稀释后放入废水系统。大量泄漏：构筑围堤或挖坑收容。用泡沫覆盖，降低蒸气灾害。用泵转移至槽车或专用收集器内，回收或运至废物处理场所处置。

3. 燃爆与消防

（1）灭火方法及灭火剂：

灭火方法：消防人员须佩戴防毒面具、穿全身消防服，在上风向灭火。尽可

能将容器从火场移至空旷处。喷水保持火场容器冷却，直至灭火结束。处在火场中的容器若已变色或从安全泄压装置中产生声音，必须马上撤离。

灭火剂：雾状水、泡沫、干粉、二氧化碳、禁止用砂土压盖。

（2）大火：

1）远距离用水淹没火区。

2）使用水幕或雾状水灭火，切勿用水流直接喷射灭火。

3）在确保安全的情况下，将容器移离火场。

4）切勿开动火场中的货船或车辆。

5）尽可能远距离灭火或用遥控水枪或水炮扑救。

6）用大量水冷却盛有危险物的容器，直到火完全熄灭。

7）注意容器可能爆炸。

8）切记远离被大火吞没的储罐。

9）对于燃烧剧烈的大火，使用遥控水枪或水炮远距离灭火；否则撤离火场并任其燃烧。

4. 燃烧爆炸危险

（1）危险性综述：本品易燃，具爆炸性。

（2）燃爆特性：易燃，氧化性极强。在常温下剧烈分解。受冲击、摩擦有发生爆炸的危险。与还原剂、促进剂、有机物、易燃物、酸类或胺类物品接触会发生剧烈反应，有燃烧爆炸的危险。

5. 燃爆温度及燃烧（分解）产物

燃烧（分解）产物：一氧化碳、二氧化碳。

6. 禁止混储

与还原剂、酸类、碱类、铁锈、重金属离子及化合物、易燃或可燃物发生反应。

7. 隔离距离

泄漏：应立即隔离 50m 范围；大量泄漏首先考虑向下风向撤离 0.1km，可依据需要增加下风向撤离的距离；人员停留在上风向。

火灾：火场内若有储罐、槽车或罐车，隔离 800m。也可以考虑首次向四周撤离 800m。

8. 急救措施

（1）皮肤接触：立即脱去污染的衣着，用流动清水彻底冲洗。

（2）眼睛接触：立即提起眼睑，用流动清水冲洗 15min；就医。

（3）吸入：迅速脱离现场至空气新鲜处。保持呼吸道通畅。如呼吸困难，给输氧。如呼吸停止，立即进行人工呼吸；就医。

（4）食入：给饮适量温水，催吐；就医。

二叔丁基过氧化物泄漏、燃爆事故

1. 遇水反应

不发生反应。

2. 泄漏处置

迅速撤离泄漏污染区人员至安全区，并隔离泄漏污染区，限制出入。切断火源。建议应急处理人员戴防尘面具（全面罩），穿防毒服。不要直接接触泄漏物。尽可能切断泄漏源。防止流入下水道、排洪沟等受限空间。小量泄漏：用砂石、蛭石或其他惰性材料混合吸收，使用不产生火花的工具收集于塑料桶内，运到空旷处焚烧。大量泄漏：构筑围堤或挖坑收容。用泵转移至槽车或专用收集器内，回收或运至废物处理场所处置。

3. 燃爆与消防

（1）灭火方法及灭火剂：

灭火方法：消防人员必须佩戴过滤式防毒面具（全面罩）或隔离式呼吸器、穿全身防火防毒服，在上风向灭火。尽可能将容器从火场移至空旷处。喷水保持火场容器冷却，直至灭火结束。处在火场中的容器若已变色或从安全泄压装置中产生声音，必须马上撤离。

灭火剂：雾状水、泡沫、干粉、二氧化碳、砂土，不宜用水。

（2）大火：

1）远距离用水淹没火区。

2）使用水幕或雾状水灭火，切勿用水流直接喷射灭火。

3）在确保安全的情况下，将容器移离火场。

4）切勿开动火场中的货船或车辆。

5）尽可能远距离灭火或用遥控水枪或水炮扑救。

6）用大量水冷却盛有危险物的容器，直到火完全熄灭。

7）注意容器可能爆炸。

8）切记远离被大火吞没的储罐。

9）对于燃烧剧烈的大火，使用遥控水枪或水炮远距离灭火；否则撤离火场并任其燃烧。

4. 燃烧爆炸危险

（1）危险性综述：本品易燃，具爆炸性，为可疑致癌物，具强刺激性。

（2）燃爆特性：其蒸气与空气混合形成爆炸性混合物，遇明火、高热能引起燃烧或爆炸。与还原剂、促进剂、有机物、可燃物等接触会多撞击、摩擦及发生剧烈反应，有燃烧爆炸的危险。

5. 燃爆温度及燃烧（分解）产物

燃烧（分解）产物：一氧化碳、二氧化碳、叔丁醇、丙酮、甲烷。

6. 禁止混储

一种强氧化剂、有机过氧化物。热、热表面可引发分解，具有爆炸风险。可能对震动、摩擦敏感。与还原剂、有机物、硫氰酸盐发生剧烈反应。与所有其他物质隔离存放。

注：参考自《威利化学品禁忌手册》。

7. 隔离距离

泄漏：应立即隔离 50m 范围；大量泄漏首先考虑向下风向撤离 0.1km，可依据需要增加下风向撤离的距离；人员停留在上风向。

火灾：火场内若有储罐、槽车或罐车，隔离 800m。也可以考虑首次向四周撤离 800m。

8. 急救措施

（1）皮肤接触：立即脱去被污染的衣着，用肥皂水及流动清水彻底冲洗；就医。

（2）眼睛接触：立即提起眼睑，用流动清水冲洗 15min；就医。

（3）吸入：迅速脱离现场至空气新鲜处。保持呼吸道通畅。如呼吸困难，给输氧。如呼吸停止，立即进行人工呼吸；就医。

（4）食入：饮适量温水，催吐；就医。

过氧化二碳酸二-（2-乙基己基）酯泄漏、燃爆事故

1. 遇水反应

不发生反应。

2. 泄漏处置

迅速撤离泄漏污染区人员至安全区，并进行隔离，严格限制出入。切断火源。建议应急处理人员戴自给正压式呼吸器，穿防毒服。尽可能切断泄漏源。防止进入下水道、排洪沟等限制性空间。小量泄漏：用砂土、蛭石或其他惰性材料吸收。也可以用不燃性分散剂制成的乳液刷洗，洗液稀释后放入废水系统。大量泄漏：构筑围堤或挖坑收容。用泵转移至槽车或专用收集器内，回收或运至废物处理场所处置。

3. 燃爆与消防

（1）灭火方法及灭火剂：

灭火方法：消防人员须佩戴防毒面具、穿全身消防服，在上风向灭火。遇大火，消防人员须在有防护掩蔽处操作。尽可能将容器从火场移至空旷处。喷水保持火场容器冷却，直至灭火结束。处在火场中的容器若已变色或从安全泄压装置中产生声音，必须马上撤离。

灭火剂：雾状水、泡沫、干粉、二氧化碳、砂土。

（2）大火：

1）远距离用水淹没火区。

2）使用水幕或雾状水灭火，切勿用水流直接喷射灭火。

3）在确保安全的情况下，将容器移离火场。

4）切勿开动火场中的货船或车辆。

5）尽可能远距离灭火或用遥控水枪或水炮扑救。

6）用大量水冷却盛有危险物的容器，直到火完全熄灭。

7）注意容器可能爆炸。

8）切记远离被大火吞没的储罐。

9）对于燃烧剧烈的大火，使用遥控水枪或水炮远距离灭火；否则撤离火场并任其燃烧。

4. 燃烧爆炸危险

（1）危险性综述：本品易燃，具爆炸性，具刺激性，对环境有危害，对大气可造成污染。

（2）燃爆特性：易燃，在室温下迅速分解，其蒸气接触空气自燃。受震动、摩擦、撞击或受热易引起燃烧或爆炸。与易燃物、有机物、还原剂、促进剂、酸类接触发生强烈反应而引起燃烧或爆炸。

5. 燃爆温度及燃烧（分解）产物

燃烧（分解）产物：一氧化碳、二氧化碳。

6. 禁止混储

与还原剂、酸类、易燃或可燃物发生反应。

7. 隔离距离

泄漏：应立即隔离 50m 范围；大量泄漏首先考虑向下风向撤离 0.1km，可依据需要增加下风向撤离的距离；人员停留在上风向。

火灾：火场内若有储罐、槽车或罐车，隔离 800m。也可以考虑首次向四周撤离 800m。

8. 急救措施

（1）皮肤接触：立即脱去污染的衣着，用肥皂水及清水彻底冲洗；就医。

（2）眼睛接触：立即提起眼睑，用流动清水冲洗 15min；就医。

（3）吸入：迅速脱离现场至空气新鲜处。保持呼吸道通畅。如呼吸困难，给输氧。如呼吸停止，立即进行人工呼吸；就医。

（4）食入：给饮适量温水，催吐；就医。

过氧化二碳酸二正丙酯泄漏、燃爆事故

1. 遇水反应

不发生反应。

2. 泄漏处置

疏散泄漏污染区人员至安全区，禁止无关人员进入污染区，切断火源。建议应急处理人员戴好防毒面具，穿一般消防防护服。不要直接接触泄漏物，冷却，防止震动、撞击和摩擦，用砂土、蛭石或其他惰性材料吸收，使用不产生火花的工具收集于塑料桶内，运到空旷处焚烧。被污染地面用肥皂或洗涤剂刷洗，经稀释的污水放入废水系统。如大量泄漏，利用围堤收容，然后收集、转移、回收或无害处理后废弃。

3. 燃爆与消防

（1）灭火方法及灭火剂：

灭火方法：消防人员须佩戴防毒面具、穿全身消防服，在上风向灭火。尽可能将容器从火场移至空旷处。喷水保持火场容器冷却，直至灭火结束。处在火场中的容器若已变色或从安全泄压装置中产生声音，必须马上撤离。

灭火剂：雾状水、泡沫、干粉、二氧化碳、砂土。

（2）大火：

1）远距离用水淹没火区。

2）使用水幕或雾状水灭火，切勿用水流直接喷射灭火。

3）在确保安全的情况下，将容器移离火场。

4）切勿开动火场中的货船或车辆。

5）尽可能远距离灭火或用遥控水枪或水炮扑救。

6）用大量水冷却盛有危险物的容器，直到火完全熄灭。

7）注意容器可能爆炸。

8）切记远离被大火吞没的储罐。

9）对于燃烧剧烈的大火，使用遥控水枪或水炮远距离灭火；否则撤离火场

并任其燃烧。

4. 燃烧爆炸危险

（1）危险性综述：本品易燃，具爆炸性，具刺激性，对环境有危害。

（2）燃爆特性：强氧化剂。常温下能急剧分解，引起燃烧爆炸。受撞击、摩擦、遇明火或其他点火源极易爆炸。与还原剂、促进剂、有机物、可燃物等接触发生剧烈反应，有燃烧爆炸危险。

5. 燃爆温度及燃烧（分解）产物

燃烧（分解）产物：一氧化碳、二氧化碳。

6. 禁止混储

与还原剂、强酸、易燃或可燃物发生反应。

注：参考自《威利化学品禁忌手册》。

7. 隔离距离

泄漏：应立即隔离 50m 范围；大量泄漏首先考虑向下风向撤离 0.1km，可依据需要增加下风向撤离的距离；人员停留在上风向。

火灾：火场内若有储罐、槽车或罐车，隔离 800m。也可以考虑首次向四周撤离 800m。

8. 急救措施

（1）皮肤接触：立即脱去污染的衣着，用肥皂水及流动清水彻底冲洗。

（2）眼睛接触：立即提起眼睑，用流动清水冲洗 15min；就医。

（3）吸入：迅速脱离现场至空气新鲜处。保持呼吸道通畅。如呼吸困难，给输氧。如呼吸停止，立即进行人工呼吸；就医。

（4）食入：给饮适量温水，催吐；就医。

过氧化环己酮泄漏、燃爆事故

1. 遇水反应

不发生反应。

2. 泄漏处置

隔离泄漏污染区，限制出入。切断火源。建议应急处理人员戴防尘面具（全面罩），穿防毒服。不要直接接触泄漏物。小量泄漏：用惰性、潮湿的不燃材料混合吸收。大量泄漏：用塑料布、帆布覆盖。然后收集回收或运至废物处理场所处置。

3. 燃爆与消防

（1）灭火方法及灭火剂：

灭火方法：消防人员须在有防爆掩蔽处操作。遇大火切勿轻易接近。在物料附近失火，须用水保持容器冷却。

灭火剂：水、雾状水、抗溶性泡沫、二氧化碳。

（2）大火：

1）远距离用水淹没火区。

2）使用水幕或雾状水灭火，切勿用水流直接喷射灭火。

3）在确保安全的情况下，将容器移离火场。

4）切勿开动火场中的货船或车辆。

5）尽可能远距离灭火或用遥控水枪或水炮扑救。

6）用大量水冷却盛有危险物的容器，直到火完全熄灭。

7）注意容器可能爆炸。

8）切记远离被大火吞没的储罐。

9）对于燃烧剧烈的大火，使用遥控水枪或水炮远距离灭火；否则撤离火场并任其燃烧。

4. 燃烧爆炸危险

（1）危险性综述：本品易燃，具爆炸性，具强刺激性。

（2）燃爆特性：与空气形成爆炸性混合物（闪点 44℃，闭杯）。干燥状态下极易分解和燃烧爆炸，加热后能产生爆炸着火。与过渡金属化合物接触时，常温下即可着火。对撞击、摩擦敏感，易发生爆炸。

5. 燃爆温度及燃烧（分解）产物

燃烧（分解）产物：一氧化碳、二氧化碳、环己酮、己酸、异十二酸。

6. 禁止混储

一种强氧化剂，在储存过程中可形成不稳定过氧化物，对热和震动敏感；与易燃材料、还原剂、有机物、金属粉、腐蚀剂、氨发生剧烈反应；浸蚀铜及其合金和一些塑料。

注：参考自《威利化学品禁忌手册》。

7. 隔离距离

泄漏：应立即隔离 50m 范围；大量泄漏首先考虑向下风向撤离 0.1km，可依据需要增加下风向撤离的距离；人员停留在上风向。

火灾：火场内若有储罐、槽车或罐车，隔离 800m。也可以考虑首次向四周撤离 800m。

8. 急救措施

（1）皮肤接触：立即脱去污染的衣着，用流动清水冲洗至少15min；就医。

（2）眼睛接触：立即提起眼睑，用流动清水或生理盐水冲洗15min；就医。

（3）吸入：迅速脱离现场至空气新鲜处。保持呼吸道通畅。如呼吸困难，给输氧。如呼吸停止，立即进行人工呼吸；就医。

（4）食入：用水漱口，饮牛奶或蛋清；就医。

过氧化钠泄漏、燃爆事故

1. 遇水反应

发生反应。生成氧气。

2. 泄漏处置

隔离泄漏污染区，限制出入。建议应急处理人员戴防尘面具（全面罩），穿防毒服。不要直接接触泄漏物。勿使泄漏物与有机物、还原剂、易燃物接触。小量泄漏：用砂土、干燥石灰或苏打灰混合，然后收集以少量加入大量水中，调节至中性，再放入废水系统。大量泄漏：用塑料布、帆布覆盖。然后收集回收或运至废物处理场所处置。

3. 燃爆与消防

灭火方法：消防人员必须着全身防火服，在上风方向灭火；尽可能将用沙石、干燥石灰混合或苏打灰混合后收集与密闭容器做好标记等待处理，大量泄漏用塑料布、帆布覆盖收集回收或运至废物处置场所处置。

灭火剂：干粉，禁止用砂土压盖。严禁用二氧化碳、泡沫、水扑救。

4. 燃烧爆炸危险

（1）危险性综述：本品助燃，具腐蚀性、刺激性，可致人体灼伤。

（2）燃爆特性：能与可燃物、有机物或易氧化物质形成爆炸性混合物，经摩擦和与少量水接触可导致燃烧或爆炸。与硫黄、酸性腐蚀液体接触时，能发生燃烧或爆炸。遇潮气、酸类会分解放出氧气。急剧加热时发生爆炸，有较强的腐蚀性。

5. 燃爆温度及燃烧（分解）产物

燃烧（分解）产物：氧气、氧化钠。

6. 禁止混储

与强还原剂、水、酸类、易燃或可燃物、醇类、二氧化碳、活性金属粉末发生反应。

7. 隔离距离

泄漏：应立即隔离50m范围；可依据需要增加下风向撤离的距离；人员停留

在上风向。

火灾：火场内若有储罐、槽车或罐车，隔离 800m。也可以考虑首次向四周撤离 800m。

8. 急救措施

（1）皮肤接触：立即脱去污染的衣着，用大量清水彻底冲洗至少 15min；就医。

（2）眼睛接触：立即提起眼睑，用流动清水冲洗 10min 或用 2% 碳酸氢钠溶液冲洗；就医。

（3）吸入：迅速脱离现场至空气新鲜处。保持呼吸道通畅。如呼吸困难，给输氧。如呼吸停止，立即进行人工呼吸；就医。

（4）食入：立即漱口，口服牛奶或蛋清；就医。

过氧化羟基异丙苯泄漏、燃爆事故

1. 遇水反应

不发生反应。

2. 泄漏处置

迅速撤离泄漏污染区人员至安全区，并进行隔离，严格限制出入。切断火源。建议应急处理人员戴自给正压式呼吸器，穿防毒服。尽可能切断泄漏源。防止进入下水道、排洪沟等限制性空间。小量泄漏：用砂土、干燥石灰或苏打灰混合。大量泄漏：构筑围堤或挖坑收容。用泵转移至槽车或专用收集器内，回收或运至废物处理场所处置。

3. 燃爆与消防

（1）灭火方法及灭火剂：

灭火方法：消防人员必须佩戴过滤式防毒面具（全面罩）或隔离式呼吸器、穿全身防火防毒服，在上风向灭火。尽可能将容器从火场移至空旷处。喷水保持火场容器冷却，直至灭火结束。处在火场中的容器若已变色或从安全泄压装置中产生声音，必须马上撤离。

灭火剂：雾状水、泡沫、干粉、二氧化碳，禁止用砂土压盖。

（2）大火：

1）远距离用水淹没火区。

2）使用水幕或雾状水灭火，切勿用水流直接喷射灭火。

3）在确保安全的情况下，将容器移离火场。

4）切勿开动火场中的货船或车辆。

5）尽可能远距离灭火或用遥控水枪或水炮扑救。

6）用大量水冷却盛有危险物的容器，直到火完全熄灭。

7）注意容器可能爆炸。

8）切记远离被大火吞没的储罐。

9）对于燃烧剧烈的大火，使用遥控水枪或水炮远距离灭火；否则撤离火场并任其燃烧。

4. 燃烧爆炸危险

（1）危险性综述：本品易燃，具爆炸性，有毒，具强刺激性，对环境有危害，对大气可造成污染。

（2）燃爆特性：易燃，具有强氧化性。遇热、明火或与酸、碱接触剧烈反应会造成燃烧爆炸。与还原剂、促进剂、有机物、可燃物等接触会发生剧烈反应，有燃烧爆炸的危险。

5. 燃爆温度及燃烧（分解）产物

燃烧（分解）产物：一氧化碳、二氧化碳。

6. 禁止混储

一种强氧化剂，与还原剂类、酸类、易燃烧材料、钴的金属盐、有机材料、铜、铅发生剧烈反应。50℃温度下可发生爆炸性分解反应。可腐蚀或与一些材料发生反应，包括金属。由于低导电性，流动或搅动会产生静电。

注：参考自《威利化学品禁忌手册》。

7. 隔离距离

泄漏：应立即隔离50m范围；大量泄漏首先考虑向下风向撤离0.1km，可依据需要增加下风向撤离的距离。人员停留在上风向。

火灾：火场内若有储罐、槽车或罐车，隔离800m。也可以考虑首次向四周撤离800m。

8. 急救措施

（1）皮肤接触：立即脱去污染的衣着，用肥皂水及流动清水彻底冲洗；就医。

（2）眼睛接触：立即提起眼睑，用流动清水冲洗15min；就医。

（3）吸入：迅速脱离现场至空气新鲜处。保持呼吸道通畅。如呼吸困难，给输氧。如呼吸停止，立即进行人工呼吸；就医。

（4）食入：用水漱口，给饮牛奶或蛋清；就医。

过氧化氢（双氧水）泄漏、燃爆事故

1. 遇水反应

不发生反应。

2. 泄漏处置

迅速撤离泄漏污染区人员至安全区，并进行隔离，严格限制出入。建议应急处理人员戴自给正压式呼吸器，穿防毒服。尽可能切断泄漏源。防止进入下水道、排洪沟等限制性空间。勿使泄漏物与可燃物质接触，不要直接接触泄漏物，在确保安全情况下堵漏。小量泄漏：用砂土、蛭石或其他惰性材料吸收。也可以用大量水冲洗，洗水稀释后，发生分解放出氧气，待充分分解后，将废液放入废水系统。大量泄漏：构筑围堤或挖坑收容。喷雾状水冷却和稀释蒸气、保护现场人员，把泄漏物稀释成不燃物。用泵转移至槽车或专用收集器内，回收或运至废物处理场所处置。

3. 燃爆与消防

灭火方法：消防人员必须穿全身防火防毒服，在上风向灭火。尽可能将容器从火场移至空旷处。喷水保持火场容器冷却，直至灭火结束。处在火场中的容器若已变色或从安全泄压装置中产生声音，必须马上撤离。

灭火剂：水、雾状水、干粉、砂土。

4. 燃烧爆炸危险

（1）危险性综述：本品助燃，具强刺激性。

（2）燃爆特性：爆炸性强氧化剂。过氧化氢本身不燃，但能与可燃物反应放出大量热量和氧气而引起着火爆炸。在碱性溶液中极易分解，在遇强光，特别是短波射线照射时也能发生分解。当加热到100℃以上时，开始急剧分解。它与许多有机物如糖、淀粉、醇类、石油产品等形成爆炸性混合物，在撞击、受热或电火花作用下能发生爆炸。过氧化氢与许多无机化合物或杂质接触后会迅速分解而导致爆炸，放出大量的热量、氧和水蒸气。大多数重金属（如铜、银、铅、汞、锌、钴、镍、铬、锰等）及其氧化物和盐类都是活性催化剂，尘土、香烟灰、碳粉、铁锈等也能加速分解。浓度超过74%的过氧化氢，在具有适当的点火源或温度的密闭容器中，会产生气相爆炸。

5. 燃爆温度及燃烧（分解）产物

燃烧（分解）产物：氧气、水。

6. 禁止混储

一种强氧化剂，浓缩的或纯的物质能够自支持地产生热和分解；当加热、震动、混合或置于碱性环境（pH > 7）特别是有金属离子存在时能够点燃或爆炸。与易燃材料的混合物可导致自支持燃烧或成为热敏感物。与还原剂类、醇类、碱类、氨、羧酸类、乙酸等许多物质发生反应，并随浓度增加而反应加剧。与钴、铜及其合金、铬、铱、铁、铅、锰、蒙乃尔合金、锇、钯、铂、金、银、锌和其他催化性金属、金属氧化物类和盐类发生反应。与乙酸酐、乌头酸、苯胺、羧酸类、1，4- 二氮杂双环 [2. 2. 2] 辛烷、二苯基二硒化物、乙酸乙酯、二醇类、乙烯酮、酮类、氢过氧化三乙基锡、1，3，5- 三噁烷、乙酸乙烯酯反应形成不稳定和可能爆炸性的材料。与氯化汞不相容。常温下缓慢分解并使密闭容器内压力增加；温度每增加 10℃，分解速率加倍（或升高 10℃增加 1.5 倍），温度达 141℃时分解反应变为自支持反应。与粗糙表面接触能够导致分解。浸蚀和可能点燃一些塑料、橡胶和布品。

注：参考自《威利化学品禁忌手册》。

7. 隔离距离

泄漏：应立即隔离 50m 范围；大量泄漏首先考虑向下风向撤离 0.1km，可依据需要增加下风向撤离的距离。人员停留在上风向。

火灾：火场内若有储罐、槽车或罐车，隔离 800m。也可以考虑首次向四周撤离 800m。

8. 急救措施

（1）皮肤接触：立即脱去污染的衣着，用流动清水彻底冲洗。

（2）眼睛接触：立即提起眼睑，用流动清水冲洗 10min 或用 2% 碳酸氢钠溶液冲洗；就医。

（3）吸入：迅速脱离现场至空气新鲜处。保持呼吸道通畅。如呼吸困难，给输氧。如呼吸停止，立即进行人工呼吸；就医。

（4）食入：立即漱口，给饮牛奶或蛋清；立即就医。

叔丁基过氧化氢泄漏、燃爆事故

1. 遇水反应

不发生反应。

2. 泄漏处置

迅速撤离泄漏污染区人员至安全区，并进行隔离，严格限制出入。切断火源。建议应急处理人员戴自给正压式呼吸器，穿防毒服。不要直接接触泄漏物。尽可能切断泄漏源。防止进入下水道、排洪沟等限制性空间。小量泄漏：用惰性、潮湿的不燃材料混合吸收。收入塑料桶内。也可以用不燃性分散剂制成的乳液刷洗，洗液稀释后放入废水系统。大量泄漏：构筑围堤或挖坑收容。用泡沫覆盖，降低蒸气灾害。用防爆泵转移至槽车或专用收集器内，回收或运至废物处理场所处置。

3. 燃爆与消防

（1）灭火方法及灭火剂：

灭火方法：消防人员须在有防爆掩蔽处操作。遇大火切勿轻易接近。在物料附近失火，须用水保持容器冷却。容器突然发出异常声音或出现异常现象，应立即撤离。

灭火剂：水、泡沫、二氧化碳、砂土。

（2）大火：

1）远距离用水淹没火区。

2）使用水幕或雾状水灭火，切勿用水流直接喷射灭火。

3）在确保安全的情况下，将容器移离火场。

4）切勿开动火场中的货船或车辆。

5）尽可能远距离灭火或用遥控水枪或水炮扑救。

6）用大量水冷却盛有危险物的容器，直到火完全熄灭。

7）注意容器可能爆炸。

8）切记远离被大火吞没的储罐。

9）对于燃烧剧烈的大火，使用遥控水枪或水炮远距离灭火；否则撤离火场并任其燃烧。

4. 燃烧爆炸危险

（1）危险性综述：本品易燃，具爆炸性，具刺激性，具致敏性。

（2）燃爆特性：易燃，具有强氧化性。与空气混合形成爆炸性混合物（闪点38℃）。受高热、阳光曝晒、撞击或与还原剂以及易燃物硫、磷接触时，有引起燃烧爆炸的危险。

5. 燃爆温度及燃烧（分解）产物

自燃温度：238℃。

燃烧（分解）产物：一氧化碳、二氧化碳、甲烷、丙酮、叔丁醇。

6. 禁止混储

一种强氧化剂，与还原剂类、有机材料、二氯化乙烯发生剧烈反应。

注：参考自《威利化学品禁忌手册》。

7. 隔离距离

泄漏：应立即隔离50m范围；大量泄漏首先考虑向下风向撤离0.1km，可依据需要增加下风向撤离的距离；人员停留在上风向。

火灾：火场内若有储罐、槽车或罐车，隔离800m。也可以考虑首次向四周撤离800m。

8. 急救措施

（1）皮肤接触：立即脱去污染的衣着，用流动清水冲洗 15min；就医。

（2）眼睛接触：立即提起眼睑，用流动清水冲洗 15min；就医。

（3）吸入：迅速脱离现场至空气新鲜处。保持呼吸道通畅。如呼吸困难，给输氧。如呼吸停止，立即进行人工呼吸；就医。

（4）食入：用饮适量温水，催吐；就医。

过氧化乙酸叔丁酯泄漏、燃爆事故

1. 遇水反应

不发生反应。

2. 泄漏处置

疏散泄漏污染区人员至安全区，禁止无关人员进入污染区，切断火源。建议应急处理人员戴好防毒面具，穿一般消防防护服。避免与可燃物或易燃物接触。不要直接接触泄漏物，小量泄漏用砂土、蛭石或其他惰性材料吸收，使用不产生火花的工具收集于塑料桶内，运至废物处理场所。用水刷洗泄漏污染区，经稀释的污水放入废水系统。如大量泄漏，利用围堤收容，然后收集、转移、回收或无害处理后废弃。

3. 燃爆与消防

（1）灭火方法及灭火剂：

灭火方法：消防人员必须佩戴过滤式防毒面具（全面罩）或隔离式呼吸器、穿全身防火防毒服，在上风向灭火。尽可能将容器从火场移至空旷处。喷水保持火场容器冷却，直至灭火结束。处在火场中的容器若已变色或从安全泄压装置中产生声音，必须马上撤离。

灭火剂：抗溶性泡沫、干粉、砂土、二氧化碳。不宜用水。

（2）大火：

1）远距离用水淹没火区。

2）使用水幕或雾状水灭火，切勿用水流直接喷射灭火。

3）在确保安全的情况下，将容器移离火场。

4）切勿开动火场中的货船或车辆。

5）尽可能远距离灭火或用遥控水枪或水炮扑救。

6）用大量水冷却盛有危险物的容器，直到火完全熄灭。

7）注意容器可能爆炸。

8）切记远离被大火吞没的储罐。

9）对于燃烧剧烈的大火，使用遥控水枪或水炮远距离灭火；否则撤离火场并任其燃烧。

4. 燃烧爆炸危险

（1）危险性综述：本品易燃，具爆炸性，有毒，具强刺激性。

（2）燃爆特性：其蒸气与空气形成爆炸性混合物，接触明火、高热或受到摩擦震动、撞击时可发生爆炸。接触还原剂、促进剂、强酸、有机物、易燃物发生强烈反应，有燃烧爆炸危险。

5. 燃爆温度及燃烧（分解）产物

燃烧（分解）产物：一氧化碳、二氧化碳发生反应。

6. 禁止混储

与还原剂、易燃或可燃物、强酸、重金属离子或化合物。

注：参考自《威利化学品禁忌手册》。

7. 隔离距离

泄漏：应立即隔离 50m 范围；大量泄漏首先考虑向下风向撤离 0.1km，可依据需要增加下风向撤离的距离；人员停留在上风向。

火灾：火场内若有储罐、槽车或罐车，隔离 800m。也可以考虑首次向四周撤离 800m。

8. 急救措施

（1）皮肤接触：立即脱去污染的衣着，用肥皂水及流动清水彻底冲洗。

（2）眼睛接触：立即提起眼睑，用流动清水或生理盐水冲洗 15min；就医。

（3）吸入：迅速脱离现场至空气新鲜处。保持呼吸道通畅。如呼吸困难，给输氧。如呼吸停止，立即进行人工呼吸；就医。

（4）食入：给饮适量温水，催吐；就医。

过氧乙酸泄漏、燃爆事故

1. 遇水反应

不发生反应。

2. 泄漏处置

迅速撤离泄漏污染区人员至安全区，并进行隔离，严格限制出入。切断火源。

建议应急处理人员戴自给正压式呼吸器，穿防毒服。不要直接接触泄漏物。尽可能切断泄漏源。防止进入下水道、排洪沟等限制性空间。小量泄漏：用惰性、潮湿的不燃材料混合吸收。收入金属容器内。也可以用大量水冲洗，洗水稀释后放入废水系统。大量泄漏：构筑围堤或挖坑收容。用泡沫覆盖，降低蒸气灾害。用防爆泵转移至槽车或专用收集器内，回收或运至废物处理场所处置。

3. 燃爆与消防

（1）灭火方法及灭火剂：

灭火方法：消防人员须穿全身耐酸碱消防服，佩戴空气呼吸器，消防人员须在有防爆掩蔽处操作。遇大火切勿轻易接近。在物料附近灭火，须用水保持容器冷却。

灭火剂：水、雾状水、二氧化碳、砂土。

（2）大火：

1）远距离用水淹没火区。

2）使用水幕或雾状水灭火，切勿用水流直接喷射灭火。

3）在确保安全的情况下，将容器移离火场。

4）切勿开动火场中的货船或车辆。

5）尽可能远距离灭火或用遥控水枪或水炮扑救。

6）用大量水冷却盛有危险物的容器，直到火完全熄灭。

7）注意容器可能爆炸。

8）切记远离被大火吞没的储罐。

9）对于燃烧剧烈的大火，使用遥控水枪或水炮远距离灭火；否则撤离火场并任其燃烧。

4. 燃烧爆炸危险

（1）危险性综述：本品易燃，具爆炸性，具强腐蚀性、强刺激性，可致人体灼伤。

（2）燃爆特性：易燃，与空气混合形成爆炸性混合物［闪点38℃，41℃（40%乙酸溶液）］。加热至100℃即猛烈分解，遇火或受热、受震都可起爆。与还原剂、促进剂、有机物、可燃物等接触会发生剧烈反应，有燃烧爆炸的危险。有强腐蚀性。

5. 燃爆温度及燃烧（分解）产物

自燃温度：200℃。

燃烧（分解）产物：氧气、一氧化碳、二氧化碳。

6. 禁止混储

是一种强氧化剂，具有对剧烈的震动和摩擦敏感的爆炸性。遇热不稳定，在110℃时剧烈地分解。因蒸发使运载工具中浓度超过56%时发生爆炸。与许多物质包括还原剂、强氧化剂、易燃材料、强碱类、醚溶液、有机物质、金属氯化物溶液、过渡金属、乙酸酐、过氧化氢、石蜡、镁、金属氧化物、重金属、镍、磷、氮化钠、锌发生剧烈反应。腐蚀大多数金属，包括铝。

注：参考自《威利化学品禁忌手册》。

7. 隔离距离

泄漏：应立即隔离 50m 范围；大量泄漏首先考虑向下风向撤离 0.1km，可依据需要增加下风向撤离的距离；人员停留在上风向。

火灾：火场内若有储罐、槽车或罐车，隔离 800m。也可以考虑首次向四周撤离 800m。

8. 急救措施

（1）皮肤接触：立即脱去污染的衣着，用肥皂水及清水彻底冲洗至少 15min。

（2）眼睛接触：立即提起眼睑，用流动清水冲洗 15min；就医。

（3）吸入：迅速脱离现场至空气新鲜处。保持呼吸道通畅。如呼吸困难，给输氧。如呼吸停止，立即进行人工呼吸；就医。

（4）食入：给饮牛奶或蛋清；立即就医。

四硝基甲烷泄漏、燃爆事故

1. 遇水反应

发生反应。经摩擦和与少量水接触可导致燃烧或爆炸。

2. 泄漏处置

迅速撤离泄漏污染区人员至安全区，并立即隔离 150m，严格限制出入。切断火源。建议应急处理人员戴自给正压式呼吸器，穿防毒服。不要直接接触泄漏物。尽可能切断泄漏源。防止进入下水道、排洪沟等限制性空间。小量泄漏：用砂土、蛭石或其他惰性材料吸收。也可以用大量水冲洗，洗水稀释后放入废水系统。大量泄漏：构筑围堤或挖坑收容。用泡沫覆盖，降低蒸气灾害。用防爆泵转移至槽车或专用收集器内，回收或运至废物处理场所处置。废弃物采用密闭坑式燃烧法。燃烧过程中要用鼓风机鼓入空气，排出的气体要经过湿法洗涤器洗涤。

3. 燃爆与消防

灭火方法：消防人员须在防爆掩蔽处操作。遇大火须远离以防炸伤。在物料附近灭火，须用水保持容器冷却。

灭火剂：雾状水、二氧化碳。

4. 燃烧爆炸危险

（1）危险性综述：本品易燃，高毒，具强刺激性。

（2）燃爆特性：受热、接触明火或受到摩擦、震动、撞击时可发生爆炸。如混有胺类或酸等能增加爆炸敏感性。能与可燃物、有机物或易氧化物质形成爆炸性混合物，经摩擦和与少量水接触可导致燃烧或爆炸。

5. 燃爆温度及燃烧（分解）产物

燃烧（分解）产物：一氧化碳、二氧化碳、氮氧化物（有毒）。

6. 禁止混储

与强氧化剂、强还原剂、强碱、活性金属粉末、铜发生反应。如混有胺类或酸等能增加爆炸敏感性。能与可燃物、有机物或易氧化物质形成爆炸性混合物。

注：参考自《威利化学品禁忌手册》。

7. 隔离距离

泄漏：应立即隔离30m范围，下风向撤离范围白天为0.3km，夜晚为0.6km，可依据需要增加下风向撤离的距离；大量泄漏：应立即隔离90m范围，下风向撤离范围白天为0.8km，夜晚为1.6km，可依据需要增加下风向撤离的距离；人员停留在上风向。

火灾：火场内若有储罐、槽车或罐车，隔离800m。也可以考虑首次向四周撤离800m。

8. 急救措施

（1）皮肤接触：立即脱去污染的衣着，用流动清水彻底冲洗。

（2）眼睛接触：立即提起眼睑，用流动清水彻底冲洗。

（3）吸入：迅速脱离现场至空气新鲜处。保持呼吸道通畅。如呼吸困难，给输氧。如呼吸停止，立即进行人工呼吸；就医。

（4）食入：给饮大量温水，催吐；就医。

硝酸钾泄漏、燃爆事故

1. 遇水反应

不发生反应。

2. 泄漏处置

隔离泄漏污染区，限制出入。建议应急处理人员戴防尘面具（全面罩），穿防毒服。不要直接接触泄漏物。勿使泄漏物与有机物、还原剂、易燃物接触。小量泄漏：用大量水冲洗，洗水稀释后放入废水系统。大量泄漏：用塑料布、帆布覆盖。然后收集回收或运至废物处理场所处置。

3. 燃爆与消防

灭火方法：消防人员须佩戴防毒面具、穿全身消防服，在上风向灭火。同时切勿将水流直接射至熔融物，以免引起严重的流淌火灾或引起剧烈的沸溅。

灭火剂：雾状水、砂土。

4. 燃烧爆炸危险

（1）危险性综述：本品助燃，具刺激性。

（2）燃爆特性：强氧化剂。遇可燃物着火时，能助长火势。与有机物、还原剂、易燃物如硫、磷等接触或混合时有引起燃烧爆炸的危险。燃烧分解时，放出有毒的氮氧化物气体。受热分解，放出氧气。

5. 燃爆温度及燃烧（分解）产物

燃烧（分解）产物：氮氧化物（有毒）、氧气。

6. 禁止混储

不易燃烧，但与多种化学物质的反应能引起燃烧和爆炸。与酸、酸雾反应，产生含氮烟雾。与还原剂、醇、硝酸铵、胺类、锑、砷、二硫化砷、硼、磷化硼、硫化钙、含碳物质、易燃物、醚、氟、细金属粉末、金属硫化物、有机物质、硝酸、磷化物、钾、磷、醋酸钠、硫酸、二碳化钍剧烈反应。与多种物质，如五硫化砷、醋酸钠、乳糖、硫化钼、次磷酸钠、三氯乙烯、铝、钛、锌、锆等金属粉末形成爆炸性的混合物。与 1，3– 二（三氯甲基）苯、氮化铬、锗、硫化锗不相容。

注：参考自《威利化学品禁忌手册》。

7. 隔离距离

泄漏：应立即隔离 25m 范围；大量泄漏首先考虑向下风向撤离 0.1km，可依据需要增加下风向撤离的距离；人员停留在上风向。

火灾：火场内若有储罐、槽车或罐车，隔离 800m。也可以考虑首次向四周撤离 800m。

8. 急救措施

（1）皮肤接触：立即脱去污染的衣着，用大量清水彻底冲洗至少 15min；就医。

（2）眼睛接触：立即提起眼睑，用大量流动清水或生理盐水彻底冲洗至少 15min；就医。

（3）吸入：迅速脱离现场至空气新鲜处。保持呼吸道通畅。如呼吸困难，给输氧。如呼吸停止，立即进行人工呼吸；就医。

（4）食入：清醒时立即漱口，口服牛奶或蛋清；就医。

硝酸锌泄漏、燃爆事故

1. 遇水反应

不发生反应。

2. 泄漏处置

隔离泄漏污染区，限制出入。建议应急处理人员戴防尘面具（全面罩），穿防毒服。不要直接接触泄漏物。勿使泄漏物与还原剂、有机物、易燃物或金属粉末接触。小量泄漏：用大量水冲洗，洗水稀释后放入废水系统。大量泄漏：收集回收或运至废物处理场所处置。

3. 燃爆与消防

灭火方法：消防人员须佩戴防毒面具、穿全身消防服，在上风向灭火，用雾状水、砂土灭火。同时切勿将水流直接射至熔融物，以免引起严重的流淌火灾或引起剧烈的沸溅。

灭火剂：雾状水、砂土。

4. 燃烧爆炸危险

（1）危险性综述：本品助燃，具腐蚀性，可致人体灼伤。

（2）燃爆特性：无机氧化剂。遇可燃物着火时，能助长火势。与硫、磷、炭末、铜、金属硫化物及有机物接触剧烈反应。受高热分解，产生有毒的氮氧化物。

5. 燃爆温度及燃烧（分解）产物

燃烧（分解）产物：氮氧化物（有毒）、氧化锌。

6. 禁止混储

与还原剂、易燃或可燃物、活性金属粉末、硫、磷发生反应。

7. 隔离距离

泄漏：应立即隔离25m范围；大量泄漏首先考虑向下风向撤离0.1km，可依据需要增加下风向撤离的距离；人员停留在上风向。

火灾：火场内若有储罐、槽车或罐车，隔离800m。也可以考虑首次向四周撤离800m。

8. 急救措施

（1）皮肤接触：立即脱去污染的衣着，用流动清水冲洗至少15min；就医。

（2）眼睛接触：立即提起眼睑，用流动清水冲洗至少15min；就医。

（3）吸入：迅速脱离现场至空气新鲜处。保持呼吸道通畅。如呼吸困难，给

输氧。如呼吸停止，立即进行人工呼吸；就医。

（4）食入：用水漱口，给饮牛奶或蛋清；立即就医。

亚硝酸钠泄漏、燃爆事故

1. 遇水反应

不发生反应。

2. 泄漏处置

隔离泄漏污染区，限制出入。建议应急处理人员戴防尘面具（全面罩），穿防毒服。勿使泄漏物与还原剂、有机物、易燃物或金属粉末接触。不要直接接触泄漏物。小量泄漏：收集加入大量水中（3%），用硫酸调节 pH 至 2，再逐渐加入过量的亚硫酸氢钠，待反应完后废弃。大量泄漏：收集回收或运至废物处理场所处置。

3. 燃爆与消防

灭火方法：消防人员须穿全身防火防毒服，佩戴空气呼吸器，在上风向灭火。尽可能将容器从火场移至空旷处。喷水保持火场容器冷却，直至灭火结束。

灭火剂：雾状水、砂土。

4. 燃烧爆炸危险

（1）危险性综述：本品助燃。

（2）燃爆特性：与有机物、可燃物的混合物能燃烧和爆炸，并放出有毒和刺激性的氧化氮气体。与铵盐、可燃物粉末或氰化物的混合物会爆炸。加热或遇酸能产生剧毒的氮氧化物气体。

5. 燃爆温度及燃烧（分解）产物

燃烧（分解）产物：氮氧化物（有毒）。

6. 禁止混储

不可燃烧，但许多化学反应可引起着火和爆炸。高温引起其分解、释放氧，537℃以上爆炸。与水汽接触引起离解，亚硝酸离子氧化成硝酸根，潮湿空气也能引起其缓慢氧化为硝酸盐。是一种强氧化剂，但在一定条件下，此物质也能作为强还原剂。与还原剂类、强酸类、易燃材料、纤维素、氨基钠发生剧烈反应。与酸类、丙烯醛、醇类、丁二烯、三硫化锑、五硫化砷、氰化物、1，1-二氯-1-硝基乙烷、1，3-二氯丙烯、二乙基胺、燃料、二醇类、锂、邻苯二甲酸、金属粉和许多其他物质发生反应。与可燃烧固体、有机物质混合，形成对热和/或摩擦敏感的爆炸性物质。与铵或氨基胍盐、硫氰酸钡、间双（三氯甲基）苯、氰化汞、邻苯二甲酸、邻苯二甲酸酐、铁氰化钾、二亚硫酸钠、亚硝基铁氰化钠、硫氰酸钠、硫代硫酸钠、尿素不相容。

注：参考自《威利化学品禁忌手册》。

7. 隔离距离

泄漏：应立即隔离 25m 范围；大量泄漏首先考虑向下风向撤离 0.1km，可依据需要增加下风向撤离的距离；人员停留在上风向。

火灾：火场内若有储罐、槽车或罐车，隔离 800m。也可以考虑首次向四周撤离 800m。

8. 急救措施

（1）皮肤接触：立即脱去污染的衣着，用肥皂水及清水彻底冲洗。

（2）眼睛接触：立即提起眼睑，用流动清水或生理盐水彻底冲洗；就医。

（3）吸入：迅速脱离现场至空气新鲜处。保持呼吸道通畅。如呼吸困难，给输氧。如呼吸停止，立即进行人工呼吸；就医。

（4）食入：立即漱口，饮足量温水，催吐；就医。

第 6 章　毒害品

毒害品泄漏事故扑救通则

一、战术要点

（1）遵循“疏散救人，划定区域，有序处置，确保安全”的战术原则；

（2）合理估算兵力、装备、灭火剂，正确部署参战力量；

（3）消除危险源，防止引发爆炸；

（4）严格控制进入现场人员，组织精干小组，采取驱散、稀释等措施，加强行动掩护；

（5）充分利用固定设施和采取工艺处置措施；

（6）在上风安全区域建立指挥部，及时形成通信网络，保障调度指挥；

（7）严密监视险情，果断采取进攻及撤离行动；

（8）全面检查，彻底清理，消除隐患，安全撤离。

二、程序方法

1. 防护

（1）根据泄漏气体的毒性及划定的危险区域，确定相应的防护等级；

（2）防护等级划分标准见附录 A；

（3）防护标准见附录 B；

（4）凡在现场参与处置人员，最低防护不得低于三级。

2. 询情

（1）遇险人员情况；

（2）泄漏物质、时间、部位、形式、已扩散范围；

（3）周边单位、居民、地形、供电、火源等情况；

（4）单位的消防组织与设施；

（5）工艺处置措施。

3. 侦检

（1）搜寻遇险人员；

（2）使用检测仪器测定泄漏物质的浓度、扩散范围；

（3）确认设施、建（构）筑物险情；
（4）确认消防设施运行情况；
（5）确定攻防路线、阵地；
（6）现场及周边污染情况。

4. 警戒

（1）根据询情、检测情况设置警戒区域；
（2）警戒区域划分为：重危区、轻危区、安全区；
（3）分别划分区域并设立标志，在安全区外视情设立隔离带；
（4）严格控制各区域进出人员、车辆，并逐一登记。

5. 救生

（1）组成救生小组，携带救生器材迅速进入危险区域；
（2）采取正确救助方式（佩戴救生面罩、使用固定夹具等），将所有遇险人员移至安全区域；
（3）对救出人员进行登记、标识和现场急救；
（4）将伤情较重者及时送交医疗急救部门救治。

6. 控险

（1）启用喷淋等固定或半固定灭火设施；
（2）选定水源、铺设水带、设置阵地、有序展开；
（3）铺设水幕水带，设置水幕，稀释、降低泄漏物浓度；
（4）采用多支喷雾水枪形成水幕墙，防止泄漏物向重要目标或危险源扩散。

7. 堵漏

（1）根据现场泄漏情况，研究制定堵漏方案，并严格按照堵漏方案实施；
（2）所有堵漏行动必须采取防爆措施，确保安全；
（3）关闭前置阀门，切断泄漏源；
（4）堵漏方法见附录 C。

8. 输转

（1）利用工艺措施倒罐；
（2）转移较危险的桶体。

9. 医疗救护

（1）现场救护：

1）将染毒者迅速撤离现场，转移到上风或侧风方向空气无污染处；

2）注意对呼吸道（戴防毒面具、面罩或用湿毛巾捂住口鼻）和皮肤（穿防护服）进行防护；

3）对心跳、呼吸停止者立即进行心肺复苏措施，同时吸氧；

4）脱去污染服装。皮肤污染者，用流动清水或肥皂水彻底冲洗；眼睛污染者，用生理盐水、清水彻底冲洗；注意呼吸道是否通畅，防止窒息或阻塞；对消化道服入者应立即催吐。

（2）使用特效药物治疗；

（3）对症治疗；

（4）症状未消失者送医院观察治疗。

10. 洗消

（1）在危险区与安全区交界处设立洗消站；

（2）洗消的对象：

1）轻度中毒人员；

2）重度中毒人员（在送医院治疗之前）；

3）现场医务人员；

4）消防和其他抢险人员以及群众互救人员；

5）染毒器具。

（3）洗消污水必须通过环保部门检测，达到排放标准，方可排放，以防造成次生灾害。

11. 清理

（1）用喷雾水或蒸气、惰性气体清扫现场内排空罐及低洼、沟渠等处，确保不留残液；

（2）清点人员、车辆及器材；

（3）撤除警戒，做好移交，安全撤离。

三、注意事项

（1）进入现场须正确选择行车路线、停车位置、作战阵地；

（2）一切处置行动自始至终必须严防引发爆炸；

（3）参战人员一定要做好个人防护，防止中毒，防止冻伤；

（4）注意风向变换，适时调整部署；

（5）慎重发布灾情和相关新闻。

注：主要参考《危险化学品应急救援必读》。

毒害品燃烧爆炸事故扑救通则

一、战术要点

（1）遵循“冷却抑爆，控制燃烧”的战术原则；
（2）在上风、侧上风等安全区域内建立指挥部，利用通讯、广播等手段，保障调度指挥；
（3）组织精干力量实施灭火行动，并加强个人防护；
（4）全面核查、彻底清理、消除隐患、安全撤离。

二、程序方法

1. 防护

（1）根据泄漏气体的毒性及划定的危险区域，确定相应的防护等级；
（2）防护等级划分标准见附录A；
（3）防护标准见附录B；
（4）凡在现场参与处置人员，最低防护不得低于三级。

2. 询情

（1）遇险人员情况；
（2）容器储量、燃烧时间、部位、火势范围；
（3）消防设施、工艺措施、到场人员、处置意见。

3. 侦察

（1）搜寻遇险人员；
（2）确定燃烧物质、范围、蔓延方向、火势阶段、对邻近容器的威胁程度；
（3）确定火场主攻方向及攻防路线、阵地；
（4）现场及周边污染情况。

4. 警戒

（1）根据询情、侦察情况设置警戒区域；
（2）警戒区域划分为危险区、安全区；
（3）设置警戒，合理设置出入口，控制各区域进出人员、车辆、物品。

5. 救生

（1）组成救生小组，携带救生器材迅速进入现场；
（2）采取正确救助方式，将所有遇险人员转移至安全区域；
（3）对救出人员进行登记和标识；
（4）将需要救治人员交由医疗急救部门救治。

6. 控险

（1）启动或启用喷淋、泡沫、蒸气等固定或半固定灭火设施；
（2）占领水源，铺设干线，设置阵地，有序展开。

7. 冷却

（1）立即出水冷却燃烧罐（桶）及与其相邻的罐（桶）；

（2）对相邻罐（桶）重点冷却受火焰辐射的一面；

（3）冷却要均匀、不间断；

（4）冷却尽可能利用带架水枪、固定式喷雾水枪或遥控移动炮。

8. 灭火

（1）干粉抑制法：视燃烧情况使用车载干粉炮、胶管干粉枪、推车式及手提式干粉灭火器灭火。

（2）泡沫覆盖法：喷射泡沫覆盖灭火。

9. 医疗救护

（1）现场救护：

1）将染毒者迅速撤离现场，转移到上风或侧风方向空气无污染处；

2）注意对呼吸道（戴防毒面具、面罩或用湿毛巾捂住口鼻）和皮肤（穿防护服）进行防护；

3）对心跳、呼吸停止者立即进行心肺复苏措施，同时吸氧；

4）脱去污染服装，皮肤污染者，用流动清水或肥皂水彻底冲洗；眼睛污染者，用生理盐水、清水彻底冲洗；注意呼吸道是否通畅，防止窒息或阻塞；对消化道服入者应立即催吐。

（2）使用特效药物治疗；

（3）对症治疗；

（4）症状未消失者送医院观察治疗。

10. 洗消

（1）在危险区与安全区交界处设立洗消站；

（2）洗消的对象：

1）轻度中毒人员；

2）重度中毒人员（在送医院治疗之前）；

3）现场医务人员；

4）消防和其他抢险人员以及群众互救人员；

5）抢救及染毒器具。

（3）洗消污水必须通过环保部门检测，达到排放标准，方可排放，以防造成次生灾害。

11. 清理

（1）少量残液，用炉渣、砂土、水泥粉等覆盖，回收或填埋；

（2）大量残液用防爆泵抽吸或使用无火花盛器收集，集中处理；

（3）用直流水、蒸气等清扫现场及低洼、沟渠等处，确保不留残物；

（4）清点人员、车辆及器材；

（5）撤除警戒，安全撤离。

三、注意事项

（1）正确选择行车路线、停车位置、作战阵地；

（2）灭火行动要加强个人防护；尽量使用低压水流或雾状水扑救，避免有毒物质溅出；

（3）氰、磷、砷或硒的化合物遇水产生极毒易燃气体氰化氢、磷化氢、砷化氢、硒化氢等，因此不可用酸碱灭火剂或二氧化碳灭火，也不宜用水扑救，可选择干粉、石粉、砂土等惰性材料；

（4）注意风向变换，适时调整部署；

（5）慎重发布灾情和相关新闻。

注：主要参考《危险化学品应急救援必读》。

安果（福尔莫硫磷）泄漏、燃爆事故

1. 遇水反应

不发生反应。

2. 泄漏处置

隔离泄漏污染区，周围设警告标志，建议应急处理人员戴自给式呼吸器，穿化学防护服。不要直接接触泄漏物，小心扫起，置于袋中转移至安全场所。用水刷洗泄漏污染区，对污染地带进行通风。如大量泄漏，收集回收或无害处理后废弃。

3. 燃爆与消防

（1）灭火方法及灭火剂：

灭火方法：消防人员须佩戴防毒面具、穿全身消防服，在上风向灭火。尽可能将容器从火场移至空旷处。喷水保持火场容器冷却，直至灭火结束。处在火场中的容器若已变色或从安全泄压装置中产生声音，必须马上撤离。

灭火剂：泡沫、干粉、砂土。不宜用水。

（2）储罐或货车（拖车）着火：

1）尽可能远距离灭火或用遥控水枪或水炮扑救。

2）用大量水冷却盛有危险品的容器，直到火完全熄灭。

3）切勿将水注入容器。

4）如果容器的安全阀发出响声或储罐变色，应迅速撤离。

5）切记远离被大火吞没的储罐。

6）对于燃烧剧烈的大火，使用遥控水枪或水炮远距离灭火；否则撤离火场并任其燃烧。

4. 燃烧爆炸危险

（1）危险性综述：本品可燃，有毒。

（2）燃爆危险：遇明火、高热可燃。与氧化剂可发生反应。受高热分解，放出有毒烟气，容器内压增大，有开裂和爆炸的危险。

5. 燃爆温度及燃烧（分解）产物

燃烧（分解）产物：一氧化碳、二氧化碳、氮氧化物（有毒）、氧化硫、氧化磷。

6. 禁止混储

与强氧化剂、强碱发生反应。

7. 隔离距离

泄漏：应立即隔离 50m 范围，可依据需要增加下风向撤离的距离；人员停留在上风向。

火灾：火场内若有储罐、槽车或罐车，隔离 800m。也可以考虑首次向四周撤离 800m。

8. 急救措施

（1）皮肤接触：立即脱去污染的衣着，用大量流动清水彻底冲洗；就医。

（2）眼睛接触：立即提起眼睑，用大量流动清水或生理盐水彻底冲洗至少 15min；就医。

（3）吸入：脱离现场至空气新鲜处。呼吸困难时给输氧。呼吸停止时，立即进行人工呼吸。就医。合并使用阿托品及复能剂（氯磷定、解磷定）。

（4）食入：饮适量温水，催吐。洗胃。就医。合并使用阿托品及复能剂（氯磷定、解磷定）。

氨基苯（苯胺）泄漏、燃爆事故

1. 遇水反应

不发生反应。

2. 泄漏处置

迅速撤离泄漏污染区人员至安全区，并进行隔离，严格限制出入。切断火源。建议应急处理人员戴自给正压式呼吸器，穿防化服。不要直接接触泄漏物。尽可能切断泄漏源。防止进入下水道、排洪沟等限制性空间。小量泄漏：用砂土或其他不燃材料吸附或吸收。大量泄漏：构筑围堤或挖坑收容。喷雾状水或泡沫冷却和稀释蒸气、保护现场人员。用泵转移至槽车或专用收集器内，回收或运至废物处理场所处置。

3. 燃爆与消防

（1）灭火方法及灭火剂：

灭火方法：消防人员须戴好防毒面具，在安全距离以外，在上风向灭火。在确保安全的情况下将容器移离火场。

灭火剂：小火，水、泡沫、二氧化碳、砂土；大火，二氧化碳。

（2）储罐或货车（拖车）着火：

1）尽可能远距离灭火或用遥控水枪或水炮灭火。

2）切勿将水注入容器。

3）用大量水冷却盛有危险品的容器，直到火完全熄灭。

4）如果容器的安全阀发出响声或储罐变色，应迅速撤离。

5）切记远离被大火吞没的储罐。

4. 燃烧爆炸危险

（1）危险性综述：本品可燃，有毒，对环境有危害，对水体可造成污染。

（2）燃爆危险：遇明火、高热可燃。与酸类、卤素、醇类、胺类发生强烈反应，会引起燃烧。

5. 燃爆温度及燃烧（分解）产物

自燃温度：615℃。

燃烧（分解）产物：一氧化碳、二氧化碳、氮氧化物（有毒）。

6. 禁止混储

未经抑制（通常是用甲醇来抑制）时能迅速聚合。接触乙酸酐、重氮-2-羧酸酯、醛类、碱类、苯胺盐酸盐、三氯化硼、1-溴-2，5-吡咯烷二酮、氯代磺酸、过氧化二苯甲酰、硝酸氟、卤素、过氧化氢、异氰酸酯类、发烟硫酸、氧化剂类、有机酸酐类、臭氧、氟化高氯酸、过铬酸盐类、过氧化钾、β-丙内酯，过氧化钠、强酸类、三氯三聚氰胺时发生剧烈反应，包括可能着火、爆炸，并形成对热或震动敏感的化合物。与二异氰酸甲苯酯发生强烈反应，与碱土金属和碱金属发生反应。浸蚀一些塑料、橡胶和布品。与铜和铜合金不相容。

注：参考自《威利化学品禁忌手册》。

7. 隔离距离

泄漏：应立即隔离50m范围，可依据需要增加下风向撤离的距离；人员停留在上风向。

火灾：火场内若有储罐、槽车或罐车，隔离800m。也可以考虑首次向四周撤离800m。

8. 急救措施

（1）皮肤接触：脱去被污染的衣着，用肥皂水和清水彻底冲洗皮肤。

（2）眼睛接触：提起眼睑，用流动清水或生理盐水冲洗；就医。

（3）吸入：迅速脱离现场至空气新鲜处。保持呼吸道通畅。如呼吸困难，给输氧。如呼吸停止，立即进行人工呼吸；就医。

（4）食入：饮足量温水，催吐；就医。

苯酚泄漏、燃爆事故

1. 遇水反应

不发生反应。

2. 泄漏处置

隔离泄漏污染区，限制出入。切断火源。建议应急处理人员戴正压式空气呼吸器，穿防化服。小量泄漏：用干石灰、苏打灰覆盖；大量泄漏：收集回收或运至废物处理场所处置。

3. 燃爆与消防

（1）灭火方法及灭火剂：

灭火方法：消防人员须佩戴防毒面具、穿全身消防服，在上风向灭火。尽可能将容器从火场移至空旷处。喷水保持火场容器冷却，直至灭火结束。

灭火剂：小火，水、抗溶性泡沫、干粉、二氧化碳；大火，干粉、二氧化碳。

（2）储罐或货车（拖车）着火：

1）尽可能远距离灭火或用遥控水枪或水炮灭火。

2）用大量水冷却盛有危险品的容器，直到火完全熄灭。

3）切勿对泄漏源或安全阀直接喷水，防止产生冰冻。

4）如果容器的安全阀发出响声或储罐变色，应迅速撤离。

5）切记远离被大火吞没的储罐。

6）对于燃烧剧烈的大火，使用遥控水枪或水炮远距离灭火；否则撤离火场并任其燃烧。

4. 燃烧爆炸危险

（1）危险性综述：本品可燃，高毒，具强腐蚀性，可致人体灼伤，对环境有严重危害，对水体和大气可造成污染。

（2）燃爆危险：遇明火、高热或与氧化剂接触，有引起燃烧爆炸的危险。

5. 燃爆温度及燃烧（分解）产物

引燃温度：715℃。

燃烧（分解）产物：一氧化碳、二氧化碳。

6. 禁止混储

与丁二烯发生剧烈反应。与强氧化剂、强酸、苛性碱类、脂肪胺类、胺类、氧化剂、次氯酸钙、甲醛、双乙酸铅、薄荷醇、3- 酚萘、过氧化二硫酸、过氧化硫酸、氢氧化钾、亚硝酸钠、1，2，3- 三羟基苯可能发生剧烈反应。液体浸蚀一些塑料、橡胶和布品；热液体浸蚀铝、镁、铅和锌。

注：参考自《威利化学品禁忌手册》。

7. 隔离距离

泄漏：应立即隔离 25m 范围，可依据需要增加下风向撤离的距离；人员停留在上风向。

火灾：火场内若有储罐、槽车或罐车，隔离 800m。也可以考虑首次向四周撤离 800m。

8. 急救措施

（1）皮肤接触：立即脱去被污染的衣着，用甘油、聚乙烯乙二醇或聚乙烯乙二醇和酒精混合液（7 ：3）抹擦。然后用水彻底冲洗。或立即用水冲洗至少 15min；就医。

（2）眼睛接触：立即提起眼睑，用流动清水或生理盐水冲洗至少 15min；就医。

（3）吸入：迅速脱离现场至空气新鲜处。保持呼吸道通畅。如呼吸困难，给输氧。如呼吸停止，立即进行人工呼吸；就医。

（4）食入：立即给饮植物油 15~30mL。催吐，尽快彻底洗胃；就医。

苯线磷泄漏、燃爆事故

1. 遇水反应

不发生反应。

2. 泄漏处置

隔离泄漏污染区，周围设警告标志，建议应急处理人员戴自给式呼吸器，穿化学防护服。不要直接接触泄漏物，在确保安全情况下堵漏。喷雾状水，减少蒸发。用砂土或其他不燃性吸附剂混合吸收，然后收集运至废物处理场所。也可以用不燃性分散剂制成的乳液刷洗，经稀释的洗水放入废水系统。如大量泄漏，收集回收或无害处理后废弃。

3. 燃爆与消防

（1）灭火方法及灭火剂：

灭火方法：消防人员须戴好防毒面具，在安全距离以外，在上风向灭火。尽可能将容器从火场移至空旷处。喷水保持火场容器冷却，直至灭火结束。

灭火剂：小火，雾状水、泡沫、干粉、二氧化碳、砂土；大火，雾状水。

（2）储罐或货车（拖车）着火：

1）尽可能远距离灭火或用遥控水枪或水炮灭火。

2）切勿将水注入容器。

3）用大量水冷却盛有危险品的容器，直到火完全熄灭。

4）如果容器的安全阀发出响声或储罐变色，应迅速撤离。

5）切记远离被大火吞没的储罐。

6）对于燃烧剧烈的大火，使用遥控水枪或水炮远距离灭火；否则撤离火场并任其燃烧。

4. 燃烧爆炸危险

（1）危险性综述：本品可燃，高毒。对环境有严重危害，对水体造成污染。

（2）燃爆危险：遇明火、高热可燃。其粉体与空气可形成爆炸性混合物，当达到一定浓度时，遇火星会发生爆炸。受高热分解放出有毒气体。

5. 燃爆温度及燃烧（分解）产物

燃烧（分解）产物：一氧化碳、二氧化碳、氮氧化物（有毒）、磷烷、氧化硫。

6. 禁止混储

与强氧化剂、强酸、强碱发生反应。

7. 隔离距离

泄漏：应立即隔离 25m 范围，可依据需要增加下风向撤离的距离；人员停留在上风向。

火灾：火场内若有储罐、槽车或罐车，隔离 800m。也可以考虑首次向四周撤离 800m。

8. 急救措施

（1）皮肤接触：脱去污染的衣着，用肥皂水和清水彻底冲洗皮肤。

（2）眼睛接触：提起眼睑，用流动清水或生理盐水冲洗；就医。

（3）吸入：脱离现场至空气新鲜处。呼吸困难时给输氧。呼吸停止时，立即进行人工呼吸；就医。合并使用阿托品及复能剂（氯磷定、解磷定）。

（4）食入：饮适量温水，催吐。洗胃；就医。合并使用阿托品及复能剂（氯磷定、解磷定）。

丙烯酰胺泄漏、燃爆事故

1. 遇水反应

不发生反应。

2. 泄漏处置

隔离泄漏污染区，限制出入。切断火源。建议应急处理人员戴正压式空气呼吸器，穿防化服。不要直接接触泄漏物。小量泄漏：避免扬尘，用洁净的铲子收集于干燥、洁净、有盖的容器中。也可以用大量水冲洗，洗水稀释后放入废水系统。大量泄漏：收集回收或运至废物处理场所处置。

3. 燃爆与消防

（1）灭火方法及灭火剂：

灭火方法：消防人员须穿全身防火防毒服，佩戴空气呼吸器，在上风向灭火。确保安全的情况下，将容器移离火场。

灭火剂：雾状水、抗溶性泡沫、干粉、二氧化碳、砂土。

（2）储罐或货车（拖车）着火：

1）尽可能远距离灭火或用遥控水枪或水炮灭火。

2）切勿将水注入容器。

3）用大量水冷却盛有危险品的容器，直到火完全熄灭。

4）如果容器的安全阀发出响声或储罐变色，应迅速撤离。

5）切记远离被大火吞没的储罐。

4. 燃烧爆炸危险

（1）危险性综述：本品可燃，有毒，为可疑致癌物。

（2）燃爆危险：蒸气能与空气形成爆炸性混合物，遇明火、高热能引起燃烧爆炸。遇高热可发生聚合反应，发出大量热量而引起容器破裂和爆炸事故。受高热分解产生有毒腐蚀性烟气。

5. 燃爆温度及燃烧（分解）产物

自燃温度：424℃。

燃烧（分解）产物：一氧化碳、二氧化碳、氮氧化物（有毒）。

6. 禁止混储

对热不稳定。如果不钝化，紫外线、氧化剂、过氧化物、乙烯基聚合引发剂或高温（超过85℃）能引起爆炸性聚合。与还原剂、矿物、无机酸、强酸、发烟硫酸、氨、异氰酸盐（或酯）不相容。

注：参考自《威利化学品禁忌手册》。

7. 隔离距离

泄漏：应立即隔离25m范围，可依据需要增加下风向撤离的距离；人员停留在上风向。

火灾：火场内若有储罐、槽车或罐车，隔离800m。也可以考虑首次向四周撤离800m。

8. 急救措施

（1）皮肤接触：脱去污染的衣着，用肥皂水和清水彻底冲洗皮肤。

（2）眼睛接触：提起眼睑，用流动清水或生理盐水冲洗；就医。

（3）吸入：迅速脱离现场至空气新鲜处。保持呼吸道通畅。如呼吸困难，给输氧。如呼吸停止，立即进行人工呼吸；就医。

（4）食入：给充分漱口、饮足量温水，催吐；就医。

对苯二酚泄漏、燃爆事故

1. 遇水反应

不发生反应。

2. 泄漏处置

隔离泄漏污染区，限制出入。切断火源。建议应急处理人员戴正压式空气呼吸器，穿防化服。小量泄漏：用洁净的铲子收集于干燥、洁净、有盖的容器中。也可以用大量水冲洗，洗水稀释后放入废水系统。大量泄漏：收集回收或运至废物处理场所处置。

3. 燃爆与消防

（1）灭火方法及灭火剂：

灭火方法：在消防人员须穿全身防火防毒服，佩戴空气呼吸器，在上风向灭火。尽可能将容器从火场移至空旷处。

灭火剂：雾状水、抗溶性泡沫、干粉、二氧化碳、砂土。

（2）储罐或货车（拖车）着火：

1）尽可能远距离灭火或用遥控水枪或水炮扑救。

2）用大量水冷却盛有危险品的容器，直到火完全熄灭。

3）切勿将水注入容器。

4）如果容器的安全阀发出响声或储罐变色，应迅速撤离。

5）切记远离被大火吞没的储罐。

4. 燃烧爆炸危险

（1）危险性综述：本品可燃，高毒。

（2）燃爆危险：遇明火、高热可燃，其粉体与空气混合，能形成爆炸性混合物。受高热分解放出有毒的气体。与强氧化剂接触可发生化学反应。

5. 燃爆温度及燃烧（分解）产物

引燃温度：516℃。

燃烧（分解）产物：一氧化碳、二氧化碳。

6. 禁止混储

与强氧化剂、苛性碱、氢氧化钠反应剧烈。接触氧气可爆炸。潮湿时，可在室温下被氧化为苯醌。

注：参考自《威利化学品禁忌手册》。

7. 隔离距离

泄漏：应立即隔离25m范围，可依据需要增加下风向撤离的距离；人员停留在上风向。

火灾：火场内若有储罐、槽车或罐车，隔离800m。也可以考虑首次向四周撤离800m。

8. 急救措施

（1）皮肤接触：立即脱去污染的衣着，用甘油、聚乙烯乙二醇或聚乙烯乙二醇和酒精混合液（7：3）抹擦。然后用水彻底冲洗。或立即用水冲洗至少15min；就医。

（2）眼睛接触：立即提起眼睑，用流动清水或生理盐水冲洗至少15min；就医。

（3）吸入：迅速脱离现场至空气新鲜处。保持呼吸道通畅。如呼吸困难，给输氧。如呼吸停止，立即进行人工呼吸；就医。

（4）食入：立即给饮植物油15~30mL。催吐，尽快彻底洗胃；就医。

对硫磷泄漏、燃爆事故

1. 遇水反应

不发生反应。

2. 泄漏处置

隔离泄漏污染区，周围设警告标志，建议应急处理人员戴自给式呼吸器，穿化学防护服。不要直接接触泄漏物。尽可能切断泄漏源。防止进入下水道、排洪沟等限制性空间。小量泄漏：用砂土或其他不燃性吸附剂混合吸收，然后收集运至废物处理场所处置。也可以用不燃性分散剂制成的乳液刷洗，经稀释的洗水放入废水系统。如大量泄漏，利用围堤收容，泡沫覆盖，降低蒸气灾害，然后收集、转移、回收或无害处理后废弃。

3. 燃爆与消防

（1）灭火方法及灭火剂：

灭火方法：消防人员须佩戴防毒面具、穿全身消防服，在上风向灭火。在确保安全的情况下将容器移离火场。

灭火剂：雾状水、泡沫、干粉、砂土。禁止使用酸碱灭火剂。

（2）储罐或货车（拖车）着火：

1）尽可能远距离灭火或用遥控水枪或水炮扑救。

2）用大量水冷却盛有危险品的容器，直到火完全熄灭。

3）切勿将水注入容器。

4）如果容器的安全阀发出响声或储罐变色，应迅速撤离。

5）切记远离被大火吞没的储罐。

6）对于燃烧剧烈的大火，使用遥控水枪或水炮远距离灭火；否则撤离火场并任其燃烧。

4. 燃烧爆炸危险

（1）危险性综述：本品可燃，有毒，对环境有危害，对水体可造成污染。

（2）燃爆危险：遇明火、高热可燃。受热分解，放出硫、磷的氧化物等毒性气体。

5. 燃爆温度及燃烧（分解）产物

燃烧（分解）产物：一氧化碳、二氧化碳、氮氧化物（有毒）、氧化硫、氧化磷。

6. 禁止混储

强氧化剂类可导致起火和爆炸。碱类使其迅速水解。与异狄氏剂的混合物可能是爆炸性的。浸蚀一些塑料、橡胶或布品。

注：参考自《威利化学品禁忌手册》。

7. 隔离距离

泄漏：应立即隔离50m范围，可依据需要增加下风向撤离的距离；人员停留在上风向。

火灾：火场内若有储罐、槽车或罐车，隔离800m。也可以考虑首次向四周撤离800m。

8. 急救措施

（1）皮肤接触：立即脱去污染的衣着，用大量清水彻底冲洗污染的皮肤、头发、指甲等；就医。

（2）眼睛接触：立即提起眼睑，用大量流动清水冲洗至少10min或2%碳酸氢钠溶液冲洗；就医。

（3）吸入：迅速脱离现场至空气新鲜处。保持呼吸道通畅。如呼吸困难，给输氧。如呼吸停止，立即进行人工呼吸；就医。

（4）食入：给饮大量清水，催吐，可用温水或1∶5000高锰酸钾溶液彻底洗胃；立即就医。

对硫氰酸苯胺泄漏、燃爆事故

1. 遇水反应

不发生反应。

2. 泄漏处置

隔离泄漏污染区，限制出入。切断火源。建议应急处理人员戴正压式空气呼吸器，穿防化服。小量泄漏：用洁净的铲子收集于干燥、洁净、有盖的容器中。大量泄漏：收集回收或运至废物处理场所处置。

3. 燃爆与消防

（1）灭火方法及灭火剂：

灭火方法：消防人员须佩戴防毒面具、穿全身消防服，在上风向灭火。在确保安全的情况下将容器移离火场。

灭火剂：泡沫、干粉、二氧化碳。禁止酸碱灭火剂。用水灭火无效。

（2）储罐或货车（拖车）着火：

1）尽可能远距离灭火或用遥控水枪或水炮扑救。

2）用大量水冷却盛有危险品的容器，直到火完全熄灭。

3）切勿将水注入容器。

4）如果容器的安全阀发出响声或储罐变色，应迅速撤离。

5）切记远离被大火吞没的储罐。

6）对于燃烧剧烈的大火，使用遥控水枪或水炮远距离灭火；否则撤离火场并任其燃烧。

4. 燃烧爆炸危险

（1）危险性综述：本品可燃，有毒，具刺激性。对环境有害。

（2）燃爆危险：遇明火能燃烧，其粉体与空气混合，能形成爆炸性混合物。

接触酸和酸雾产生剧毒气体。

5. 燃爆温度及燃烧（分解）产物

燃烧（分解）产物：一氧化碳、二氧化碳、氮氧化物（有毒）。

6. 禁止混储

与强氧化剂类、酸类发生反应。

7. 隔离距离

泄漏：应立即隔离 25m 范围，可依据需要增加下风向撤离的距离；人员停留在上风向。

火灾：火场内若有储罐、槽车或罐车，隔离 800m。也可以考虑首次向四周撤离 800m。

8. 急救措施

（1）皮肤接触：脱去污染的衣着，用肥皂水及流动清水彻底冲洗。

（2）眼睛接触：立即提起眼睑，用流动清水冲洗 15min；就医。

（3）吸入：迅速脱离现场至空气新鲜处。呼吸困难时给输氧。呼吸停止者，立即进行人工呼吸；就医。

（4）食入：用1∶5000 高锰酸钾或 5%硫代硫酸钠洗胃；立即就医。

多氯联苯泄漏、燃爆事故

1. 遇水反应

不发生反应。

2. 泄漏处置

隔离泄漏污染区，周围设警告标志，建议应急处理人员戴自给式呼吸器，穿化学防护服。尽可能切断泄漏源。防止流入下水道、排洪沟等限制性空间。不要直接接触泄漏物，用砂土吸收，铲入提桶，倒至空旷地方深埋。被污染地面用肥皂或洗涤剂刷洗，经稀释的污水放入废水系统。如果大量泄漏，回收。

3. 燃爆与消防

（1）灭火方法及灭火剂：

灭火方法：消防人员必须佩戴过滤式防毒面具（全面罩）或隔离式呼吸器、穿全身防火防毒服，在上风向灭火。尽可能将容器从火场移至空旷处。喷水保持火场容器冷却，直至灭火结束。处在火场中的容器若已变色或从安全泄压装置中产生声音，必须马上撤离。

灭火剂：小火，雾状水、泡沫、砂土、二氧化碳、干粉；大火，雾状水、泡沫。

（2）储罐着火：

1）用大量水冷却盛有危险品的容器，直到火完全熄灭。

2）如果容器的安全阀发出响声或储罐变色，应迅速撤离。

3）切记远离被大火吞没的储罐。

4. 燃烧爆炸危险

（1）危险性综述：本品可燃，高毒。对环境有危害，对水体和大气可造成污染。

（2）燃爆危险：遇明火、高热可燃。受高热分解，放出有毒的烟气。与氧化剂可发生反应。若遇高热，容器内压增大，有开裂和爆炸的危险。

5. 燃爆温度及燃烧（分解）产物

燃烧（分解）产物：一氧化碳、二氧化碳、氯化氢（有毒）。

6. 禁止混储

与强氧化剂、强酸不相容。在常温常压下多氯联苯的化学性质是惰性的，对工业上应用的水解和氧化条件稳定（IARC）。可是，强紫外线或日光可引起酚类物质和微量多氯联苯呋喃的形成。浸蚀某些塑料（如聚乙烯）、某些橡胶（如天然橡胶），降低丁腈橡胶等级。

注：参考自《威利化学品禁忌手册》。

7. 隔离距离

泄漏：应立即隔离 50m 范围，大量泄漏首先考虑下风向撤离至少 0.1km，可依据需要增加下风向撤离的距离；人员停留在上风向。

火灾：火场内若有储罐、槽车或罐车，隔离 800m。也可以考虑首次向四周撤离 800m。

8. 急救措施

（1）皮肤接触：立即脱去污染的衣着，用肥皂水和清水彻底冲洗；就医。

（2）眼睛接触：立即提起眼睑，用流动清水冲洗 15min；就医。

（3）吸入：迅速脱离现场至空气新鲜处。保持呼吸道通畅。如呼吸困难，给输氧。如呼吸停止，立即进行人工呼吸；就医。

（4）食入：给饮适量温水，催吐；洗胃；就医。

2，4–二氨基甲苯泄漏、燃爆事故

1. 遇水反应

不发生反应。

2. 泄漏处置

隔离泄漏污染区，限制出入。切断火源。建议应急处理人员戴正压式空气呼吸器，穿防化服。小量泄漏：用洁净的铲子收集于干燥、洁净、有盖的容器中。也可以用大量水冲洗，洗水稀释后放入废水系统。大量泄漏：收集回收或运至废物处理场所处置。

3. 燃爆与消防

（1）灭火方法及灭火剂：

灭火方法：消防人员须穿全身防火防毒服，佩戴空气呼吸器，在上风向灭火。在确保安全的情况下将容器移离火场。

灭火剂：小火，雾状水、抗溶性泡沫、干粉、砂土、二氧化碳；大火，雾状水。

（2）储罐或货车（拖车）着火：

1）尽可能远距离灭火或用遥控水枪或水炮扑救。

2）用大量水冷却盛有危险品的容器，直到火完全熄灭。

3）切勿将水注入容器。

4）如果容器的安全阀发出响声或储罐变色，应迅速撤离。

5）切记远离被大火吞没的储罐。

4. 燃烧爆炸危险

（1）危险性综述：本品可燃，有毒，为可疑致癌物，具刺激性。

（2）燃爆危险：遇明火、高热可燃。受热分解放出有毒的刺激性烟雾。与强氧化剂接触可发生化学反应。

5. 燃爆温度及燃烧（分解）产物

自燃温度：477℃。

燃烧（分解）产物：一氧化碳、二氧化碳、氮氧化物（有毒）。

6. 禁止混储

与氧化剂、强酸、氯甲酸酯类、有机酐、异氰酸酯类、醛类、氯甲酸异丙酯、高氯酸亚硝酰基酯不相容。接触过二碳酸氢二异丙酯可引起爆炸。浸蚀铝、黄铜、青铜、铜、锌。

注：参考自《威利化学品禁忌手册》。

7. 隔离距离

泄漏：应立即隔离 25m 范围，可依据需要增加下风向撤离的距离；人员停留在上风向。

火灾：火场内若有储罐、槽车或罐车，隔离 800m。也可以考虑首次向四周撤离 800m。

8. 急救措施

（1）皮肤接触：脱去污染的衣着，用肥皂水及清水彻底冲洗。就医。

（2）眼睛接触：立即提起眼睑，用大量流动清水或生理盐水冲洗。就医。

（3）吸入：迅速脱离现场至空气新鲜处。呼吸困难时给输氧。呼吸停止者，立即进行人工呼吸；就医。

（4）食入：给漱口，饮水，洗胃后口服活性炭，再给以导泻；就医。

二氯苯泄漏、燃爆事故

1. 遇水反应

不发生反应。

2. 泄漏处置

迅速撤离泄漏污染区人员至安全区，并进行隔离，严格限制出入。切断火源。建议应急处理人员戴自给正压式呼吸器，穿防化服。尽可能切断泄漏源。防止进入下水道、排洪沟等限制性空间。小量泄漏：用砂土、蛭石或其他惰性材料吸收。大量泄漏：构筑围堤或挖坑收容。用泡沫覆盖，降低蒸气灾害。用防爆泵转移至槽车或专用收集器内，回收或运至废物处理场所处置。

3. 燃爆与消防

（1）灭火方法及灭火剂：

灭火方法：在确保安全的情况下，将容器移离火场。

灭火剂：小火，雾状水、泡沫、二氧化碳、砂土；大火，雾状水。

（2）储罐或货车（拖车）着火：

1）尽可能远距离灭火或用遥控水枪或水炮扑救。

2）用大量水冷却盛有危险品的容器，直到火完全熄灭。

3）切勿将水注入容器。

4）如果容器的安全阀发出响声或储罐变色，应迅速撤离。

5）切记远离被大火吞没的储罐。

4. 燃烧爆炸危险

（1）危险性综述：本品可燃，有毒，具刺激性。其中 1，4- 二氯苯（对二氯苯）为可疑致癌物。

（2）燃爆危险：遇明火能燃烧。受高热分解放出有毒的气体。与活性金属粉末（如镁、铝等）能发生反应，引起分解。与强氧化剂可发生化学反应。

5. 燃爆温度及燃烧（分解）产物

燃烧（分解）产物：一氧化碳、二氧化碳、氯化氢（有毒）。

6. 禁止混储

与强氧化剂类发生剧烈反应；与甲基铝、三丙基铝、三乙基锑、三甲基锑、二甲基甲酰胺、三甲基铝发生反应，有些反应可能是剧烈的；与樟脑、碱金属不相容；浸蚀一些塑料［包括 PVC、聚乙烯（邻异构体）］、橡胶［包括丁基橡胶、天然橡胶、氯丁橡胶和丁腈橡胶（间、邻异构体）］和布品。

注：参考自《威利化学品禁忌手册》。

7. 隔离距离

泄漏：应立即隔离 50m 范围，可依据需要增加下风向撤离的距离；人员停留在上风向。

火灾：火场内若有储罐、槽车或罐车，隔离 800m。也可以考虑首次向四周撤离 800m。

8. 急救措施

（1）皮肤接触：脱去被污染的衣着，用肥皂水和清水彻底冲洗皮肤。

（2）眼睛接触：提起眼睑，用流动清水或生理盐水冲洗；就医。

（3）吸入：迅速脱离现场至空气新鲜处。保持呼吸道通畅。如呼吸困难，给输氧。如呼吸停止，立即进行人工呼吸；就医。

（4）食入：饮足量温水，催吐；就医。

二氯乙醚泄漏、燃爆事故

1. 遇水反应

高温发生反应。生成氯化氢烟雾。

2. 泄漏处置

疏散泄漏污染区人员至安全区，禁止无关人员进入污染区，切断火源。应急处理人员戴自给式呼吸器，穿化学防护服。不要直接接触泄漏物，在确保安全情况下堵漏。喷雾状水，减少蒸发。用砂土或其他不燃性吸附剂混合吸收，然后收集运至废物处理场所。如大量泄漏，利用围堤收容，然后收集、转移、回收或无害处理后废弃。

3. 燃爆与消防

（1）灭火方法及灭火剂：

灭火方法：消防人员须佩戴防毒面具、穿全身消防服，在上风向灭火。在确保安全的情况下，将容器移离火场。

灭火剂：砂土、二氧化碳、干粉、水。

（2）储罐或货车（拖车）着火：

1）尽可能远距离灭火或用遥控水枪或水炮灭火。

2）切勿将水注入容器。

3）用大量水冷却盛有危险品的容器，直到火完全熄灭。

4）如果容器的安全阀发出响声或储罐变色，应迅速撤离。

5）切记远离被大火吞没的储罐。

6）对于燃烧剧烈的大火，使用遥控水枪或水炮远距离灭火；否则撤离火场并任其燃烧。

4. 燃烧爆炸危险

（1）危险性综述：本品易燃，高毒，具强刺激性。

（2）燃爆危险：与空气形成爆炸性混合物（闪点 55℃）。遇高热、明火或与氧化剂接触，有引起燃烧的危险。燃烧分解时，放出有毒的刺激性氯化物烟气。受热或遇水分解放热，放出有毒的腐蚀性烟气。与氧化剂接触猛烈反应。

5. 燃爆温度及燃烧（分解）产物

自燃温度：368.9℃。

燃烧（分解）产物：一氧化碳、二氧化碳、氯化物（有毒）。

6. 禁止混储

与水接触生成氯化氢烟雾。若不进行抑制，形成不稳定过氧化物；与强氧化剂类、氯磺酸、金属粉末、发烟硫酸发生剧烈反应。浸蚀铁、低碳钢、铝；浸蚀一些塑料、橡胶和布品。

注：参考自《威利化学品禁忌手册》。

7. 隔离距离

泄漏：应立即隔离 50m 范围，可依据需要增加下风向撤离的距离；人员停留在上风向。

火灾：火场内若有储罐、槽车或罐车，隔离 800m。也可以考虑首次向四周撤离 800m。

8. 急救措施

（1）皮肤接触：立即脱去被污染的衣着，用肥皂水及清水彻底冲洗。

（2）眼睛接触：立即提起眼睑，用流动清水或生理盐水冲洗 15min；就医。

（3）吸入：迅速脱离现场至空气新鲜处。保持呼吸道通畅。如呼吸困难，给输氧。呼吸心跳停止时，立即进行人工呼吸；就医。

（4）食入：漱口，给饮足量温水，催吐；就医。

二氯异丙基醚泄漏、燃爆事故

1. 遇水反应

不发生反应。

2. 泄漏处置

疏散泄漏污染区人员至安全区，禁止无关人员进入污染区，切断火源。建议应急处理人员戴自给式呼吸器，穿化学防护服。不要直接接触泄漏物，在确保安全情况下堵漏。防止流入下水道、排洪沟等限制性空间。小量泄漏，用砂土或其他不燃性材料吸收，然后收集运至废物处理场所处置。也可以用不燃性分散剂制成的乳液刷洗，经稀释的洗水放入废水系统。大量泄漏：围堤或挖坑收容，然后收集、转移、回收或无害处理后废弃。

3. 燃爆与消防

（1）灭火方法及灭火剂：

灭火方法：消防人员须佩戴防毒面具、穿全身消防服，在上风向灭火。尽可能将容器从火场移至空旷处。喷水保持火场容器冷却，直至灭火结束。处在火场中的容器若已变色或从安全泄压装置中产生声音，必须马上撤离。

灭火剂：小火，雾状水、泡沫、砂土、二氧化碳、干粉；大火，干粉、二氧化碳。

（2）储罐或货车（拖车）着火：

1）尽可能远距离灭火或用遥控水枪或水炮扑救。

2）用大量水冷却盛有危险品的容器，直到火完全熄灭。

3）切勿将水注入容器。

4）如果容器的安全阀发出响声或储罐变色，应迅速撤离。

5）切记远离被大火吞没的储罐。

4. 燃烧爆炸危险

（1）危险性综述：本品可燃，有毒，具刺激性。

（2）燃爆危险：遇明火、高热可燃。与氧化剂可反应。流速过快，容易产生和集聚静电。其蒸气比空气重，能在较低处扩散到相当远的地方，遇火源会着火回燃。若遇高热，容器内压增大，有开裂和爆炸的危险。

5. 燃爆温度及燃烧（分解）产物

燃烧（分解）产物：一氧化碳、二氧化碳、氯化氢（有毒）。

6. 禁止混储

静止易形成不稳定过氧化物。高温能引发爆炸性聚合。是一种强还原剂。与氧化剂、高氯酸盐、过氧化物、过硫酸铵、二氧化溴、强酸（硫酸、硝酸）、酰基卤化物发生剧烈反应。与铝、铜、环氧树脂涂料不相容。

注：参考自《威利化学品禁忌手册》。

7. 隔离距离

泄漏：应立即隔离 50m 范围，可依据需要增加下风向撤离的距离；人员停留在上风向。

火灾：火场内若有储罐、槽车或罐车，隔离 800m。也可以考虑首次向四周撤离 800m。

8. 急救措施

（1）皮肤接触：立即脱去污染的衣着，用流动清水彻底冲洗。

（2）眼睛接触：立即提起眼睑，用大量流动清水彻底冲洗。

（3）吸入：迅速脱离现场至空气新鲜处。保持呼吸道通畅。如呼吸困难，给输氧。如呼吸停止，立即进行人工呼吸；就医。

（4）食入：给饮大量温水，催吐；就医。

1，4- 二羟基 -2- 丁炔泄漏、燃爆事故

1. 遇水反应

不发生反应。

2. 泄漏处置

隔离泄漏污染区，限制出入。切断火源。建议应急处理人员戴正压式空气呼吸器，穿防化服。不要直接接触泄漏物。小量泄漏：用洁净的铲子收集于干燥、洁净、有盖的容器中。大量泄漏：收集回收或运至废物处理场所处置。

3. 燃爆与消防

（1）灭火方法及灭火剂：

灭火方法：消防人员须穿全身防火防毒服，佩戴空气呼吸器，在上风向灭火。在确保安全的情况下，将容器移离火场。

灭火剂：小火，水、砂土、二氧化碳、干粉；大火，二氧化碳、干粉。

（2）储罐或货车（拖车）着火：

1）尽可能远距离灭火或用遥控水枪或水炮扑救。

2）用大量水冷却盛有危险品的容器，直到火完全熄灭。

3）切勿将水注入容器。

4）如果容器的安全阀发出响声或储罐变色，应迅速撤离。

5）切记远离被大火吞没的储罐。

4. 燃烧爆炸危险

（1）危险性综述：本品易燃，有毒，具刺激性，具致敏性。

（2）燃爆危险：遇高热、明火或与氧化剂混合，经摩擦、撞击有引起燃烧爆炸的危险。在高温时，若为汞盐、强酸、碱土金属、氢氧化物及卤化物等污染后，有可能发生爆炸。

5. 燃爆温度及燃烧（分解）产物

引燃温度：248℃。

燃烧（分解）产物：一氧化碳、二氧化碳。

6. 禁止混储

与强氧化剂、强酸、碱类、酰基氯、汞盐、碱金属和碱土金属发生剧烈反应。

注：参考自《威利化学品禁忌手册》。

7. 隔离距离

泄漏：应立即隔离 25m 范围，可依据需要增加下风向撤离的距离；人员停留在上风向。

火灾：火场内若有储罐、槽车或罐车，隔离 800m。也可以考虑首次向四周撤离 800m。

8. 急救措施

（1）皮肤接触：立即脱去污染的衣着，用流动清水彻底冲洗。

（2）眼睛接触：立即提起眼睑，用流动清水彻冲洗 15min；就医。

（3）吸入：迅速脱离现场至空气新鲜处。保持呼吸道通畅。如呼吸困难，给输氧。呼吸心跳停止时，立即进行人工呼吸；就医。

（4）食入：给饮足量温水，催吐；就医。

2，6- 二硝基甲苯泄漏、燃爆事故

1. 遇水反应

不发生反应。

2. 泄漏处置

隔离泄漏污染区，周围设警告标志，切断火源。建议应急处理人员戴好防毒面具，穿化学防护服。合理通风，不要直接接触泄漏物，用塑料布覆盖泄漏物，避免扬尘，用清洁的铲子收集于干燥净洁有盖的容器中，运至废物处理场所。如大量泄漏，收集回收或无害处理后废弃。

3. 燃爆与消防

（1）灭火方法及灭火剂：

灭火方法：消防人员须佩戴防毒面具、穿全身消防服，在上风向灭火。在确保安全的情况下将容器移离火场。

灭火剂：小火，雾状水、泡沫、砂土、二氧化碳；大火，雾状水。

（2）储罐或货车（拖车）着火：

1）尽可能远距离灭火或用遥控水枪或水炮灭火。

2）切勿将水注入容器。

3）用大量水冷却盛有危险品的容器，直到火完全熄灭。

4）如果容器的安全阀发出响声或储罐变色，应迅速撤离。

5）切记远离被大火吞没的储罐。

6）对于燃烧剧烈的大火，使用遥控水枪或水炮远距离灭火；否则撤离火场并任其燃烧。

4. 燃烧爆炸危险

（1）危险性综述：本品易燃，有毒，对环境有严重危害，对水体可造成污染。

（2）燃爆危险：遇明火、高热易燃。燃烧时放出有毒的刺激性烟雾。与氧化剂混合能形成爆炸性混合物。经摩擦、震动或撞击可引起燃烧或爆炸。

5. 燃爆温度及燃烧（分解）产物

燃烧（分解）产物：一氧化碳、二氧化碳、氮氧化物。

6. 禁止混储

具有高爆炸性，爆炸能量约是 TNT 的 85%。易燃烧固体，可船运，以熔融状态下存储（闪点 207℃）。其固体比液体对震动敏感。其粉末与空气混合形成爆炸性混合物。其商品级产品在 250℃下将分解，在 280℃下持续分解。有机污染物能降低临界温度，增加爆炸风险。与强氧化剂类、苛性碱类或还原剂接触可引发起火和爆炸。与硝酸混合具有爆炸性。与氧化钠接触引起点火。与活泼金属如锡、锌不相容。

注：参考自《威利化学品禁忌手册》。

7. 隔离距离

泄漏：应立即隔离 25m 范围，可依据需要增加下风向撤离的距离；人员停留在上风向。

火灾：火场内若有储罐、槽车或罐车，隔离 800m。也可以考虑首次向四周撤离 800m。

8. 急救措施

（1）皮肤接触：脱去污染的衣着，用肥皂水及清水彻底冲洗。注意手、足和指甲等部位；就医。

（2）眼睛接触：立即提起眼睑，用大量流动清水或生理盐水冲洗；就医。

（3）吸入：迅速脱离现场至空气新鲜处。呼吸困难时给输氧。呼吸停止者，立即进行人工呼吸；就医。

（4）食入：给漱口，饮水，洗胃后口服活性炭，再给以导泻；就医。

二异氰酸甲苯酯泄漏、燃爆事故

1. 遇水反应

发生反应。

2. 泄漏处置

疏散泄漏污染区人员至安全区，禁止无关人员进入污染区，切断火源。建议应急处理人员戴正压自给式呼吸器，穿化学防护服。不要直接接触泄漏物，在确保安全情况下堵漏。防止流入下水道、排洪沟等限制性空间。喷水雾会减少蒸发，但不能降低泄漏物在受限制空间内的易燃性。用活性炭或其他惰性材料吸收，然后收集运至废物处理场所处置。如大量泄漏，利用围堤收容，然后收集、转移、回收或无害处理后废弃。

3. 燃爆与消防

（1）灭火方法及灭火剂：

灭火方法：消防人员须佩戴防毒面具、穿全身消防服，在上风向灭火。尽可能将容器从火场移至空旷处。喷水保持火场容器冷却，直至灭火结束。处在火场中的容器若已变色或从安全泄压装置中产生声音，必须马上撤离。

灭火剂：干粉、二氧化碳、砂土。禁止用水、泡沫和酸碱灭火剂灭火。

（2）储罐或货车（拖车）着火：

1）尽可能远距离灭火或用遥控水枪或水炮灭火。

2）切勿将水注入容器。

3）用大量水冷却盛有危险品的容器，直到火完全熄灭。

4）如果容器的安全阀发出响声或储罐变色，应迅速撤离。

5）切记远离被大火吞没的储罐。

4. 燃烧爆炸危险

（1）危险性综述：本品可燃，有毒，具刺激性，具致敏性。

（2）燃爆危险：遇明火、高热可燃。与氧化剂可发生反应。与胺类、醇、碱类和温水反应剧烈，能引起燃烧或爆炸。加热或燃烧时可分解生成有毒气体。其蒸气比空气重，能在较低处扩散到相当远的地方，遇火源会着火回燃。若遇高热，容器内压增大，有开裂和爆炸的危险。

5. 燃爆温度及燃烧（分解）产物

引燃温度：620℃。

燃烧（分解）产物：一氧化碳、二氧化碳、氮氧化物（有毒）、氰化氢（有毒）。

6. 禁止混储

与氧化剂、强酸、腐蚀剂、氨、胺（可引起起泡、飞溅）、酰胺类、醇类、二醇类、已内酰胺溶液、有机金属类不相容。与水、酸类或乙醇发生反应，引起剧烈的起泡、飞溅现象，形成二氧化碳和有机碱。在压力作用下有爆炸危险。与碱类、叔胺类、酰基氯类（例如酰基氯、苯磺酰基氯、*o*– 氯苯磺酰基氯、苯 –1，3– 磺酰基氯氟、苯甲酰氯等）接触能引起爆炸性聚合。浸蚀铜及其合金、一些塑料包括聚乙烯、橡胶。燃烧产物包括氮氧化物和异氰酸酯类。

注：参考自《威利化学品禁忌手册》。

7. 隔离距离

泄漏：应立即隔离 50m 范围，可依据需要增加下风向撤离的距离；人员停留在上风向。

火灾：火场内若有储罐、槽车或罐车，隔离 800m。也可以考虑首次向四周撤离 800m。

8. 急救措施

（1）皮肤接触：脱去污染的衣着，用大量流动清水冲洗。

（2）眼睛接触：立即提起眼睑，用大量流动清水或生理盐水彻底冲洗至少 15min；就医。

（3）吸入：迅速脱离现场至空气新鲜处。保持呼吸道通畅。如呼吸困难，给输氧。如呼吸停止，立即进行人工呼吸；就医。

（4）食入：用水漱口，给饮牛奶或蛋清；就医。

甲拌磷（3911）泄漏、燃爆事故

1. 遇水反应

不发生反应。可用雾状水灭火。

2. 泄漏处置

迅速撤离泄漏污染区人员至安全区，并进行隔离，严格限制出入。切断火源。建议应急处理人员戴自给正压式呼吸器，穿防毒服。不要直接接触泄漏物。尽可能切断泄漏源。防止进入下水道、排洪沟等限制性空间。小量泄漏：用砂土或其他不燃材料吸附或吸收。大量泄漏：构筑围堤或挖坑收容。在专家指导下清除。

3. 燃爆与消防

（1）灭火方法及灭火剂：

灭火方法：消防人员须佩戴防毒面具、穿全身消防服，在上风向灭火。在确保安全的情况下将容器移离火场。

灭火剂：小火，泡沫、砂土；大火，雾状水。禁止使用酸碱灭火剂。

（2）储罐或货车（拖车）着火：

1）尽可能远距离灭火或用遥控水枪或水炮灭火。

2）用大量水冷却盛有危险品的容器，直到火完全熄灭。

3）切勿对泄漏源或安全阀直接喷水，防止产生冰冻。

4）如果容器的安全阀发出响声或储罐变色，应迅速撤离。

5）切记远离被大火吞没的储罐。

6）对于燃烧剧烈的大火，使用遥控水枪或水炮远距离灭火；否则撤离火场并任其燃烧。

4. 燃烧爆炸危险

（1）危险性综述：本品可燃，高毒。

（2）燃爆危险：遇明火、高热可燃。受热分解，放出磷、硫的氧化物等毒性气体。

5. 燃爆温度及燃烧（分解）产物

燃烧（分解）产物：一氧化碳、二氧化碳、氧化磷、氧化硫（有毒）。

6. 禁止混储

与强氧化剂、碱类发生反应。

7. 隔离距离

泄漏：应立即隔离 50m 范围； 大量泄漏，首先考虑下风向撤离至少 300m，可依据需要增加下风向撤离的距离；人员停留在上风向。

火灾：火场内若有储罐、槽车或罐车，隔离 800m。也可以考虑首次向四周撤离 800m。

8. 急救措施

（1）皮肤接触：立即脱去污染的衣着，用肥皂水及流动清水彻底冲洗污染的皮肤、头发、指甲等；就医。

（2）眼睛接触：提起眼睑，用流动清水或生理盐水冲洗；就医。

（3）吸入：迅速脱离现场至空气新鲜处。保持呼吸道通畅。如呼吸困难，给输氧。如呼吸停止，立即进行人工呼吸；就医。

（4）食入：饮足量温水，催吐。用清水或2%～5%碳酸氢钠溶液洗胃；就医。

久效磷泄漏、燃爆事故

1. 遇水反应

不发生反应。

2. 泄漏处置

疏散泄漏污染区人员至安全区，禁止无关人员进入污染区，切断火源。建议应急处理人员戴正压自给式呼吸器，穿化学防护服。不要直接接触泄漏物，在确保安全情况下堵漏。喷水雾会减少蒸发，但不能降低泄漏物在受限制空间内的易燃性。用砂土或其他不燃性吸附剂混合吸收，然后转移到安全场所。也可以用大量水冲洗，经稀释的洗水放入废水系统。如大量泄漏，利用围堤收容。然后收集、转移、回收或无害处理后废弃。

3. 燃爆与消防

（1）灭火方法及灭火剂：

灭火方法：消防人员须穿全身防火防毒服，佩戴空气呼吸器，在上风向灭火。在确保安全的情况下将容器移离火场。

灭火剂：小火，雾状水、泡沫、二氧化碳、砂土；大火，雾状水。

（2）储罐或货车（拖车）着火：

1）尽可能远距离灭火或用遥控水枪或水炮灭火。

2）用大量水冷却盛有危险品的容器，直到火完全熄灭。

3）切勿对泄漏源或安全阀直接喷水，防止产生冰冻。

4）如果容器的安全阀发出响声或储罐变色，应迅速撤离。

5）切记远离被大火吞没的储罐。

6）对于燃烧剧烈的大火，使用遥控水枪或水炮远距离灭火；否则撤离火场并任其燃烧。

4. 燃烧爆炸危险

（1）危险性综述：本品有毒，可燃。

（2）燃爆危险：遇明火、高热可燃。与强氧化剂可发生反应。受热分解，放出氮、磷的氧化物等毒性气体。

5. 燃爆温度及燃烧（分解）产物

燃烧（分解）产物：一氧化碳、二氧化碳、氧化磷、氮氧化物（有毒）。

6. 禁止混储

与强氧化剂、强碱发生反应。

7. 隔离距离

泄漏：应立即隔离 50m 范围，可依据需要增加下风向撤离的距离；人员停留在上风向。

火灾：火场内若有储罐、槽车或罐车，隔离 800m。也可以考虑首次向四周撤离 800m。

8. 急救措施

（1）皮肤接触：立即脱去污染的衣着，用肥皂水及流动清水彻底冲洗污染的皮肤、头发、指甲等；就医。

（2）眼睛接触：立即提起眼睑，用流动清水冲洗 10min 或用 2%碳酸氢钠溶液冲洗。

（3）吸入：迅速脱离现场至空气新鲜处。呼吸困难时给输氧。呼吸停止时，立即进行人工呼吸；就医。

（4）食入：给饮大量温水。催吐，可用温水或1∶5000高锰酸钾液彻底洗胃。或用 2%碳酸氢钠反复洗胃；就医。

硫酸甲酯泄漏、燃爆事故

1. 遇水反应

不发生反应。

2. 泄漏处置

疏散泄漏污染区人员至安全区，禁止无关人员进入污染区，切断火源。建议应急处理人员戴自给式呼吸器，穿化学防护服。不要直接接触泄漏物，在确保安全情况下堵漏。防止流入下水道、排洪沟等限制性空间。喷水雾会减少蒸发，但不能降低泄漏物在受限制空间内的易燃性。用砂土、蛭石或其他惰性材料吸收，然后收集运至废物处理场所处置。如大量泄漏，利用围堤收容，然后收集、转移、回收或无害处理后废弃。

3. 燃爆与消防

（1）灭火方法及灭火剂：

灭火方法：消防人员须佩戴防毒面具、穿全身消防服，在上风向灭火。在确保安全的情况下将容器移离火场。

灭火剂：小火，雾状水、二氧化碳、泡沫、砂土；大火，雾状水。

（2）储罐或货车（拖车）着火：

1）尽可能远距离灭火或用遥控水枪或水炮灭火。

2）切勿将水注入容器。

3）用大量水冷却盛有危险品的容器，直到火完全熄灭。

4）如果容器的安全阀发出响声或储罐变色，应迅速撤离。

5）切记远离被大火吞没的储罐。

4. 燃烧爆炸危险

（1）危险性综述：本品可燃，高毒，具强刺激性。

（2）燃爆危险：遇热源、明火、氧化剂有燃烧爆炸的危险。若遇高热可发生剧烈分解，引起容器破裂或爆炸事故。与氢氧化铵反应剧烈。

5. 燃爆温度及燃烧（分解）产物

自燃温度：188℃。

燃烧（分解）产物：一氧化碳、二氧化碳、氧化硫（有毒）。

6. 禁止混储

与强氧化剂类、强酸、强碱、氨、氢氧化铵、亚氯酸钡、叠氮化钠发生剧烈反应；与浓氨溶液不相容；浸蚀一些塑料、橡胶和布品。

注：参考自《威利化学品禁忌手册》。

7. 隔离距离

泄漏：应立即隔离30m范围；下风向撤离范围白天为0.1km，夜晚为0.1km，可依据需要增加下风向撤离的距离；大量泄漏：应立即隔离60m范围，下风向撤离范围白天为0.5km，夜晚为0.8km，可依据需要增加下风向撤离的距离；人员停留在上风向。

火灾：火场内若有储罐、槽车或罐车，隔离800m。也可以考虑首次向四周撤离800m。

8. 急救措施

（1）皮肤接触：立即脱去污染的衣着，用流动清水冲洗至少10min或用2%碳酸氢钠溶液冲洗，若有灼伤，立即就医。

（2）眼睛接触：立即提起眼睑，用流动清水或生理盐水冲洗至少15min；就医。

（3）吸入：迅速脱离现场至空气新鲜处。保持呼吸道通畅。如呼吸困难，给输氧。如呼吸停止，立即进行人工呼吸；就医。

（4）食入：给饮大量温水，尽快彻底洗胃；就医。

4- 氯苄基氯泄漏、燃爆事故

1. 遇水反应

发生反应，生成氯化氢和 4- 氯苄醇，放出有毒的腐蚀性气体。

2. 泄漏处置

隔离泄漏污染区，限制出入。切断火源。建议应急处理人员戴正压式空气呼吸器，穿防化服。用砂土、干燥石灰或苏打灰混合。收集于干燥、洁净、有盖的容器中。转移至安全场所。若大量泄漏，收集回收或运至废物处理场所处置。

3. 燃爆与消防

（1）灭火方法及灭火剂：

灭火方法：消防人员须佩戴防毒面具、穿全身消防服，在上风向灭火。在确保安全的情况下将容器移离火场。

灭火剂：小火，泡沫、二氧化碳、干粉、砂土；大火，干粉、砂土、二氧化碳。禁止用水灭火。

（2）储罐或货车（拖车）着火：

1）尽可能远距离灭火或用遥控水枪或水炮扑救。

2）用大量水冷却盛有危险品的容器，直到火完全熄灭。

3）切勿将水注入容器。

4）如果容器的安全阀发出响声或储罐变色，应迅速撤离。

5）切记远离被大火吞没的储罐。

4. 燃烧爆炸危险

（1）危险性综述：本品可燃，有毒。

（2）燃爆危险：遇明火能燃烧。受高热分解放出有毒气体，其粉体与空气混合，能形成爆炸性混合物。遇水或水蒸气反应放热并产生有毒的腐蚀性气体。

5. 燃爆温度及燃烧（分解）产物

燃烧（分解）产物：一氧化碳、二氧化碳、氯化氢（有毒）。

6. 禁止混储

与强氧化剂、碱类、胺类、水、醇类发生反应。

7. 隔离距离

泄漏：应立即隔离 25m 范围，可依据需要增加下风向撤离的距离；人员停留在上风向。

火灾：火场内若有储罐、槽车或罐车，隔离 800m。也可以考虑首次向四周撤离 800m。

8. 急救措施

（1）皮肤接触：立即脱去污染的衣着，用大量清水彻底冲洗至少 15min；就医。

（2）眼睛接触：立即提起眼睑，用大量流动清水或生理盐水彻底冲洗至少 15min；就医。

（3）吸入：迅速脱离现场至空气新鲜处。保持呼吸道通畅。如呼吸困难，给输氧。如呼吸停止，立即进行人工呼吸；就医。

（4）食入：给充分漱口、饮水，尽快洗胃；就医。

2- 氯 -1- 丙醇泄漏、燃爆事故

1. 遇水反应

不发生反应。

2. 泄漏处置

迅速撤离泄漏污染区人员至安全区，并进行隔离，严格限制出入。切断火源。建议应急处理人员戴自给正压式呼吸器，穿防化服。尽可能切断泄漏源。防止进入下水道、排洪沟等限制性空间。小量泄漏：用砂土、干燥石灰或苏打灰混合。也可以用大量水冲洗，洗水稀释后放入废水系统。大量泄漏：构筑围堤或挖坑收容。用泵转移至槽车或专用收集器内，回收或运至废物处理场所处置。

3. 燃爆与消防

（1）灭火方法及灭火剂：

灭火方法：消防人员须佩戴防毒面具，穿全身消防服，在上风向灭火。尽可能将容器从火场移至空旷处。喷水保持火场容器冷却，直至灭火结束。处在火场中的容器若已变色或从安全泄压装置中产生声音，必须马上撤离。

灭火剂：雾状水、泡沫、砂土、二氧化碳、干粉。

（2）储罐或货车（拖车）着火：

1）尽可能远距离灭火或用遥控水枪或水炮扑救。

2）用大量水冷却盛有危险品的容器，直到火完全熄灭。

3）如果容器的安全阀发出响声或储罐变色，应迅速撤离。

4）切记远离被大火吞没的储罐。

5）对于燃烧剧烈的大火，使用遥控水枪或水炮远距离灭火；否则撤离火场并任其燃烧。

4. 燃烧爆炸危险

（1）危险性综述：本品易燃，有毒，具刺激性。

（2）燃爆危险：遇高热、明火有引起燃烧的危险。受高热分解放出有毒的气体。其粉体与空气混合，能形成爆炸性混合物，若遇高热，容器内压增大，有开裂和爆炸的危险。

5. 燃爆温度及燃烧（分解）产物

燃烧（分解）产物：一氧化碳、二氧化碳、氯化氢（有毒）。

6. 禁止混储

与强氧化剂、强碱、酸酐、酰基氯发生反应。

7. 隔离距离

泄漏：应立即隔离50m范围，可依据需要增加下风向撤离的距离；人员停留在上风向。

火灾：火场内若有储罐、槽车或罐车，隔离800m。也可以考虑首次向四周撤离800m。

8. 急救措施

（1）皮肤接触：立即脱去污染的衣着，用流动清水彻底冲洗。

（2）眼睛接触：立即提起眼睑，用大量流动清水彻冲洗；就医。

（3）吸入：迅速脱离现场至空气新鲜处。保持呼吸道通畅。如呼吸困难，给输氧。呼吸心跳停止时，立即进行人工呼吸；就医。

（4）食入：给饮大量温水，催吐；就医。

氯化苄泄漏、燃爆事故

1. 遇水反应

发生反应，生成氯化氢和苄醇。

2. 泄漏处置

迅速撤离泄漏污染区人员至安全区，并进行隔离，严格限制出入。切断火源。

建议应急处理人员戴自给正压式呼吸器，穿防化服。不要直接接触泄漏物。尽可能切断泄漏源。防止进入下水道、排洪沟等限制性空间。小量泄漏：用砂土、干燥石灰或苏打灰混合。大量泄漏：构筑围堤或挖坑收容。用泡沫覆盖，降低蒸气灾害。用泵转移至槽车或专用收集器内，回收或运至废物处理场所处置。

3. 燃爆与消防

（1）灭火方法及灭火剂：

灭火方法：消防人员须佩戴防毒面具、穿全身消防服，在上风向灭火。在确保安全的情况下将容器移离火场。

灭火剂：二氧化碳、干粉、砂土。禁止用水。

（2）储罐或货车（拖车）着火：

1）尽可能远距离灭火或用遥控水枪或水炮扑救。

2）用大量水冷却盛有危险品的容器，直到火完全熄灭。

3）切勿将水注入容器。

4）如果容器的安全阀发出响声或储罐变色，应迅速撤离。

5）切记远离被大火吞没的储罐。

4. 燃烧爆炸危险

（1）危险性综述：本品可燃，高毒，具刺激性。

（2）燃爆危险：遇明火、高热或与氧化剂接触，有引起燃烧的危险。受高热分解产生有毒的腐蚀性气体。与铜、铝、镁、锌及锡等接触放出热量及氯化氢气体。

5. 燃爆温度及燃烧（分解）产物

引燃温度：585℃。

燃烧（分解）产物：一氧化碳、二氧化碳、氯化氢（有毒）。

6. 禁止混储

与潮湿空气、水或蒸气接触，形成氯化氢。强氧化剂引起着火和爆炸。除非有抑制剂，接触铝、铜、铁、镁、锡、锌和其他金属（铅和镍除外）可以引起剧烈聚合（产生热和氯化氢）。可能有效的抑制剂包括环氧丙烷、碳酸钠或三乙基胺。浸蚀一些塑料、布品和橡胶。由于低导电性，流动或搅动会产生静电。

注：参考自《威利化学品禁忌手册》。

7. 隔离距离

泄漏：应立即隔离50m范围，可依据需要增加下风向撤离的距离；人员停留在上风向。

火灾：火场内若有储罐、槽车或罐车，隔离800m。也可以考虑首次向四周撤离800m。

8. 急救措施

（1）皮肤接触：立即脱去污染的衣着，用大量清水彻底冲洗至少 15min。若有灼伤，立即就医。

（2）眼睛接触：立即提起眼睑，用大量流动清水或生理盐水彻底冲洗至少 15min；就医。

（3）吸入：迅速脱离现场至空气新鲜处。保持呼吸道通畅。如呼吸困难，给输氧。如呼吸停止，立即进行人工呼吸；就医。

（4）食入：给充分漱口，饮水，洗胃；就医。

氯甲酸戊酯泄漏、燃爆事故

1. 遇水反应

不发生反应。

2. 泄漏处置

迅速撤离泄漏污染区人员至安全区，并进行隔离，严格限制出入。切断火源。建议应急处理人员戴自给正压式呼吸器，穿防化服。不要直接接触泄漏物。尽可能切断泄漏源。防止进入下水道、排洪沟等限制性空间。小量泄漏：用砂土或其他不燃材料吸附或吸收。大量泄漏：构筑围堤或挖坑收容。用泡沫覆盖，降低蒸气灾害。用防爆泵转移至槽车或专用收集器内，回收或运至废物处理场所处置。

3. 燃爆与消防

（1）灭火方法及灭火剂：

灭火方法：消防人员须穿全身防火防毒服，佩戴空气呼吸器，在上风向灭火。喷水冷却容器，可能的话将容器从火场移至空旷处。

灭火剂：泡沫、砂土、二氧化碳、干粉。不宜用水。

（2）储罐或货车（拖车）着火：

1）尽可能远距离灭火或用遥控水枪或水炮扑救。

2）用大量水冷却盛有危险品的容器，直到火完全熄灭。

3）切勿将水注入容器。

4）如果容器的安全阀发出响声或储罐变色，应迅速撤离。

5）切记远离被大火吞没的储罐。

6）对于燃烧剧烈的大火，使用遥控水枪或水炮远距离灭火；否则撤离火场并任其燃烧。

4. 燃烧爆炸危险

（1）危险性综述：本品易燃，有毒，具腐蚀性，可致人体灼伤。

（2）燃爆危险：遇明火、高热易燃。受热发生分解释出有刺激性和腐蚀性的气体。其蒸气比空气重，能在较低处扩散到相当远的地方，遇火源会着火回燃。若遇高热，容器内压增大，有开裂和爆炸的危险。

5. 燃爆温度及燃烧（分解）产物

燃烧（分解）产物：一氧化碳、二氧化碳、氯化氢（有毒）。

6. 禁止混储

与强氧化剂、强酸、强碱、潮湿空气、胺类发生反应。

7. 隔离距离

泄漏：应立即隔离 50m 范围，可依据需要增加下风向撤离的距离；人员停留在上风向。

火灾：火场内若有储罐、槽车或罐车，隔离 800m。也可以考虑首次向四周撤离 800m。

8. 急救措施

（1）皮肤接触：立即脱去污染的衣着，用流动清水彻底冲洗。若有灼伤，立即就医。

（2）眼睛接触：立即提起眼睑，用流动清水冲洗 15min；就医。

（3）吸入：迅速脱离现场至空气新鲜处。保持呼吸道通畅。如呼吸困难，给输氧。呼吸心跳停止时，立即进行人工呼吸；就医。

（4）食入：给饮牛奶或蛋清；就医。

氯乙腈泄漏、燃爆事故

1. 遇水反应

发生反应，生成氯化氢、羟基乙酰胺。

2. 泄漏处置

疏散泄漏污染区人员至安全区，立即隔离 150m，禁止无关人员进入污染区，切断火源。建议应急处理人员戴自给式呼吸器，穿化学防护服。不要直接接触泄漏物，在确保安全情况下堵漏。防止进入下水道、排洪沟等限制性空间。喷雾状水，减少蒸发。用砂土或其他不燃性吸附剂混合吸收，然后收集运至废物处理场所处置。也可以用不燃性分散剂制成的乳液刷洗，经稀释的洗水放入废水系统。如大量泄漏，利用围堤收容，泡沫覆盖，降低蒸气灾害，然后收集、转移、回收或无害处理后废弃。

3. 燃爆与消防

（1）灭火方法及灭火剂：

灭火方法：消防人员须佩戴防毒面具、穿全身消防服，在上风向灭火。在确保安全的情况下将容器移离火场。

灭火剂：砂土、二氧化碳、干粉。禁止用水、泡沫和酸碱灭火剂灭火。

（2）储罐或货车（拖车）着火：

1）尽可能远距离灭火或用遥控水枪或水炮灭火。

2）用大量水冷却盛有危险品的容器，直到火完全熄灭。

3）如果容器的安全阀发出响声或储罐变色，应迅速撤离。

4）切记远离被大火吞没的储罐。

5）对于燃烧剧烈的大火，使用遥控水枪或水炮远距离灭火；否则撤离火场并任其燃烧。

4. 燃烧爆炸危险

（1）危险性综述：本品易燃，有毒，具刺激性，对环境有危害，对水体可造成污染。

（2）燃爆危险：与空气形成爆炸性混合体（闪点 56℃）。遇明火、高热易燃。受热分解释出高毒蒸气。遇水或水蒸气、酸或酸气产生有毒的可燃性气体。与强氧化剂接触可发生化学反应。

5. 燃爆温度及燃烧（分解）产物

燃烧（分解）产物：一氧化碳、二氧化碳、氯化氢（有毒）、氰化氢（有毒）、氮氧化物（有毒）。

6. 禁止混储

与蒸气或酸接触产生氰化氢气体。与强氧化剂发生剧烈反应。与硝酸钠、铝氧化锂不相容。

注：参考自《威利化学品禁忌手册》。

7. 隔离距离

泄漏：应立即隔离 30m 范围，下风向撤离范围白天为 0.1km，夜晚为 0.1km，可依据需要增加下风向撤离的距离；大量泄漏：应立即隔离 30m 范围，下风向撤离范围白天为 0.3km，夜晚为 0.5km，可依据需要增加下风向撤离的距离；人员停留在上风向。

火灾：火场内若有储罐、槽车或罐车，隔离 800m。也可以考虑首次向四周撤离 800m。

8. 急救措施

（1）皮肤接触：脱去污染的衣着，用流动清水或 5%硫代硫酸钠冲洗污染的皮肤，至少 20min。

（2）眼睛接触：立即提起眼睑，用流动清水或生理盐水冲洗至少 15min。

（3）吸入：迅速脱离现场至空气新鲜处。呼吸困难时给输氧。呼吸停止者，立即进行心肺复苏术（勿用口对口人工呼吸）。给吸入亚硝酸异戊酯；就医。

（4）食入：用1∶5000高锰酸钾或5%硫代硫酸钠洗胃；立即就医。

2-羟基异丁腈泄漏、燃爆事故

1.遇水反应

发生反应，生成2-羟基异丁酰胺。

2.泄漏处置

疏散泄漏污染区人员至安全区，立即隔离150m，禁止无关人员进入污染区，切断火源。应急处理人员戴正压自给式呼吸器，穿化学防护服。不要直接接触泄漏物，在确保安全情况下堵漏。防止流入下水道、排洪沟等限制性空间。喷雾状水，减少蒸发。用砂土、蛭石或其他惰性材料吸收，然后收集于干燥洁净有盖的容器中，运至废物处理场所。也可以用大量水冲洗，经稀释的洗液放入废水系统。如大量泄漏，利用围堤收容，然后收集、转移、回收或无害处理后废弃。

3.燃爆与消防

（1）灭火方法及灭火剂：

灭火方法：消防人员必须佩戴过滤式防毒面具（全面罩）或隔离式呼吸器、穿全身防火防毒服，在上风向灭火。尽可能将容器从火场移至空旷处。喷水保持火场容器冷却，直至灭火结束。处在火场中的容器若已变色或从安全泄压装置中产生声音，必须马上撤离。用水喷射逸出液体，使其稀释成不燃性混合物，并用雾状水保护消防人员。

灭火剂：小火，水、雾状水、抗溶性泡沫、干粉、二氧化碳、砂土；大火，雾状水。

（2）储罐或货车（拖车）着火：

1）尽可能远距离灭火或用遥控水枪或水炮扑救。

2）用大量水冷却盛有危险品的容器，直到火完全熄灭。

3）切勿将水注入容器。

4）如果容器的安全阀发出响声或储罐变色，应迅速撤离。

5）切记远离被大火吞没的储罐。

4.燃烧爆炸危险

（1）危险性综述：本品易燃，高毒，具刺激性。

（2）燃爆危险：遇明火、高热易燃。与氧化剂发生反应。受热分解成氢氰酸及丙酮。其蒸气比空气重，能在较低处扩散到相当远的地方，遇火源会着火回燃。

若遇高热，容器内压增大，有开裂和爆炸的危险。

5. 燃爆温度及燃烧（分解）产物

引燃温度：688℃。

燃烧（分解）产物：一氧化碳、氮氧化物（有毒）、氰化氢（有毒）、丙酮。

6. 禁止混储

与强氧化剂剧烈的起反应。加热引起分解并释放致死氰化物气体。与强酸或强碱接触可引起爆炸。在室温缓慢分解放出丙酮和氰化氢。随温度、pH 值或含水量的增加，分解速率加快。与氨、胺、甲酚、有机酸酐、环氧烷烃、表氯醇、己内酰胺溶液、异氰酸盐（酯）、苯酚、还原剂不相容。

注：参考自《威利化学品禁忌手册》。

7. 隔离距离

泄漏：应立即隔离 30m 范围，下风向撤离范围白天为 0.1km，夜晚为 0.3km，可依据需要增加下风向撤离的距离；大量泄漏：应立即隔离 240m 范围，下风向撤离范围白天为 0.8km，夜晚为 3.0km，可依据需要增加下风向撤离的距离；人员停留在上风向。

火灾：火场内若有储罐、槽车或罐车，隔离 800m。也可以考虑首次向四周撤离 800m。

8. 急救措施

（1）皮肤接触：立即脱去污染的衣着，用流动清水彻底冲洗。

（2）眼睛接触：立即提起眼睑，用流动清水彻冲洗 15min；就医。

（3）吸入：迅速脱离现场至空气新鲜处。保持呼吸道通畅。如呼吸困难，给输氧。呼吸心跳停止时，立即进行心肺复苏术（勿用口对口人工呼吸）。给吸入亚硝酸异戊酯，就医。

（4）食入：用 1∶5000 高锰酸钾或 5 %硫代硫酸钠溶液洗胃；就医。

氰化钾泄漏、燃爆事故

1. 遇水反应

发生反应。生成氰化氢有毒气体。

2. 泄漏处置

隔离泄漏污染区，限制出入。建议应急处理人员戴正压式空气呼吸器，穿防化服。不要直接接触泄漏物。小量泄漏：用洁净的铲子收集于干燥、洁净、有盖的容器中。也可以用次氯酸盐溶液冲洗，洗液稀释后放入废水系统。大量泄漏：用塑料布、帆布覆盖。然后收集回收或运至废物处理场所处置。

3. 燃爆与消防

（1）灭火方法及灭火剂：

灭火方法：发生火灾时应尽量抢救商品，防止包装破损，引起环境污染。消防人员须佩戴防毒面具、穿全身消防服，在上风向灭火。

灭火剂：干粉、砂土、水泥粉。禁止用水、二氧化碳和酸碱灭火剂灭火。

（2）储罐或拖车着火

1）尽可能远距离或用遥控水枪或水炮扑救。

2）切勿将水注入容器。

3）用大量水冷却盛有危险物的容器，直到火完全熄灭。

4）如果容器的安全阀发出响声或储罐变色，应迅速撤离。

5）切记远离被大火吞没的储罐。

4. 燃烧爆炸危险

（1）危险性综述：本品不燃，高毒，具刺激性。

（2）燃爆危险：不燃。受高热或与酸接触会产生剧毒的氰化物气体。与硝酸盐、亚硝酸盐、氯酸盐反应剧烈，有发生爆炸的危险。遇酸或露置空气中能吸收水分和二氧化碳分解出剧毒的氰化氢气体。水溶液为碱性腐蚀性液体。

5. 燃爆温度及燃烧（分解）产物

燃烧（分解）产物：氰化氢（有毒）、氮氧化物（有毒）。

6. 禁止混储

与潮湿空气起反应，释放易燃的氰化氢气体；可自燃。与水、酸、酸雾、醇发生反应，释放易燃的氰化氢气体。水溶液是强碱。与酸性物质、氧化剂、氟、氯酸钠剧烈反应。水溶液与有机酸酐、异氰酸盐（或酯）、环氧烷烃、表氯醇、醛、醇、二醇、酚、甲酚、己内酰胺、强氧化剂、氯酸钠不相容。与氯酸钾混合形成敏感的爆炸性的混合物。与氯酸盐、金、氯化亚汞、硝酸盐、亚硝酸盐不相容。在潮湿环境中浸蚀铝、铜、锌。

注：参考自《威利化学品禁忌手册》。

7. 隔离距离

泄漏：应立即隔离30m范围，下风向撤离范围白天为0.1km，夜晚为0.5km，可依据需要增加下风向撤离的距离；大量泄漏：应立即隔离300m范围，下风向撤离范围白天为1.0km，夜晚为3.9km，可依据需要增加下风向撤离的距离；人员停留在上风向。

火灾：火场内若有储罐、槽车或罐车，隔离 800m。也可以考虑首次向四周撤离 800m。

8. 急救措施

（1）皮肤接触：立即脱去污染的衣着，用流动清水或 5% 硫代硫酸钠溶液彻底冲洗至少 20min；就医。

（2）眼睛接触：立即提起眼睑，用大量流动清水或生理盐水彻底冲洗至少 15min；就医。

（3）吸入：迅速脱离现场至空气新鲜处。保持呼吸道通畅。如呼吸困难，给输氧。呼吸心跳停止时，立即进行心肺复苏术（勿用口对口人工呼吸）。给吸入亚硝酸异戊酯，就医。

（4）食入：饮足量温水，催吐。用 1∶5000 高锰酸钾或 5% 硫代硫酸钠溶液洗胃；就医。

氰化钠泄漏、燃爆事故

1. 遇水反应

发生反应。生成氰化氢有毒气体和氢氧化钠。

2. 泄漏处置

隔离泄漏污染区，限制出入。建议应急处理人员戴正压式空气呼吸器，穿防化服。合理通风，不要直接接触泄漏物。避免扬尘，小心扫起，移至大量水中，加过量次氯酸钠，静置 24h，待完全分解后经稀释放入废水系统；收集回收或运至废物处理场所处置。

3. 燃爆与消防

（1）灭火方法和灭火剂：

灭火方法：发生火灾时应尽量抢救商品，防止包装破损，引起环境污染。消防人员须佩戴防毒面具、穿全身消防服，在上风向灭火。

灭火剂：干粉、砂土、水泥粉。禁止用水、二氧化碳和酸碱灭火剂灭火。

（2）储罐或拖车着火：

1）尽可能远距离或用遥控水枪或水炮扑救。

2）切勿将水注入容器。

3）用大量水冷却盛有危险物的容器，直到火完全熄灭。

4）如果容器的安全阀发出响声或储罐变色，应迅速撤离。

5）切记远离被大火吞没的储罐。

4. 燃烧爆炸危险

（1）危险性综述：高毒，具刺激性。

（2）燃爆危险：不燃。受高热或与酸接触会产生剧毒的氰化物气体。与硝酸盐、亚硝酸盐、氯酸盐反应剧烈，有发生爆炸的危险。在潮湿容器或二氧化碳中即缓慢发出微量氰化氢气体。

5. 燃爆温度及燃烧（分解）产物

燃烧（分解）产物：氰化氢（有毒）、氮氧化物（有毒）。

6. 禁止混储

与酸类、酸性烟雾发生剧烈反应，生成氰化氢。与强氧化剂类、氯乙酸乙酯、氟、镁、硝酸盐、亚硝酸盐、硝酸钠发生剧烈反应。与空气中的二氧化碳和湿气发生反应，生成氰化氢。与水发生反应，生成易燃的二氧化钠和氢化物烟雾。其水溶液为强碱。其水溶液与二氧化碳反应，生成易燃的氢氰酸。与有机酐、醛类、醇类、环氧烷烃、己内酰胺溶液、氯酸盐、酚类、环氧氯丙烷、金、二醇类、异氰酸酯类、氯化亚汞、苯酚类不相容。浸蚀铝、铜、镁、锌。

注：参考自《威利化学品禁忌手册》。

7. 隔离距离

泄漏：应立即隔离60m范围，下风向撤离范围白天为0.2km，夜晚为0.7km，可依据需要增加下风向撤离的距离；大量泄漏：应立即隔离390m范围，下风向撤离范围白天为1.3km，夜晚为4.9km，可依据需要增加下风向撤离的距离；人员停留在上风向。

火灾：火场内若有储罐、槽车或罐车，隔离800m。也可以考虑首次向四周撤离800m。

8. 急救措施

（1）皮肤接触：立即脱去污染的衣着，用流动清水冲洗15min；就医。

（2）眼睛接触：立即提起眼睑，用大量流动清水或生理盐水彻底冲洗至少15min；就医。

（3）吸入：迅速脱离现场至空气新鲜处。保持呼吸道通畅。如呼吸困难，给输氧。呼吸心跳停止时，立即进行心肺复苏术（勿用口对口人工呼吸）。给吸入亚硝酸异戊酯，就医。

（4）食入：饮足量温水，催吐。用1∶5000高锰酸钾或5%硫代硫酸钠溶液洗胃；就医。

氰化氢（氢氰酸）泄漏、燃爆事故

1. 遇水反应

不发生反应。

2. 泄漏处置

迅速撤离泄漏污染区人员至上风处，立即隔离 150m，并隔离直至气体散尽，切断火源。建议应急处理人员戴正压自给式呼吸器，穿厂商特别推荐的化学防护服（完全隔离）。切断气源，喷水雾稀释溶解，但不要对泄漏点直接喷水。抽排（室内）或强力通风（室外）。如有可能，将残余气或漏出气用排风机送至水洗塔或与塔相连的通风橱内。漏气容器不能再用，且要经过技术处理以清除可能剩下的气体。

3. 燃爆与消防

（1）灭火方法及灭火剂：

灭火方法：切断气源。若不能切断气源，则不允许熄灭泄漏处的火焰。消防人员必须穿戴全身专用防护服，佩戴氧气呼吸器，在安全距离以外或有防护措施处操作。

灭火剂：干粉、抗溶性泡沫、二氧化碳。用水灭火无效，但须用水保持火场容器冷却。用雾状水驱散蒸气。

（2）储罐或货车（拖车）着火：

1）尽可能远距离灭火或用遥控水枪或水炮灭火。

2）用大量水冷却盛有危险品的容器，直到火完全熄灭。

3）切勿对泄漏源或安全阀直接喷水，防止产生冰冻。

4）如果容器的安全阀发出响声或储罐变色，应迅速撤离。

5）切记远离被大火吞没的储罐。

4. 燃烧爆炸危险

（1）危险性综述：本品易燃，高毒。

（2）燃爆危险：其蒸气与空气可形成爆炸性混合物（闪点 -18℃），遇明火、高热能引起燃烧爆炸。若遇高热，容器内压增大，有开裂和爆炸的危险。

5. 燃爆温度及燃烧（分解）产物

引燃温度：538℃。

燃烧（分解）产物：氰化氢（有毒）、氮氧化物（有毒）。

6. 禁止混储

若不进行抑制，材料储存超过 90 天危险性较大。受热超过 180℃，或与胺类或碱类可引发爆炸性聚合。与强氧化剂类、乙醛发生剧烈反应。酸性溶液与氨、三氧化二铁、卤素、臭氧发生反应。浸蚀一些塑料、橡胶和布品。水溶液在室温下浸蚀碳钢。

注：参考自《威利化学品禁忌手册》。

7. 隔离距离

泄漏：应立即隔离30m范围，下风向撤离范围白天为0.1km，夜晚为0.4km，可依据需要增加下风向撤离的距离；大量泄漏：应立即隔离150m范围，下风向撤离范围白天为1.3km，夜晚为3.7km，可依据需要增加下风向撤离的距离；人员停留在上风向。

火灾：火场内若有储罐、槽车或罐车，隔离800m。也可以考虑首次向四周撤离800m。

8. 急救措施

（1）皮肤接触：立即脱去污染的衣着，用流动清水或5%硫代硫酸钠溶液彻底冲洗至少20min；若有灼伤，立即就医。

（2）眼睛接触：立即提起眼睑，用大量流动清水或生理盐水彻底冲洗至少15min；就医。

（3）吸入：迅速脱离现场至空气新鲜处。保持呼吸道通畅。如呼吸困难，给输氧。呼吸心跳停止时，立即进行心肺复苏术（勿用口对口人工呼吸）。给吸入亚硝酸异戊酯；就医。

（4）食入：饮足量温水，催吐。用1∶5000高锰酸钾或5%硫代硫酸钠溶液洗胃；就医。

三氯甲烷（氯仿）泄漏、燃爆事故

1. 遇水反应

与热水发生反应，生成盐酸、甲酸等。

2. 泄漏处置

迅速撤离泄漏污染区人员至安全区，并进行隔离，严格限制出入。建议应急处理人员戴自给正压式呼吸器，穿防化服。不要直接接触泄漏物。尽可能切断泄漏源。小量泄漏：用砂土、蛭石或其他惰性材料吸收。大量泄漏：构筑围堤或挖坑收容。用泡沫覆盖，降低蒸气灾害。用泵转移至槽车或专用收集器内，回收或运至废物处理场所处置。

3. 燃爆与消防

（1）灭火方法及灭火剂：

灭火方法：消防人员必须佩戴过滤式防毒面具（全面罩）或隔离式呼吸器、穿全身防火防毒服，在上风向灭火。在确保安全的情况下，尽可能将容器从火场移至空旷处。

灭火剂：雾状水、二氧化碳、砂土。

（2）储罐或货车（拖车）着火：

1）尽可能远距离灭火或用遥控水枪或水炮扑救。

2）用大量水冷却盛有危险品的容器，直到火完全熄灭。

3）切勿将水注入容器。

4）如果容器的安全阀发出响声或储罐变色，应迅速撤离。

5）切记远离被大火吞没的储罐。

6）对于剧烈燃烧的大火，使用遥控水枪或水炮远距离灭火；否则撤离火场并任其燃烧。

4. 燃烧爆炸危险

（1）危险性综述：本品不燃，有毒，为可疑致癌物，具刺激性，对环境有危害，对水体可造成污染。

（2）燃爆危险：不燃。遇明火或灼热物体接触时产生剧毒光气。在空气、水和光的作用下酸度增加，因而对金属有强烈的腐蚀性。若遇高热，容器内压增大，有开裂和爆炸的危险。

5. 燃爆温度及燃烧（分解）产物

燃烧（分解）产物：氯化氢、光气（有毒）。

6. 禁止混储

在过量的水中、高温，包括接触热的表面可发生分解反应，释放出光气和氯化氢。遇热水生成盐酸。在常温条件下，隔绝空气、光照和在空气中避光都可发生分解反应。与强碱、碱金属、锂、钠、钾、钠－钾合金混合可形成对热、摩擦和（或）碰撞敏感的爆炸性物质。与轻金属、铝、镁或钛合金粉末、乙硅烷、叔丁醇钾、甲基化物、乙炔基－1，2－二氧化钾、氨基（化）钠、氢氧化铀（Ⅲ）发生剧烈反应。与丙酮、铍、癸硼烷、四氧化二氮、强氧化剂、氟、钠、氧气、钾、甲醇钠、强无机酸、化学活性物质、锌不相容。浸蚀多种塑料和橡胶。

注：参考自《威利化学品禁忌手册》。

7. 隔离距离

泄漏：应立即隔离 50m 范围，可依据需要增加下风向撤离的距离；人员停留在上风向。

火灾：火场内若有储罐、槽车或罐车，隔离 800m。也可以考虑首次向四周撤离 800m。

8. 急救措施

（1）皮肤接触：立即脱去污染的衣着，用大量流动清水冲洗至少 15min；就医。

（2）眼睛接触：立即提起眼睑，用大量流动清水或生理盐水彻底冲洗至少 15min；就医。

（3）吸入：迅速脱离现场至空气新鲜处。保持呼吸道通畅。如呼吸困难，给输氧。如呼吸停止，立即进行人工呼吸；就医。

（4）食入：饮足量温水，催吐；就医。

三氯硝基甲烷泄漏、爆燃事故

1. 遇水反应

不发生反应。

2. 泄漏处置

疏散泄漏污染区人员至安全区，禁止无关人员进入污染区，建议应急处理人员戴正压自给式呼吸器，穿厂商特别推荐的化学防护服（完全隔离）。不要直接接触泄漏物，在确保安全情况下堵漏。喷雾状水，减少蒸发。用砂土或其他不燃性吸附剂混合吸收，然后收集运至废物处理场所处置。如大量泄漏，利用围堤收容，然后收集、转移、回收或无害处理后废弃。

3. 燃爆与消防

（1）灭火方法及灭火剂：

灭火方法：消防人员须佩戴防毒面具、穿全身消防服，在上风向灭火。在确保安全的情况下，将容器移离火场至空旷处。

灭火剂：水、二氧化碳、泡沫、砂土。

（2）储罐或货车（拖车）着火：

1）尽可能远距离灭火或用遥控水枪或水炮灭火。

2）切勿将水注入容器。

3）用大量水冷却盛有危险物的容器，直到火完全熄灭。

4）如果容器的安全阀发出响声或储罐变色，应迅速撤离。

5）切记远离被大火吞没的储罐。

4. 燃烧爆炸危险

（1）危险性综述：本品不燃，高毒，具强刺激性。

（2）燃爆危险：不易燃烧。其蒸气沿地面扩散，有毒。遇发烟硫酸可分解产生光气。受高热分解，产生有毒的氮氧化物和氯化物气体。

5. 燃爆温度及燃烧（分解）产物

燃烧（分解）产物：一氧化碳、二氧化碳、氮氧化物（有毒）、氯化氢（有毒）、碳。

6. 禁止混储

能自身反应。热或光照能引起分解，形成氯化氢和氧化氮。迅速升温、震动、或与碱金属或碱土接触可以引起迅速分解和爆炸。一种强氧化剂。与还原剂、苯胺、含乙醇的氢氧化钠、易燃烧物质、甲醇钠、溴化炔丙基、轻金属粉发生剧烈反应。液体浸蚀一些塑料、橡胶和布品。浸蚀铁、锌和其他轻金属。

注：参考自《威利化学品禁忌手册》。

7. 隔离距离

泄漏：应立即隔离60m范围，下风向撤离范围白天为0.4km，夜晚为0.8km，可依据需要增加下风向撤离的距离；大量泄漏：应立即隔离210m范围，下风向撤离范围白天为1.9km，夜晚为3.6km，可依据需要增加下风向撤离的距离；人员停留在上风向。

火灾：火场内若有储罐、槽车或罐车，隔离800m。也可以考虑首次向四周撤离800m。

8. 急救措施

（1）皮肤接触：立即脱去污染的衣着，用大量流动清水彻底冲洗至15min；就医。

（2）眼睛接触：立即提起眼睑，用流动清水或生理盐水冲洗至少15min；就医。

（3）吸入：迅速脱离现场至空气新鲜处。保持呼吸道通畅。如呼吸困难，给输氧。如呼吸停止，立即进行人工呼吸；就医。

（4）食入：给饮牛奶或蛋清；就医。

十二硫醇泄漏、燃爆事故

1. 遇水反应

不发生反应。

2. 泄漏处置

疏散泄漏污染区人员至安全区，禁止无关人员进入污染区，切断火源。建议应急处理人员戴好防毒面具，穿化学防护服。不要直接接触泄漏物，在确保安全情况下堵漏。防止进入下水道、排洪沟等限制性空间。喷水雾会减少蒸发，但不能降低泄漏物在受限制空间内的易燃性。用活性炭或其他惰性材料吸收，然后收集运至废物处理场所处置。如大量泄漏，利用围堤收容，用泡沫覆盖，降低蒸气灾害，然后收集、转移、回收或无害处理后废弃。

3. 燃爆与消防

（1）灭火方法及灭火剂：

灭火方法：消防人员须穿全身防火防毒服，佩戴空气呼吸器，在上风向灭火。尽可能将容器从火场移至空旷处。喷水保持容器冷却，直至灭火结束。处在火场中的容器若已变色或从安全泄压装置中产生声音，必须马上撤离。

灭火剂：泡沫、砂土、二氧化碳、干粉。

（2）储罐或货车（拖车）着火：

1）尽可能远距离灭火或用遥控水枪或水炮灭火。

2）用大量水冷却盛有危险品的容器，直到火完全熄灭。

3）如果容器的安全阀发出响声或储罐变色，应迅速撤离。

4）切记远离被大火吞没的储罐。

5）对于燃烧剧烈的大火，使用遥控水枪或水炮远距离灭火；否则撤离火场并任其燃烧。

4. 燃烧爆炸危险

（1）危险性综述：本品易燃，有毒，具刺激性，对环境有危害，对水体可造成污染。

（2）燃爆危险：遇明火、高热或与氧化剂接触，有引起燃烧的危险，其粉体与空气混合，能形成爆炸性混合物。受高热分解产生有毒的硫化物烟气。

5. 燃爆温度及燃烧（分解）产物

燃烧（分解）产物：一氧化碳、二氧化碳、硫化氢（有毒）、硫化物。

6. 禁止混储

与强氧化剂、碱、强还原剂、碱金属反应。

7. 隔离距离

泄漏：应立即隔离 50m 范围，可依据需要增加下风向撤离的距离；人员停留在上风向。

火灾：火场内若有储罐、槽车或罐车，隔离 800m。也可以考虑首次向四周撤离 800m。

8. 急救措施

（1）皮肤接触：立即脱去污染的衣着，用流动清水彻底冲洗。

（2）眼睛接触：立即提起眼睑，用大量流动清水彻底冲洗；就医。

（3）吸入：迅速脱离现场至空气新鲜处。保持呼吸道通畅。如呼吸困难，给输氧。呼吸心跳停止时，立即进行人工呼吸；就医。

（4）食入：给饮大量温水，催吐；就医。

4– 叔丁基苯酚泄漏、燃爆事故

1. 遇水反应

不发生反应。

2. 泄漏处置

隔离泄漏污染区，限制出入。切断火源。建议应急处理人员戴正压式空气呼吸器，穿防化服。小量泄漏：用洁净的铲子收集于干燥、洁净、有盖的容器中。大量泄漏：收集回收或运至废物处理场所处置。

3. 燃爆与消防

（1）灭火方法及灭火剂：

灭火方法：消防人员须穿全身防火防毒服，佩戴空气呼吸器，在上风向灭火。在确保安全的情况下将容器移离火场。

灭火剂：雾状水、泡沫、砂土、二氧化碳、干粉。

（2）储罐或货车（拖车）着火：

1）尽可能远距离灭火或用遥控水枪或水炮灭火。

2）用大量水冷却盛有危险品的容器，直到火完全熄灭。

3）如果容器的安全阀发出响声或储罐变色，应迅速撤离。

4）切记远离被大火吞没的储罐。

5）对于燃烧剧烈的大火，使用遥控水枪或水炮远距离灭火；否则撤离火场并任其燃烧。

4. 燃烧爆炸危险

（1）危险性综述：本品可燃，有毒，具刺激性，具致敏性。

（2）燃爆危险：粉尘或粉末与空气混合形成爆炸性混合物（闪点 113℃，闭环）。遇明火、高热可燃。受高热分解，放出刺激性烟气。与氧化剂强烈反应。

5. 燃爆温度及燃烧（分解）产物

燃烧（分解）产物：一氧化碳、二氧化碳。

6. 禁止混储

与碱类、酰基氯、酸酐、氧化剂反应。

7. 隔离距离

泄漏：应立即隔离25m范围，可依据需要增加下风向撤离的距离；人员停留在上风向。

火灾：火场内若有储罐、槽车或罐车，隔离800m。也可以考虑首次向四周撤离800m。

8. 急救措施

（1）皮肤接触：脱去污染的衣着，用大量流动清水彻底冲洗。

（2）眼睛接触：立即提起眼睑，用流动清水或生理盐水冲洗；就医。

（3）吸入：迅速脱离现场至空气新鲜处。呼吸困难时给输氧。呼吸停止者，立即进行人工呼吸；就医。

（4）食入：给饮足量温水，催吐；就医。

四氯化碳泄漏、燃爆事故

1. 遇水反应

不发生反应。

2. 泄漏处置

迅速撤离泄漏污染区人员至安全区，并进行隔离，严格限制出入。建议应急处理人员戴自给正压式呼吸器，穿防化服。不要直接接触泄漏物。尽可能切断泄漏源。小量泄漏：用活性炭或其他惰性材料吸收。大量泄漏：构筑围堤或挖坑收容。喷雾状水冷却和稀释蒸气，保护现场人员，但不要对泄漏点直接喷水。用泵转移至槽车或专用收集器内，回收或运至废物处理场所处置。

3. 燃爆与消防

（1）灭火方法及灭火剂：

灭火方法：消防人员必须佩戴过滤式防毒面具（全面罩）或隔离式呼吸器、穿全身防火防毒服，在上风向灭火。在确保安全的情况下将容器移离火场。

灭火剂：雾状水、二氧化碳、砂土。

（2）储罐或货车（拖车）着火：

1）尽可能远距离灭火或用遥控水枪或水炮扑救。

2）用大量水冷却盛有危险品的容器，直到火完全熄灭。

3）切勿将水注入容器。

4）如果容器的安全阀发出响声或储罐变色，应迅速撤离。

5）切记远离被大火吞没的储罐。

6）对于剧烈燃烧的大火，使用遥控水枪或水炮远距离灭火；否则撤离火场并任其燃烧。

4. 燃烧爆炸危险

（1）危险性综述：本品不燃，有毒，对环境有危害。

（2）燃爆危险：本品不燃。但遇明火或高热易产生剧毒的光气和氯化氢烟雾；在潮湿的空气中逐渐分解为光气和氯化氢。

5. 燃爆温度及燃烧（分解）产物

燃烧（分解）产物：光气（有毒）、氯化物（有毒）。

6. 禁止混储

与水接触成为腐蚀剂。与燃烧的蜡或铀、碱金属、硫化二酰亚胺钾、三乙基铝、三氯化三乙基二铝接触发生爆炸性反应。在温度升高时可发生氧化性分解。与火焰、热表面或焊接弧接触时，形成氯化氢和光气。与二硅化钙、次氯酸钙、三氟化氯、十硼烷、四氧化二氮、锂和许多金属的粉末（如铝、钡、铍、锂、镁、钠）混合形成对热、碰撞和摩擦敏感的爆炸物。与轻金属接触产生热。与钾或钠钾合金形成对震动非常敏感的混合物。与烯丙基乙醇、三乙基锑等许多物质发生剧烈反应或爆炸。与三氯化铝、二苯甲酰、氮化锂不相容。浸蚀一些塑料和橡胶，也在潮湿或热的条件下，浸蚀许多金属。由于低导电性，流动或搅动会产生静电。注意：与大体积的钡可以发生剧烈反应。

注：参考自《威利化学品禁忌手册》。

7. 隔离距离

泄漏：应立即隔离 50m 范围，可依据需要增加下风向撤离的距离；人员停留在上风向。

火灾：火场内若有储罐、槽车或罐车，隔离 800m。也可以考虑首次向四周撤离 800m。

8. 急救措施

（1）皮肤接触：立即脱去污染的衣着，用肥皂水及清水冲洗；就医。

（2）眼睛接触：立即提起眼睑，用流动清水或生理盐水彻底冲洗；就医。

（3）吸入：迅速脱离现场至空气新鲜处。保持呼吸道通畅。如呼吸困难，给输氧。如呼吸停止，立即进行人工呼吸；就医。

（4）食入：饮足量温水，催吐。洗胃；立即就医。

四乙基铅泄漏、燃爆事故

1. 遇水反应

不发生反应。

2. 泄漏处置

迅速撤离泄漏污染区人员至安全区，并进行隔离，严格限制出入。切断火源。建议应急处理人员戴自给正压式呼吸器，穿防化服。不要直接接触泄漏物。尽可能切断泄漏源。防止进入下水道、排洪沟等限制性空间。小量泄漏：用砂土或其他不燃材料吸附或吸收。大量泄漏：构筑围堤或挖坑收容。用泡沫覆盖，降低蒸气灾害。用防爆泵转移至槽车或专用收集器内，回收或运至废物处理场所处置。

3. 燃爆与消防

（1）灭火方法及灭火剂：

灭火方法：消防人员须佩戴防毒面具、穿全身消防服，在上风向灭火。在确保安全的情况下将容器移离火场。

灭火剂：小火，泡沫、二氧化碳、砂土；大火，雾状水。

（2）储罐或货车（拖车）着火：

1）尽可能远距离灭火或用遥控水枪或水炮灭火。

2）用大量水冷却盛有危险品的容器，直到火完全熄灭。

3）如果容器的安全阀发出响声或储罐变色，应迅速撤离。

4）切记远离被大火吞没的储罐。

5）对于燃烧剧烈的大火，使用遥控水枪或水炮远距离灭火；否则撤离火场并任其燃烧。

4. 燃烧爆炸危险

（1）危险性综述：本品可燃，高毒，对环境有危害。

（2）燃爆危险：遇明火、高热，有引起燃烧爆炸的危险。加热分解产生毒性气体。与氧化剂接触猛烈反应。

5. 燃爆温度及燃烧（分解）产物

自燃温度：127℃。

燃烧（分解）产物：一氧化碳、二氧化碳、氧化铅。

6. 禁止混储

与强氧化剂类、浓缩酸发生剧烈反应。腐蚀橡胶，浸蚀某些塑料和织物。

注：参考自《威利化学品禁忌手册》。

7. 隔离距离

泄漏：应立即隔离 50m 范围，可依据需要增加下风向撤离的距离；人员停留在上风向。

火灾：火场内若有储罐、槽车或罐车，隔离 800m。也可以考虑首次向四周撤离 800m。

8. 急救措施

（1）皮肤接触：脱去污染的衣着，用肥皂水及清水彻底冲洗；就医。

（2）眼睛接触：立即提起眼睑，用流动清水彻底冲洗；就医。

（3）吸入：迅速脱离现场至空气新鲜处。保持呼吸道通畅。如呼吸困难，给输氧。如呼吸停止，立即进行人工呼吸；就医。

（4）食入：给饮大量温水，催吐；用清水或硫代硫酸钠溶液洗胃；口服牛奶或蛋清；导泻；就医。

羰基镍泄漏、燃爆事故

1. 遇水反应

不发生反应。

2. 泄漏处置

疏散泄漏污染区人员至安全区，禁止无关人员进入污染区，切断火源。建议应急处理人员戴正压自给式呼吸器，穿厂商特别推荐的化学防护服（完全隔离）。不要直接接触泄漏物，在确保安全情况下堵漏。喷水雾会减少蒸发，但不能降低泄漏物在受限制空间内的易燃性。用砂土或其他不燃性吸附剂混合吸收，然后收集运至废物处理场所处置。如大量泄漏，利用围堤收容，然后收集、转移、回收或无害处理后废弃。

3. 燃爆与消防

（1）灭火方法及灭火剂：

灭火方法：消防人员必须佩戴过滤式防毒面具（全面罩）或隔离式呼吸器、穿全身防火防毒服，在上风向灭火。尽可能将容器从火场移至空旷处。喷水保持火场容器冷却，直至灭火结束。处在火场中的容器若已变色或从安全泄压装置中产生声音，必须马上撤离。

灭火剂：雾状水、泡沫、干粉、二氧化碳、砂土。

（2）储罐或货车（拖车）着火：

1）尽可能远距离灭火或用遥控水枪或水炮灭火。

2）用大量水冷却盛有危险品的容器，直到火完全熄灭。

3）如果容器的安全阀发出响声或储罐变色，应迅速撤离。

4）切记远离被大火吞没的储罐。

5）对于燃烧剧烈的大火，使用遥控水枪或水炮远距离灭火；否则撤离火场并任其燃烧。

4. 燃烧爆炸危险

（1）危险性综述：本品易燃，高毒，为致癌物，具刺激性。

（2）燃爆危险：易燃，与空气混合形成爆炸性混合物（闪点 -20℃）。本品在空气中氧化，加热至60℃时发生爆炸。受热、接触酸或酸雾会放出剧毒的烟雾。

5. 燃爆温度及燃烧（分解）产物

燃烧（分解）产物：一氧化碳、氧化镍。

6. 禁止混储

与强氧化剂、卤素、液溴、四氧化二氮、空气、氧、强酸发生剧烈反应。遇四氯丙二烯形成对震动敏感的爆炸物。蒸气可促进易燃蒸气混合物（如汽油+空气）的点燃。浸蚀某些塑料、橡胶和织物。储存在惰性气体中。由于低导电性，流动或搅动会产生静电。

注：参考自《威利化学品禁忌手册》。

7. 隔离距离

泄漏：应立即隔离 90m 范围，下风向撤离范围白天为 0.8km，夜晚为 3.5km，可依据需要增加下风向撤离的距离；大量泄漏：应立即隔离 500m 范围，下风向撤离范围白天为 4.7km，夜晚为 9.8km，可依据需要增加下风向撤离的距离；人员停留在上风向。

火灾：火场内若有储罐、槽车或罐车，隔离 800m。也可以考虑首次向四周撤离 800m。

8. 急救措施

（1）皮肤接触：立即脱去污染的衣着，用流动清水彻底冲洗。

（2）眼睛接触：立即提起眼睑，用流动清水或生理盐水冲洗；就医。

（3）吸入：迅速脱离现场至空气新鲜处。注意保暖，保持呼吸道通畅。如呼吸困难，给输氧。如呼吸停止，立即进行人工呼吸；就医。

（4）食入：饮大量温水，催吐；就医。

1，5- 戊二胺泄漏、燃爆事故

1. 遇水反应

不发生反应。

2. 泄漏处置

迅速撤离泄漏污染区人员至安全区，并进行隔离，严格限制出入。切断火源。建议应急处理人员戴自给正压式呼吸器，穿防化服。不要直接接触泄漏物。尽可能切断泄漏源。防止进入下水道、排洪沟等限制性空间。小量泄漏：用砂土或其他不燃材料吸附或吸收。也可以用大量水冲洗，洗水稀释后放入废水系统。大量泄漏：构筑围堤或挖坑收容。用泡沫覆盖，降低蒸气灾害。用泵转移至槽车或专用收集器内，回收或运至废物处理场所处置。

3. 燃爆与消防

（1）灭火方法及灭火剂：

灭火方法：消防人员须穿全身防火防毒服，佩戴空气呼吸器，在上风向灭火。在确保安全的情况下将容器移离火场。

灭火剂：雾状水、泡沫、砂土、二氧化碳、干粉。

（2）储罐或货车（拖车）着火：

1）尽可能远距离灭火或用遥控水枪或水炮扑救。

2）用大量水冷却盛有危险品的容器，直到火完全熄灭。

3）切勿将水注入容器。

4）如果容器的安全阀发出响声或储罐变色，应迅速撤离。

5）切记远离被大火吞没的储罐。

4. 燃烧爆炸危险

（1）危险性综述：本品易燃，有毒，具强刺激性。

（2）燃爆危险：遇明火、高热易燃。受热分解放出有毒的氧化氮烟气。与氧化剂发生强烈反应。

5. 燃爆温度及燃烧（分解）产物

燃烧（分解）产物：一氧化碳、二氧化碳、氮氧化物（有毒）。

6. 禁止混储

与强氧化剂类、醇类发生剧烈反应。一种强有机碱。与有机酐、环氧烷烃、环氧氯丙烷、醛类、醇类、二醇类、苯酚类、酚类、己内酰胺溶液不相容。浸蚀铜、镍、钢材；浸蚀一些塑料、橡胶和布品。

注：参考自《威利化学品禁忌手册》。

7. 隔离距离

泄漏：应立即隔离 25m 范围，可依据需要增加下风向撤离的距离；人员停留在上风向。

火灾：火场内若有储罐、槽车或罐车，隔离 800m。也可以考虑首次向四周撤离 800m。

8. 急救措施

（1）皮肤接触：脱去污染的衣着，立即用水冲洗至少 15min。或用 3% 硼酸溶液冲洗。

（2）眼睛接触：立即提起眼睑，立即提起眼睑，用流动清水或生理盐水冲洗至少 15min；就医。

（3）吸入：迅速脱离现场至空气新鲜处。呼吸困难时给输氧。呼吸停止者，立即进行人工呼吸；就医。

（4）食入：立即漱口，给饮牛奶或蛋清；就医。

五羰基铁泄漏、燃爆事故

1. 遇水反应

不发生反应。

2. 泄漏处置

疏散泄漏污染区人员至安全区，禁止无关人员进入污染区，切断火源。建议应急处理人员戴正压自给式呼吸器，穿一般消防防护服。用不燃性分散剂制成的乳液刷洗，也可以用砂土吸收，倒至空旷地方深埋。被污染地面用肥皂或洗涤剂刷洗，经稀释的洗水放入废水系统。如大量泄漏，利用围堤收容，然后收集、转移、回收或无害处理后废弃。

3. 燃爆与消防

（1）灭火方法及灭火剂：

灭火方法：消防人员必须佩戴过滤式防毒面具（全面罩）或隔离式呼吸器、穿全身防火防毒服，在上风向灭火。尽可能将容器从火场移至空旷处。喷水保持火场容器冷却，直至灭火结束。处在火场中的容器若已变色或从安全泄压装置中产生声音，必须马上撤离。

灭火剂：水、泡沫、二氧化碳、干粉、砂土。

（2）储罐或货车（拖车）着火：

1）尽可能远距离灭火或用遥控水枪或水炮灭火。

2）用大量水冷却盛有危险品的容器，直到火完全熄灭。

3）如果容器的安全阀发出响声或储罐变色，应迅速撤离。

4）切记远离被大火吞没的储罐。

5）对于燃烧剧烈的大火，使用遥控水枪或水炮远距离灭火；否则撤离火场并任其燃烧。

4. 燃烧爆炸危险

（1）危险性综述：本品易燃，高毒，具强刺激性。

（2）燃爆危险：暴露在空气中能自燃。遇明火、高热能引起燃烧爆炸。与氧化剂能发生强烈反应，其蒸气比空气重，能在较低处扩散到相当远的地方，遇火源会着火回燃。与锌及过渡金属卤化物发生剧烈反应。

5. 燃爆温度及燃烧（分解）产物

自燃温度：500℃。

燃烧（分解）产物：一氧化碳、二氧化碳、氧化铁。

6. 禁止混储

与强氧化剂、强碱、胺类、卤素发生反应。

7. 隔离距离

泄漏：应立即隔离 30m 范围，下风向撤离范围白天为 0.3km，夜晚为 0.6km，可依据需要增加下风向撤离的距离；大量泄漏：应立即隔离 150m 范围，下风向撤离范围白天为 1.6km，夜晚为 3.0km，可依据需要增加下风向撤离的距离；人员停留在上风向。

火灾：火场内若有储罐、槽车或罐车，隔离 800m。也可以考虑首次向四周撤离 800m。

8. 急救措施

（1）皮肤接触：立即脱去污染的衣着，用肥皂水或清水彻底冲洗；就医。

（2）眼睛接触：立即提起眼睑，用流动清水冲洗 15min；就医。

（3）吸入：迅速脱离现场至空气新鲜处。保持呼吸道通畅。如呼吸困难，给输氧。如呼吸停止，立即进行人工呼吸；就医。

（4）食入：饮适量温水，催吐；就医。

硝基苯泄漏、燃爆事故

1. 遇水反应

不发生反应。

2. 泄漏处置

疏散泄漏污染区人员至安全区，禁止无关人员进入污染区，建议应急处理人员戴正压自给式呼吸器，穿厂商特别推荐的化学防护服（完全隔离）。不要直接接触泄漏物，在确保安全情况下堵漏。喷雾状水，减少蒸发。用砂土、蛭石或其他惰性材料吸收，然后收集运至废物处理场所处置。也可以用不燃性分散剂制成的乳液刷洗，经稀释的洗水放入废水系统。如大量泄漏，利用围堤收容，然后收集、转移、回收或无害处理后废弃。

3. 燃爆与消防

（1）灭火方法及灭火剂：

灭火方法：消防人员须佩戴防毒面具、穿全身消防服，在上风向灭火。喷水冷却容器，可能的话将容器从火场移至空旷处。

灭火剂：小火，抗溶性泡沫、二氧化碳、砂土；大火，雾状水。

（2）储罐或货车（拖车）着火：

1）尽可能远距离灭火或用遥控水枪或水炮灭火。

2）切勿将水注入容器。

3）用大量水冷却盛有危险品的容器，直到火完全熄灭。

4）如果容器的安全阀发出响声或储罐变色，应迅速撤离。

5）切记远离被大火吞没的储罐。

6）对于燃烧剧烈的大火，使用遥控水枪或水炮远距离灭火；否则撤离火场并任其燃烧。

4. 燃烧爆炸危险

（1）危险性综述：本品可燃，有毒，对环境有危害，对水体可造成污染。

（2）燃爆危险：遇明火、高热可燃。与硝酸反应强烈。

5. 燃爆温度及燃烧（分解）产物

引燃温度：482℃。

燃烧（分解）产物：一氧化碳、二氧化碳、氮氧化物（有毒）。

6. 禁止混储

与氧化氮、氢氧化钾、高氯酸银、碱金属发生剧烈反应。与还原剂类、易燃材料、强氧化剂发生反应。与碱性物质混合可增加此物质热敏感性。与碱金属、7H–苯蒽–7–酮、硝酸、四氧化氮、苛性碱类、氨、胺类不相容。与氯化铝、氟三硝基甲烷、发烟硝酸、五氯化磷、钾、强氧化剂、硫酸、氯化锡混合形成爆炸性混合物。浸蚀许多塑料、橡胶和布品。

注：参考自《威利化学品禁忌手册》。

7. 隔离距离

泄漏：应立即隔离 50m 范围，可依据需要增加下风向撤离的距离；人员停留在上风向。

火灾：火场内若有储罐、槽车或罐车，隔离 800m。也可以考虑首次向四周撤离 800m。

8. 急救措施

（1）皮肤接触：立即脱去污染的衣着，用肥皂水或清水彻底冲。

（2）眼睛接触：立即提起眼睑，用大量流动清水或生理盐水彻底冲洗。

（3）吸入：迅速脱离现场至空气新鲜处。保持呼吸道通畅。如呼吸困难，给输氧。如呼吸停止，立即进行人工呼吸；就医。

（4）食入：立即漱口，饮水，洗胃后口服活性炭，再给以导泻；就医。

氧氰化汞泄漏、燃爆事故

1. 遇水反应

不发生反应。

2. 泄漏处置

隔离泄漏污染区，周围设警告标志，建议应急处理人员戴正压自给式呼吸器，穿化学防护服。不要直接接触泄漏物，用湿砂土混合，移至大量水中，加过量的次氯酸钠，静置 24h，然后运至废物处理场所处置。如大量泄漏，收集回收或无害处理后废弃。

3. 燃爆与消防

（1）灭火方法及灭火剂：

灭火方法：消防人员须戴好防毒面具，在安全距离以外，在上风向灭火。在确保安全的情况下，将容器移离火场。

灭火剂：小火，泡沫、干粉、二氧化碳、砂土；大火，雾状水。

（2）储罐或货车（拖车）着火：

1）尽可能远距离灭火或用遥控水枪或水炮扑救。

2）用大量水冷却盛有危险品的容器，直到火完全熄灭。

3）切勿将水注入容器。

4）如果容器的安全阀发出响声或储罐变色，应迅速撤离。

5）切记远离被大火吞没的储罐。

6）对于燃烧剧烈的大火，使用遥控水枪或水炮远距离灭火；否则撤离火场并任其燃烧。

4. 燃烧爆炸危险

（1）危险性综述：本品可燃，剧毒，对环境有危害。

（2）燃爆危险：接触明火、高热或受到摩擦震动、撞击时可发生爆炸。遇酸会产生剧毒、易燃的氰化氢气体。受高热分解，放出高毒的烟气。

5. 燃爆温度及燃烧（分解）产物

燃烧（分解）产物：氮氧化物、汞、氰化氢。均有毒。

6. 禁止混储

与强氧化剂、强酸发生反应。

7. 隔离距离

泄漏：应立即隔离25m范围，可依据需要增加下风向撤离的距离；人员停留在上风向。

火灾：火场内若有储罐、槽车或罐车，隔离800m。也可以考虑首次向四周撤离800m。

8. 急救措施

（1）皮肤接触：立即脱去污染的衣着，用肥皂水及清水冲洗；就医。

（2）眼睛接触：立即提起眼睑，用流动清水冲洗至少15min；就医。

（3）吸入：脱离现场至空气新鲜处。吸入亚硝酸异戊酯，肌肉注射10% 4–二甲基氨基苯酚；就医。

（4）食入：口服牛奶、豆浆或蛋清；吸入亚硝酸异戊酯，肌肉注射10% 4–二甲基氨基苯酚；就医。

异硫氰酸烯丙酯（人造芥子油）泄漏、燃爆事故

1. 遇水反应

发生反应，生成烯丙醇和异硫氰酸。

2. 泄漏处置

疏散泄漏污染区人员至安全区，禁止无关人员进入污染区，切断火源。建议应急处理人员戴自给式呼吸器，穿化学防护服。不要直接接触泄漏物，在确保安全情况下堵漏。喷水雾会减少蒸发，但不能降低泄漏物在受限制空间内的易燃性。用活性炭或其他惰性材料吸收，然后收集运至废物处理场所处置。也可以用大量水冲洗，经稀释的洗水放入废水系统。如大量泄漏，利用围堤收容，然后收集、转移、回收或无害处理后废弃。

3. 燃爆与消防

（1）灭火方法及灭火剂：

灭火方法：消防人员须穿全身防火防毒服，佩戴空气呼吸器，在上风向灭火。在确保安全的情况下，将容器移离火场。

灭火剂：泡沫、砂土、二氧化碳、干粉。禁止酸碱灭火剂灭火。

（2）储罐或货车（拖车）着火：

1）尽可能远距离灭火或用遥控水枪或水炮扑救。

2）用大量水冷却盛有危险品的容器，直到火完全熄灭。

3）切勿将水注入容器。

4）如果容器的安全阀发出响声或储罐变色，应迅速撤离。

5）切记远离被大火吞没的储罐。

4. 燃烧爆炸危险

（1）危险性综述：本品易燃，有毒，具刺激性，具致敏性，对环境有危害，对水体可造成污染。

（2）燃爆危险：遇明火、高热或与氧化剂接触，有引起燃烧爆炸的危险。受高热或与酸接触会产生剧毒的氰化物气体。

5. 燃爆温度及燃烧（分解）产物

燃烧（分解）产物：一氧化碳、二氧化碳、氧化硫、氰化氢（有毒）、氮氧化物（有毒）。

6. 禁止混储

与强氧化剂、酸类、强碱、醇类、胺类、水发生反应。

7. 隔离距离

泄漏：应立即隔离 50m 范围，可依据需要增加下风向撤离的距离；人员停留在上风向。

火灾：火场内若有储罐、槽车或罐车，隔离 800m。也可以考虑首次向四周撤离 800m。

8. 急救措施

（1）皮肤接触：脱去污染的衣着，用流动清水彻底冲洗；若有灼伤，立即就医。

（2）眼睛接触：立即提起眼睑，用流动清水或生理盐水冲洗至少 15min；就医。

（3）吸入：迅速脱离现场至空气新鲜处。呼吸困难时给输氧。呼吸停止者，立即进行人工呼吸；就医。

（4）食入：给饮大量温水，催吐；就医。

第 7 章　腐蚀品

腐蚀品泄漏事故扑救通则

一、战术要点

（1）遵循“疏散救人、划定区域、有序处置、确保安全”的战术原则；

（2）严格控制进入现场人员，组织精干小组，采取驱散、稀释、覆盖、筑堤拦截等措施；

（3）充分利用固定设施和采取工艺处置措施；

（4）在上风安全区域建立指挥部，及时形成通信网络，保障调度指挥；

（5）严密监视险情，果断采取进攻及撤离行动；

（6）全面核查、彻底清理、消除隐患、安全撤离。

二、程序方法

1. 防护

（1）根据泄漏气体的毒性及划定的危险区域，确定相应的防护等级；

（2）防护等级划分标准见附录 A；

（3）防护标准见附录 B；

（4）凡在现场参与处置人员，最低防护不得低于三级。

2. 询情

（1）遇险人员情况；

（2）泄漏物质、时间、部位、形式、已扩散范围；

（3）周边单位、居民、地形等情况；

（4）单位的消防组织与设施；

（5）工艺处置措施。

3. 侦检

（1）搜寻遇险人员；

（2）使用检测仪器测定泄漏物质、浓度、扩散范围；

（3）确认设施、建（构）筑物险情；

（4）确认消防设施运行情况；

（5）确定攻防路线、阵地；

（6）现场及周边污染情况。

4. 警戒

（1）根据询情、检测情况设置警戒区域；

（2）警戒区域划分为：重危区、轻危区、安全区；

（3）分别划分区域并设立标志，在安全区外视情设立隔离带；

（4）严格控制各区域进出人员、车辆，并逐一登记。

5. 救生

（1）组成救生小组，携带救生器材迅速进入危险区域；

（2）采取正确救助方式（佩戴救生面罩等），将所有遇险人员移至安全区域；

（3）对救出人员进行登记和标识；

（4）将需要救治人员交由医疗急救部门救治。

6. 控险

（1）占领水源、铺设干线、设置阵地、有序展开；

（2）铺设水幕水带，设置水幕，稀释、降低蒸气浓度；

（3）采用多支喷雾水枪形成水幕墙，防止泄漏的某些腐蚀品蒸气向重要目标或危险源扩散；

（4）使用砂土、水泥粉等围堵或导流，限制泄漏物的流散范围。

7. 堵漏

（1）根据现场泄漏情况，研究制定堵漏方案，并严格按照堵漏方案实施；

（2）所有堵漏行动必须采取防腐、防毒措施，确保安全；

（3）关闭前置阀门，切断泄漏源；

（4）堵漏方法见附录C。

8. 输转

（1）利用工艺措施导流或倒罐；

（2）转移较危险的瓶（桶）体。

9. 医疗救护

（1）现场救护：

1）将染毒者迅速撤离现场，转移到上风或侧风方向空气无污染处；

2）注意对呼吸道（戴防毒面具、面罩或用湿毛巾捂住口鼻）和皮肤（穿防护服）进行防护；

3）对心跳、呼吸停止者立即进行心肺复苏措施，同时吸氧；

4）脱去污染服装，皮肤污染者，用流动清水或肥皂水彻底冲洗；眼睛污染者，用生理盐水、清水彻底冲洗；注意呼吸道是否通畅，防止窒息或阻塞。

（2）使用特效药物治疗；

（3）对症治疗；

（4）症状未消失者送医院观察治疗。

10. 洗消

（1）在安全区近危险区交界处设立洗消站；

（2）洗消的对象：

1）轻度中毒人员；

2）重度中毒人员（在送医院治疗之前）；

3）现场医务人员；

4）消防和其他抢险人员以及群众互救人员；

5）抢救及染毒器具。

（3）洗消的方法：

1）可用洗消车专用洗消液洗消；

2）可用大量水冲洗。

（4）洗消污水必须通过环保部门检测，达到排放标准，方可排放，以防造成次生灾害。

11. 清理

（1）少量泄漏，在地面上撒上纯碱或小苏打，吸附中和残液后，用大量水冲洗，污水放入废水系统；

（2）大量泄漏，用浮泵抽吸或使用盛器收集，回收后作技术处理；

（3）清点人员、车辆及器材；

（4）撤除警戒，做好移交，安全撤离。

三、注意事项

（1）进入现场须正确选择行车路线、停车位置、作战阵地；

（2）处置过程中应坚持以防腐、防火为重点；

（3）不能使用水成膜泡沫处置；

（4）严密监视液相流淌情况（下水道、沟渠、低洼等处），防止灾情扩大；

（5）确定宣传口径，慎重发布灾情和相关新闻。

注：主要参考《危险化学品应急救援必读》。

腐蚀品燃烧爆炸事故扑救通则

一、战术要点

（1）遵循“冷却抑爆，止漏排险，快速灭火”的战术原则；

（2）在上风、侧上风等安全区域内建立指挥部，利用通讯、广播等手段，保障调度指挥；

（3）积极防御，确保重点，控制蔓延；

（4）险情突变，危及安全，果断撤离，避免伤亡；

（5）全面检查，彻底清理，消除隐患，做好移交，安全撤离。

二、程序方法

1. 防护

（1）根据泄漏气体的毒性及划定的危险区域，确定相应的防护等级；

（2）防护等级划分标准见附录 A；

（3）防护标准见附录 B；

（4）凡在现场参与处置人员，最低防护不得低于三级。

2. 询情

（1）遇险人员情况；

（2）容器储量、燃烧时间、部位、形式、火势范围；

（3）周边单位、居民、地形等情况；

（4）消防设施、工艺措施、到场人员、处置意见。

3. 侦察

（1）搜寻遇险人员；

（2）确定物质燃烧范围、蔓延方向、火势阶段、对邻近罐（桶）及周边威胁程度；

（3）使用检测仪器测定爆炸性混合气体的浓度并观察流散范围；

（4）确认设施、建（构）筑物险情；

（5）确认消防设施运行情况；

（6）确认着火罐（装置、桶）受火势威胁程度及可能出现的险情；

（7）确定火场主攻方向及攻防路线、阵地；

（8）现场及周边污染情况。

4. 警戒

（1）根据询情、侦察情况设置警戒区域；

（2）警戒区域划分为危险区、安全区，并设立标志，在安全区外视情设立隔离带；

（3）合理设置出入口，严格控制各区域进出人员、车辆物质。

5. 救生

（1）组成救生小组，携带救生器材迅速进入现场；

（2）采取正确救助方式，将所有遇险人员移至安全区域；

（3）对救出人员进行登记和标识；

（4）将需要救治人员交由医疗急救部门救治。

6. 控险

（1）启动或启用单位喷淋、泡沫等固定、半固定灭火设施；

（2）占领水源、铺设干线、设置阵地、有序展开；

（3）铺设水幕水带，设置水幕，稀释，降低泄漏物蒸气浓度；

（4）用砂土、水泥粉等及时围堵或导流，防止泄漏物向重要目标或危险源流散。

7. 冷却

（1）立即出水冷却燃烧罐（桶）及与其相邻的罐（桶）；

（2）冷却强度不小于计算强度；

（3）对相邻的罐（桶）重点冷却受火焰辐射的一面；

（4）冷却要均匀、不间断；

（5）冷却尽可能利用带架水枪、固定式喷雾水枪或遥控移动炮。

8. 排险

（1）外围灭火：

向泄漏点、主火点进攻之前，必须将外围流淌火彻底扑灭。

（2）堵漏：

1）根据现场泄漏情况，研究制定堵漏方案，并严格按照堵漏方案实施；

2）所有堵漏行动必须采取防爆措施，确保安全；

3）关闭前置阀门，切断泄漏源；

4）堵漏方法见附录 C。

（3）输转：

1）利用工艺措施导流、倒罐；

2）转移受火势威胁的桶体。

9. 灭火

（1）灭火条件：

1）周围火点已彻底扑灭；

2）兵力、装备、灭火剂已准备就绪。

（2）灭火方法：

1）关阀断料法：关阀断料，熄灭火源。

2）干粉切封法：用两支以上胶管干粉枪并排或交差形成密集干粉流，集中对准火焰根部喷射，待火扑灭后立即用泡沫进行冷却覆盖。

10. 医疗救护

（1）现场救护：

1）迅速离开现场到上风或侧风方向空气无污染处；

2）注意对呼吸道（戴防毒面具、面罩或用湿毛巾捂住口鼻）和皮肤（穿防护服）进行防护；

3）对心跳、呼吸停止者立即进行心肺复苏措施，同时吸氧；

4）脱去污染服装，皮肤污染者，用流动清水或肥皂水彻底冲洗；眼睛污染者，用生理盐水、清水彻底冲洗；注意呼吸道是否通畅，防止窒息或阻塞；对消化道服入者应立即催吐。

（2）对症治疗：

11. 洗消

（1）在安全区近危险区交界处设立洗消站；

（2）洗消的对象：

1）轻度中毒人员；

2）重度中毒人员（在送医院治疗之前）；

3）现场医务人员；

4）消防和其他抢险人员以及群众互救人员；

5）抢救及染毒器具。

（3）洗消污水必须通过环保部门的检测，达到排放标准，方可排放，以防造成次生灾害。

12. 清理

（1）少量残液，用炉渣、砂土、水泥粉吸附，回收填埋；

（2）大量残液，用无火花盛器或防爆型吸泵回收，集中处理；

（3）用直流水、蒸气、惰性气体清扫现场内排空罐及低洼、沟渠等处，确保不留残液；

（4）清点人员、车辆及器材；

（5）撤除警戒，安全撤离。

三、注意事项

（1）正确选择行车路线、停车位置、作战阵地；

（2）冷却时严禁向火焰口射水，防止燃烧加剧；

（3）严密监视液体流淌情况，防止火势扩大蔓延；

（4）慎用高压水扑救，以免酸液四溅，伤害救援人员；遇水发热、分解或产生酸性烟雾的物质如硫酸、卤化物、强碱等物品的火灾不能用水扑救，可用干沙、泡沫、干粉灭火；

（5）注意风向变换，适时调整部署；

（6）慎重发布灾情和相关新闻。

注：主要参考《危险化学品应急救援必读》。

2- 氨基乙醇（乙醇胺）泄漏、燃爆事故

1. 遇水反应

不发生反应。可用雾状水灭火。

2. 泄漏处置

迅速撤离泄漏污染区人员至安全区，并进行隔离，严格限制出入。切断火源。建议应急处理人员戴自给正压式呼吸器，穿防化服。尽可能切断泄漏源。防止进入下水道、排洪沟等限制性空间。小量泄漏：用砂土、干燥石灰或苏打灰混合。也可以用大量水冲洗，洗水稀释后放入废水系统。大量泄漏：构筑围堤或挖坑收容。用泵转移至槽车或专用收集器内，回收或运至废物处理场所处置。

3. 燃爆与消防

（1）灭火方法及灭火剂：

灭火方法：消防人员须佩戴防毒面具、穿全身消防服，在上风向灭火。尽可能将容器从火场移至空旷处。喷水保持火场容器冷却，直至灭火结束。处在火场中的容器若已变色或从安全泄压装置中产生声音，必须马上撤离。用水喷射逸出液体，使其稀释成不燃性混合物，并用雾状水保护消防人员。

灭火剂：小火，水、抗溶性泡沫、二氧化碳、雾状水、砂土；大火，二氧化碳、雾状水。

（2）储罐或货车（拖车）着火：

1）尽可能远距离灭火或用遥控水枪或水炮灭火。

2）用大量水冷却盛有危险品的容器，直到火完全熄灭。

3）如果容器的安全阀发出响声或储罐变色，应迅速撤离。

4）切记远离被大火吞没的储罐。

5）对于燃烧剧烈的大火，使用遥控水枪或水炮远距离灭火；否则撤离火场并任其燃烧。

4. 燃烧爆炸危险

（1）危险性综述：本品可燃，具腐蚀性、刺激性，可致人体灼伤。

（2）燃爆特性：遇高热、明火或与氧化剂接触，有引起燃烧的危险。与硫酸、硝酸、盐酸等强酸发生剧烈反应。

5. 燃爆温度及燃烧（分解）产物

燃烧（分解）产物：一氧化碳、二氧化碳、氮氧化物（有毒）。

6. 禁止混储

与强氧化剂类、强酸类发生剧烈反应。与乙酸、乙酸酐、丙烯醛等很多物质不相容。与高氯酸钠形成爆炸性混合物。浸蚀铝、铜、铅、锡、锌及其合金。浸蚀塑料、布品和橡胶。

注：参考自《威利化学品禁忌手册》。

7. 隔离距离

泄漏：应立即隔离 50m 范围，可依据需要增加下风向撤离的距离；人员停留在上风向。

火灾：火场内若有储罐、槽车或罐车，隔离 800m。也可以考虑首次向四周撤离 800m。

8. 急救措施

（1）皮肤接触：立即脱去污染的衣着，用大量清水彻底冲洗；就医。

（2）眼睛接触：立即提起眼睑，用大量流动清水或生理盐水彻底冲洗至少 15min。或用 3% 硼酸溶液冲洗；就医。

（3）吸入：迅速脱离现场至空气新鲜处。保持呼吸道通畅。如呼吸困难，给输氧。如呼吸停止，立即进行人工呼吸；就医。

（4）食入：立即漱口，给饮牛奶或蛋清。就医。

苯酰氯泄漏、燃爆事故

1. 遇水反应

发生反应。受热放出有毒的腐蚀性氯化氢气体。

2. 泄漏处置

迅速撤离泄漏污染区人员至安全区，并进行隔离，严格限制出入。切断火源。建议应急处理人员戴自给正压式呼吸器，穿防化服。不要直接接触泄漏物。尽可能切断泄漏源。防止进入下水道、排洪沟等限制性空间。小量泄漏：用砂土、蛭石或其他惰性材料吸收。大量泄漏：构筑围堤或挖坑收容。用泵转移至槽车或专用收集器内，回收或运至废物处理场所处置。

3. 燃爆与消防

（1）灭火方法及灭火剂：

灭火方法：消防人员必须佩戴氧气呼吸器、穿全身防护服。

灭火剂：抗溶性泡沫、干粉、二氧化碳、水泥粉。禁止用水和泡沫灭火。

（2）储罐或货车（拖车）着火：

1）用大量水冷却盛有危险品的容器，直到火完全熄灭。

2）切勿将水注入容器。

3）如果容器的安全阀发出响声或储罐变色，应迅速撤离。

4）切记远离被大火吞没的储罐。

4. 燃烧爆炸危险

（1）危险性综述：本品可燃，有毒，具强腐蚀性、强刺激性，可致人体灼伤。

（2）燃爆特性：遇明火、高热可燃。遇水或水蒸气反应放热并产生有毒的腐蚀性气体。对很多金属尤其是潮湿空气存在下有腐蚀性。

5. 燃爆温度及燃烧（分解）产物

燃烧（分解）产物：一氧化碳、二氧化碳、氯化氢（有毒）、光气（有毒）。

6. 禁止混储

接触水可产生剧烈反应，产生盐酸。与氧化剂类、胺类、醇类、碱类、碱金属、二甲基亚砜反应。潮湿时浸蚀金属。浸蚀某些布品、塑料（包括PVC）以及橡胶（包括天然橡胶、氯丁橡胶和丁腈橡胶）。

注：参考自《威利化学品禁忌手册》。

7. 隔离距离

泄漏：应立即隔离30m范围，下风向撤离范围白天为0.2km，夜晚为0.2km。可依据需要增加四周隔离和下风向撤离的距离。大量泄漏：应立即隔离30m范围，下风向撤离范围白天为0.3km，夜晚为1.1km。可依据需要增加向四周隔离的距离和下风向撤离的距离；人员停留在上风向。

火灾：火场内若有储罐、槽车或罐车，立即四周隔离800m。也可以考虑首次向四周撤离800m。

8. 急救措施

（1）皮肤接触：脱去被污染的衣着，用肥皂水和清水彻底冲洗皮肤。

（2）眼睛接触：提起眼睑，用流动清水或生理盐水冲洗；就医。

（3）吸入：迅速脱离现场至空气新鲜处。保持呼吸道通畅。如呼吸困难，给输氧。如呼吸停止，立即进行人工呼吸；就医。

（4）食入：用水漱口，给饮牛奶、蛋清；就医。

丙酸泄漏、燃爆事故

1. 遇水反应

不发生反应。

2. 泄漏处置

迅速撤离泄漏污染区人员至安全区，并进行隔离，严格限制出入。切断火源。建议应急处理人员戴自给正压式呼吸器，穿防酸碱消防服。不要直接接触泄漏物。尽可能切断泄漏源。防止进入下水道、排洪沟等限制性空间。小量泄漏：用砂土或其他不燃材料吸附或吸收。也可以用大量水冲洗，洗水稀释后放入废水系统。大量泄漏：构筑围堤或挖坑收容。用泡沫覆盖，降低蒸气灾害。喷雾状水冷却和稀释蒸气、保护现场人员、把泄漏物稀释成不燃物。用防爆泵耐腐蚀泵转移至槽车或专用收集器内，回收或运至废物处理场所处置。

3. 燃爆与消防

（1）灭火方法及灭火剂：

灭火方法：消防人员必须穿全身耐酸碱消防服，佩戴空气呼吸器。用水喷射逸出液体，使其稀释成不燃性混合物，并用雾状水保护消防人员。

灭火剂：小火，抗溶性泡沫、干粉、二氧化碳、砂土；大火，雾状水。

（2）储罐或货车（拖车）着火：

1）尽可能远距离灭火或用遥控水枪或水炮灭火。

2）用大量水冷却盛有危险品的容器，直到火完全熄灭。

3）如果容器的安全阀发出响声或储罐变色，应迅速撤离。

4）切记远离被大火吞没的储罐。

5）对于燃烧剧烈的大火，使用遥控水枪或水炮远距离灭火；否则撤离火场并任其燃烧。

4. 燃烧爆炸危险

（1）危险性综述：本品易燃，具腐蚀性、强刺激性，可致人体灼伤，对环境有危害，对水体可造成污染。

（2）燃爆特性：易燃，其蒸气与空气可形成爆炸性混合物（闪点52℃，闭杯），遇明火、高热能引起燃烧爆炸。与氧化剂能发生强烈反应。

5. 燃爆温度及燃烧（分解）产物

引燃温度：465℃。

燃烧（分解）产物：一氧化碳、二氧化碳。

6. 禁止混储

与强氧化剂、苛性碱类物质发生剧烈反应。与脂肪胺类、碱金属、链烷醇胺类、氨、环氧烷烃类、表氯醇、异氰酸酯类、硫酸不相容。浸蚀多种金属，产生爆炸性的氢气。

注：参考自《威利化学品禁忌手册》。

7. 隔离距离

泄漏：应立即隔离 50m 范围，可依据需要增加下风向撤离的距离；人员停留在上风向。

火灾：火场内若有储罐、槽车或罐车，隔离 800m。也可以考虑首次向四周撤离 800m。

8. 急救措施

（1）皮肤接触：脱去污染的衣着，用清水冲洗至少 15min。若有灼伤，就医治疗。

（2）眼睛接触：立即提起眼睑，用流动清水或生理盐水冲洗至少 15min；就医。

（3）吸入：迅速脱离现场至空气新鲜处。保持呼吸道通畅。如呼吸困难，给输氧。如呼吸停止，立即进行人工呼吸；就医。

（4）食入：口服大量温水；就医。

丙烯酸泄漏、燃爆事故

1. 遇水反应

不发生反应。

2. 泄漏处置

迅速撤离泄漏污染区人员至安全区，并进行隔离，严格限制出入。切断火源。建议应急处理人员戴自给正压式呼吸器，穿防酸碱消防服。不要直接接触泄漏物。尽可能切断泄漏源。防止进入下水道、排洪沟等限制性空间。小量泄漏：用砂土或其他不燃材料吸附或吸收。大量泄漏：构筑围堤或挖坑收容。用防爆泵转移至槽车或专用收集器内，回收或运至废物处理场所处置。

3. 燃爆与消防

（1）灭火方法及灭火剂：

灭火方法：消防人员须戴好防毒面具，穿防酸碱消防服，在安全距离以外，在上风向灭火。用水喷射逸出液体，使其稀释成不燃性混合物，并用雾状水保护消防人员。

灭火剂：小火，雾状水、抗溶性泡沫、干粉、二氧化碳；大火，雾状水。

（2）储罐或货车（拖车）着火：

1）尽可能远距离灭火或用遥控水枪或水炮灭火。

2）用大量水冷却盛有危险品的容器，直到火完全熄灭。

3）如果容器的安全阀发出响声或储罐变色，应迅速撤离。

4）切记远离被大火吞没的储罐。

5）对于燃烧剧烈的大火，使用遥控水枪或水炮远距离灭火；否则撤离火场并任其燃烧。

4. 燃烧爆炸危险

（1）危险性综述：本品易燃，具腐蚀性、强刺激性，可致人体灼伤。

（2）燃爆特性：其蒸气与空气可形成爆炸性混合物（闪点 50℃，闭杯），遇明火、高热能引起燃烧爆炸。与氧化剂发生强烈反应。若遇高热，可发生聚合反应，放出大量热量而引起容器破裂和爆炸事故。遇热、光、水分、过氧化物及铁质易自聚而引起爆炸。

5. 燃爆温度及燃烧（分解）产物

引燃温度：438℃。

燃烧（分解）产物：一氧化碳、二氧化碳。

6. 禁止混储

与强氧化剂、强碱反应。

7. 隔离距离

泄漏：应立即隔离 50m 范围，可依据需要增加下风向撤离的距离；人员停留在上风向。

火灾：火场内若有储罐、槽车或罐车，隔离 800m。也可以考虑首次向四周撤离 800m。

8. 急救措施

（1）皮肤接触：立即脱去污染的衣着，用大量流动清水彻底冲洗至 15min；就医。

（2）眼睛接触：立即提起眼睑，用大量流动清水或生理盐水彻底冲洗至少 15min；就医。

（3）吸入：迅速脱离现场至空气新鲜处。保持呼吸道通畅。如呼吸困难，给输氧。如呼吸停止，立即进行人工呼吸；就医。

（4）食入：用水漱口，给饮牛奶或蛋清；就医。

蒽（绿油脑）泄漏、燃爆事故

1. 遇水反应

用水可引起沸溅。不宜用水灭火。

2. 泄漏处置

隔离泄漏污染区，周围设警告标志，建议应急处理人员戴好面罩，穿一般作业工作服。不要直接接触泄漏物，避免扬尘，小心扫起，置于袋中转移至安全场所。如大量泄漏，收集回收或无害处理后废弃。

3. 燃爆与消防

（1）灭火方法及灭火剂：

灭火方法：消防人员须穿全身防火防毒服，佩戴空气呼吸器，在上风向灭火。在确保安全的情况下将容器移离火场。

灭火剂：干粉、二氧化碳、砂土。用水可引起沸溅。不宜用水灭火。

（2）储罐或货车（拖车）着火：

1）尽可能远距离灭火或用遥控水枪或水炮灭火。

2）切勿对泄漏源或安全阀直接喷水，防止产生冰冻。

3）如果容器的安全阀发出响声或储罐变色，应迅速撤离。

4）切记远离被大火吞没的储罐。

5）对于燃烧剧烈的大火，使用遥控水枪或水炮远距离灭火；否则撤离火场并任其燃烧。

4. 燃烧爆炸危险

（1）危险性综述：本品可燃，具强腐蚀性、刺激性，可致人体灼伤，对环境有危害，对水体可造成污染。

（2）燃爆特性：遇明火、高热可燃。其粉体与空气混合，能形成爆炸性混合物。与强氧化剂接触可发生化学反应。

5. 燃爆温度及燃烧（分解）产物

自燃温度：540℃。

燃烧（分解）产物：一氧化碳、二氧化碳。

6. 禁止混储

与强氧化剂、铬酸、次氯酸钙接触可引起剧烈反应。

注：参考自《威利化学品禁忌手册》。

7. 隔离距离

泄漏：应立即隔离50m范围，可依据需要增加下风向撤离的距离；人员停留在上风向。

火灾：火场内若有储罐、槽车或罐车，隔离800m。也可以考虑首次向四周撤离800m。

8. 急救措施

（1）皮肤接触：脱去污染的衣着，用大量流动清水彻底冲洗；就医。

（2）眼睛接触：立即提起眼睑，用流动清水冲洗；就医。

（3）吸入：迅速脱离现场至空气新鲜处。保持呼吸道通畅。如呼吸困难，给输氧。如呼吸停止，立即进行人工呼吸；就医。

（4）食入：给充分漱口、饮水；就医。

1，2－二氨基乙烷（1，2－乙二胺）泄漏、燃爆事故

1. 遇水反应

不发生反应。

2. 泄漏处置

迅速撤离泄漏污染区人员至安全区，并进行隔离，严格限制出入。切断火源。建议应急处理人员戴自给正压式呼吸器，穿防酸碱消防服。尽可能切断泄漏源。防止进入下水道、排洪沟等限制性空间。小量泄漏：用砂土、干燥石灰或苏打灰混合。也可以用大量水冲洗，洗水稀释后放入废水系统。大量泄漏：构筑围堤或挖坑收容。喷雾状水冷却和稀释蒸气、保护现场人员、把泄漏物稀释成不燃物。用防爆、耐腐蚀泵转移至槽车或专用收集器内，回收或运至废物处理场所处置。

3. 燃爆与消防

（1）灭火方法及灭火剂：

灭火方法：消防人员须穿全身防火防毒服，佩戴空气呼吸器，在上风向灭火。用水喷射逸出液体，使其稀释成不燃性混合物，并用雾状水保护消防人员。

灭火剂：小火，水、抗溶性泡沫、二氧化碳、干粉、砂土；大火，雾状水。

（2）储罐或货车（拖车）着火：

1）尽可能远距离灭火或用遥控水枪或水炮灭火。

2）用大量水冷却盛有危险品的容器，直到火完全熄灭。

3）如果容器的安全阀发出响声或储罐变色，应迅速撤离。

4）切记远离被大火吞没的储罐。

5）对于燃烧剧烈的大火，使用遥控水枪或水炮远距离灭火；否则撤离火场并任其燃烧。

4. 燃烧爆炸危险

（1）危险性综述：本品易燃，具强腐蚀性、强刺激性，可致人体灼伤，对环境有危害，对水体可造成污染。

（2）燃爆特性：与空气形成爆炸性混合物（闪点 40℃，闭杯）。遇明火、高热或与氧化剂接触，有引起燃烧爆炸的危险。与乙酸、乙酸酐、二硫化碳、氯磺酸、硫酸、硝酸、盐酸、发烟硫酸、过氯酸等剧烈反应。能腐蚀铜及其合金。

5. 燃爆温度及燃烧（分解）产物

引燃温度：385℃。

燃烧（分解）产物：一氧化碳、二氧化碳、氮氧化物（有毒）。

6. 禁止混储

与强氧化剂、强酸、有机氯化物、乙酸酐、丙烯醛等物质发生剧烈反应。与 3-丙内酯、异亚丙基丙酮、二氯化乙烯等很多物质不相容。含氮化合物引起其自发性分解；与爆炸性材料分开存放，如硝酸铵、硫酸铵、苦味酸、硝基苯等。浸蚀铝、铜、铅、锡、锌及其合金。浸蚀一些塑料、布品和橡胶。

注：参考自《威利化学品禁忌手册》。

7. 隔离距离

泄漏：应立即隔离 50m 范围，可依据需要增加下风向撤离的距离；人员停留在上风向。

火灾：火场内若有储罐、槽车或罐车，隔离 800m。也可以考虑首次向四周撤离 800m。

8. 急救措施

（1）皮肤接触：立即脱去污染的衣着，用大量清水彻底冲洗至少 15min；就医。

（2）眼睛接触：立即提起眼睑，用大量流动清水或生理盐水彻底冲洗至少 15min；就医。

（3）吸入：迅速脱离现场至空气新鲜处。保持呼吸道通畅。如呼吸困难，给输氧。如呼吸停止，立即进行人工呼吸；就医。

（4）食入：立即漱口，口服牛奶或蛋清；就医。

二甲基硫代磷酰氯泄漏、燃爆事故

1. 遇水反应

发生反应。释放出有毒烟雾 HCl、二甲基硫代磷酸。

2. 泄漏处置

迅速撤离泄漏污染区人员至安全区，并进行隔离，严格限制出入。切断火源。建议应急处理人员戴自给正压式呼吸器，穿防酸碱工作服。尽可能切断泄漏源。防止进入下水道、排洪沟等限制性空间。小量泄漏：用砂土、蛭石或其他惰性材料吸收。也可以用不燃性分散剂制成的乳液刷洗，洗液稀释后放入废水系统。大量泄漏：构筑围堤或挖坑收容。用耐腐蚀泵转移至槽车或专用收集器内，回收或运至废物处理场所处置。

3. 燃爆与消防

（1）灭火方法及灭火剂：

灭火方法：消防人员必须穿防化服。尽可能将容器从火场移至空旷处。处在火场中的容器若已变色或从安全泄压装置中产生声音，必须马上撤离。

灭火剂：二氧化碳、砂土、干粉。禁止用水和泡沫灭火。可用水冷却火中容器，以免爆炸。

（2）储罐或货车（拖车）着火：

1）用大量水冷却盛有危险品的容器，直到火完全熄灭。

2）切勿将水注入容器。

3）如果容器的安全阀发出响声或储罐变色，应迅速撤离。

4）切记远离被大火吞没的储罐。

4. 燃烧爆炸危险

（1）危险性综述：本品可燃，有毒，具强腐蚀性、刺激性，可致人体灼伤。

（2）燃爆特性：遇明火、高热可燃。当加热到 120 ℃以上时，开始急剧分解。若遇高热可发生剧烈分解，引起容器破裂或爆炸事故。遇水或醇分解释放出有毒烟雾。具有腐蚀性。

5. 燃爆温度及燃烧（分解）产物

燃烧（分解）产物：一氧化碳、硫化物、氯化氢（有毒）、磷烷。

6. 禁止混储

与氧化剂、强碱发生反应。

7. 隔离距离

泄漏：应立即隔离 50m 范围，可依据需要增加下风向撤离的距离；人员停留在上风向。

火灾：火场内若有储罐、槽车或罐车，隔离 800m。也可以考虑首次向四周撤离 800m。

8. 急救措施

（1）皮肤接触：脱去污染的衣着，用肥皂水及清水彻底冲洗。若有灼伤，就医治疗。

（2）眼睛接触：立即提起眼睑，用流动清水或生理盐水冲洗至少15min；就医。

（3）吸入：迅速脱离现场至空气新鲜处。保持呼吸道通畅。如呼吸困难，给输氧。如呼吸停止，立即进行人工呼吸；就医。

（4）食入：立即漱口，给饮牛奶或蛋清；迅速就医。

二氯化硫泄漏、燃爆事故

1. 遇水反应

发生反应，生成盐酸、SO_2等。

2. 泄漏处置

疏散泄漏污染区人员至安全区，禁止无关人员进入污染区，建议应急处理人员戴自给式呼吸器，穿化学防护服。合理通风，不要直接接触泄漏物，勿使泄漏物与可燃物质（木材、纸、油等）接触，喷水雾减慢挥发（或扩散），但不要对泄漏物或泄漏点直接喷水。在确保安全情况下堵漏。用砂土、蛭石或其他惰性材料吸收，然后收集运至废物处理场所处置。如大量泄漏，利用围堤收容，最好不用水处理，在技术人员指导下清除。

3. 燃爆与消防

（1）灭火方法及灭火剂：

灭火方法：消防人员须穿全身耐酸碱消防服，佩戴空气呼吸器。在确保安全的情况下将容器从火场移到空旷处。

灭火剂：二氧化碳、砂土、水泥粉。禁止用水灭火。

（2）储罐或货车（拖车）着火：

1）用大量水冷却盛有危险物的容器，直到火完全熄灭。

2）切勿将水注入容器。

3）如果容器的安全阀发出响声或储罐变色，应迅速撤离。

4）切记远离被大火吞没的储罐。

4. 燃烧爆炸危险

（1）危险性综述：本品不燃，具强腐蚀性、强刺激性，可致人体灼伤。

（2）燃爆特性：不燃。遇水或潮气分解出二氧化硫与氯化氢气体。若遇高热可发生剧烈分解，引起容器破裂或爆炸事故。对很多金属尤其是潮湿空气存在下有腐蚀性。

5. 燃爆温度及燃烧（分解）产物

燃烧（分解）产物：二氧化硫、氯化氢（有毒）。

6. 禁止混储

与空气中的湿气发生反应生成氯化氢烟雾。与水剧烈反应生成盐酸。在水或蒸气中分解释放热，生成盐酸和二氧化硫、硫化氢毒气。与强氧化剂类、丙酮、铝粉、氨、胺类、二甲基亚砜、二氧化铅、金属粉末、硝酸、高氯酰氟、红磷、钾、钠、过氧化钠、甲苯发生剧烈反应。与强碱、磷的氧化物、有机物不相容。水溶液为强酸。与硫酸、腐蚀剂、氨、脂肪胺类、烷醇胺类、酰胺类、有机酐、异氰酸酯类、三氯化磷、乙酸乙烯酯、环氧烷烃、环氧氯丙烷不相容。浸蚀一些塑料、橡胶和布品。潮湿条件下浸蚀金属。

注：参考自《威利化学品禁忌手册》。

7. 隔离距离

泄漏：应立即隔离 30m 范围，下风向撤离范围白天为 0.1km，夜晚为 0.6km。可依据需要增加四周隔离和下风向撤离的距离；大量泄漏：应立即隔离 150m 范围，下风向撤离范围白天为 1.4km，夜晚为 4.9km。可依据需要增加向四周隔离的距离和下风向撤离的距离；人员停留在上风向。

火灾：火场内若有储罐、槽车或罐车，立即四周隔离 800m。也可以考虑首次向四周撤离 800m。

8. 急救措施

（1）皮肤接触：脱去污染的衣着，用流动清水彻底冲洗。若有灼伤，就医治疗。

（2）眼睛接触：立即提起眼睑，用流动清水或生理盐水冲洗至少 15min；就医。

（3）吸入：迅速脱离现场至空气新鲜处。保持呼吸道通畅。如呼吸困难，给输氧。如呼吸停止，立即进行人工呼吸；就医。

（4）食入：立即漱口，给饮牛奶或蛋清；立即就医。

氟化氢泄漏、燃爆事故

1. 遇水反应

无水气体与水发生反应。水溶液是一种弱酸。

2. 泄漏处置

迅速撤离泄漏污染区人员至安全区，并立即隔离，严格限制出入。建议应急处理人员戴自给正压式呼吸器，穿防化服。尽可能切断泄漏源。防止进入下水道、排洪沟等限制性空间。若是气体，合理通风，加速扩散。喷氨水或其他稀碱液中和。构筑围堤或挖坑收容产生的大量废水。也可以将残余气或漏出气用排风机送至水洗塔或与塔相连的通风橱内。漏气容器要妥善处理，修复、检验后再用。若是液体，用砂土或其他不燃材料吸附或吸收。也可以用大量水冲洗，洗水稀释后放入废水系统。若大量泄漏，构筑围堤或挖坑收容。用泵转移至槽车或专用收集器内，回收或运至废物处理场所处置。

3. 燃爆与消防

（1）灭火方法及灭火剂：

灭火方法：消防人员必须穿特殊防护服，在掩蔽处操作。喷水保持火场容器冷却，直至灭火结束。

灭火剂：雾状水、泡沫。

（2）储罐或货车（拖车）着火：

1）尽可能远距离灭火或用遥控水枪或水炮扑救。

2）用大量水冷却盛有危险物的容器，直到火完全熄灭。

3）切勿对泄漏源或安全阀直接喷水，防止产生冰冻。

4）如果容器的安全阀发出响声或储罐变色，应迅速撤离。

5）切记远离被大火吞没的储罐。

4. 燃烧爆炸危险

（1）危险性综述：本品不燃，高毒，具强腐蚀性、强刺激性，可致人体灼伤。

（2）燃爆特性：不燃、无特殊燃爆特性。

5. 燃爆温度及燃烧（分解）产物

燃烧（分解）产物：氟化氢（有毒）。

6. 禁止混储

与强氧化剂、乙酸酐、碱金属类、2–氨基乙醇、三氧化二砷、铋酸、氧化钙、氯磺酸、氟化氰、乙二胺、亚乙基亚胺、氟、三氟化氮、*N*–苯偶氮六氢吡啶、发烟硫酸、二氟化氧、五氧化二磷、高锰酸钾、四氟硅酸钾（2–）、*β*–丙内酯、1，2–环氧丙烷、钠、四氟硅酸钠、硫酸、乙酸乙烯酯反应剧烈。与脂肪、醇类、直链烷醇胺类、环氧烷烃类、芳香胺类、氨基化合物、氨、氢氧化氨、表氯醇、异氰酸酯类、乙炔化金属、金属硅化物、甲基磺酸、有机酐、氧化物、硅化合物、偏二氟乙烯反应，反应可能剧烈。浸蚀玻璃和含硅物质、混凝土、陶瓷、金属（可生成易燃的氢气）、合金、某些塑料、橡胶、布品，以及除了铅、铂、聚乙烯和蜡以外的大部分其他物质。

注：参考自《威利化学品禁忌手册》。

7. 隔离距离

泄漏：应立即隔离 30m 范围，进一步向四周隔离至少 100m，下风向撤离范围白天为0.1km，夜晚为0.5km。可依据需要增加四周隔离和下风向撤离的距离；大量泄漏：应立即隔离210m范围，下风向撤离范围白天为1.9km，夜晚为4.3km。可依据需要增加向四周隔离的距离和下风向撤离的距离；人员停留在上风向。

火灾：火场内若有储罐、槽车或罐车，立即四周隔离1600m。也可以考虑首次向四周撤离1600m。

8. 急救措施

（1）皮肤接触：立即脱去污染的衣着，用大量流动清水冲洗至少15min，或用2%碳酸氢钠溶液冲洗；就医。

（2）眼睛接触：立即提起眼睑，用大量流动清水或生理盐水彻底冲洗10min或用2%碳酸氢钠溶液冲洗；就医。

（3）吸入：迅速脱离现场至空气新鲜处。保持呼吸道通畅。如呼吸困难，给输氧。给予2% ~ 4%碳酸氢钠溶液雾化吸入。如呼吸停止，立即进行人工呼吸；就医。

（4）食入：给饮牛奶或蛋清；就医。

汞泄漏、燃爆事故

1. 遇水反应

不发生反应。

2. 泄漏处置

迅速撤离泄漏污染区人员至安全区，并进行隔离，严格限制出入。建议应急处理人员戴自给正压式呼吸器，穿防毒服。尽可能切断泄漏源。使用水银泄漏工具包。小量泄漏：转移回收。可用多硫化钙或过量的硫黄处理。大量泄漏：构筑围堤或挖坑收容。收集回收或运至废物处理场所处置。

3. 燃爆与消防

（1）灭火方法及灭火剂：

灭火方法：消防人员必须佩戴过滤式防毒面具（全面罩）或隔离式呼吸器、穿全身防火防毒服，在上风向灭火。尽可能将容器从火场移至空旷处。

灭火剂：本品不燃，可选择适当灭火剂。

（2）储罐或货车（拖车）着火：

1）尽可能远距离灭火或用遥控水枪或水炮灭火。

2）切勿对泄漏源或安全阀直接喷水，防止产生冰冻。

3）如果容器的安全阀发出响声或储罐变色，应迅速撤离。

4）切记远离被大火吞没的储罐。

5）对于燃烧剧烈的大火，使用遥控水枪或水炮远距离灭火；否则撤离火场并任其燃烧。

4. 燃烧爆炸危险

（1）危险性综述：本品不燃，有毒，对环境有严重危害，对水体和土壤可造成污染。

（2）燃爆特性：与叠氮化物、乙炔或氨反应可生成爆炸性化合物。与乙烯、氯、三氮甲烷、碳化钠接触引起剧烈反应。

5. 燃爆温度及燃烧（分解）产物

燃烧（分解）产物：氧化汞。

6. 禁止混储

与碱性金属、铝、炔类化合物、叠氮化合物、磷酸二碘硼（蒸气会爆炸）、溴等许多物质剧烈反应。与乙炔、氨（无水）、氯、苦味酸产生易爆产物。增强甲基叠氮化合物的易爆性。与加热的硫酸混合会爆炸。与钙、乙炔化钠、硝酸不相容。与铜、银及除铁之外的其他大多数金属反应生成汞齐。

注：参考自《威利化学品禁忌手册》。

7. 隔离距离

泄漏：应立即隔离50m范围；切勿进入低洼处。顺风方向防护100m，可依据需要增加下风向撤离的距离；人员停留在上风向。

火灾：火场内若有大容器时，隔离500m。

8. 急救措施

（1）皮肤接触：脱去污染的衣着，立即用流动清水彻底冲洗20min以上。

（2）眼睛接触：立即提起眼睑，用流动清水或生理盐水冲洗；就医。

（3）吸入：迅速脱离现场至空气新鲜处。注意保暖，必要时进行人工呼吸；就医。

（4）食入：立即漱口，给饮牛奶或蛋清；就医。

环己胺泄漏、燃爆事故

1. 遇水反应

不发生反应。

2. 泄漏处置

迅速撤离泄漏污染区人员至安全区，并进行隔离，严格限制出入。切断火源。

建议应急处理人员戴自给正压式呼吸器，穿防酸碱工作服。从上风处进入现场。尽可能切断泄漏源。防止进入下水道、排洪沟等限制性空间。小量泄漏：用砂土、干燥石灰或苏打灰混合。也可以用大量水冲洗，洗水稀释后放入废水系统。大量泄漏：构筑围堤或挖坑收容。用泡沫覆盖，降低蒸气灾害。用防爆泵转移至槽车或专用收集器内，回收或运至废物处理场所处置。

3. 燃爆与消防

（1）灭火方法及灭火剂：

灭火方法：消防人员须佩戴防毒面具，穿全身消防服，在上风向灭火。用水喷射逸出液体，使其稀释成不燃性混合物，并用雾状水保护消防人员。在确保安全的情况下将容器移离火场。

灭火剂：小火，雾状水、抗溶性泡沫、干粉、二氧化碳、砂土；大火，雾状水。

（2）储罐或货车（拖车）着火：

1）尽可能远距离灭火或用遥控水枪或水炮灭火。

2）用大量水冷却盛有危险品的容器，直到火完全熄灭。

3）如果容器的安全阀发出响声或储罐变色，应迅速撤离。

4）切记远离被大火吞没的储罐。

5）对于燃烧剧烈的大火，使用遥控水枪或水炮远距离灭火；否则撤离火场并任其燃烧。

4. 燃烧爆炸危险

（1）危险性综述：本品易燃，具强腐蚀性、强刺激性，可致人体灼伤，具致敏性。

（2）燃爆特性：与空气形成爆炸性混合物（闪点 26℃）。易燃，遇明火、高热易燃。受热分解释出剧毒的烟雾。其蒸气比空气重，能在较低处扩散到相当远的地方，遇火源会着火回燃。

5. 燃爆温度及燃烧（分解）产物

引燃温度：293℃。

燃烧（分解）产物：一氧化碳、二氧化碳、氮氧化物（有毒）。

6. 禁止混储

是一种有机碱。与强酸类、硝酸、强氧化类、六硝基乙烷发生剧烈的反应。与有机酸酐类、异氰酸酯类、乙酸乙烯酯、丙烯酸酯类、取代烯丙基类、环氧烷烃类、表氯醇、酮类、醛类、醇类、二醇类、酚类、甲酚类、己内酰胺溶液、强氧化剂类不相容。与铜合金、锌或镀锌钢发生反应。

注：参考自《威利化学品禁忌手册》。

7. 隔离距离

泄漏：应立即隔离50m范围，可依据需要增加下风向撤离的距离；人员停留在上风向。

火灾：火场内若有储罐、槽车或罐车，隔离800m。也可以考虑首次向四周撤离800m。

8. 急救措施

（1）皮肤接触：脱去污染的衣着，用流动清水彻底冲洗。若有灼伤，就医治疗。

（2）眼睛接触：立即提起眼睑，用大量流动清水或生理盐水彻底冲洗至少15min；就医。

（3）吸入：迅速脱离现场至空气新鲜处。保持呼吸道通畅。如呼吸困难，给输氧。如呼吸停止，立即进行人工呼吸；就医。

（4）食入：立即漱口，口服牛奶或蛋清；就医。

甲醇钠泄漏、燃爆事故

1. 遇水反应

发生反应，生成氢氧化钠和甲醇。

2. 泄漏处置

隔离泄漏污染区，限制出入。切断火源。建议应急处理人员戴自给正压式呼吸器，穿防酸碱工作服。用砂土、干燥石灰或苏打灰混合。避免扬尘，小心扫起，转移至安全场所。若大量泄漏，用塑料布、帆布覆盖。收集回收或运至废物处理场所处置。

3. 燃爆与消防

（1）灭火方法及灭火剂：

灭火方法：消防人员须戴好防毒面具，在安全距离以外，在上风向灭火。在确保安全的情况下，将容器移离火场至空旷处。

灭火剂：二氧化碳、干粉、砂土。禁止用水、泡沫和酸碱灭火剂灭火。

（2）储罐或货车（拖车）着火：

1）尽可能远距离灭火或用遥控水枪或水炮灭火。

2）用大量水冷却盛有危险品的容器，直到火完全熄灭。

3）如果容器的安全阀发出响声或储罐变色，应迅速撤离。

4）切记远离被大火吞没的储罐。

5）对于燃烧剧烈的大火，使用遥控水枪或水炮远距离灭火；否则撤离火场并任其燃烧。

4. 燃烧爆炸危险

（1）危险性综述：本品易燃，具强腐蚀性、强刺激性，可致人体灼伤。

（2）燃爆特性：遇明火、高热易燃。与氧化剂接触猛烈反应。受热分解放出高毒烟雾。遇潮时对部分金属如铝、锌等有腐蚀性。

5. 燃爆温度及燃烧（分解）产物

燃烧（分解）产物：一氧化碳、二氧化碳、氧化钠。

6. 禁止混储

在潮湿空气中可能自燃。与水、蒸气发生剧烈反应，生成甲醇和氢氧化钠。接触时可点燃。与氧化剂类、铝粉、铍、氯仿、氟氧化氯、镁、*p*–硝基氯苯、高氯酰氟发生剧烈反应。与轻金属发生反应，生成易燃的氢气。浸蚀一些塑料、橡胶和布品。与水基灭火剂发生反应。灭火时可使用大量干沙、石灰粉、黏土。

注：参考自《威利化学品禁忌手册》。

7. 隔离距离

泄漏：应立即隔离 25m 范围，可依据需要增加下风向撤离的距离；人员停留在上风向。

火灾：火场内若有储罐、槽车或罐车，隔离 800m。也可以考虑首次向四周撤离 800m。

8. 急救措施

（1）皮肤接触：立即脱去污染的衣着，用流动清水彻底冲洗至少 15min。若有灼伤，就医治疗。

（2）眼睛接触：立即提起眼睑，用大量流动清水或生理盐水彻底冲洗至少 15min；就医。

（3）吸入：迅速脱离现场至空气新鲜处。保持呼吸道通畅。如呼吸困难，给输氧。如呼吸停止，立即进行人工呼吸；就医。

（4）食入：立即漱口，口服牛奶或蛋清；就医。

甲基丙烯酸泄漏、燃爆事故

1. 遇水反应

不发生反应。

2. 泄漏处置

迅速撤离泄漏污染区人员至安全区，并进行隔离，严格限制出入。切断火源。建议应急处理人员戴自给正压式呼吸器，穿防酸碱消防服。不要直接接触泄漏物。

若是液体，尽可能切断泄漏源。防止进入下水道、排洪沟等限制性空间。小量泄漏：用砂土或其他不燃材料吸附或吸收。大量泄漏：构筑围堤或挖坑收容。用泡沫覆盖，降低蒸气灾害。用泵转移至槽车或专用收集器内，回收或运至废物处理场所处置。若是固体，用洁净的铲子收集于干燥、洁净、有盖的容器中。若大量泄漏，收集回收或运至废物处理场所处置。

3. 燃爆与消防

（1）灭火方法及灭火剂：

灭火方法：消防人员须戴好防毒面具，在安全距离以外，在上风向灭火。用水喷射逸出液体，使其稀释成不燃性混合物，并用雾状水保护消防人员。

灭火剂：小火，雾状水、抗溶性泡沫、二氧化碳、干粉；大火，雾状水、干粉、二氧化碳。

（2）储罐或货车（拖车）着火：

1）尽可能远距离灭火或用遥控水枪或水炮扑救。

2）用大量水冷却盛有危险品的容器，直到火完全熄灭。

3）切勿将水注入容器。

4）如果容器的安全阀发出响声或储罐变色，应迅速撤离。

5）切记远离被大火吞没的储罐。

4. 燃烧爆炸危险

（1）危险性综述：本品易燃，具腐蚀性、刺激性，可致人体灼伤。

（2）燃爆特性：其蒸气与空气可形成爆炸性混合物，遇明火、高热易引起燃烧爆炸。若遇高热，可发生聚合反应，放出大量热量而引起容器破裂和爆炸事故。与氧化剂剧烈反应。

5. 燃爆温度及燃烧（分解）产物

引燃温度：400℃。

燃烧（分解）产物：一氧化碳、二氧化碳。

6. 禁止混储

与氧化剂、强酸、碱金属发生剧烈反应。若不经抑制（推荐使用100×10^{-6}的氢醌单甲基醚/对苯二酚）能发生剧烈聚合。升温、过氧化物、自然光照或盐酸都可引发聚合反应。与氨、胺、异氰酸盐（酯）、环氧烷烃、表氯醇不相容。浸蚀金属、天然橡胶、聚氯丁橡胶和部分塑料（包括PVC和聚乙烯醇）。未经抑制的单体蒸气可在塞孔及狭窄空间生成固体聚合物而堵塞。

注：参考自《威利化学品禁忌手册》。

7. 隔离距离

泄漏：应立即隔离50m范围，可依据需要增加下风向撤离的距离；人员停留在上风向。

火灾：火场内若有储罐、槽车或罐车，隔离 800m。也可以考虑首次向四周撤离 800m。

8. 急救措施

（1）皮肤接触：立即脱去污染的衣着，用大量清水彻底冲洗至少 15min，若有灼伤，立即就医。

（2）眼睛接触：立即提起眼睑，用大量流动清水或生理盐水彻底冲洗至少 15min；就医。

（3）吸入：迅速脱离现场至空气新鲜处。保持呼吸道通畅。如呼吸困难，给输氧。如呼吸停止，立即进行人工呼吸；就医。

（4）食入：口服大量清水，催吐；就医。

甲醛溶液泄漏、燃爆事故

1. 遇水反应

不发生反应。

2. 泄漏处置

疏散泄漏污染区人员至安全区，立即隔离，禁止无关人员进入污染区，切断火源。建议应急处理人员戴自给式呼吸器，穿化学防护服。不要直接接触泄漏物，在确保安全情况下堵漏。喷水雾能减少蒸发但不要使水进入储存容器内。用砂土或其他不燃性吸附剂混合吸收，然后收集运至废物处理场所处置。也可以用大量水冲洗，经稀释的洗水放入废水系统。大量泄漏：构筑围堤或挖坑收容。泡沫覆盖，降低蒸气灾害。喷雾状水冷却和稀释蒸气、保护现场人员、把泄漏物稀释成不燃物。用泵转移至槽车或专用收集器内，回收或运至废物处理场所处置。

3. 燃爆与消防

（1）灭火方法及灭火剂：

灭火方法：消防人员须佩戴防毒面具，穿全身消防服，在上风向灭火。用水喷射逸出液体，使其稀释成不燃性混合物，并用雾状水保护消防人员。在确保安全的情况下，将容器移离火场。

灭火剂：小火，雾状水、抗溶性泡沫、干粉、二氧化碳、砂土；大火，雾状水。

（2）储罐或货车（拖车）着火：

1）尽可能远距离灭火或用遥控水枪或水炮灭火。

2）切勿对泄漏源或安全阀直接喷水，防止产生冰冻。

3）如果容器的安全阀发出响声或储罐变色，应迅速撤离。

4）切记远离被大火吞没的储罐。

5）对于燃烧剧烈的大火，使用遥控水枪或水炮远距离灭火；否则撤离火场并任其燃烧。

4. 燃烧爆炸危险

（1）危险性综述：本品易燃，具强腐蚀性、强刺激性，可致人体灼伤，具致敏性，对环境有危害，对水体可造成污染。

（2）燃爆特性：其蒸气与空气形成爆炸性混合物（气体闪点 85℃，溶液闪点 50 ~ 80℃），遇明火、高热能引起燃烧爆炸。与氧化剂接触猛烈反应。若遇高热，容器内压增大，有开裂和爆炸的危险。

5. 燃爆温度及燃烧（分解）产物

引燃温度：430℃。

燃烧（分解）产物：一氧化碳、二氧化碳。

6. 禁止混储

水溶液（质量比 37% ~ 55%）是易燃烧的，并且温度高于闪点时还可能爆炸。在空气中水溶液缓慢发生氧化形成蚁酸。可发生聚合，除非采用适当的抑制剂（通常用 15% 以上的甲醇），应储存于适当温度下。该物质是一种强还原剂，与强氧化剂类、过氧化氢、高锰酸钾、丙烯腈、苛性碱类（如氢氧化钠，产生蚁酸和易燃氢气）、碳酸镁、硝基甲烷、氮氧化物（特别是在温度升高时）、过氧蚁酸发生剧烈反应。与强酸类（如盐酸，形成双氯甲基醚）、胺类、氨、苯胺、二硫化物类、白明胶、碘、菱镁矿、苯酚、一些单体、单宁酸、铜、铁和银的盐类不相容、水溶液浸蚀碳钢。

注：参考自《威利化学品禁忌手册》。

7. 隔离距离

泄漏：应立即隔离 50m 范围，可依据需要增加下风向撤离的距离；人员停留在上风向。

火灾：火场内若有储罐、槽车或罐车，隔离 800m。也可以考虑首次向四周撤离 800m。

8. 急救措施

（1）皮肤接触：立即脱去污染的衣着，用大量流动清水冲洗 15min，或用 2% 碳酸氢溶液冲洗；就医。

（2）眼睛接触：立即提起眼睑，用流动清水或生理盐水冲洗 15min；就医。

（3）吸入：迅速脱离现场至空气新鲜处。保持呼吸道通畅。如呼吸困难，给输氧。如呼吸停止，立即进行人工呼吸；就医。

（4）食入：用 1% 碘化钾 60mL 灌胃。常规洗胃；就医。

邻苯二甲酸酐泄漏、燃爆事故

1. 遇水反应

发生反应。生成邻苯二甲酸。

2. 泄漏处置

隔离泄漏污染区，限制出入。切断火源。建议应急处理人员戴防尘面具（全面罩），穿防酸碱消防服。不要直接接触泄漏物。小量泄漏：避免扬尘，用洁净的铲子收集于干燥、洁净、有盖的容器中。大量泄漏：收集回收或运至废物处理场所处置。

3. 燃爆与消防

（1）灭火方法及灭火剂：

灭火方法：消防人员必须穿全身耐酸碱消防服，佩戴空气呼吸器。在确保安全情况下，将容器移离火场至空旷处。切勿将水流直接射至熔融物，以免引起严重的流淌火灾或引起剧烈的沸溅。

灭火剂：抗溶性泡沫、二氧化碳、砂土。

（2）储罐或货车（拖车）着火：

1）尽可能远距离灭火或用遥控水枪或水炮灭火。

2）切勿将水注入容器。

3）用大量水冷却盛有危险品的容器，直到火完全熄灭。

4）如果容器的安全阀发出响声或储罐变色，应迅速撤离。

5）切记远离被大火吞没的储罐。

4. 燃烧爆炸危险

（1）危险性综述：本品可燃，具腐蚀性、刺激性，可致人体灼伤。

（2）燃爆特性：粉尘或粉末与空气混合能形成爆炸性混合体，可能自发点燃。遇明火、高热或与氧化剂接触，有引起燃烧的危险。

5. 燃爆温度及燃烧（分解）产物

引燃温度：570℃。

燃烧（分解）产物：一氧化碳、二氧化碳。

6. 禁止混储

在水中分解，生成邻苯二甲酸。与苯胺、强氧化剂、过氧化钡、高锰酸钙、1，2- 二氨基乙烷、1，3- 二苯基三氮烯（爆炸）、乙醇胺、次氯酸、硝酸、过氧乙酸、重铬酸钠、过氧化钠、硫酸反应剧烈。与强酸、乙酸酐、碱金属类、氨、胺类、

1, 3- 双（二 -*n*- 茂基铁）-2- 丙烯 -1- 酮、硝酸铜、硝酸、高锰酸盐、还原剂、硝酸钠、亚硝酸钠、4- 甲苯磺酸不相容。浸蚀某些塑料、橡胶和布品。由于低导电率，流动或搅动可能产生静电。

注：参考自《威利化学品禁忌手册》。

7. 隔离距离

泄漏：应立即隔离 50m 范围，可依据需要增加下风向撤离的距离；人员停留在上风向。

火灾：火场内若有储罐、槽车或罐车，隔离 800m。也可以考虑首次向四周撤离 800m。

8. 急救措施

（1）皮肤接触：脱去污染的衣着，立即用水冲洗至少 15min。

（2）眼睛接触：立即提起眼睑，用流动清水或生理盐水冲洗至少 15min；就医。

（3）吸入：迅速脱离现场至空气新鲜处。保持呼吸道通畅。如呼吸困难，给输氧。如呼吸停止，立即进行人工呼吸；就医。

（4）食入：立即漱口，口服牛奶或蛋清；就医。

磷酸泄漏、燃爆事故

1. 遇水反应

发生反应。向浓酸中加入水可发生剧烈反应。

2. 泄漏处置

疏散泄漏污染区人员至安全区，禁止无关人员进入污染区，建议应急处理人员戴好防毒面具，穿化学防护服。不要直接接触泄漏物，用砂土、干燥石灰或苏打灰混合，然后收集转移到安全场所或以少量加入大量水中，调节至中性，再放入废水系统。如大量泄漏，收集回收或无害处理后废弃。

3. 燃爆与消防

（1）灭火方法及灭火剂：

灭火方法：消防人员须穿全身耐酸碱消防服，佩戴空气呼吸器。在确保安全情况下，将容器移离火场至空旷处。

灭火剂：泡沫、二氧化碳、砂土、水泥粉、干粉。

（2）储罐或货车（拖车）着火：

1）尽可能远距离灭火或使用遥控水枪或水炮灭火。

2）切勿将水注入容器。

3）用大量水冷却盛有危险品的容器，直到火完全熄灭。

4）如果容器的安全阀发出响声或储罐变色，应迅速撤离。

5）切记远离被大火吞没的储罐。

4. 燃烧爆炸危险

（1）危险性综述：本品不燃，具腐蚀性、刺激性，可致人体灼伤，对环境有危害，对水体可造成污染。

（2）燃爆特性：遇金属反应放出氢气，能与空气形成爆炸性混合物。受热分解产生剧毒的氧化磷烟气。具有腐蚀性。

5. 燃爆温度及燃烧（分解）产物

燃烧（分解）产物：氧化磷。

6. 禁止混储

一种中强酸。与强碱发生剧烈反应。向浓酸中加入水可发生剧烈反应。稀释时，通常是把酸加入水中，伴随有热释放。与含氨的溶液或漂白剂、含氮的化合物、环氧化物及其他可发生聚合反应的化合物发生剧烈反应。与胺类、醛类、链烷醇胺类、醇类、卤代有机物、异氰酸盐（或酯）类、酮、发烟硫酸、有机酐类、四氢硼酸钠、硫化物、硫酸、强氧化类、乙酸乙烯酯、水发生反应，有的反应可能非常剧烈。与硝基甲烷混合形成爆炸性混合物。温度升高，可浸蚀多种金属放出氢气。在室温下，不浸蚀不锈钢、铜及其合金。浸蚀玻璃、陶瓷及某些塑料、橡胶、布品。

注：参考自《威利化学品禁忌手册》。

7. 隔离距离

泄漏：应立即隔离50m范围，可依据需要增加下风向撤离的距离；人员停留在上风向。

火灾：火场内若有储罐、槽车或罐车，隔离800m。也可以考虑首次向四周撤离800m。

8. 急救措施

（1）皮肤接触：脱去污染的衣着，立即用流动清水彻底冲洗。若有灼伤，按酸灼伤处理。

（2）眼睛接触：立即提起眼睑，用流动清水或生理盐水冲洗至少15min；就医。

（3）吸入：迅速脱离现场至空气新鲜处。保持呼吸道通畅。如呼吸困难，给输氧。如呼吸停止，立即进行人工呼吸；就医。

（4）食入：立即漱口，给饮牛奶或蛋清；就医。

9. 洗消

当有大量强酸泄漏时，可用5%~10%氢氧化钠水溶液、碳酸钠水溶液、碳酸氢钠水溶液、氨水、石灰水等实施洗消。

硫化钾泄漏、燃爆事故

1. 遇水反应

发生反应，生成氢氧化钾和硫化氢。

2. 泄漏处置

隔离泄漏污染区，限制出入。建议应急处理人员戴防尘面具（全面罩），穿防酸碱消防服。不要直接接触泄漏物。小量泄漏：避免扬尘，用洁净的铲子收集于干燥、洁净、有盖的容器中。也可以用大量水冲洗，洗水稀释后放入废水系统。大量泄漏：用塑料布、帆布覆盖。然后收集回收或运至废物处理场所处置。

3. 燃爆与消防

（1）灭火方法及灭火剂：

灭火方法：消防人员必须穿全身耐酸碱消防服，佩戴空气呼吸器。在确保安全情况下，将容器移离火场至空旷处。

灭火剂：雾状水、砂土，禁止使用酸碱灭火剂。

（2）储罐或货车（拖车）着火：

1）尽可能远距离灭火或用遥控水枪或水炮扑救。

2）用大量水冷却盛有危险品的容器，直到火完全熄灭。

3）切勿将水注入容器。

4）如果容器的安全阀发出响声或储罐变色，应迅速撤离。

5）切记远离被大火吞没的储罐。

4. 燃烧爆炸危险

（1）危险性综述：本品易燃，具强腐蚀性、刺激性，可致人体灼伤，对环境有危害。

（2）燃爆特性：无水物为自燃物品，其粉尘易在空气中自燃。遇酸分解，放出剧毒的易燃气体。

5. 燃爆温度及燃烧（分解）产物

燃烧（分解）产物：硫化氢（有毒）、硫氧化物（有毒）。

6. 禁止混储

不稳定，在空气中可自燃。震动、摩擦、碰撞或快速加热会引起其爆炸。与水反应，形成氢氧化钾。与酸类接触，发生分解产生硫化氢。与强氧化剂、氮氧化物剧烈反应（产生二氧化硫）。水溶液是一种强碱，与酸发生剧烈反应。与醇类、醛类、环氧烷烃、甲酚、己内酰胺溶液、表氯醇、有机酸酐、二醇类、马来酸酐、酚类不相容。

注：参考自《威利化学品禁忌手册》。

7. 隔离距离

泄漏：应立即隔离25m范围，可依据需要增加下风向撤离的距离；人员停留在上风向。

火灾：火场内若有储罐、槽车或罐车，隔离800m。也可以考虑首次向四周撤离800m。

8. 急救措施

（1）皮肤接触：立即用大量清水彻底冲洗至少15min。若有灼伤，立即就医。

（2）眼睛接触：立即提起眼睑，用大量流动清水或生理盐水彻底冲洗至少15min，或用3%硼酸溶液冲洗；就医。

（3）吸入：迅速脱离现场至空气新鲜处。保持呼吸道通畅。如呼吸困难，给输氧。如呼吸停止，立即进行人工呼吸；就医。

（4）食入：立即漱口，口服牛奶或蛋清；就医。

硫化钠泄漏、燃爆事故

1. 遇水反应

发生反应，生成氢氧化钠和硫化氢。其水溶液有腐蚀性和强烈的刺激性。

2. 泄漏处置

隔离泄漏污染区，限制出入。建议应急处理人员戴防尘面具（全面罩），穿防酸碱工作服。从上风处进入现场。少量泄漏：避免扬尘，用洁净的铲子收集于干燥、洁净、有盖的容器中。也可以用大量水冲洗，洗水稀释后放入废水系统。大量泄漏：收集回收或运至废物处理场所处置。

3. 燃爆与消防

（1）灭火方法及灭火剂：

灭火方法：消防人员必须穿全身耐酸碱消防服，佩戴空气呼吸器。在确保安全情况下，将容器移离火场至空旷处。

灭火剂：雾状水、砂土。

（2）储罐或货车（拖车）着火：

1）尽可能远距离灭火或用遥控水枪或水炮扑救。

2）用大量水冷却盛有危险品的容器，直到火完全熄灭。

3）切勿将水注入容器。

4）如果容器的安全阀发出响声或储罐变色，应迅速撤离。

5）切记远离被大火吞没的储罐。

4. 燃烧爆炸危险

（1）危险性综述：本品易燃，具强腐蚀性、刺激性，可致人体灼伤，对环境有危害。

（2）燃爆特性：无水物为自燃物品，其粉尘易在空气中自燃。粉体与空气可形成爆炸性混合物。遇酸分解，放出剧毒的易燃气体。其水溶液具有腐蚀性和强烈的刺激性。

5. 燃爆温度及燃烧（分解）产物

燃烧（分解）产物：硫化氢（有毒）、氧化钠、硫氧化物（有毒）。

6. 禁止混储

与酸类发生反应，生成硫化氢。与碳、*N*，*N*-二氯甲基胺、间硝基苯胺发生剧烈反应。一旦受潮，能在干燥的空气中自燃。与水发生反应，生成强碱。与酸类、铝粉、碳、氧化剂类、重氮盐发生剧烈反应。水溶液与有机酐类、丙烯酸酯类、醇类、醛类等多种物质不相容。浸蚀轻金属、铝和钢。

注：参考自《威利化学品禁忌手册》。

7. 隔离距离

泄漏：应立即隔离25m范围，可依据需要增加下风向撤离的距离；人员停留在上风向。

火灾：火场内若有储罐、槽车或罐车，隔离800m。也可以考虑首次向四周撤离800m。

8. 急救措施

（1）皮肤接触：立即用水冲洗至少15min；若有灼伤，立即就医。

（2）眼睛接触：立即提起眼睑，用大量流动清水或生理盐水彻底冲洗至少15min，或用3%硼酸溶液冲洗；就医。

（3）吸入：迅速脱离现场至空气新鲜处。保持呼吸道通畅。如呼吸困难，给输氧。如呼吸停止，立即进行人工呼吸；就医。

（4）食入：口服牛奶或蛋清；就医。

硫酸泄漏、燃爆事故

1. 遇水反应

遇水放热，应注意避免灼伤。

2. 泄漏处置

迅速撤离泄漏污染区人员至安全区，并进行隔离，严格限制出入。建议应急处理人员戴自给正压式呼吸器，穿防酸碱消防服。从上风处进入现场。尽可能切断泄漏源。防止进入下水道、排洪沟等限制性空间。小量泄漏：用砂土、干燥石灰或苏打灰混合，转运处理。也可以用大量水冲洗，洗水稀释后放入废水系统。大量泄漏：构筑围堤或挖坑收容。用耐腐蚀泵转移至槽车或专用收集器内，回收或运至废物处理场所处置。

3. 燃爆与消防

（1）灭火方法及灭火剂：

灭火方法：消防人员必须全身穿耐酸碱消防服。佩戴空气呼吸器。在确保安全的情况下，将容器移离火场至空旷处。

灭火剂：干粉、二氧化碳、砂土、水泥粉。避免水流冲击物品，以免遇水会放出大量热量发生喷溅而灼伤皮肤。

（2）储罐或货车（拖车）着火：

1）尽可能远距离灭火或用遥控水枪或水炮扑救。

2）用大量水冷却盛有危险物的容器，直到火完全熄灭。

3）如果容器的安全阀发出响声或储罐变色，应迅速撤离。

4）切记远离被大火吞没的储罐。

5）对于剧烈燃烧的大火，使用遥控水枪或水炮远距离灭火；否则撤离火场并任其燃烧。

4. 燃烧爆炸危险

（1）危险性综述：本品助燃，具强腐蚀性、强刺激性，遇水大量放热，可发生沸腾，可致人体灼伤，对环境有危害，对水体和土壤可造成污染。

（2）燃爆特性：助燃。与易燃物（如苯）和可燃物（如糖、纤维素等）接触会发生剧烈反应，甚至引起燃烧。遇电石、高氯酸盐、雷酸盐、硝酸盐、苦味酸盐、金属粉末等猛烈反应，发生爆炸或燃烧。有强烈的腐蚀性和吸水性。

5. 燃爆温度及燃烧（分解）产物

燃烧（分解）产物：硫氧化物（三氧化硫、二氧化硫）。

6. 禁止混储

与还原剂、可燃物、有机物、碱、四过氧铬酸铵、苯胺等多种物质发生剧烈反应。与非氧化性无机酸、有机酸、碱、盐酸、磷等许多物质发生反应，有的可能引起着火或爆炸。与金属反应生成易燃的氢气。

注：参考自《威利化学品禁忌手册》。

7. 隔离距离

发烟硫酸：

泄漏：应立即隔离60m范围，下风向撤离范围白天为0.4km，夜晚为1.0km，可依据需要增加下风向撤离的距离；大量泄漏：应立即隔离330m范围，下风向撤离范围白天为2.5km，夜晚为6.5km，可依据需要增加下风向撤离的距离；人员停留在上风向。

火灾：火场内若有储罐、槽车或罐车，隔离800m。也可以考虑首次向四周撤离800m。

非发烟硫酸：

泄漏：应立即隔离50m范围，可依据需要增加下风向撤离的距离；人员停留在上风向。

火灾：火场内若有储罐、槽车或罐车，隔离800m。也可以考虑首次向四周撤离800m。

8. 急救措施

（1）皮肤接触：立即脱去污染的衣着，用大量流动清水冲洗至少15min，或用2%碳酸氢钠溶液冲洗；就医。

（2）眼睛接触：立即提起眼睑，用大量流动清水或生理盐水彻底冲洗至少15min；就医。

（3）吸入：迅速脱离现场至空气新鲜处。保持呼吸道通畅。如呼吸困难，给输氧。如呼吸停止，立即进行人工呼吸。给予2%~4%碳酸氢钠溶液雾化吸入；就医。

（4）食入：用水漱口，给饮牛奶、蛋清、植物油等，不可催吐；就医。

9. 洗消

当有大量强酸泄漏时，可用5%~10%氢氧化钠水溶液、碳酸钠水溶液、碳酸氢钠水溶液、氨水、石灰水等实施洗消。

氯磺酸泄漏、燃爆事故

1. 遇水反应

发生反应。形成强硫酸、盐酸和浓厚的腐蚀烟雾。

2. 泄漏处置

迅速撤离泄漏污染区人员至安全区，并立即隔离150m，严格限制出入。建议应急处理人员戴自给正压式呼吸器，穿防酸碱工作服。不要直接接触泄漏物。尽可能切断泄漏源。小量泄漏：用砂土、蛭石或其他惰性材料吸收。大量泄漏：构筑围堤或挖坑收容。在专家指导下清除。

3. 燃爆与消防

（1）灭火方法及灭火剂：

灭火方法：消防人员必须穿全身耐酸碱消防服。佩戴空气呼吸器。在确保安全的情况下，将容器移离火场至空旷处。

灭火剂：二氧化碳、砂土。禁止用水和泡沫灭火。

（2）储罐或货车（拖车）着火：

1）用大量水冷却盛有危险物的容器，直到火完全熄灭。

2）如果容器的安全阀发出响声或储罐变色，应迅速撤离。

3）切记远离被大火吞没的储罐。

4. 燃烧爆炸危险

（1）危险性综述：本品助燃，具强腐蚀性、强刺激性，可致人体灼伤。

（2）燃爆特性：强氧化剂。遇水猛烈分解，产生大量的热和浓烟，甚至爆炸。在潮湿空气中与金属接触，能腐蚀金属并放出氢气，容易燃烧爆炸。与易燃物（如苯）和可燃物（如糖、纤维素等）接触会发生剧烈反应，甚至引起燃烧。具有强腐蚀性。

5. 燃爆温度及燃烧（分解）产物

燃烧（分解）产物：硫氧化物（有毒）、氯化氢（有毒）。

6. 禁止混储

具有危险的反应性，应避免与所有其他材料接触。与潮湿空气发生反应，形成腐蚀性酸雾。与水发生剧烈反应，形成强硫酸和盐酸和浓厚的腐蚀烟雾。与碱、还原剂、易燃烧材料、酸（与硫酸发生爆炸）、乙酸酐、醇类、醛类等许多物质发生剧烈反应。与甲酚类、乙醇形成爆炸性材料。浸蚀许多金属（包括储存容器），形成易燃氢气。

注：参考自《威利化学品禁忌手册》。

7. 隔离距离

泄漏：应立即隔离60m范围；下风向撤离范围白天为0.4km，夜晚为1.0km。可依据需要增加四周隔离和下风向撤离的距离；大量泄漏：应立即隔离330m范围，下风向撤离范围白天为2.5km，夜晚为6.5km。可依据需要增加向四周隔离的距离和下风向撤离的距离；人员停留在上风向。

火灾：火场内若有储罐、槽车或罐车，立即四周隔离800m。也可以考虑首次向四周撤离800m。

8. 急救措施

（1）皮肤接触：立即脱去污染的衣着，用大量流动清水冲洗至少15min或用2%碳酸氢钠溶液冲洗。若有灼伤，按酸灼伤处理；就医。

（2）眼睛接触：立即提起眼睑，用大量流动清水或生理盐水彻底冲洗至少15min；就医。

（3）吸入：迅速脱离现场至空气新鲜处。保持呼吸道通畅。如呼吸困难，给输氧。如呼吸停止，立即进行人工呼吸；就医。

（4）食入：立即漱口，给饮牛奶或蛋清；就医。

氯乙酸泄漏、燃爆事故

1. 遇水反应

不发生反应。水溶液是一种强酸。

2. 泄漏处置

隔离泄漏污染区，限制出入。切断火源。建议应急处理人员戴防尘面具（全面罩），穿防酸碱消防服。不要直接接触泄漏物。小量泄漏：避免扬尘，用洁净的铲子收集于干燥、洁净、有盖的容器中。也可以用大量水冲洗，洗水稀释后放入废水系统。大量泄漏：用塑料布、帆布覆盖。然后收集回收或运至废物处理场所处置。

3. 燃爆与消防

（1）灭火方法及灭火剂：

灭火方法：消防人员必须穿全身耐酸碱消防服。佩戴空气呼吸器。在确保安全情况下，将容器移离火场至空旷处。

灭火剂：小火，雾状水、泡沫、二氧化碳；大火，二氧化碳。

（2）储罐或货车（拖车）着火：

1）尽可能远距离灭火或用遥控水枪或水炮灭火。

2）切勿将水注入容器。

3）用大量水冷却盛有危险品的容器，直到火完全熄灭。

4）如果容器的安全阀发出响声或储罐变色，应迅速撤离。

5）切记远离被大火吞没的储罐。

4. 燃烧爆炸危险

（1）危险性综述：本品可燃，具腐蚀性、刺激性，可致人体灼伤。

（2）燃爆特性：遇明火、高热可燃。受高热分解产生有毒的腐蚀性烟气。与强氧化剂接触可发生化学反应。遇潮时对大多数金属有腐蚀性。

5. 燃爆温度及燃烧（分解）产物

引燃温度：＞500℃。

燃烧（分解）产物：一氧化碳、二氧化碳、氯化氢（有毒）、光气（有毒）。

6. 禁止混储

与强碱发生剧烈反应。与硫酸、氨、醇类、脂肪胺类、链烷醇胺、环氧烷烃类、表氯醇、异氰酸酯类、强氧化剂不相容。浸蚀一些塑料、橡胶和布品，包括丁腈橡胶、PVC 和聚乙烯醇。在潮湿条件下，浸蚀大多数金属。

注：参考自《威利化学品禁忌手册》。

7. 隔离距离

泄漏：应立即隔离 25m 范围，可依据需要增加下风向撤离的距离；人员停留在上风向。

火灾：火场内若有储罐、槽车或罐车，隔离 800m。也可以考虑首次向四周撤离 800m。

8. 急救措施

（1）皮肤接触：立即脱去污染的衣着，用大量清水彻底冲洗至少 15min；就医。

（2）眼睛接触：立即提起眼睑，用大量流动清水或生理盐水彻底冲洗至少 15min；就医。

（3）吸入：迅速脱离现场至空气新鲜处。保持呼吸道通畅。如呼吸困难，给输氧。如呼吸停止，立即进行人工呼吸；就医。

（4）食入：立即漱口，口服牛奶或蛋清。就医

氢氧化钠泄漏、燃爆事故

1. 遇水反应

遇水放出大量热，水溶液有腐蚀性和强烈的刺激性。

2. 泄漏处置

隔离泄漏污染区，限制出入。建议应急处理人员戴防尘面具（全面罩），穿防酸碱工作服。不要直接接触泄漏物。小量泄漏：避免扬尘，用洁净的铲子收集于干燥、洁净、有盖的容器中。也可以用大量水冲洗，洗水稀释后放入废水系统。大量泄漏：收集回收或运至废物处理场所处置。

3. 燃爆与消防

（1）灭火方法及灭火剂：

灭火方法：消防人员必须穿全身耐酸碱消防服。佩戴空气呼吸器。在确保安全的情况下，将容器移离火场至空旷处。

灭火剂：水、砂土，但须防止物品遇水产生飞溅，造成灼伤。

（2）储罐或货车（拖车）着火：

1）尽可能远距离灭火或用遥控水枪或水炮灭火。

2）切勿将水注入容器。

3）用大量水冷却盛有危险品的容器，直到火完全熄灭。

4）如果容器的安全阀发出响声或储罐变色，应迅速撤离。

5）切记远离被大火吞没的储罐。

4. 燃烧爆炸危险

（1）危险性综述：本品不燃，具强腐蚀性、强刺激性，可致人体灼伤，对水体可造成污染。

（2）燃爆特性：与酸发生中和反应并放热。遇潮时对铝、锌和锡有腐蚀性，并放出易燃易爆的氢气。本品不会燃烧，遇水和水蒸气大量放热，形成腐蚀性溶液。具有强腐蚀性。

5. 燃爆温度及燃烧（分解）产物

燃烧（分解）产物：氧化钠。

6. 禁止混储

一种强碱。与水发生反应，产生热和腐蚀性烟雾。与酸、卤代烃类、含氮化合物、有机卤素、甲醛（形成甲酸和易燃氢气）、四氢呋喃等众多物质不相容。与硝基化合物类、叠氮氰化物类、三氯乙烯（形成二氯乙炔）等物质形成对热、摩擦和或震动敏感的爆炸物。增加硝基甲烷的爆炸敏感性。浸蚀一些塑料、橡胶、布品和金属如铝、锡、锌等，产生易燃的氢气。

注：参考自《威利化学品禁忌手册》。

7. 隔离距离

泄漏：应立即隔离25m范围，可依据需要增加下风向撤离的距离；人员停留在上风向。

火灾：火场内若有储罐、槽车或罐车，隔离800m。也可以考虑首次向四周撤离800m。

8. 急救措施

（1）皮肤接触：立即用水冲洗至少15min；若有灼伤，立即就医。

（2）眼睛接触：立即提起眼睑，用流动清水或生理盐水冲洗至少15min。或用3%硼酸溶液冲洗；就医。

（3）吸入：迅速脱离现场至空气新鲜处。保持呼吸道通畅。如呼吸困难，给输氧。如呼吸停止，立即进行人工呼吸；就医。

（4）食入：立即漱口，口服稀释的醋或柠檬汁；就医。

三氯化苄（三氯甲苯）泄漏、燃爆事故

1. 遇水反应

发生反应。生成盐酸和苯甲酸。

2. 泄漏处置

疏散泄漏污染区人员至安全区，禁止无关人员进入污染区，建议应急处理人员戴好防毒面具，穿化学防护服。用砂土吸收，铲入提桶，运至废物处理场所。用水刷洗泄漏污染区，经稀释的污水放入废水系统。如大量泄漏，利用围堤收容，然后收集、转移、回收或无害处理后废弃。

3. 燃爆与消防

（1）灭火方法及灭火剂：

灭火方法：消防人员必须佩戴过滤式防毒面具（全面罩）或隔离式呼吸器、穿全身防火防毒服，在上风向灭火。尽可能将容器从火场移至空旷处。喷水保持火场容器冷却，直至灭火结束。处在火场中的容器若已变色或从安全泄压装置中产生声音，必须马上撤离。

灭火剂：雾状水、抗溶性泡沫、干粉、二氧化碳、砂土。

（2）储罐或货车（拖车）着火：

1）尽可能远距离灭火或用遥控水枪或水炮灭火。

2）用大量水冷却盛有危险品的容器，直到火完全熄灭。

3）如果容器的安全阀发出响声或储罐变色，应迅速撤离。

4）切记远离被大火吞没的储罐。

5）对于燃烧剧烈的大火，使用遥控水枪或水炮远距离灭火；否则撤离火场并任其燃烧。

4. 燃烧爆炸危险

（1）危险性综述：本品可燃，具腐蚀性，可致人体灼伤，对环境有危害。

（2）燃爆特性：其蒸气与空气形成爆炸性混合物，遇明火、高热或与氧化剂接触，有引起燃烧爆炸的危险。燃烧时放出有毒的腐蚀性烟气。遇潮时对大多数金属有腐蚀性。流速过快，容易产生和集聚静电。其蒸气比空气重，能在较低处扩散到相当远的地方，遇火源会着火回燃。若遇高热，容器内压增大，有开裂和爆炸的危险。

5. 燃爆温度及燃烧（分解）产物

引燃温度：211℃。

燃烧（分解）产物：一氧化碳、二氧化碳、氯化氢（有毒）。

6. 禁止混储

与潮气发生反应，形成盐酸烟雾。与水缓慢反应形成腐蚀性的盐酸和苯甲酸。与胺类或屑状轻金属（铝、镁、铍等）发生剧烈反应。与酸类接触产生氯气。浸蚀一些塑料、橡胶和布品。潮湿时浸蚀金属。

注：参考自《威利化学品禁忌手册》。

7. 隔离距离

泄漏：应立即隔离 50m 范围，可依据需要增加下风向撤离的距离；人员停留在上风向。

火灾：火场内若有储罐、槽车或罐车，隔离 800m。也可以考虑首次向四周撤离 800m。

8. 急救措施

（1）皮肤接触：脱去被污染的衣着，用肥皂水及流动清水彻底冲洗。

（2）眼睛接触：立即提起眼睑，用大量流动清水或生理盐水彻底冲洗至少 15min；就医。

（3）吸入：迅速脱离现场至空气新鲜处。保持呼吸道通畅。如呼吸困难，给输氧。如呼吸停止，立即进行人工呼吸；就医。

（4）食入：立即漱口，口服牛奶、豆浆或蛋清；就医。

三氯化磷泄漏、燃爆事故

1. 遇水反应

发生反应。生成氢氯酸和磷酸。

2. 泄漏处置

迅速撤离泄漏污染区人员至安全区，并立即隔离150m，严格限制出入。建议应急处理人员戴自给正压式呼吸器，穿防酸碱工作服。不要直接接触泄漏物。尽可能切断泄漏源。小量泄漏：用砂土、蛭石或其他惰性材料吸收。大量泄漏：构筑围堤或挖坑收容。在专家指导下清除。

3. 燃爆与消防

（1）灭火方法及灭火剂：

灭火方法：消防人员必须穿全身耐酸碱消防服。佩戴空气呼吸器。在确保安全的情况下，将容器移离火场至空旷处，在上风向灭火。

灭火剂：干粉、二氧化碳、干燥砂土。禁止用水和泡沫。

（2）储罐或货车（拖车）着火：

1）用大量水冷却盛有危险物的容器，直到火完全熄灭。

2）切勿将水注入容器。

3）如果容器的安全阀发出响声或储罐变色，应迅速撤离。

4）切记远离被大火吞没的储罐。

4. 燃烧爆炸危险

（1）危险性综述：本品不燃，具强腐蚀性、强刺激性，可致人体灼伤，对环境有危害，对水体可造成污染。

（2）燃爆特性：遇水猛烈分解，产生大量的热和浓烟，甚至爆炸。对很多金属尤其是潮湿空气存在下有腐蚀性。

5. 燃爆温度及燃烧（分解）产物

燃烧（分解）产物：氧化磷、氯化氢（有毒）、磷烷。

6. 禁止混储

与许多物质和材料接触能导致起火和爆炸。与潮湿空气发生反应形成氯化氢烟雾。与水、水雾、蒸气、醇类发生剧烈反应，释放热和引起剧烈溢溅，形成氢氯酸、磷酸和磷化氢，可以自发点火。与还原剂、强氧化剂、强碱、铝粉等很多物质发生剧烈反应。与羧酸类形成不稳定化合物。与氯化乙酰、丙烯基乙醇、五氟化铬、二氧化铅不相容。在潮湿条件下，浸蚀许多金属，形成易燃氢气。浸蚀一些塑料、橡胶和布品。储存在氮气或其他惰性气体覆盖下。

注：参考自《威利化学品禁忌手册》。

7. 隔离距离

泄漏：应立即隔离30m范围；下风向撤离范围白天为0.2km，夜晚为0.4km（泄漏到水中，当泄漏到地上时为0.7km）。可依据需要增加四周隔离和下风向撤离的距离；大量泄漏：应立即隔离150m范围，下风向撤离范围白天为1.5km，夜晚为3.5km（泄漏到水中，当泄漏到地上时为4.8km）。可依据需要增加向四周隔离的距离和下风向撤离的距离；人员停留在上风向。

火灾：火场内若有储罐、槽车或罐车，立即四周隔离800m。也可以考虑首次向四周撤离800m。

8. 急救措施

（1）皮肤接触：尽快用软纸或棉花等擦去毒物，继之用3%碳酸氢钠液浸泡。然后用水彻底冲洗；就医。

（2）眼睛接触：尽快用软纸或棉花等擦去毒物，然后用水彻底冲洗；就医。

（3）吸入：迅速脱离现场至空气新鲜处。注意保暖。保持呼吸道通畅。如呼吸困难，给输氧。如呼吸停止，立即进行人工呼吸；就医。

（4）食入：立即漱口，给饮牛奶或蛋清；就医。

三氯乙酸泄漏、燃爆事故

1. 遇水反应

发生反应，生成盐酸和草酸。水溶液是一种强酸。

2. 泄漏处置

隔离泄漏污染区，限制出入。建议应急处理人员戴防尘面具（全面罩），穿防酸碱消防服。不要直接接触泄漏物。小量泄漏：用洁净的铲子收集于干燥、洁净、有盖的容器中。也可以将地面洒上苏打灰，然后用大量水冲洗，洗水稀释后放入废水系统。大量泄漏：用塑料布、帆布覆盖。然后收集回收或运至废物处理场所处置。

3. 燃爆与消防

（1）灭火方法及灭火剂：

灭火方法：消防人员必须穿全身耐酸碱消防服，佩戴空气呼吸器。在确保安全情况下，将容器移离火场至空旷处。

灭火剂：小火，雾状水、泡沫、砂土、二氧化碳；大火，二氧化碳。

（2）储罐或货车（拖车）着火：

1）尽可能远距离灭火或用遥控水枪或水炮扑救。

2）用大量水冷却盛有危险品的容器，直到火完全熄灭。

3）切勿将水注入容器。

4）如果容器的安全阀发出响声或储罐变色，应迅速撤离。

5）切记远离被大火吞没的储罐。

4. 燃烧爆炸危险

（1）危险性综述：本品可燃，具腐蚀性、刺激性，可致人体灼伤。

（2）燃爆特性：受高热分解产生有毒的腐蚀性烟气。粉体与空气混合，能形成爆炸性混合物。具有较强的腐蚀性。

5. 燃爆温度及燃烧（分解）产物

燃烧（分解）产物：一氧化碳、氯化氢（有毒）。

6. 禁止混储

其水溶液是一种强酸。干燥条件下基本稳定。与硫酸、碱、氨、胺类、异氰酸酯类、环氧烷烃类、表氯醇、强氧化剂类不相容。腐蚀金属，包括铁、铝和锌。

注：参考自《威利化学品禁忌手册》。

7. 隔离距离

泄漏：应立即隔离25m范围，可依据需要增加下风向撤离的距离；人员停留在上风向。

火灾：火场内若有储罐、槽车或罐车，隔离800m。也可以考虑首次向四周撤离800m。

8. 急救措施

（1）皮肤接触：脱去污染的衣着，用清水冲洗至少15min。若有灼伤，就医治疗。

（2）眼睛接触：立即提起眼睑，用流动清水或生理盐水冲洗至少15min；就医。

（3）吸入：迅速脱离现场至空气新鲜处。保持呼吸道通畅。如呼吸困难，给输氧。如呼吸停止，立即进行人工呼吸；就医。

（4）食入：立即漱口，给饮牛奶或蛋清；就医。

顺丁烯二酸酐（马来酸酐）泄漏、燃爆事故

1. 遇水反应

发生反应，生成马来酸。

2. 泄漏处置

隔离泄漏污染区，限制出入。切断火源。建议应急处理人员戴防尘面具（全面罩），穿防酸碱消防服。用洁净的铲子收集于干燥、洁净、有盖的容器中。转移至安全场所。若大量泄漏，收集回收或运至废物处理场所处置。

3. 燃爆与消防

（1）灭火方法及灭火剂：

灭火方法：消防人员须佩戴防毒面具、穿全身消防服，在上风向灭火。在确保安全的情况下将容器移离火场。大火时切勿用水流直接喷射灭火。

灭火剂：小火，雾状水、泡沫、二氧化碳、砂土；大火，雾状水。

（2）储罐或货车（拖车）着火：

1）尽可能远距离灭火或用遥控水枪或水炮扑救。

2）用大量水冷却盛有危险品的容器，直到火完全熄灭。

3）切勿将水注入容器。

4）如果容器的安全阀发出响声或储罐变色，应迅速撤离。

5）切记远离被大火吞没的储罐。

4. 燃烧爆炸危险

（1）危险性综述：本品可燃，有毒，具腐蚀性、刺激性，可致人体灼伤，具致敏性。

（2）燃爆特性：遇高热、明火或与氧化剂接触，有引起燃烧的危险。粉体与空气可形成爆炸性混合物，当达到一定浓度时，遇火星会发生爆炸。

5. 燃爆温度及燃烧（分解）产物

引燃温度：477℃。

燃烧（分解）产物：一氧化碳、二氧化碳。

6. 禁止混储

溶于水，形成马来酸，并释放能量。与强氧化剂类、强碱发生剧烈反应。与胺或碱金属锂、钠、钾、铷、铯、钫（甚至在低于 200×10^{-6} 的浓度下）接触能引起其快速分解，可导致聚合，特别是温度高于66℃时。与吡啶不相容；潮湿条件下浸蚀金属；浸蚀一些塑料、橡胶和布品。

注：参考自《威利化学品禁忌手册》。

7. 隔离距离

泄漏：应立即隔离50m范围，可依据需要增加下风向撤离的距离；人员停留在上风向。

火灾：火场内若有储罐、槽车或罐车，隔离800m。也可以考虑首次向四周撤离800m。

8. 急救措施

（1）皮肤接触：立即用水冲洗至少 15min；若有灼伤，立即就医。

（2）眼睛接触：立即提起眼睑，用大量流动清水或生理盐水彻底冲洗至少 15min，或用 3% 硼酸溶液冲洗；就医。

（3）吸入：迅速脱离现场至空气新鲜处。保持呼吸道通畅。如呼吸困难，给输氧。如呼吸停止，立即进行人工呼吸；就医。

（4）食入：立即漱口，口服牛奶或蛋清；就医。

硝酸泄漏、燃爆事故

1. 遇水反应

不发生反应。注水放热。

2. 泄漏处置

迅速撤离泄漏污染区人员至安全区，并进行隔离，严格限制出入。建议应急处理人员戴自给正压式呼吸器，穿防酸碱消防服。从上风处进入现场。尽可能切断泄漏源。防止进入下水道、排洪沟等限制性空间。小量泄漏：将地面洒上苏打灰，然后用大量水冲洗，洗水稀释后放入废水系统。大量泄漏：构筑围堤或挖坑收容。喷雾状水冷却和稀释蒸气、保护现场人员、把泄漏物稀释成不燃物。用耐腐蚀泵转移至槽车或专用收集器内，回收或运至废物处理场所处置。

3. 燃爆与消防

（1）灭火方法及灭火剂：

灭火方法：消防人员必须全身穿耐酸碱消防服，佩戴空气呼吸器，从上风口进入现场。

灭火剂：雾状水、二氧化碳、砂土、水泥粉。

（2）储罐或货车（拖车）着火：

1）尽可能远距离灭火或用遥控水枪或水炮扑救。

2）切勿将水注入容器。

3）用大量水冷却盛有危险物的容器，直到火完全熄灭。

4）如果容器的安全阀发出响声或储罐变色，应迅速撤离。

5）切记远离被大火吞没的储罐。

4. 燃烧爆炸危险

（1）危险性综述：本品助燃，具强腐蚀性、强刺激性，可致人体灼伤，对环境有危害，对水体和土壤可造成污染。

（2）燃爆特性：与金属粉末、电石、硫化氢、松节油等猛烈反应，甚至发生爆炸。与还原剂、可燃物如糖、纤维素、木屑、棉花、稻草或废纱头等接触，引起燃烧。具有强腐蚀性。

5. 燃爆温度及燃烧（分解）产物

燃烧（分解）产物：氮氧化物（有毒）。

6. 禁止混储

把水加入浓酸中将发生剧烈反应。与还原剂、盐基、易燃烧材料、细散或粉状金属和金属合金、乙酸酐、胺、硫化物等以及许多其他物质反应剧烈。与丙烯酸酯类、醛类、二醇、烃类等以及许多物质不相容。与乙酸、乙酰氧基乙烷二元醇、硝酸铝、硝酸苯胺、1，2- 二氯乙烷、二氯乙烯、二氯甲烷、二乙胺基乙醇、3，6- 二氢 -1，2，2*H*- 噁嗪、二甲醚、二硝基苯、正磷酸苯二钠、2- 己烯醛、水杨酸金属盐类、3- 甲基环己酮、硝基芳香族类、硝基苯类、硝基甲烷、*β*- 丙基乙烯醛、水杨酸形成对热、冲击、摩擦或震动敏感的爆炸物。浸蚀大部分的金属和某些塑料、橡胶及布品。与所有其他物质分开储存。

注：参考自《威利化学品禁忌手册》。

7. 隔离距离

泄漏：应立即隔离 30m 范围；下风向撤离范围白天为 0.1km，夜晚为 0.2km，可依据需要增加下风向撤离的距离；大量泄漏：应立即隔离 60m 范围，下风向撤离范围白天为 0.6km，夜晚为 1.2km，可依据需要增加下风向撤离的距离；人员停留在上风向。

火灾：火场内若有储罐、槽车或罐车，隔离 800m。也可以考虑首次向四周撤离 800m。

8. 急救措施

（1）皮肤接触：立即脱去污染的衣着，用大量流动清水冲洗至少 15min。或用 2% 碳酸氢钠溶液冲洗；若有灼伤，立即就医。

（2）眼睛接触：立即提起眼睑，用大量流动清水或生理盐水彻底冲洗至少 15min；就医。

（3）吸入：迅速脱离现场至空气新鲜处。保持呼吸道通畅。如呼吸困难，给输氧。如呼吸停止，立即进行人工呼吸。给予 2%~4% 碳酸氢钠溶液雾化吸入；立即就医。

（4）食入：用水漱口，给饮牛奶、蛋清植物油等，不可催吐，立即就医。

溴（化）乙酰泄漏、燃爆事故

1. 遇水反应

发生反应。生成溴化氢有毒气体和乙酸。

2. 泄漏处置

疏散泄漏污染区人员至安全区，禁止无关人员进入污染区，切断火源。建议应急处理人员戴自给式呼吸器，穿化学防护服。不要直接接触泄漏物，在确保安全情况下堵漏。用砂土、干燥石灰或苏打灰混合，然后收集运至废物处理场所处置。也可以用不燃性分散剂制成的乳液刷洗，经稀释的洗水放入废水系统。如大量泄漏，利用围堤收容，然后收集、转移、回收或无害处理后废弃。

3. 燃爆与消防

（1）灭火方法及灭火剂：

灭火方法：消防人员必须穿防化服。佩戴空气呼吸器。尽可能将容器从火场移至空旷处。喷水保持火场容器冷却，直至灭火结束。处在火场中的容器若已变色或从安全泄压装置中产生声音，必须马上撤离。

灭火剂：二氧化碳、砂土、水泥粉、干粉。禁止用水和泡沫灭火。

（2）储罐或货车（拖车）着火：

1）尽可能远距离灭火或用遥控水枪或水炮扑救。

2）用大量水冷却盛有危险品的容器，直到火完全熄灭。

3）切勿将水注入容器。

4）如果容器的安全阀发出响声或储罐变色，应迅速撤离。

5）切记远离被大火吞没的储罐。

4. 燃烧爆炸危险

（1）危险性综述：本品易燃，具强腐蚀性、刺激性，可致人体灼伤。

（2）燃爆特性：易燃，受热分解放出溴化氢和剧毒的碳酰溴。与水和乙醇发生激烈分解生成溴氢酸和乙酸。其蒸气与空气混合，能形成爆炸性混合物。遇潮时对大多数金属有强腐蚀性。

5. 燃爆温度及燃烧（分解）产物

燃烧（分解）产物：一氧化碳、二氧化碳、溴化氢（有毒）、溴氢酸（有毒）、碳酰溴（有毒）。

6. 禁止混储

与潮湿空气发生反应，生成溴化氢烟雾。与水、水汽或醇发生剧烈反应，生成乙酸和溴氢酸。水汽存在下，侵蚀大多数金属和木材。

注：参考自《威利化学品禁忌手册》。

7. 隔离距离

泄漏：应立即隔离 30m 范围，下风向撤离范围白天为 0.1km，夜晚为 0.3km。可依据需要增加四周隔离和下风向撤离的距离；大量泄漏：应立即隔离 90m 范围，下风向撤离范围白天为 0.7km，夜晚为 2.3km。可依据需要增加向四周隔离的距离和下风向撤离的距离；人员停留在上风向。

火灾：火场内若有储罐、槽车或罐车，立即四周隔离 800m。也可以考虑首次向四周撤离 800m。

8. 急救措施

（1）皮肤接触：脱去污染的衣着，用肥皂水及清水彻底冲洗。若有灼伤，就医治疗。

（2）眼睛接触：立即提起眼睑，用流动清水或生理盐水冲洗至少 15min；就医。

（3）吸入：迅速脱离现场至空气新鲜处。保持呼吸道通畅。如呼吸困难，给输氧。如呼吸停止，立即进行人工呼吸；就医。

（4）食入：立即漱口，给饮牛奶或蛋清；就医。

溴泄漏、燃爆事故

1. 遇水反应

发生反应，生成氢溴酸和次溴酸。

2. 泄漏处置

迅速撤离泄漏污染区人员至安全区，并立即进行隔离，小量泄漏时隔离 150m，大量泄漏时隔离 300m，严格限制出入。建议应急处理人员戴自给正压式呼吸器，穿防酸碱工作服。不要直接接触泄漏物。尽可能切断泄漏源。防止流入下水道、排洪沟等限制性空间。小量泄漏：用苏打灰中和。也可以用大量水冲洗，洗水稀释后放入废水系统。大量泄漏：构筑围堤或挖坑收容。用泡沫覆盖，降低蒸气灾害。喷雾状水冷却和稀释蒸气。用耐腐蚀泵转移至槽车或专用收集器内，回收或运至废物处理场所处置。

3. 燃爆与消防

（1）灭火方法及灭火剂：

灭火方法：消防人员必须佩戴氧气呼吸器、穿全身防护服。喷水保持火场容器冷却，直至灭火结束。用雾状水赶走泄漏的液体。用氨水从远处喷射，驱散蒸气，并使之中和。但对泄漏出来的溴液不可用氨水喷射，以免引起强烈反应，放热而产生大量剧毒的溴蒸气。

灭火剂：二氧化碳、砂土。不宜用水。

（2）储罐或货车（拖车）着火：

1）尽可能远距离灭火或用遥控水枪或水炮扑救。

2）切勿将水注入容器。

3）用大量水冷却盛有危险物的容器，直到火完全熄灭。

4）如果容器的安全阀发出响声或储罐变色，应迅速撤离。

5）切记远离被大火吞没的储罐。

4. 燃烧爆炸危险

（1）危险性综述：本品助燃，具强腐蚀性、强刺激性，可致人体灼伤。

（2）燃爆特性：强氧化剂。与易燃物（如苯）和可燃物（如糖、纤维素等）接触会发生剧烈反应，甚至引起燃烧。和氢、甲烷、硫黄、锑、砷、磷、钠、钾及其他金属粉末剧烈反应，甚至引起燃烧爆炸。与还原剂能发生强烈反应。能腐蚀大多数金属及有机组织。

5. 燃爆温度及燃烧（分解）产物

燃烧（分解）产物：溴化氢（有毒）。

6. 禁止混储

接触有机物或其他易于氧化的物质能引起着火和爆炸。接触水或水蒸气形成氢溴酸和氧。接触氨水、乙醛、乙炔、丙烯腈、氢可引起剧烈反应。无水物质与铝、钛、汞或钾反应剧烈；湿物质与其他金属反应。与许多物质不相容，包括醇类、氢氧化碱、亚砷酸盐、硼、亚硝酸盐等。浸蚀某些布品以及聚乙烯、聚丙烯、PVC、天然橡胶、级别较低的氯丁橡胶。腐蚀铁、钢、不锈钢以及铜。

注：参考自《威利化学品禁忌手册》。

7. 隔离距离

泄漏：应立即隔离 60m 范围，下风向撤离范围白天为 0.5km，夜晚为 1.8km。可依据需要增加四周隔离和下风向撤离的距离大量泄漏：应立即隔离 330m 范围，下风向撤离范围白天为 3.3km，夜晚为 7.3km。可依据需要增加向四周隔离的距离和下风向撤离的距离；人员停留在上风向。

火灾：火场内若有储罐、槽车或罐车，立即四周隔离 800m。也可以考虑首次向四周撤离 800m。

8. 急救措施

（1）皮肤接触：立即脱去污染的衣着，用流动清水冲洗 10min 或用 2%碳酸氢钠溶液冲洗。若有灼伤，就医。

（2）眼睛接触：立即提起眼睑，用流动清水或生理盐水冲洗至少 15min；

就医。

（3）吸入：迅速脱离现场至空气新鲜处。保持呼吸道通畅。如呼吸困难，给输氧。如呼吸停止，立即进行人工呼吸；就医。

（4）食入：立即漱口，勿催吐。给饮牛奶或蛋清；就医。

盐酸泄漏、燃爆事故

1. 遇水反应

不发生反应。

2. 灭火器材

迅速撤离泄漏污染区人员至安全区，并进行隔离，严格限制出入。建议应急处理人员戴自给正压式呼吸器，穿防酸碱工作服。不要直接接触泄漏物。尽可能切断泄漏源。小量泄漏：用砂土、水泥粉、干燥石灰或苏打灰混合。也可以用大量水冲洗，洗水稀释后放入废水系统。大量泄漏：构筑围堤或挖坑收容。用耐腐蚀泵转移至槽车或专用收集器内，回收或运至废物处理场所处置。

3. 燃爆与消防

（1）灭火方法及灭火剂：

灭火方法：消防人员必须穿全身耐酸碱消防服。佩戴空气呼吸器。在确保安全情况下，将容器移离火场至空旷处。

灭火剂：用碱性物质如碳酸氢钠、碳酸钠、消石灰、水泥粉等中和。也可用大量水扑救。

（2）储罐或货车（拖车）着火：

1）尽可能远距离灭火或用遥控水枪或水炮扑救。

2）切勿将水注入容器。

3）用大量水冷却盛有危险物的容器，直到火完全熄灭。

4）如果容器的安全阀发出响声或储罐变色，应迅速撤离。

5）切记远离被大火吞没的储罐。

4. 燃烧爆炸危险

（1）危险性综述：本品不燃，具强腐蚀性、强刺激性，可致人体灼伤，对环境有危害，对水体和土壤可造成污染。

（2）燃爆特性：能与一些活性金属粉末发生反应，放出氢气。遇氰化物能产生剧毒的氰化氢气体。与碱反生中和反应，并放出大量的热。具有较强的腐蚀性。

5. 燃爆温度及燃烧（分解）产物

燃烧（分解）产物：氯化氢（有毒）。

6. 禁止混储

与碱类、强氧化剂（释放出氯气）、乙酸酐、氰基十三氢十硼酸铯（2-）、亚乙二氟、二硅化六锂、乙炔化金属、钠、二氧化硅、四氮化四硒以及许多有机物质剧烈反应。与脂肪、直链烷醇胺、环氧烷烃类、铝、铝 - 钛合金、芳香胺类、氨基化合物、2-氨基乙醇、氨、氢氧化铵、磷化钙、氯磺酸、乙二胺、亚乙基亚胺、表氯醇、异氰酸酯类、乙炔化金属、金属碳化物、发烟硫酸、有机酐类、高氯酸、3-β- 丙内酯、硫酸、磷化铀、乙酸乙烯酯、偏二氟乙烯不相容。

注：参考自《威利化学品禁忌手册》。

7. 隔离距离

泄漏：应立即隔离 50m 范围，可依据需要增加下风向撤离的距离；人员停留在上风向。

火灾：火场内若有储罐、槽车或罐车，隔离 800m。也可以考虑首次向四周撤离 800m。

8. 急救措施

（1）皮肤接触：立即脱去污染的衣着，用大量流动清水冲洗至少 15min，或用 2% 碳酸氢钠溶液冲洗；就医。

（2）眼睛接触：立即提起眼睑，用大量流动清水或生理盐水彻底冲洗至少 15min；就医。

（3）吸入：迅速脱离现场至空气新鲜处。保持呼吸道通畅。如呼吸困难，给输氧。如呼吸停止，立即进行人工呼吸。给予 2%~4% 碳酸氢钠溶液雾化吸入；就医。

（4）食入：用水漱口，给饮牛奶、蛋清、植物油等，不可催吐；就医。

乙二酰氯（草酰氯）泄漏、燃爆事故

1. 遇水反应

发生反应。遇水分解生成盐酸和草酸。

2. 泄漏处置

迅速撤离泄漏污染区人员至安全区，并进行隔离，严格限制出入。建议应急处理人员戴自给正压式空气呼吸器，穿防化服。尽可能切断泄漏源。防止进入下水道、排洪沟等限制性空间。小量泄漏：用砂土、干燥石灰或苏打灰混合。也可以用不燃性分散剂制成的乳液刷洗，洗液稀释后放入废水系统。大量泄漏：构筑围堤或挖坑收容。用耐腐蚀泵转移至槽车或专用收集器内，回收或运至废物处理场所处置。

3. 燃爆与消防

（1）灭火方法及灭火剂：

灭火方法：消防人员必须佩戴过滤式防毒面具（全面罩）或隔离式呼吸器、穿全身防火防毒服，在上风向灭火。尽可能将容器从火场移至空旷处。处在火场中的容器若已变色或从安全泄压装置中产生声音，必须马上撤离。

灭火剂：二氧化碳、砂土、水泥粉、干粉。禁止用水和泡沫灭火。

（2）储罐或货车（拖车）着火：

1）用大量水冷却盛有危险品的容器，直到火完全熄灭。

2）切勿将水注入容器。

3）如果容器的安全阀发出响声或储罐变色，应迅速撤离。

4）切记远离被大火吞没的储罐。

4. 燃烧爆炸危险

（1）危险性综述：本品可燃，具强腐蚀性、强刺激性，可致人体灼伤。

（2）燃爆特性：可燃。遇高温（600℃以下）或与脱水剂（三氯化铝）共存时加热分解为剧毒的光气和一氧化碳。遇水分解生成盐酸和草酸。与钾－钠合金接触剧烈反应。

5. 燃爆温度及燃烧（分解）产物

燃烧（分解）产物：一氧化碳、二氧化碳、光气（有毒）。

6. 禁止混储

与碱类、水、醇类发生反应。

7. 隔离距离

泄漏：应立即隔离50m范围，可依据需要增加下风向撤离的距离；人员停留在上风向。

火灾：火场内若有储罐、槽车或罐车，隔离800m。也可以考虑首次向四周撤离800m。

8. 急救措施

（1）皮肤接触：脱去污染的衣着，用肥皂水及清水彻底冲洗。若有灼伤，就医治疗。

（2）眼睛接触：立即提起眼睑，用流动清水或生理盐水冲洗至少15min；就医。

（3）吸入：迅速脱离现场至空气新鲜处。保持呼吸道通畅。如呼吸困难，给输氧。如呼吸停止，立即进行人工呼吸；就医。

（4）食入：立即漱口，勿催吐。给饮牛奶或蛋清；就医。

乙酸（醋酸）泄漏、燃爆事故

1. 遇水反应

不发生反应。

2. 泄漏处置

迅速撤离泄漏污染区人员至安全区，并进行隔离，严格限制出入。切断火源。建议应急处理人员戴自给正压式呼吸器，穿防酸碱工作服。不要直接接触泄漏物。尽可能切断泄漏源。防止进入下水道、排洪沟等限制性空间。小量泄漏：用砂土、干燥石灰或苏打灰混合。大量泄漏：构筑围堤或挖坑收容。喷雾状水冷却和稀释蒸气、保护现场人员、把泄漏物稀释成不燃物。用防爆耐腐蚀泵转移至槽车或专用收集器内，回收或运至废物处理场所处置。

3. 燃爆与消防

（1）灭火方法及灭火剂：

灭火方法：消防人员必须穿全身耐酸碱消防服，佩戴空气呼吸器。用水喷射逸出液体，使其稀释成不燃性混合物，并用雾状水保护消防人员。

灭火剂：小火，雾状水、抗溶性泡沫、砂土、二氧化碳、水泥粉；大火，雾状水。

（2）储罐或货车（拖车）着火：

1）尽可能远距离灭火或用遥控水枪或水炮扑救。

2）用大量水冷却盛有危险品的容器，直到火完全熄灭。

3）切勿将水注入容器。

4）如果容器的安全阀发出响声或储罐变色，应迅速撤离。

5）切记远离被大火吞没的储罐。

4. 燃烧爆炸危险

（1）危险性综述：本品易燃，具腐蚀性、强刺激性，可致人体灼伤，对环境有危害，对水体可造成污染。

（2）燃爆特性：易燃，其蒸气与空气可形成爆炸性混合物，遇明火、高热能引起燃烧爆炸。与铬酸、过氧化钠、硝酸或其他氧化剂接触，有爆炸危险。具有腐蚀性。

5. 燃爆温度及燃烧（分解）产物

燃烧（分解）产物：一氧化碳、二氧化碳。

6. 禁止混储

碱类、强氧化剂类不相容。

7. 隔离距离

泄漏：应立即隔离 50m 范围，可依据需要增加下风向撤离的距离；人员停留在上风向。

火灾：火场内若有储罐、槽车或罐车，隔离 800m。也可以考虑首次向四周撤离 800m。

8. 急救措施

（1）皮肤接触：脱去污染的衣着，用清水冲洗至少 15min。若有灼伤，就医。

（2）眼睛接触：立即提起眼睑，用流动清水或生理盐水冲洗至少 15min；就医。

（3）吸入：迅速脱离现场至空气新鲜处。保持呼吸道通畅。呼吸困难时给输氧。给予 2%~4%碳酸氢钠溶液雾化吸入；就医。

（4）食入：给饮大量温水；就医。

第 8 章　其他类物质

其他类物质泄漏事故扑救通则

一、战术要点

（1）遵循“疏散救人，划定区域，有序处置，确保安全”的战术原则；

（2）合理估算兵力、装备、灭火剂，正确部署参战力量；

（3）消除危险源，防止引发爆炸；

（4）严格控制进入现场人员，组织精干小组，采取驱散、稀释等措施，加强行动掩护；

（5）充分利用固定设施和采取工艺处置措施；

（6）在上风安全区域建立指挥部，及时形成通信网络，保障调度指挥；

（7）严密监视险情，果断采取进攻及撤离行动；

（8）全面检查，彻底清理，消除隐患，安全撤离。

二、程序方法

1. 防护

（1）根据泄漏气体的毒性及划定的危险区域，确定相应的防护等级；

（2）防护等级划分标准，见附录 A；

（3）防护标准见附录 B；

（4）凡在现场参与处置人员，最低防护不得低于三级。

2. 询情

（1）遇险人员情况；

（2）泄漏物质、时间、部位、形式、已扩散范围；

（3）周边单位、居民、地形、供电、火源等情况；

（4）单位的消防组织与设施；

（5）工艺处置措施。

3. 侦检

（1）搜寻遇险人员；

（2）使用检测仪器测定泄漏物质的浓度、扩散范围；

（3）确认设施、建（构）筑物险情；

（4）确认消防设施运行情况；
（5）确定攻防路线、阵地；
（6）现场及周边污染情况。

4. 警戒

（1）根据询情、检测情况设置警戒区域；
（2）警戒区域划分为：重危区、轻危区、安全区；
（3）分别划分区域并设立标志，在安全区外视情设立隔离带；
（4）严格控制各区域进出人员、车辆，并逐一登记。

5. 救生

（1）组成救生小组，携带救生器材迅速进入危险区域；
（2）采取正确救助方式（佩戴救生面罩、使用固定夹具等），将所有遇险人员移至安全区域；
（3）对救出人员进行登记、标识和现场急救；
（4）将伤情较重者及时送交医疗急救部门救治。

6. 控险

（1）启用喷淋等固定或半固定灭火设施；
（2）选定水源、铺设水带、设置阵地、有序展开；
（3）铺设水幕水带，设置水幕，稀释、降低泄漏物浓度；
（4）采用多支喷雾水枪形成水幕墙，防止泄漏物向重要目标或危险源扩散。

7. 堵漏

（1）根据现场泄漏情况，研究制定堵漏方案，并严格按照堵漏方案实施；
（2）所有堵漏行动必须采取防爆措施，确保安全；
（3）关闭前置阀门，切断泄漏源；
（4）堵漏方法见附录C。

8. 输转

（1）利用工艺措施倒罐；
（2）转移较危险的桶体。

9. 医疗救护

（1）现场救护：

1）迅速离开现场到上风或侧风方向空气无污染处；

2）注意对呼吸道（戴防毒面具、面罩或用湿毛巾捂住口鼻）、皮肤（穿防护服）进行防护；

3）对心跳、呼吸停止者立即进行心肺复苏措施，同时吸氧；

4）脱去污染服装，皮肤污染者，用流动清水或肥皂水彻底冲洗；眼睛污染者，用生理盐水、清水彻底冲洗；注意呼吸道是否通畅，防止窒息或阻塞；对消化道服入者应立即催吐。

（2）特效药物治疗：无；

（3）对症治疗：

1）抗休克，防治肺水肿，吸入氧气，使用镇静剂；

2）注意呼吸道烧伤引起的阻塞；

3）早期、足量、短程及时使用糖皮质激素；

4）使用消泡净气雾剂；

5）防感染，改善微循环，控制补液，支持疗法等；

6）加强护理。

10. 洗消

（1）在危险区与安全区交界处设立洗消站；

（2）洗消的对象：

1）轻度中毒人员；

2）重度中毒人员（在送医院治疗之前）；

3）现场医务人员；

4）消防和其他抢险人员以及群众互救人员；

5）染毒器具。

（3）洗消污水必须通过环保部门的检测，达到排放标准，方可排放，以防造成次生灾害。

11. 清理

（1）用喷雾水或蒸气、惰性气体清扫现场内排空罐及低洼、沟渠等处，确保不留残液；

（2）清点人员、车辆及器材；

（3）撤除警戒，做好移交，安全撤离。

三、注意事项

（1）进入现场须正确选择行车路线、停车位置、作战阵地；

（2）一切处置行动自始至终必须严防引发爆炸；

（3）参战人员一定要做好个人防护，防止中毒，防止冻伤；

（4）注意风向变换，适时调整部署；

（5）慎重发布灾情和相关新闻。

注：主要参考《危险化学品应急救援必读》。

其他类物质燃烧爆炸事故扑救通则

一、战术要点

（1）遵循“救人第一，预先准备，冷却排险，慎重灭火”战术原则；
（2）合理估算兵力、装备、灭火剂，正确部署参战力量；
（3）确保重点，积极防御，防止引发二次爆炸；
（4）严格控制进入现场人员，组织抢险小组，加强行动掩护，确保人员安全；
（5）充分利用固定设施和采取工艺处置措施；
（6）在上风安全区域建立指挥部，及时形成通信网络，保障调度指挥；
（7）严密监视险情，果断采取攻防行动；
（8）全面核查、彻底清理、消除隐患、安全撤离。

二、程序方法

1. 防护

（1）根据泄漏气体的毒性及划定的危险区域，确定相应的防护等级；
（2）防护等级划分标准见附录 A；
（3）防护标准见附录 B；
（4）凡在现场参与处置人员，最低防护不得低于三级。

2. 询情

（1）遇险人员情况；
（2）泄漏物质、时间、部位、形式、已扩散范围；
（3）周边单位、居民、地形、供电、火源等情况；
（4）单位的消防组织与设施；
（5）工艺处置措施。

3. 侦检

（1）搜寻遇险人员；
（2）使用检测仪器测定泄漏物质的浓度、扩散范围；
（3）确认设施、建（构）筑物险情；
（4）确认消防设施运行情况；
（5）确定攻防路线、阵地；
（6）现场及周边污染情况。

4. 警戒

（1）根据询情、检测情况设置警戒区域；
（2）警戒区域划分为：重危区、轻危区、安全区；
（3）分别划分区域并设立标志，在安全区外视情设立隔离带；

（4）严格控制各区域进出人员、车辆，并逐一登记。

5. 救生

（1）组成救生小组，携带救生器材迅速进入危险区域；

（2）采取正确救助方式（佩戴救生面罩、使用固定夹具等），将所有遇险人员移至安全区域；

（3）对救出人员进行登记、标识和现场急救；

（4）将伤情较重者及时送交医疗急救部门救治。

6. 控险

（1）启用喷淋等固定或半固定灭火设施；

（2）选定水源、铺设水带、设置阵地、有序展开；

（3）铺设水幕水带，设置水幕，稀释、降低泄漏物浓度；

（4）采用多支喷雾水枪形成水幕墙，防止泄漏物向重要目标或危险源扩散。

7. 堵漏

（1）根据现场泄漏情况，研究制定堵漏方案，并严格按照堵漏方案实施；

（2）所有堵漏行动必须采取防爆措施，确保安全；

（3）关闭前置阀门，切断泄漏源；

（4）堵漏方法见附录 C。

8. 输转

（1）利用工艺措施倒罐；

（2）转移较危险的桶体。

9. 灭火

（1）灭火条件：

1）堵漏准备就绪，且有十分把握堵漏成功或堵漏已完成；

2）周围火点已彻底扑灭；

3）外围火种等危险源已全部控制；

4）着火罐已得到充分冷却；

5）兵力、装备、灭火剂已准备就绪。

（2）灭火方法：

1）干粉抑制法：视燃烧情况使用车载干粉炮、胶管干粉枪、推车式及手提式干粉灭火器、二氧化碳灭火器灭火。

2）用水强攻灭火法：直接出水强攻，边灭火，边冷却，疏散，加快泄漏物反应，直至火熄灭。

3）泡沫覆盖法：对于流淌火喷射泡沫进行覆盖灭火。

10. 医疗救护

（1）现场救护：

1）迅速离开现场到上风或侧风方向空气无污染处；

2）注意对呼吸道（戴防毒面具、面罩或用湿毛巾捂住口鼻）、皮肤（穿防护服）进行防护；

3）对心跳、呼吸停止者立即进行心肺复苏措施，同时吸氧；

4）脱去污染服装，皮肤污染者，用流动清水或肥皂水彻底冲洗；眼睛污染者，用生理盐水、清水彻底冲洗；注意呼吸道是否通畅，防止窒息或阻塞；对消化道服入者应立即催吐。

（2）采用特效药物治疗；

（3）对症治疗。

11. 洗消

（1）在危险区与安全区交界处设立洗消站。

（2）洗消的对象：

1）轻度中毒人员；

2）重度中毒人员（在送医院治疗之前）；

3）现场医务人员；

4）消防和其他抢险人员以及群众互救人员；

5）染毒器具。

（3）洗消污水必须通过环保部门的检测，达到排放标准后方可排放，以防造成次生灾害。

12. 清理

（1）用喷雾水或蒸气、惰性气体清扫现场内排空罐及低洼、沟渠等处，确保不留残液；

（2）清点人员、车辆及器材；

（3）撤除警戒，做好移交，安全撤离。

三、注意事项

（1）进入现场须正确选择行车路线、停车位置、作战阵地；

（2）一切处置行动自始至终必须严防引发爆炸；

（3）参战人员一定要做好个人防护，防止中毒，防止冻伤；

（4）注意风向变换，适时调整部署；

（5）慎重发布灾情和相关新闻。

注：主要参考《危险化学品应急救援必读》。

柴油泄漏、燃爆事故

1. 遇水反应

不发生反应。

2. 泄漏处置

迅速撤离泄漏污染区人员至安全区，并进行隔离，严格限制出入。切断火源。建议应急处理人员戴自给正压式呼吸器，穿一般作业工作服。尽可能切断泄漏源。防止进入下水道、排洪沟等限制性空间。小量泄漏：用活性炭或其他惰性材料吸收。大量泄漏：构筑围堤或挖坑收容。用泵转移至槽车或专用收集器内，回收或运至废物处理场所处置。

3. 燃爆与消防

（1）灭火方法及灭火剂：

灭火方法：消防人员须佩戴防毒面具、穿全身消防服，在上风向灭火。尽可能将容器从火场移至空旷处。喷水保持火场容器冷却，直至灭火结束。处在火场中的容器若已变色或从安全泄压装置中产生声音，必须马上撤离。

灭火剂：小火，雾状水、泡沫、干粉、二氧化碳、砂土；大火，雾状水。

（2）储罐或货车（拖车）着火：

1）尽可能远距离灭火或用遥控水枪或水炮灭火。

2）用大量水冷却盛有危险品的容器，直到火完全熄灭。

3）如果容器的安全阀发出响声或储罐变色，应迅速撤离。

4）切记远离被大火吞没的储罐。

5）对于燃烧剧烈的大火，使用遥控水枪或水炮远距离灭火；否则撤离火场并任其燃烧。

4. 燃烧爆炸危险

（1）危险性综述：本品易燃，具刺激性，对环境有危害，对水体和大气可造成污染。

（2）燃爆特性：其蒸气与空气可形成爆炸性混合物，遇明火、高热能引起燃烧爆炸。与氧化剂可发生反应。若遇高热，容器内压增大，有开裂和爆炸的危险。

5. 燃烧爆炸危险

引燃温度：257℃。

燃烧（分解）产物：一氧化碳、二氧化碳。

6. 禁止混储

与强氧化剂类发生反应。

7. 隔离距离

泄漏：应立即隔离 50m 范围，大量泄漏首先考虑下风向撤离至少 0.3km；可依据需要增加下风向撤离的距离；人员停留在上风向。

火灾：火场内若有储罐、槽车或罐车，隔离 800m。也可以考虑首次向四周撤离 800m。

8. 急救措施

（1）皮肤接触：立即脱去污染的衣着，用肥皂水和清水彻底冲洗皮肤；就医。

（2）眼睛接触：提起眼睑，用流动清水或生理盐水冲洗；就医。

（3）吸入：迅速脱离现场至空气新鲜处。保持呼吸道通畅。如呼吸困难，给输氧。如呼吸停止，立即进行人工呼吸；就医。

（4）食入：尽快彻底洗胃；就医。

低密度聚乙烯泄漏、燃爆事故

1. 遇水反应

不发生反应。

2. 泄漏处置

隔离泄漏污染区，限制出入。切断火源。建议应急处理人员戴防尘面具（全面罩），穿一般作业工作服。用洁净的铲子收集于干燥、洁净、有盖的容器中。转移至安全场所。若大量泄漏，收集回收或运至废物处理场所处置。

3. 燃爆与消防

（1）灭火方法及灭火剂：

灭火方法：消防人员须穿一般消防服，佩戴呼吸器，在上风向灭火。尽可能将容器从火场移至空旷处。

灭火剂：雾状水、泡沫、二氧化碳、干粉、砂土。

（2）储罐或货车（拖车）着火：

1）尽可能远距离灭火或用遥控水枪或水炮灭火。

2）用大量水冷却盛有危险品的容器，直到火完全熄灭。

3）切勿对泄漏源或安全阀直接喷水，防止产生冰冻。

4）如果容器的安全阀发出响声或储罐变色，应迅速撤离。

5）切记远离被大火吞没的储罐。

6）对于燃烧剧烈的大火，使用遥控水枪或水炮远距离灭火；否则撤离火场并任其燃烧。

4. 燃烧爆炸危险

（1）危险性综述：本品可燃。

（2）燃爆特性：受热分解放出易燃气体能与空气形成爆炸性混合物。粉体与空气可形成爆炸性混合物，当达到一定浓度时，遇火星会发生爆炸。

5. 燃烧爆炸危险

引燃温度：510℃（粉云）。

燃烧（分解）产物：一氧化碳、二氧化碳。

6. 禁止混储

与强氧化剂发生反应。

7. 隔离距离

泄漏：应立即隔离 50m 范围，大量泄漏首先考虑下风向撤离至少 0.3km；可依据需要增加下风向撤离的距离；人员停留在上风向。

火灾：火场内若有储罐、槽车或罐车，隔离 800m。也可以考虑首次向四周撤离 800m。

8. 急救措施

（1）皮肤接触：脱去污染的衣着，用流动清水冲洗。

（2）眼睛接触：提起眼睑，用流动清水或生理盐水冲洗；就医。

（3）吸入：脱离现场至空气新鲜处；就医。

（4）食入：饮足量温水，催吐；就医。

二乙二醇（二甘醇）泄漏、燃爆事故

1. 遇水反应

不发生反应。

2. 泄漏处置

迅速撤离泄漏污染区人员至安全区，并进行隔离，严格限制出入。切断火源。建议应急处理人员戴自吸过滤式防毒面具（全面罩），穿防毒服。尽可能切断泄漏源。防止进入下水道、排洪沟等限制性空间。小量泄漏：用砂土、蛭石或其他惰性材料吸收。也可以用大量水冲洗，洗水稀释后放入废水系统。大量泄漏：构筑围堤或挖坑收容。用泵转移至槽车或专用收集器内，回收或运至废物处理场所处置。

3. 燃爆与消防

（1）灭火方法及灭火剂：

灭火方法：消防人员须佩戴防毒面具，穿全身消防服，在上风向灭火。尽可能将容器从火场移至空旷处。喷水保持火场容器冷却，直至灭火结束。处在火场中的容器若已变色或从安全泄压装置中产生声音，必须马上撤离。用水喷射逸出液体，使其稀释成不燃性混合物，并用雾状水保护消防人员。

灭火剂：水、雾状水、抗溶性泡沫、干粉、二氧化碳、砂土。

（2）储罐或货车（拖车）着火：

1）尽可能远距离灭火或用遥控水枪或水炮灭火。

2）用大量水冷却盛有危险品的容器，直到火完全熄灭。

3）切勿对泄漏源或安全阀直接喷水，防止产生冰冻。

4）如果容器的安全阀发出响声或储罐变色，应迅速撤离。

5）切记远离被大火吞没的储罐。

6）对于燃烧剧烈的大火，使用遥控水枪或水炮远距离灭火；否则撤离火场并任其燃烧。

4. 燃烧爆炸危险

（1）危险性综述：本品易燃。

（2）燃爆特性：蒸气能与空气形成爆炸性混合物，遇明火、高热能引起燃烧爆炸。

5. 燃烧爆炸危险

引燃温度：228℃。

燃烧（分解）产物：一氧化碳、二氧化碳。

6. 禁止混储

与强氧化剂类发生起剧烈反应。与脂肪胺类、酰胺类、硫酸、硝酸、苛性碱、异氰酸酯类不相容。

注：参考自《威利化学品禁忌手册》。

7. 隔离距离

泄漏：应立即隔离 50m 范围，大量泄漏首先考虑下风向撤离至少 0.3km；可依据需要增加下风向撤离的距离；人员停留在上风向。

火灾：火场内若有储罐、槽车或罐车，隔离 800m。也可以考虑首次向四周撤离 800m。

8. 急救措施

（1）皮肤接触：脱去污染的衣着，用肥皂水和清水彻底冲洗皮肤。

（2）眼睛接触：提起眼睑，用流动清水或生理盐水冲洗；就医。

（3）吸入：迅速脱离现场至空气新鲜处。保持呼吸道通畅。如呼吸困难，给输氧。如呼吸停止，立即进行人工呼吸；就医。

（4）食入：给充分漱口、饮水，催吐；就医。

聚苯乙烯泄漏、燃爆事故

1. 遇水反应

不发生反应。

2. 泄漏处置

隔离泄漏污染区，限制出入。切断火源。建议应急处理人员戴防尘面具（全面罩），穿防毒服。用洁净的铲子收集于干燥、洁净、有盖的容器中，转移至安全场所。若大量泄漏，收集回收或运至废物处理场所处置。

3. 燃爆与消防

（1）灭火方法及灭火剂：

灭火方法：消防人员须佩戴防毒面具、穿全身消防服，在上风向灭火。

灭火剂：雾状水、泡沫、干粉、二氧化碳、砂土。

（2）储罐或货车（拖车）着火：

1）尽可能远距离灭火或用遥控水枪或水炮灭火。

2）用大量水冷却盛有危险品的容器，直到火完全熄灭。

3）切勿对泄漏源或安全阀直接喷水，防止产生冰冻。

4）如果容器的安全阀发出响声或储罐变色，应迅速撤离。

5）切记远离被大火吞没的储罐。

6）对于燃烧剧烈的大火，使用遥控水枪或水炮远距离灭火；否则撤离火场并任其燃烧。

4. 燃烧爆炸危险

（1）危险性综述：本品可燃，具刺激性。

（2）燃爆特性：粉体与空气可形成爆炸性混合物，当达到一定浓度时，遇火星会发生爆炸。加热分解产生易燃气体。

5. 燃烧爆炸危险

引燃温度：500℃（乳胶）。

燃烧（分解）产物：一氧化碳、二氧化碳。

6. 禁止混储

与强氧化剂发生反应。

7. 隔离距离

泄漏：应立即隔离 50m 范围，大量泄漏首先考虑下风向撤离至少 0.3km；可依据需要增加下风向撤离的距离；人员停留在上风向。

火灾：火场内若有储罐、槽车或罐车，隔离 800m。也可以考虑首次向四周撤离 800m。

8. 急救措施

（1）皮肤接触：脱去被污染的衣着，用肥皂水及清水彻底冲洗。

（2）眼睛接触：提起眼睑，用流动清水或生理盐水冲洗；就医。

（3）吸入：迅速脱离现场至空气新鲜处。保持呼吸道通畅。如呼吸困难，给输氧。如呼吸停止，立即进行人工呼吸；就医。

（4）食入：饮足量温水，催吐；就医。

聚丙烯泄漏、燃爆事故

1. 遇水反应

不发生反应。

2. 泄漏处置

隔离泄漏污染区，限制出入。切断火源。建议应急处理人员戴防尘面具（全面罩），穿一般作业工作服。用洁净的铲子收集于干燥、洁净、有盖的容器中。转移至安全场所。若大量泄漏，收集回收或运至废物处理场所处置。

3. 燃爆与消防

（1）灭火方法及灭火剂：

灭火方法：消防人员须佩戴防尘面具（全面罩），穿消防服，在上风向灭火。在保证安全情况下，尽可能将容器从火场移至空旷处。

灭火剂：雾状水、泡沫、干粉、二氧化碳、砂土。

（2）储罐或货车（拖车）着火：

1）尽可能远距离灭火或用遥控水枪或水炮灭火。

2）用大量水冷却盛有危险品的容器，直到火完全熄灭。

3）切勿对泄漏源或安全阀直接喷水，防止产生冰冻。

4）如果容器的安全阀发出响声或储罐变色，应迅速撤离。

5）切记远离被大火吞没的储罐。

6）对于燃烧剧烈的大火，使用遥控水枪或水炮远距离灭火；否则撤离火场并任其燃烧。

4. 燃烧爆炸危险

（1）危险性综述：本品可燃。

（2）燃爆特性：具有燃烧性。燃烧生成有毒气体一氧化碳、二氧化碳；受热分解释放出易燃气体能与空气形成爆炸性混合物，其粉体与空气也可形成爆炸性混合物，当达到一定的浓度时，遇火星会发生爆炸。

5. 燃烧爆炸危险

引燃温度：420℃（粉云）。

燃烧（分解）产物：一氧化碳、二氧化碳。

6. 禁止混储

与强氧化剂发生反应。

7. 隔离距离

泄漏：应立即隔离 50m 范围，大量泄漏首先考虑下风向撤离至少 0.3km；可依据需要增加下风向撤离的距离；人员停留在上风向。

火灾：火场内若有储罐、槽车或罐车，隔离 800m。也可以考虑首次向四周撤离 800m。

8. 急救措施

（1）皮肤接触：可接触。

（2）眼睛接触：无须特别处理。

（3）吸入：迅速脱离现场至空气新鲜处。保持呼吸道通畅。如呼吸困难，给输氧。如呼吸停止，立即进行人工呼吸；就医。

（4）食入：可接触。

聚氯乙烯泄漏、燃爆事故

1. 遇水反应

不发生反应。

2. 泄漏处置

隔离泄漏污染区，限制出入。切断火源。建议应急处理人员戴防尘面具（全面罩），穿防毒服。避免扬尘，小心扫起，置于袋中转移至安全场所。若大量泄漏，用塑料布、帆布覆盖。收集回收或运至废物处理场所处置。

3. 燃爆与消防

（1）灭火方法及灭火剂：

灭火方法：消防人员须穿防毒服，佩戴呼吸器，在上风向灭火。在安全情况下，尽可能将容器从火场移至空旷处。

灭火剂：雾状水、泡沫、干粉、二氧化碳、砂土。

（2）储罐或货车（拖车）着火：

1）尽可能远距离灭火或用遥控水枪或水炮灭火。

2）用大量水冷却盛有危险品的容器，直到火完全熄灭。

3）切勿对泄漏源或安全阀直接喷水，防止产生冰冻。

4）如果容器的安全阀发出响声或储罐变色，应迅速撤离。

5）切记远离被大火吞没的储罐。

6）对于燃烧剧烈的大火，使用遥控水枪或水炮远距离灭火；否则撤离火场并任其燃烧。

4. 燃烧爆炸危险

（1）危险性综述：本品易燃。

（2）燃爆特性：粉体与空气可形成爆炸性混合物，当达到一定浓度时，遇火星会发生爆炸。受高热分解产生有毒的腐蚀性烟气。

5. 燃烧爆炸危险

引燃温度：780℃（粉云）。

燃烧（分解）产物：一氧化碳、二氧化碳、氯化氢（有毒）。

6. 禁止混储

与强氧化剂发生反应。

7. 隔离距离

泄漏：应立即隔离50m范围，大量泄漏首先考虑下风向撤离至少0.3km；可依据需要增加下风向撤离的距离；人员停留在上风向。

火灾：火场内若有储罐、槽车或罐车，隔离800m。也可以考虑首次向四周撤离800m。

8. 急救措施

（1）皮肤接触：脱去被污染的衣着，用流动清水冲洗。

（2）眼睛接触：提起眼睑，用流动清水或生理盐水冲洗；就医。

（3）吸入：脱离现场至空气新鲜处。如呼吸困难，给输氧；就医。

（4）食入：饮足量温水，催吐；就医。

三乙二醇泄漏、燃爆事故

1. 遇水反应

不发生反应。

2. 泄漏处置

迅速撤离泄漏污染区人员至安全区，并进行隔离，严格限制出入。切断火源。建议应急处理人员戴自给正压式呼吸器，穿防毒服。尽可能切断泄漏源。防止进入下水道、排洪沟等限制性空间。小量泄漏：用砂土、蛭石或其他惰性材料吸收。也可以用大量水冲洗，洗水稀释后放入废水系统。大量泄漏：构筑围堤或挖坑收容。用泵转移至槽车或专用收集器内，回收或运至废物处理场所处置。

3. 燃爆与消防

（1）灭火方法及灭火剂：

灭火方法：消防人员须佩戴防毒面具、穿全身消防服，在上风向灭火。尽可能将容器从火场移至空旷处。喷水保持火场容器冷却，直至灭火结束。处在火场中的容器若已变色或从安全泄压装置中产生声音，必须马上撤离。用水喷射逸出液体，使其稀释成不燃性混合物，并用雾状水保护消防人员。

灭火剂：水、雾状水、抗溶性泡沫、干粉、二氧化碳、砂土。

（2）储罐或货车（拖车）着火：

1）尽可能远距离灭火或用遥控水枪或水炮灭火。

2）用大量水冷却盛有危险品的容器，直到火完全熄灭。

3）切勿对泄漏源或安全阀直接喷水，防止产生冰冻。

4）如果容器的安全阀发出响声或储罐变色，应迅速撤离。

5）切记远离被大火吞没的储罐。

6）对于燃烧剧烈的大火，使用遥控水枪或水炮远距离灭火；否则撤离火场并任其燃烧。

4. 燃烧爆炸危险

（1）危险性综述：本品可燃，具刺激性。

（2）燃爆特性：蒸气能与空气形成爆炸性混合物，遇明火、高热能引起燃烧爆炸。

5. 燃烧爆炸危险

引燃温度：371℃。

燃烧（分解）产物：一氧化碳、二氧化碳。

6. 禁止混储

与强氧化剂类、异氰酸酯类、高锰酸盐、过氧化物、过硫酸铵、二氧化溴、强酸（如硫酸、硝酸、高氯酸）不相容。

注：参考自《威利化学品禁忌手册》。

7. 隔离距离

泄漏：应立即隔离 50m 范围。人员停留在上风向。大量泄漏，首先考虑下风向撤离至少 0.3km；可依据需要增加下风向撤离的距离；

火灾：火场内若有储罐、槽车或罐车，隔离 800m。也可以考虑首次向四周撤离 800m。

8. 急救措施

（1）皮肤接触：脱去被污染的衣着，用肥皂水和清水彻底冲洗皮肤。

（2）眼睛接触：提起眼睑，用流动清水或生理盐水冲洗；就医。

（3）吸入：迅速脱离现场至空气新鲜处。保持呼吸道通畅。如呼吸困难，给输氧。如呼吸停止，立即进行人工呼吸；就医。

（4）食入：给充分漱口、饮水，催吐；就医。

十二烷基硫酸钠泄漏、燃爆事故

1. 遇水反应

不发生反应。

2. 泄漏处置

隔离泄漏污染区，限制出入。切断火源。建议应急处理人员戴防尘面具（全面罩），穿防毒服。避免扬尘，小心扫起，置于袋中转移至安全场所。若大量泄漏，用塑料布、帆布覆盖。收集回收或运至废物处理场所处置。

3. 燃爆与消防

（1）灭火方法及灭火剂：

灭火方法：消防人员须佩戴防毒面具，穿全身消防服，在上风向灭火。

灭火剂：雾状水、泡沫、干粉、二氧化碳、砂土。

（2）储罐或货车（拖车）着火：

1）尽可能远距离灭火或用遥控水枪或水炮灭火。

2）用大量水冷却盛有危险品的容器，直到火完全熄灭。

3）切勿对泄漏源或安全阀直接喷水，防止产生冰冻。

4）如果容器的安全阀发出响声或储罐变色，应迅速撤离。

5）切记远离被大火吞没的储罐。

6）对于燃烧剧烈的大火，使用遥控水枪或水炮远距离灭火；否则撤离火场并任其燃烧。

4. 燃烧爆炸危险

（1）危险性综述：本品可燃，具刺激性，具致敏性。

（2）燃爆特性：遇明火、高热可燃。受高热分解放出有毒的气体。

5. 燃烧爆炸危险

燃烧（分解）产物：一氧化碳、二氧化碳、氧化钠、硫化物。

6. 禁止混储

与强氧化剂发生反应。

7. 隔离距离

泄漏：应立即隔离 50m 范围，大量泄漏首先考虑下风向撤离至少 0.3km；可依据需要增加下风向撤离的距离；人员停留在上风向。

火灾：火场内若有储罐、槽车或罐车，隔离 800m。也可以考虑首次向四周撤离 800m。

8. 急救措施

（1）皮肤接触：脱去被污染的衣着，用大量流动清水彻底冲洗。

（2）眼睛接触：立即提起眼睑，用流动清水或生理盐水彻底冲洗；就医。

（3）吸入：迅速脱离现场至空气新鲜处。保持呼吸道通畅。如呼吸困难，给输氧。如呼吸停止，立即进行人工呼吸；就医。

（4）食入：饮足量温水，催吐；就医。

附录

附录 A 防护等级划分标准表

危险区 毒性	重度危险区	中度危险区	轻度危险区
剧毒	一级	一级	二级
高毒	一级	一级	二级
中毒	一级	二级	二级
低毒	二级	三级	三级
微毒	二级	三级	三级

附录 B 防护标准

级别	形式	防化服	防护服	防护面具
一级	全身	内置式重型防化服	全棉防静电的内外衣	正压式空气呼吸器或全防型滤毒罐
二级	全身	封闭式防化服	全棉防静电的内外衣	正压式空气呼吸器或全防型滤毒罐
三级	呼吸	简易防化服	战斗服	简易滤毒罐、面罩或口罩、毛巾等防护装备

附录 C 堵漏方法

部位	形式	方法
罐体	砂眼	螺丝加黏合剂旋进堵漏
	缝隙	使用外封式堵漏袋、电磁式堵漏工具组、粘贴式堵漏密封胶（适用于高压）、潮湿绷带冷凝法或堵漏夹具、金属堵漏锥堵漏
	孔洞	使用各种木楔、堵漏夹具、粘贴式堵漏密封胶（适用于高压）、金属堵漏锥堵漏
	裂口	使用外封式堵漏袋、电磁式堵漏工具组、粘贴式堵漏密封胶（适用于高压）堵漏

部位	形式	方法
管道	砂眼	螺丝加黏合剂旋进堵漏
	缝隙	使用外封式堵漏袋、电磁式堵漏工具组、粘贴式堵漏密封胶（适用于高压）、潮湿绷带冷凝法或堵漏夹具、金属堵漏锥堵漏、捆绑式堵漏袋
	孔洞	使用各种木楔、堵漏夹具、粘贴式堵漏密封胶（适用于高压）、金属堵漏锥堵漏
	裂口	使用外封式堵漏袋、电磁式堵漏工具组、粘贴式堵漏密封胶（适用于高压）堵漏、捆绑式堵漏袋
阀门		适用阀门堵漏工具组、注入式堵漏胶堵漏、夹具堵漏
法兰		使用专门法兰夹具、注入式堵漏胶堵漏

CAS 索引

序号	品名	别名	CAS 号	页码
17	二甲胺	*N*- 甲基甲胺	124-40-3	40
18	二氯硅烷	二氯二氢化硅	4109-96-0	42
19	二氧化氮	过氧化氮	10102-44-0	43
20	二氧化硫	亚硫酸酐；无水亚硫酸	7446-09-5	45
21	氟		7782-41-4	46
22	氟乙烯	氟化乙烯；乙烯基氟	75-02-5	48
23	碳酰氯	光气；氧氯化碳；氯代甲酰氯	75-44-5	49
24	过氯酰氟	氟化过氯酰	7616-94-6	51
25	环丙烷	三亚甲基	75-19-4	52
26	环氧乙烷	氧丙环；氧化乙烯；恶烷	75-21-8	54
27	甲基氯硅烷	氯甲基硅烷	993-00-0	56
28	甲硫醇	甲烷硫醇；硫氢甲烷；巯基甲烷；硫基甲烷；硫代甲醇	74-93-1	57
29	甲醚	二甲醚；氧代二甲烷	115-10-6	59
30	甲烷	碳烷；甲基氢化物	74-82-8	60
31	磷化氢	磷烷	7803-51-2	62
32	硫化氢	氢硫酸	7783-06-4	63
33	六氟化钨	氟化高钨	7783-82-6	65
34	氯化氢	盐酸	7647-01-0	66
35	氯化氰	氰化氯；氯甲腈	506-77-4	68
36	氯化溴	溴化氯	13863-41-7	69
37	氯甲烷	一氯甲烷；甲基氯；氯代甲烷	74-87-3	71
38	氯气	氯	7782-50-5	72

序号	品名	别名	CAS 号	页码
39	氯乙烯	乙烯基氯	75-01-4	74
40	煤气		NA	76
41	氢气	氢	1333-74-0	77
42	氰	乙二腈、二氰	460-19-5	78
43	三氟化氯		7990-91-2	80
44	三氟化硼	氟化硼	7637-07-2	81
45	三氟氯乙烯	氯三氟乙烯	79-38-9	82
46	1,1,1- 三氟乙烷	氟利（里）昂 143；三氟乙烷；甲氟仿	420-46-2	84
47	砷化氢	砷化三氢；砷烷；胂；三氢化砷	7784-42-1	85
48	四氟化硅	氟化硅	7783-61-1	87
49	四氟乙烯	全氟乙烯	116-14-3	88
50	四氢化硅	硅烷；甲硅烷	7803-62-5	89
51	天然气		NA	91
52	1,3- 戊二烯	间戊二烯	504-60-9	92
53	硒化氢		7783-07-5	94
54	溴化氢	氢溴酸；溴氢酸	10035-10-6	95
55	溴甲烷	甲基溴；溴代甲烷； 一溴甲烷	74-83-9	97
56	亚硝酸甲酯		624-91-9	98
57	亚硝酰氯	氯化亚硝酰；氧氯化氮	2696-92-6	100
58	液化石油气	压凝汽油；混合碳四；石油液化气；石油气	NA	101
59	一甲胺	氨基甲烷；甲烷胺；胺甲烷；甲胺	74-89-5	102

序号	品名	别名	CAS 号	页码
60	一氧化氮	笑气；氧化氮	10102-43-9	104
61	一氧化碳		630-08-0	106
62	乙胺	1- 氨基乙烷	75-04-7	107
63	乙硼烷	二硼烷；二硼氢；六氢化二硼	19287-45-7	109
64	乙炔	电石气	74-86-2	110
65	乙烷		74-84-0	112
66	乙烯		74-85-1	113
67	乙烯基甲醚	甲基乙烯基醚；甲氧基乙烯	107-25-5	115
68	异丁烯	2- 甲基丙烯；2- 甲基 -1- 丙烯	115-11-7	116
69	正丁烷	丁烷	106-97-8	118
70	苯	安息油	71-43-2	126
71	苯甲醚	甲氧基苯；茴香醚；甲基苯基醚；苯基甲基醚	100-66-3	128
72	苯乙烯	肉桂烯； 苏合香烯；乙烯苯；乙烯基苯；苯基乙烯	100-42-5	129
73	吡啶	氮 (杂) 苯；一氮三烯六环	110-86-1	130
74	吡咯烷	四氢吡咯	123-75-1	132
75	丙胺	1- 丙胺；正丙胺；1- 氨基丙烷	107-10-8	133
76	1- 丙醇	正丙醇；丙醇	71-23-8	135
77	2- 丙醇	异丙醇	67-63-0	136
78	丙酸甲酯		554-12-1	138

序号	品名	别名	CAS 号	页码
79	丙酮	二甲基（甲）酮；二甲酮；醋酮；木酮	67–64–1	139
80	丙烯腈	乙烯基氰；2– 丙烯腈；氰(代)乙烯；氰(基)乙烯	107–13–1	141
81	丙烯醛	2– 丙烯醛；败脂醛	107–02–8	143
82	丙烯酸丁酯	2– 丙烯酸丁酯；正丁基丙烯酸酯	141–32–2	144
83	丙烯酸甲酯	2– 丙烯酸甲酯；败脂酸甲酯	96–33–3	146
84	2– 丁醇	仲丁醇；另丁醇	78–92–2	147
85	2– 丁酮	甲基乙基酮	78–93–3	149
86	二环庚二烯	2,5– 降冰片二烯；二环[2.2.1] 庚 –2,5– 二烯	121–46–0	150
87	二甲苯		1330–20–7	152
88	1，1– 二甲基肼	偏二甲肼	57–14–7	153
89	2，2– 二甲基丁烷	新己烷	75–83–2	155
90	2，2– 二甲基戊烷	新庚烷	590–35–2	156
91	*N*, *N*– 二甲基异丙醇胺	1–(二甲基氨基)–2– 丙醇	108–16–7	157
92	1, 1– 二甲氧基乙烷	乙醛缩二甲醇	534–15–6	159
93	二聚环戊二烯	双环戊二烯；二环戊二烯(双茂)	77–73–6	160
94	二硫化碳		75–15–0	161
95	1，2– 二氯丙烷	二氯丙烷；氯化丙烯	78–87–5	163
96	1, 3– 二氯丙烷	二氯三亚甲基；氯化三亚甲基	142–28–9	165
97	顺 –1,2– 二氯乙烯	顺式二氯化乙炔	156–59–2	166

序号	品名	别名	CAS 号	页码
98	二噁烷	二恶烷；二氧六环；1,4-二恶烷；对二恶烷	123-91-1	168
99	二烯丙基醚	烯丙基醚；3,3' -氧双-1-丙烯	557-40-4	169
100	二异丁基甲酮	2,6-二甲基-4-庚酮；二异丙基丙酮	108-83-8	171
101	二乙基苯	二乙（基）苯(混合物)；二乙基苯(异构体混合)	25340-17-4	172
102	酚醛树脂	电木；酚醛模塑料	9003-35-4	174
103	呋喃	氧杂茂；1-氧杂-2,4-环戊二烯；一氧二烯五环	110-00-9	175
104	呋喃甲醛	糠醛；2-呋喃甲醛；α-呋喃甲醛；焦粘醛；人造蚁油；麸醛	98-01-1	176
105	1，2-环氧丙烷	环氧丙烷；甲基环氧乙烷；氧化丙烯	75-56-9	178
106	2，3-环氧丙醛	缩水甘油醛	765-34-4	179
107	甲苯	甲基苯；苯基甲烷	108-88-3	181
108	2-甲基-1，3-丁二烯	异戊（间）二烯	78-79-5	182
109	3-甲基环己醇	六氢间甲酚；间甲基环己醇	591-23-1	184
110	4-甲基-1-戊烯	异丁基乙烯；1-异己烯	691-37-2	185
111	4-甲基-2-戊酮	甲基异丁基酮	108-10-1	186
112	对甲基异丙基苯	1-甲基-4-异丙基苯；1-异丙基-4-甲基苯；对伞花烃；1-甲基-4-(1-甲基乙基)苯；异丙基对甲苯；对甲基异丙基苯	99-87-6	188

序号	品名	别名	CAS 号	页码
113	甲基异丁基甲醇	1，3- 二甲基丁醇；4- 甲基 -2- 戊醇；4- 羟基 -2- 甲基戊烷；甲基异丁基甲醇 (MIBC)	108-11-2	189
114	甲基异氰酸酯	甲基碳酰亚胺；异氰酸甲酯	624-83-9	191
115	甲酸乙酯	蚁酸乙酯；甲酸（酯）乙烷基	109-94-4	192
116	环己烷	六氢化（代）苯	110-82-7	194
117	环己烯	四氢化苯	110-83-8	195
118	环烷酸铜	石油酸铜；萘酸铜	1338-02-9	197
119	环辛四烯	1,3,5,7- 环辛四烯	629-20-9	198
120	氯苯	苯基氯；氯代（化）苯；1- 氯苯	108-90-7	200
121	3- 氯丙烯	烯丙基氯; 3- 氯 -1- 丙烯; α - 氯丙烯	107-05-1	201
122	4- 氯甲苯	对氯甲苯；4- 氯 -1- 甲基苯	106-43-4	203
123	煤焦油	焦油；煤膏	65996-92-1	204
124	煤油	火油；脱臭煤油；脱芳油	8008-20-6	205
125	迷迭香油	迷迭香浸膏	8000-25-7	207
126	α - 蒎烯	α - 松油萜；α - 松节烯；6,6,10- 三甲基双环 -3,1,1- 庚 -2- 烯	80-56-8	208
127	汽油		8006-61-9	209
128	4- 羟基 -4- 甲基 -2- 戊酮	双（二）丙酮醇；甲基戊酮醇	123-42-2	211
129	噻吩	硫（杂）茂；一硫二烯五环	110-02-1	212

序号	品名	别名	CAS 号	页码
130	三甲基氯硅烷	氯三甲基硅烷	75–77–4	214
131	三聚乙醛	醋醛; 2,4,6– 三甲基 –1,3,5– 三环氧乙烷；聚三乙醛；三聚醋醛；伸醛；仲(乙)醛；副醛	123–63–7	215
132	石脑油		64741–66–8	217
133	石油焦油		NA	218
134	石油醚	石油英；石油苯	8032–32–4	219
135	叔丁硫醇	叔丁基硫醇；特丁硫醇；2– 甲基 –2– 丙硫醇	75–66–1	221
136	四氢呋喃	1，4– 环氧丁烷；氧杂环戊烷；THF； 四甲撑氧	109–99–9	222
137	松节油		8006–64–2	224
138	萜品油烯	红樟油；萜品油烯；异松油烯；△ 1–2,4–8 萜二烯；1– 甲基 –4–(1– 甲基亚乙基) 环己烯	586–62–9	225
139	无水肼	（无水）联氨；肼	302–01–2	227
140	烯丙胺	烯丙基胺；3– 氨基丙烯	107–11–9	228
141	烯丙醇	丙烯醇；蒜醇	107–18–6	230
142	烯丙基溴	3– 溴丙烯；3– 溴 –1– 丙烯	106–95–6	231
143	香蕉水	天那水; 醋(乙)酸异戊酯; 乙酸 –3– 甲基丁酯；梨油	123–92–2	233
144	2– 硝基丙烷	2–NP；仲硝基丙烷	79–46–9	234
145	硝基甲烷	一硝基甲烷；硝甲烷；硝酸甲烷	75–52–5	236
146	硝酸乙酯		625–58–1	237
147	乙苯	乙基苯	100–41–4	238

序号	品名	别名	CAS 号	页码
148	乙醇	无水酒精；火酒	64-17-5	240
149	乙二醇二乙醚	1,2- 二乙氧基乙烯	16484-86-9	241
150	乙二醇乙醚	乙二醇独（一）乙醚；2- 乙氧基乙醇；赛罗沙夫	110-80-5	243
151	乙腈	甲基氰；氰甲烷	75-05-8	244
152	乙硫醇	硫氢乙烷；巯基乙烷	75-08-1	246
153	乙醚	二乙醚；乙氧基乙烷	60-29-7	247
154	乙醛	醋醛	75-07-0	249
155	乙酸乙烯酯	乙酸乙烯；乙烯基乙酸酯；醋酸乙烯（酯）	108-05-4	250
156	乙酸乙酯	醋酸乙酯；甜菜糖蜜滓	141-78-6	252
157	乙酸正丙酯	醋酸（正）丙酯；乙酸丙酯	109-60-4	253
158	乙酸正丁酯	醋酸（正）丁酯；乙酸丁酯	123-86-4	255
159	异丙基乙烯	3- 甲基 -1- 丁烯；异戊烯	563-45-1	256
160	异丁醛	二甲基乙醛；2- 甲基丙醛	78-84-2	258
161	异丁烯醛	2- 甲基 -2- 丙烯醛；甲基丙烯醛	78-85-3	259
162	异丁烯酸乙酯	乙基 -2- 甲基 -2- 丙烯酸酯；甲基丙烯酸乙酯	97-63-2	261
163	异戊醇	3- 甲基 -1- 丁醇	123-51-3	262
164	正丁酰氯	氯化（正）丁酰；氯（化）丁酰	141-75-3	264
165	正庚烷		142-82-5	265
166	正己烷		110-54-3	266
167	正壬烷		111-84-2	268

序号	品名	别名	CAS 号	页码
168	正戊烷		109-66-0	269
169	正辛烷		111-65-9	271
170	2- 莰醇	龙脑；冰片；1,7,7- 三甲基二环 [2.2.1] 庚烷 -2- 醇	464-45-9	278
171	2- 莰酮	樟脑；1,7,7- 三甲基二环 [2.2.1] 庚烷 -2- 酮	76-22-2	279
172	莰烯	樟脑萜	79-92-5	281
173	苯磺酰肼	发泡（乳）剂 BSH；苯基磺酰肼	80-17-1	282
174	多聚甲醛	聚合甲醛；仲甲醛；固体甲醛；聚（合）蚁醛	30525-89-4	283
175	*N, N*- 二亚硝基五亚甲基四胺	发泡剂 H；发泡剂 BN；发泡剂 DPT；3,7- 二亚硝基 -1,3,5,7- 四氮杂双环 [3.3.1] 壬烷	101-25-7	285
176	硅粉 [非晶形的]	硅灰；微硅粉	69012-64-2	286
177	红磷	赤磷	7723-14-0	287
178	白磷	黄磷	12185-10-3	288
179	甲基二氯硅烷	二氯甲基硅烷；一甲基二氯硅烷	75-54-7	290
180	金属钠		7440-23-5	292
181	金属钛粉 [含水 ≥ 25%]	钛粉	7440-32-6	293
182	连二亚硫酸钠	保险粉；次（低）亚硫酸钠；二硫四氧酸钠	7775-14-6	294
183	磷化铝	磷毒；好达胜	20859-73-8	296
184	硫黄	石硫（流，留）黄；流黄	63705-05-5	297
185	硫氢化钠	无水硫化氢钠	16721-80-5	299

序号	品名	别名	CAS 号	页码
186	六亚甲基四胺	乌洛托品；六次甲基四胺	100-97-0	300
187	铝粉		7429-90-5	301
188	萘	骈（并）苯；煤焦油脑	91-20-3	303
189	偶氮二甲酰胺	偶氮二酰胺；二氮烯二羧酸；发泡剂 AC（ADC）；二氮烯二甲酰胺；偶氮双甲酰胺	123-77-3 10465-78-8	304
190	2, 2'- 偶氮二异丁腈	AIBN；偶氮二异丁腈；2,2' - 偶氮二 (2- 甲基丙腈)；发乳剂 N	78-67-1	306
191	硼氢化锂	硼氢锂；氢硼化锂；四氢硼酸锂	16949-15-8	307
192	硼氢化钠	硼氢钠；钠硼氢；四氢硼酸钠；氢硼化钠	16940-66-2	308
193	七硫化(四)磷	七硫化亚磷	12037-82-0	309
194	氰氨化钙	石灰氮；氨基氰化钙；氰氨基化钙；碳氮化钙；氰胺化钙；氨腈钙；氰胺钙。	156-62-7	311
195	三丁基硼	三正丁基硼（烷）；三丁基硼烷	122-56-5	312
196	三聚甲醛	1,3,5- 三噁烷；（对称）三噁烷，三氧杂环已烷；1.3.5 三氧六环	110-88-3	313
197	三硫化(四)磷	三硫化磷	1314-85-8	314
198	三氯硅烷	硅仿；三氯氢硅；三氯甲硅烷	10025-78-2	316
199	三乙基铝	三乙铝	97-93-8	317
200	四氢化铝锂	氢化铝锂；四氢铝酸锂；四氢锂铝	16853-85-3	318

序号	品名	别名	CAS 号	页码
201	碳化钙	电石；乙炔钙；嘎石	75-20-7	320
202	戊硼烷	五硼烷	19624-22-7	321
203	硝化棉 [含氮≤ 12.6%，含醇≥ 25%]	硝酸（化）纤维素；火棉胶	9004-70-0	323
204	硝化纤维塑料板 [板、片、棒、卷等状；不包括碎屑]	赛璐珞；化学板	8050-88-2	324
205	1- 硝基萘	α - 硝基萘	86-57-7	325
206	锌粉		7440-66-6	327
207	次氯酸钙	漂粉精	7778-54-3	337
208	高锰酸钾	过锰酸钾；灰锰氧；PP 粉	7722-64-7	338
209	过氧化苯甲酸叔丁酯	TBPB; 过氧化苯甲酸 -1,1- 二甲基乙基酯；过氧化苯甲酸第三丁酯；过苯甲酸叔（特）丁酯	614-45-9	339
210	过氧化苯甲酰	过（二）氧化二苯甲酰；苯酰化过氧；引发剂 BPO	94-36-0	341
211	过氧化丁二酸	过氧化（二）琥珀酸	123-23-9	342
212	过氧化对氯苯甲酰	过氧二 (4- 氯苯甲酰)	94-17-7	344
213	过氧化二 -（3，5，5- 三甲基己酰）	DTMHP；过氧化 (二) 异壬酰；双 (3,5,5- 三甲基己酰) 过氧化物；双 (3,5,5- 三甲基 -1- 氧代己基) 过氧化物；引发剂 CP-10；引发剂 P355	3851-87-4	345
214	二叔丁基过氧化物	过氧化二叔丁基；DTBP	110-05-4	347
215	过氧化二碳酸二 -(2- 乙基己基) 酯	过氧化二 (2- 乙基己基) 二碳酸酯	16111-62-9	348

序号	品名	别名	CAS 号	页码
216	过氧化二碳酸二正丙酯	过氧化二碳酸二丙（基）酯	16066-38-9	350
217	过氧化环己酮	过氧化氢环己基	12262-58-7	351
218	过氧化钠	双（二）氧化钠；黄钠	1313-60-6	353
219	过氧化羟基异丙苯	氢过氧化异丙苯；异丙苯基过氧化氢；过氧化羟基茴香素；过氧化氢异丙苯；1- 甲基 -1- 苯基乙基过氧化氢；氢过氧化枯烯	80-15-9	354
220	过氧化氢	双氧水；乙氧烷	7722-84-1	356
221	过氧化氢叔丁基	叔丁基过氧化氢；TBHP；1,1- 二甲基乙基 - 过氧化氢；过氧化氢特丁基；氢过氧化叔丁基、	75-91-2	357
222	过氧化乙酸叔丁酯	过乙酸叔（特）丁酯	107-71-1	359
223	过氧乙酸	过乙（醋）酸、过氧醋酸	79-21-0	360
224	四硝基甲烷	四硝甲烷	509-14-8	362
225	硝酸钾	土硝；火硝；硝石；盐硝	7757-79-1	363
226	硝酸锌		7779-88-6	365
227	亚硝酸钠	亚钠	7632-00-0	366
228	安果	福尔莫硫磷；安硫磷；*S*-[2-(甲酰甲胺基)-2-氧代乙基]-*O*,*O*- 二甲基二硫代磷酸酯	2540-82-1	373
229	氨基苯	苯胺；阿尼林（油）；胺苯	62-53-3	374
230	苯酚	石炭酸；酚；羟基苯	108-95-2	376

序号	品名	别名	CAS 号	页码
231	苯线磷	力满库；克线磷；苯胺磷；*O*- 乙基 -*O*-（3- 甲基 -4- 甲硫基）苯异丙基氨基磷酸酯	22224-92-6	377
232	丙烯酰胺	2- 丙烯酰胺	79-06-1	379
233	对苯二酚	氢醌；1,4- 苯二酚；1,4- 二羟基苯；几奴尼；鸡纳酚	123-31-9	380
234	对硫磷	*O*,*O*- 二乙基 -*O*-(4- 硝基苯基) 硫代磷酸酯；一六 0 五；一扫光	56-38-2	381
235	对硫氰酸苯胺	对氨基苯硫氰酸酯	15191-25-0	383
236	多氯联苯	氯化联苯；PCB	NA	384
237	2, 4- 二氨基甲苯	4- 甲基 -1,3- 苯二胺；4- 甲基间苯二胺；甲苯 -2,4- 二胺；间甲苯二胺	95-80-7	385
238	二氯苯		邻：95-50-1 间：541-73-1 对：106-46-7	387
239	二氯乙醚	1,1' - 氧二 (2- 氯乙烷)；二 (2- 氯乙基) 醚；2,2' - 二氯乙醚	111-44-4	388
240	二氯异丙基醚	2,2' - 二氯异丙醚	108-60-1	390
241	1，4- 二羟基 -2- 丁炔	丁炔二醇；2- 丁炔 -1,4- 二醇	110-65-6	391
242	2，6- 二硝基甲苯	2- 甲基 -1,3- 二硝基苯	606-20-2	392
243	二异氰酸甲苯酯	甲苯 -2,4- 二异氰酸酯	584-84-9	394

序号	品名	别名	CAS 号	页码
244	甲拌磷	3911；西梅脱；*O,O*- 二乙基 -*S*-（乙硫基甲基）二硫化磷酸酯	298-02-2	396
245	久效磷	二甲基 [(E)-4- 甲氨基 -4- 氧代丁 -2- 烯 -2- 基] 磷酸酯；*O,O*- 二甲基 -2- 甲基氨基甲酰基 -1- 甲基乙烯基磷酸酯	6923-22-4	397
246	硫酸甲酯	硫酸二甲酯；DMS	77-78-1	398
247	4- 氯苄基氯	4- 氯氯苄；1- 氯 -4- 氯甲苯；对氯苯甲基氯；对氯苄基氯；对氯氯苄；4- 氯苯甲基氯	104-83-6	400
248	2- 氯 -1- 丙醇	2- 氯 -1- 羟基丙烷	78-89-7	401
249	氯化苄	苄基氯；α - 氯甲苯	100-44-7	402
250	氯甲酸戊酯	氯甲酸正戊酯	638-41-5	404
251	氯乙腈	氰化氯甲烷；氯甲基氰；氯代乙腈	107-14-2	405
252	2- 羟基异丁腈	氰丙醇；丙酮氰醇；2- 羟基 -2- 甲基丙腈	75-86-5	407
253	氰化钾	山奈钾	151-50-8	408
254	氰化钠	山奈钠	143-33-9	410
255	氰化氢	氢氰酸；甲腈	74-90-8	412
256	三氯甲烷	氯仿；哥罗仿	67-66-3	413
257	三氯硝基甲烷	氯化苦；硝基三氯甲烷	76-06-2	415
258	十二硫醇	月桂硫醇；1- 巯基代十二烷；1- 十二硫醇	112-55-0	416
259	4- 叔丁基苯酚	4-(1,1- 二甲基乙基) 苯酚；4- 羟基 -1- 叔丁基苯	98-54-4	418
260	四氯化碳		56-23-5	419

序号	品名	别名	CAS 号	页码
261	四乙基铅	四乙铅	78-00-2	421
262	羰基镍	四羰化镍	13463-39-3	422
263	1, 5- 戊二胺	1,5- 二氨基戊烷；尸毒素；尸胺；1,5- 二氨基戊烷	462-94-2	423
264	五羰基铁	五羟基和铁；增塑剂 TBP	13463-40-6	425
265	硝基苯	密斑油；苦杏仁油；米耳班油	98-95-3	426
266	氧氰化汞	氰氧化汞	1335-31-5	428
267	异硫氰酸烯丙酯	异硫代氰酸烯丙酯；芥末油	57-06-7	429
268	2- 氨基乙醇	乙醇胺；2- 羟基乙胺	141-43-5	437
269	苯酰氯	苯甲酰氯；氯化苯甲酰	98-88-4	438
270	丙酸	初油酸；甲基乙酸；乙基甲酸	79-09-4	440
271	丙烯酸	2- 丙烯酸；败脂酸；乙烯基甲酸	79-10-7	441
272	蒽	绿油脑	120-12-7	443
273	1, 2- 二氨基乙烷	乙二胺；1,2- 乙二胺	107-15-3	444
274	二甲基硫代磷酰氯	*O,O'* - 二甲基硫代磷酰氯；氯硫代酸 -*O,O*- 二甲酯；氯硫代磷酸二甲酯	2524-03-0	445
275	二氯化硫	二氯化一硫	10545-99-0	447
276	氟化氢	氢氟酸	7664-39-3	448
277	汞	水银；砂汞	7439-97-6	450
278	环已胺	氨基环已烷；六氢苯胺	108-91-8	451
279	甲醇钠	甲氧基钠	124-41-4	453

序号	品名	别名	CAS 号	页码
280	甲基丙烯酸	异丁烯酸；MAA；α－甲基丙烯酸；2－甲基丙烯酸；2－甲基－2－丙烯酸	79–41–4	454
281	甲醛溶液	福尔马林；蚁醛	50–00–0	456
282	邻苯二甲酸酐	苯酐；酞酐；酞酸酐	85–44–9	458
283	磷酸	正磷酸	7664–38–2	459
284	硫化钾	一硫化钾	1312–73–8	461
285	硫化钠	黄片碱；臭碱；臭苏打；黄碱；硫化碱	1313–82–2	462
286	硫酸	磺镪水	7664–93–9	464
287	氯磺酸	氯（化）硫酸	7790–94–5	466
288	氯乙酸	（一）氯醋酸	79–11–8	467
289	氢氧化钠	烧碱；火碱；苛性钠	1310–73–2	469
290	三氯化苄	苯(基)氯仿;苯三氯甲烷;三氯苄；苄川三氯	98–07–7	470
291	三氯化磷	氯化磷(Ⅲ)	7719–12–2	472
292	三氯乙酸	三氯醋酸	76–03–9	473
293	顺丁烯二酸酐	马来（酸）酐；顺酐；失水苹果酸酐	108–31–6	474
294	硝酸	硝镪水；氨氮水	7697–37–2	476
295	溴(化)乙酰	乙酰溴	506–96–7	478
296	溴	溴素	7726–95–6	479
297	盐酸	氢氯酸	7647–01–0	481
298	乙二酰氯	草酰氯	79–37–8	482
299	乙酸	（冰）醋酸	64–19–7	484
300	柴油		68334–30–5	492

序号	品名	别名	CAS 号	页码
301	低密度聚乙烯	LDPE	9002-88-4	493
302	二乙二醇	二甘醇；二乙二醇醚；2,2'-氧代二乙醇；二羟二乙醚；一缩二乙二醇	111-46-6	494
303	聚苯乙烯	PS	9003-53-6	496
304	聚丙烯	PP；丙纶	9003-07-0	497
305	聚氯乙烯	PVC	9002-86-2	498
306	三乙二醇	三甘醇；二缩三(乙二醇)；二乙醚乙二醇	112-27-6	499
307	十二烷基硫酸钠	椰油醇(月桂醇)硫酸钠；K12；发泡粉	151-21-3	501

参考文献

【1】张海峰主编.常用危险化学品应急速查手册.北京:中国石化出版社,2006
【2】中国疾病预防控制中心职业卫生与中毒控制所组织编译.危险化学品应急救援指南.北京:中国科学技术出版社,2008
【3】中国安全生产科学研究院编.危险化学品安全手册丛书.北京:中国劳动社会保障出版社,2008
【4】伍郁静,何建民主编.常见有毒化学品应急救援手册.广州:中山大学出版社,2006
【5】《应急救援系列丛书编委会》编.危险化学品应急救援必读.北京:中国石化出版社,2008
【6】《应急救援系列丛书编委会》编.应急救援装备选择与使用.北京:中国石化出版社,2007
【7】岳茂兴主编.危险化学品事故急救.北京:化学工业出版社,2005
【8】胡忆沩编著.危险化学品应急处置.北京:化学工业出版社,2009
【9】马良,杨守生编著.危险化学品消防.北京:化学工业出版社,2005
【10】威利化学品禁忌手册.北京:化学工业出版社,2007
【11】和丽秋主编.消防燃烧学.昆明:云南人民出版社,2006